学科核心素养丛书

史宁中 著

数学基本思想18讲

SHUXUE JIBEN SIXIANG 18 JIANG

素养

图书在版编目(CIP)数据

数学基本思想18讲 / 史宁中著. —北京:北京师范大学出版社,2016.10(2019.3重印)
(学科核心素养丛书)
ISBN 978-7-303-19760-6

Ⅰ. ①数… Ⅱ. ①史… Ⅲ. ①数学—思想方法 Ⅳ. ①01—0

中国版本图书馆CIP数据核字(2015)第273390号

营销中心电话 010-58800714 58802131(传真)
学科编辑电话 010-58802832 58802836
北师大出版社基础教育教材网 http://www.100875.com.cn

出版发行:北京师范大学出版社 www.bnupg.com
北京市海淀区新街口外大街19号
邮政编码:100875
印　刷:北京京师印务有限公司
经　销:全国新华书店
开　本:787mm×1092mm 1/16
印　张:19.75
字　数:355千字
版　次:2016年10月第1版
印　次:2019年3月第8次印刷
定　价:52.00元

策划编辑:胡　宇　　责任编辑:胡　宇　胡琴竹
美术编辑:王　蕊　　封面设计:锋尚制版
责任校对:陈　民　　责任印制:孙文凯

前　言

为了解释什么是“数学基本思想”，进而解释《义务教育数学课程标准(2011年版)》为什么要在传统“双基”的基础上提出“四基”，我于2006年开始撰写《数学思想概论》。计划写6辑，分别用2辑讨论抽象、推理、模型，现在已经由东北师范大学出版社出版了前5辑，第6辑《生活中的数学模型》正在撰写之中。有些大学，特别是有些师范大学给本科生开设了类似的课程，据主讲教师反映，书中涉及的内容太多、讲课时不好把握，有些读者也反映过类似的意见。因为写这套书完全是一种尝试，没有范例可循，所以书中用很大篇幅论证“如此述说”本身的合理性。这样的论证就自然而然地上升到了哲学层次，一个佐证就是，书中的部分内容写成了文章陆续发表在《教育研究》《哲学研究》《历史研究》等杂志上，有些文章还被翻译成英文。

为解决上面所提到的内容过多的问题，我不得不暂时搁置第6辑的撰写，下力气把所有内容浓缩到现在的一本书中，并且把书名定为《数学基本思想18讲》。值得庆幸的是，从撰写开始经历了近10年，最初的设想依然成立，这就是把数学基本思想聚焦于三个方面：抽象、推理、模型。这个成立，完全得益于最初给出的判定什么是数学基本思想的两个原则：数学产生和发展所必须依赖的那些思想；学习过数学的人应当具有的基本思维特征。

当然，经过了近10年的思考，我对数学、数学教育以及数学思想的理解也逐渐深入，因此这本书虽然说是浓缩，但事实上，有许多说法更加明晰、更加确切了。比如：

什么是数学的抽象，抽象了的东西是如何存在的，数学抽象的基本方法是什么。

应当如何直观合理地给出诸如点、线、面这样的几何学基本概念，这是因为欧几里得给出的定义过于实体化，希尔伯特给出的定义过于符号化。

什么样的推理是有逻辑的推理，什么是演绎推理和归纳推理，为什么这样的推理是有逻辑的，演绎推理和归纳推理在数学推理中是如何表达的。

应当如何理解数据的随机性，基于随机的逻辑推理是如何的，如何从数学的角度理解必然与偶然之间的关系，如何从哲学的角度理解事物的随机性与可知性。

为什么数学模型可以作为一种数学的基本思想，数学模型的本质是什么，数学模型与数学模式的共性以及差异是什么；等等。

可以看到，我在遵循着一个非常基本的原则，就是尽可能把事情说得明白、具体。这是为了让对数学思想有兴趣的读者，特别是在校的大学生以及一线的中小学数学教师能够理解，能够在学习过程和教学实践中有所借鉴。一个不争的事实是，把事情说得越明白、越具体，就越容易出现瑕疵，甚至会出现悖论，但无论如何，这本书提供了一个继续研究的基础，提供了一个可以供批判的靶子。

正在修订的普通高中课程标准提出一个重要概念，这就是学科核心素养。为此，北京师范大学出版社计划出版“学科核心素养丛书”。这是非常有意义的事情，而这本书作为丛书中的一本，也是合适的。因为数学教学的最终目标，是要让学习者会用数学的眼光观察现实世界，会用数学的思维思考现实世界，会用数学的语言表达现实世界。而数学的眼光就是抽象，数学的思维就是推理，数学的语言就是模型。正因为如此，普通高中数学课程标准所设定的核心素养的本质就是抽象、推理、模型。这正是这本书所讨论的内容。

虽然已经不再担任校长的工作了，但各种工作依旧繁多，再加上收集资料的困难，这本书的写作竟然花费近三年的时间。在写作过程中，一直得到北京师范大学出版社的热情支持，编辑胡宇博士还帮我做了人名检索等工作，在此一并表示感谢。

史宁中

2015 年初夏

目录

绪　言　什么是数学基本思想 ………………………………… 1

第一部分　数学的抽象：从现实进入数学 ………………………… 13

第一讲　自然数的产生 ……………………………………… 17

第二讲　四则运算的产生与演变 ……………………………… 24

第三讲　微积分的产生与极限理论的建立 ……………………… 32

第四讲　无理数的刻画与实数理论的建立 ……………………… 44

第五讲　随机变量与数据分析 ………………………………… 54

第六讲　图形的抽象 ………………………………………… 62

第七讲　欧几里得几何与公理体系 …………………………… 71

第八讲　欧几里得几何的再认识 ……………………………… 87

第九讲　图形变换与几何模型 ………………………………… 98

第二部分　数学的推理：数学自身的发展 ……………………… 114

第十讲　数学推理的基础 …………………………………… 116

第十一讲　演绎推理的典范：三段论及其扩充 ……… 137

第十二讲　演绎推理的表达：数学证明的方法 ……… 146

第十三讲　归纳推理的思维模式 ………………………… 170

第十四讲　基于一个类的归纳推理：归纳方法 ……… 182

第十五讲　基于两个类的归纳推理：类比方法 ……… 199

第三部分 数学的模型：从数学回归现实 …………………… 216
第十六讲 时间与空间的数学模型 ……………… 218
第十七讲 力与引力的数学模型 ………………… 243
第十八讲 生活中的数学模型 …………………… 270

附录1 算术公理体系 ………………………………………… 292

附录2 集合论公理体系 ……………………………………… 295

附录3 人名索引 ……………………………………………… 298

绪言

什么是数学基本思想

在我国数学教育，特别是基础教育阶段的数学教育中，数学基本思想一词已经被广泛使用。《义务教育数学课程标准（2011 年版）》（简称《标准（2011 年版）》）明确指出[①]：

> 通过义务教育阶段的数学学习，使学生能获得适应社会生活和进一步发展所必需的数学的基础知识、基本技能、基本思想、基本活动经验。

什么是数学基本思想呢？为什么要在数学教育的过程中让学生获取数学基本思想呢？如何设计合适的教学过程，让学生感悟和获取数学基本思想呢？

一、什么是数学基本思想

在数学教学中，通常说的等量替换、数形结合、递归法、换元法等，可以称为数学思想方法，但不是数学基本思想。因为在述说这些概念的时候，必然要依附于某些具体的数学内容，因此这些概念在本质上是个案的而不是一般的；此外，这些概念也不是最基本的，比如关于等量替换，人们可以进一步追问：为什么可以在计算的过程中进行等量替换呢？这就意味着，作为一种方法，等量替换可以用其他的更为基本的原理推演出来。为此，需要建立判断数学基本思想的原则。我们建立两个原则：

第一个原则，数学产生和发展所必须依赖的那些思想。

第二个原则，学习过数学的人应当具有的基本思维特征。

---

① 参见：中华人民共和国教育部．义务教育数学课程标准（2011 年版）[S]．北京：北京师范大学出版社，2012：8.

根据这两个原则，我们把数学基本思想归结为三个核心要素：抽象、推理、模型。这三者对于数学的作用以及相互之间的关系大体是这样的：

通过抽象，人们把现实世界中与数学有关的东西抽象到数学内部，形成数学的研究对象，思维特征是抽象能力强；通过推理，人们从数学的研究对象出发，在一些假设条件下，有逻辑地得到研究对象的性质以及描述研究对象之间关系的命题和计算结果，促进了数学内部的发展，思维特征是逻辑推理能力强；通过模型，人们用数学所创造的语言、符号和方法，描述现实世界中的故事，构建了数学与现实世界的桥梁，思维特征是表述事物规律的能力强。

当然，针对具体的数学内容，不可能把三者截然分开，特别是不能把抽象与推理、抽象与模型截然分开。在推理的过程中，往往需要从已有的数学知识出发，抽象出那些并不是直接来源于现实世界的概念和运算法则，比如，实数与高维空间的概念、矩阵与四元数的运算法则等，在这个意义上，数学并不仅仅研究那些直接来源于现实世界的东西①；在构建模型的过程中，往往需要在错综复杂的现实背景中抽象出最为本质的关系，并且用数学的语言予以表达，比如，用 $s=\frac{1}{2}gt^2$ 这样的算式表达物体自由降落的规律。反之，抽象的过程往往需要借助逻辑推理，比如，在一类事物中发现共性、分辨差异，抽象出数学的概念；通过推理判断概念之间的关系，判断什么是命题的独立性、什么是命题的相容性，最终抽象出公理体系；在众多个案的运算过程中发现规律，通过推理验证什么是最本质的规律，最终用抽象的符号表达一般性的运算法则。因此，在数学研究和学习的过程中，抽象、推理、模型这三者之间常常是你中有我、我中有你。

抽象。抽象是从许多事物中舍弃个别的、非本质属性，得到共同的、本质属性的思维过程，是形成概念的必要手段②。最初的抽象是基于直观的，正如康德所说③：

> 人类的一切知识都是从直观开始，从那里进到概念，而以理念结束。

希尔伯特非常敬佩前辈康德。在出版纪念高斯的文集时，希尔伯特把1898—1899年给学生授课时的讲稿编写成讲义《几何基础》，把康德的这句话作为卷首题词。

对于数学，抽象主要包括两方面的内容：数量与数量关系；图形与图形关系。这

---

① 参见：史宁中，孔凡哲．关于数学的定义的一个注[J]．数学教育学报，2006(4)：37-38.

② 概念是一种抽象出来的知识单元或者思维单元，是构建知识和思维的基础要素。

③ 参见：康德．纯粹理性批判[M]．邓晓芒，译．杨祖陶，校．北京：人民出版社，2004：544.

就意味着，数学的抽象不仅仅要抽象出数学所要研究的对象，还要抽象出这些研究对象之间的关系。与研究对象的存在性相比，研究对象之间的关系更为本质。正如亚里士多德在《形而上学》中所说①：

> 个体不能同时在多处存在，共相却可以同时存在于众多，所以也不难明白，离开了特殊普遍将不复存在。
>
> ……例如，数学家用抽象的方法对事物进行研究，去掉感性的东西诸如轻重、软硬、冷热，剩下的只有数量和关系，而各种规定都是针对数量和关系的规定。有时研究位置之间的关系，有时研究可通约性，还研究各种比例，等等。……数学家把共同原理用于个别情况，……等量减等量余量相等，这便是一条对所有量都适用的共同原理。对于数学研究而言，线、角或者其他的量(的定义)，不是作为存在而是作为关系。

数量与数量关系的抽象。人们把现实生活中的数量抽象为数，形成自然数，并且用十个符号和数位进行表示，得到了自然数集。在现实生活中，数量关系的核心是多与少，人们又把这种关系抽象到数学内部，这就是数的大与小。后来，人们又把大小关系推演为更一般的序关系。

由大小关系的度量产生了自然数的加法，由加法的逆运算产生了减法，由加法的简便运算产生了乘法，由乘法的逆运算产生了除法。因此，数的运算本质是四则运算，这些运算都是基于加法的。通过运算的实践以及对运算性质的研究，抽象出运算法则。为了保证运算结果的封闭性，就实现了数集的扩张。在本质上，数集的扩张是因为逆运算：为了减法运算的封闭，自然数集扩张为整数集；为了除法运算的封闭，整数集扩张为有理数集。

数学还有第五种运算，这就是极限运算，涉及数以及数的运算的第二次抽象。虽然极限的思想古已有之，但极限运算的确立，却是源于牛顿、莱布尼茨于1684年左右创立的微积分，因为微积分的运算基础就是极限。为了合理地解释极限，特别是为了合理地解释函数的连续性，1821年到1860年这一段时间，柯西、魏尔斯特拉斯等数学家创造出了“$\varepsilon-\delta$语言”的描述方法。由此也开始构建了现代数学的特征：研究对象符号化、证明过程形式化、逻辑推理公理化。

为了很好地描述极限运算，需要解决实数的运算和连续；为了很好地定义实数，

---

① 参见：苗力田．亚里士多德全集(第七卷)[M]．北京：中国人民大学出版社，1977：185，246-247.

需要解决无理数的定义与运算；为了清晰定义无理数，需要重新认识有理数。这样，小数形式的有理数就出现了，这完全背离了用分数形式表达有理数的初衷。这个初衷就是：有理数是可以用整数表示的数。这个初衷所表述的现实背景是：部分与整体的关系，或者，线段长度之间的比例关系。

1872年，基于小数形式的有理数，康托用基本序列的方法，通过有理数列的极限定义了实数，解决了实数的运算问题；戴德金用分割的方法，通过对有理数的分割定义了实数，解决了实数的连续性问题。1889年，皮亚诺构建算术公理体系，重新定义了自然数。1908年，策梅洛给出了集合论公理体系，这便是人们通常所说的ZF集合论公理体系。借助这一系列的工作，人们终于合理地解释了数和数的运算，合理地解释了微积分，构建了现代数学中关于数及其运算的理论基础。

由此可见，虽然人们在很早以前就抽象出了数以及四则运算，抽象出了数与数之间的关系，甚至建立了基于极限运算的微积分，但直到20世纪初，人们才合理地解释了什么是数，以及各种关于数的运算及其法则。

图形与图形关系的抽象。无独有偶，图形与图形关系的抽象也经历了类似的过程。现实世界中的图形都是三维的，几何学研究的对象，诸如点、线、面等都是抽象的产物，这些研究对象集中地表述在欧几里得《原本》这本书中[①]。欧几里得用揭示内涵的方法给出点、线、面的定义，比如，点是没有部分的那种东西。但是，凡是具体的陈述就必然会出现悖论：按照这样的定义，应当如何解释两条直线相交必然交于一点呢？两条直线怎么能交到没有部分的那种东西上呢？此外，空气是没有部分的，空气是不是点呢？即便如此，欧几里得几何仍然是数学抽象的典范，支撑了数学两千多年的发展，并且成为近代物理学发展的基础，主要表现在伽利略和牛顿的工作中。

随着数学研究的深入，特别是非欧几何以及实数理论的出现，人们需要更加严格地审视传统的几何学。1898年，希尔伯特在《几何基础》这本书中，重新给出了点、线、面的定义：用大写字母A表示点，用小写字母a表示直线，用希腊字母α表示平面，这完全是符号化的定义，没有任何涉及内涵的话语。那么，完全没有内涵的定义也能成为数学的研究对象吗？事实上，希尔伯特更为重要的工作在于他给出的五组公理，这五组公理限定了点、线、面之间的关系，给出了几何研究的出发点，构建了几何公理体系。希尔伯特几何公理体系的建立，完成了几何学的第二次抽象。在形式

---

① 原著13卷，前6卷论述平面几何，第7至第9卷论述数的理论，第10卷论述无理数，第11至第13卷论述立体几何。后来希普西克勒斯补充第14卷，又将晚期的一些评注编为15卷，拉丁文本为《欧几里得原本》。中国最早译本的完成时间是明万历三十五年，即1607年，是意大利传教士利玛窦和徐光启合作翻译的，这也是中国近代翻译西方数学书籍的开始。他们是根据德国人克拉维乌斯1574年拉丁文的《欧几里得原本》翻译的。原书15卷，他们翻译了前6卷，因为主要是平面几何的内容，因此他们定名为《几何原本》，中文“几何”的名称也就此产生。

上，几何学的研究已经脱离了现实，正如希尔伯特所说的那样①：

> 欧几里得关于点、线、面的定义在数学上是不重要的，它们之所以成为讨论的中心，仅仅是因为公理述说了它们之间的关系。换句话说，无论把它们称为点、线、面，还是把它们称为桌子、椅子、啤酒瓶，最终推理得到的结论都是一样的。

小结。通过上面的讨论可以看到，抽象是数学得以产生和发展的思维基础，并且，与数学的发展同步，数学的抽象也经历了两个阶段。

第一阶段的抽象是基于现实的，人们通过对现实世界中的数量与数量关系、图形与图形关系的抽象，得到了数学的基本概念，这些基本概念包括：数学研究对象的定义、刻画研究对象关系的术语和计算方法。这种基于现实的抽象，是从感性具体上升到理性具体的思维过程。随着数学研究的深入，还必须进行第二阶段的抽象，这个阶段的抽象是基于逻辑的。人们通过第二阶段的抽象，合理解释了那些通过第一次抽象已经得到了的数学概念以及概念之间的关系。第二次抽象的特点是符号化、形式化和公理化，这是从理性具体上升到理性一般的思维过程。

但是，我们必须看到，虽然第二次抽象使得数学更加严谨，但第一次抽象却是更为本质的，因为第一次抽象创造出了新的概念、运算法则和基本原理，而第二次抽象只是更加严谨地解释这些创造。事实上，如果没有第一次抽象作为铺垫，我们将无法理解第二次抽象的真实含义，就像没有欧几里得几何作为铺垫，我们将无法理解希尔伯特所创造的几何公理体系到底说了些什么。

推理。按照人们的通常理解，主要有三种思维形式：形象思维、逻辑思维和辩证思维。数学主要依赖的是逻辑思维，具体体现就是逻辑推理。人们通过逻辑推理，理解数学研究对象之间的因果关系，并且用抽象的术语和符号描述这种关系，形成数学的命题和运算结果，促进了数学内部的发展。

随着数学研究的不断深入，根据研究问题的不同，数学逐渐形成各个分支，甚至形成各种流派。即便如此，因为数学研究问题的出发点是一致的，逻辑推理规则也是一致的，因此，至少现在的研究结果表明，数学在整体上是一致性。也就是说，虽然数学各个分支所研究的问题似乎风马牛不相及，但数学各个分支得到的结果却是相互协调的。为此，人们不能不为数学的这种整体一致性感到惊叹：数学似乎蕴含着某种

---

① 参见：瑞德．希尔伯特——数学世界的亚历山大[M]．袁向东，李文林，译．上海：上海科学技术出版社，2011：90.

类似真理那样的东西。

推理是对命题的判断，是从一个命题判断到另一个命题判断的思维过程。这里所说的命题，是可供判断的陈述句，如果也用陈述句表述计算结果，那么，数学的所有结论都是命题。进一步，所谓有逻辑的推理，是指所要判断的命题之间具有某种传递性，更形象地说，就是有一条主线能把这些命题串联起来。据此，“凡人都有死，苏格拉底是人，所以苏格拉底有死”，这样的推断是有逻辑的；“苏格拉底是人苏格拉底有死，柏拉图是人柏拉图有死，所以凡人都有死”，这样的推理也是有逻辑的；但是，“苹果是酸的，酸的是一种味道，所以苹果是一种味道”，这样的推理是没有逻辑的。基于上面的述说，本质上只有两种形式的逻辑推理，一种是归纳推理，一种是演绎推理。

归纳推理。归纳推理是命题的适用范围由小到大的推理，是一种从特殊到一般的推理，比如上述第二个推理。通过归纳推理得到的结论是或然成立的。

归纳推理包括不完全归纳法、类比法、简单枚举法、数据分析等。人们借助归纳推理，从经验过的东西出发推断未曾经验过的东西，因此，除去通过计算得到的结果之外，数学的结论都是通过归纳推理得到的。也就是说，数学的结果是“看”出来的，而不是“证”出来的，虽然看出的数学结果不一定正确，但指引了数学研究的方向。

演绎推理。演绎推理是命题的适用范围由大到小的推理，是一种从一般到特殊的推理，比如上述第一个推理。通过演绎推理得到的结论是必然成立的。

演绎推理包括三段论、反证法、数学归纳法、算法逻辑等。人们借助演绎推理，按照假设前提和规定的法则验证那些通过归纳推理得到的结论，这便是数学的“证明”。通过证明能够验证结论的正确性，但不能使命题的内涵得到扩张。也就是说，演绎推理能保证论述的结论与论述的前提一样可靠，但不能增添新的东西。

小结。数学之所以具有类似真理那样的合理性，或者说，数学之所以具有严谨性，正是因为数学的结论从产生到验证的整个过程，都严格地遵循了上述两种形式的逻辑推理。但是，在我们现行的数学教学中，过分强调了演绎推理而忽略了归纳推理，过分强调了命题的证明而忽略了命题的提出以及对命题的直观理解。我们不能不思考这样的问题，无论是大学的数学教育，还是中小学的数学教育，是不是都应当创造出一些问题的情境，让学生自己发现一些对于他们而言是新的数学结论呢？

模型。数学模型与人们通常所说的数学应用是有所区别的：数学应用涉及的范围相当宽泛，可以泛指应用数学的方法解决实际问题的所有事情；数学模型更侧重用数学创造出来的概念、原理和方法，描述现实世界中的那些规律性的东西。通俗地说，数学模型是用数学的语言讲述现实世界中与数量、图形有关的故事。数学模型使数学走出了自我封闭的世界，构建了数学与现实世界的桥梁。关于这一点，伽利略的经验之谈是最好的诠释①：

> 哲学被写在展现于我们眼前的伟大之书上，这里我指的是宇宙。但是如果我们不首先学会用来书写它的语言和符号，我们就无法理解它。这本书是以数学语言写的，它的符号就是三角形、圆和其他几何图形，没有这些符号的帮助，我们简直无法理解它的片言只语；没有这些符号，我们只能在黑暗的迷宫中徒劳地摸索。

因此，数学模型的出发点往往不是数学，而是将要讲述的现实世界中的那些故事；数学模型的研究手法也不是单向的，需要从数学和现实这两个出发点开始，这就像建筑桥梁一样，在建筑之前必须清楚要把桥梁建筑在哪里，要在此岸和彼岸同时设计桥墩的具体位置。构建数学模型的大体流程是：从两个出发点开始，规划研究路径、确立描述用语、验证研究结果、解释结果含义，从而得到与现实世界相容的、可以用来描述现实世界的数学表达。

在现实世界中，放之四海而皆准的东西是不存在的，因此，一个数学模型必然有其适用范围，这个适用范围通常表现于模型的假设前提、模型的初始值以及对模型中参数的限制。在这个意义上，所有数学的形式，诸如函数、方程等，本身都不是数学模型，而是可以用来构建模型的数学语言。

因为数学模型具有数学和现实这两个出发点，因此，数学模型就不完全属于数学。事实上，大多数应用性很强的数学模型的命名，都依赖于所描述的学科背景。比如，生物学中的种群增长模型、基因复制模型等；医药学中的专家诊断模型、疾病靶向模型等；气象学中的大气环流模型、中长期预报模型等；地质学中的板块构造模型、地下水模型等；经济学中的股票衍生模型、组合投资模型等；管理学中投入产出模型、人力资源模型等；社会学中人口发展模型、信息传播模型等。在物理学和化学中，各类数学模型更是不胜枚举。

小结。数学模型描述的是现实世界的故事，因此，数学模型不仅研究的出发点不是数学本身，就连价值取向也不是数学本身，而是描述现实世界的作用。针对每一个具体的学科，强调的是描述那个学科规律性问题的作用，比如，那些获得诺贝尔经济学奖的数学模型，人们关注的并不是模型的数学价值，而关注的是模型是否能够很好

---

① 参见：爱德文·阿瑟·伯特．近代物理科学的形而上学基础[M]．徐向东，译．北京：北京大学出版社，2003：56.

地描述经济学中的某些规律。

总结。人们普遍认为，数学具有三个显著特征：一般性、严谨性和应用的广泛性。事实上，这三个显著特征的形成，依赖于数学的基本思想。

抽象出来的东西必然要脱离具体的表象，因此数学是一般的，特别是经过了第二次抽象，数学的表达实现了符号化，走向了一般化的极致；数学的推理是有逻辑的，通过归纳推理预测结论、通过演绎推理验证结论，因此数学是严谨的，特别是近代数学的证明过程实现了公理体系下的形式化，使得数学的严谨走向极致；模型思想的本质是站在现实的立场上，思考现实世界中规律性的问题、用数学的语言讲述现实世界的故事、用现实的效果评价模型的功效，这样的应用是与现实世界融合的，因此，数学的应用是广泛的。

毋庸置疑，数学的严谨性是极为重要的，严谨性也是人们对数学的一种普遍认识。在现今的数学教育中，人们认真地遵循着这个原则。可是，数学为什么需要严谨性呢？严谨性对数学发展的作用是什么呢？关于这个问题，阿蒂亚有一段精彩的描述①：

> 现在你可能会问：什么是严格性？一些人把“严格”定义为“rigormortis（僵化）”，相信伴随纯粹数学而来的，是对那些知道如何得到正确答案的人的活动的抑制。我想，我们必须再次记住数学是人类的一种活动。我们的目标不仅是要发现些什么，而且要把信息传下去。……严格的数学论证的作用正在于使得本来是主观的、极度依赖个人直觉的事物，变得具有客观性并能够加以传递。我完全不想拒绝直觉带来的好处，只是强调为了能向他人传播，所获得的发现最终应以如下方式表述：清晰明确，毫不含糊，能被并无开创者那种洞察力的人所理解。……一旦你进入研究的下一阶段，对已得到的结构开始提出更复杂、更精细的问题时，对最初的基础性工作的深入理解就会变得越来越重要。所以，正是你所从事的研究本身，需要严格的论证，如果缺乏牢固的基础，你修建的整座建筑将岌岌可危。

正如前面讨论的那样，数学结论的发现，依赖的并不是一般性，也不是严谨性，而依赖的是主观的个人直觉。只是为了便于他人的理解、便于交流、便于研究的深入，数学的严谨性才变得异常重要。因此，在数学教育的过程中，应当注重严谨性。

① 参见：阿蒂亚．数学的统一性[M]．袁向东，编译．大连：大连理工大学出版社，2009：35-36.

但是，我们也应当看到，因为严谨性的功能不在于发现知识，而在于解释知识，因此严谨性仅仅是数学思维的一个特征，而不是数学思维的本质。那么，在数学教育中，比严谨性更为重要的是什么呢?

二、在数学教育中体现数学基本思想

任何一件事情，一旦走到了极致就会出现异化，这便是孔子所说的“过犹不及”。数学的严谨性也是如此。在数学教育的过程中，如果过分强调数学的严谨性，数学的概念就会被表示成为一堆符号，数学的推理就会被表现为一种形式，正如罗素在《西方哲学史》中所说的那样[①]：

> 我应当同意柏拉图的说法，纯粹数学并不是从知觉得来的。纯粹数学包含的都是类似“人是人”这样的同义反复，只不过是更为复杂罢了。要知道，判断一个数学命题是否正确，我们并不需要研究世界，而只需要研究符号的意义；而符号，当我们省略了定义之后，只不过是“或者”“不是”“一切”和“某些”之类的话语，并不指向现实世界中的任何事物。

罗素是哲学家，是数学逻辑主义学派的代表。在罗素的眼中，数学的命题或者数学的结论，就是用一些表示关系的逻辑术语把表示概念的名词连接在一起。如果不顾及概念的实际含义，那么，数学最终就如罗素评述的那样：

> 数学的真理，正如柏拉图所说，与知觉无关，这是一种非常奇特的真理，仅仅涉及符号。

罗素把数学的逻辑推到了极致，因此，不能也不应当用罗素的观点实施数学教育。虽然在现代数学中，结论的最终表述仅仅涉及符号和逻辑术语，平淡乏味，但在事实上，大多数数学结论的内涵是丰富多彩的，结论的形成过程是生机勃勃的。比如，在数量与数量关系的研究中，最具创造力的数学工具微积分的产生与发展；在图形与图形关系的研究中，最具想象力的数学表达黎曼几何的产生与发展。所以，在数学教育的过程中，不能过分沉迷于符号和逻辑术语，过分拘泥于数学的严谨性。完全

---

① 参见：罗素．西方哲学史[M]．何兆武，李约瑟，译．北京：商务印书馆，1976：203-204.

基于符号化、形式化和公理化的数学教学，必然会掩盖数学命题的本质，淡化数学思维的活力，进而忘却了人的原本直觉。一个好的数学教育，不能让学生仅仅在形式上记住数学概念、在逻辑上理解数学道理、在技巧上会解数学习题。关于这一点，柯朗在《什么是数学》的序言中有过明确评述①：

> 今天，数学教育的传统地位陷入了严重的危机之中，而且遗憾的是，数学工作者要对此负一定的责任。数学教学有时竟变成空洞的解题训练。这种训练虽然可以提高形式推导的能力，但不能导致真正的理解与深入的独立思考。

在这里，柯朗强调了真正的理解与深入的独立思考。事实上，过分沉迷于符号和逻辑术语，不仅妨碍了真正的理解与深入的独立思考，也不可能获取真正的知识，正如爱因斯坦所说②：

> 纯粹的逻辑思维不能给我们任何关于经验世界的知识；一切关于实在的知识，都是从经验开始，又终结于经验。用纯粹逻辑方法得到的所有命题，对于实在来说是完全空洞的。由于伽利略看到了这一点，尤其是由于他向科学界谆谆不倦地教导这一点，他才成为近代物理学之父，事实上，也成为整个近代科学之父。

那么，什么样的数学教育才有利于真正理解、有利于独立思考、有利于获取真正的知识呢？这就是突出数学基本思想的数学教育，其理由至少体现在数学内部和数学外部两个方面。

体现在数学教育内部。数学教育不应当让教师和学生都沉迷于符号的世界：概念靠记忆、计算靠程式、证明靠形式。为了改变这种现状，一个好的数学教学，教师需要理解数学的本质，创设出合适的教学情境，让学生在情境中理解数学概念和运算法则，感悟数学命题的构建过程，感悟问题的本原和数学表达的意义。为了说明这一点，下面引用一段爱因斯坦的话，这段话来源于1921年1月27日他在普鲁士科学院所作的报告，那是在相对论刚被提出不久的时候③：

---

① 参见：柯朗，罗宾．什么是数学[M]．左平，张饴慈，译．上海：复旦大学出版社，2005.
② 参见：爱因斯坦．爱因斯坦文集(第一卷)[M]．许良英，范岱年，译．北京：商务印书馆，1976：313.
③ 参见：爱因斯坦．爱因斯坦文集(第一卷)[M]．许良英，范岱年，译．北京：商务印书馆，1976：136-148.

> 数学既然是一种同经验无关的人类思维的产物，它怎么能够这样美妙地适合实在客体呢？那么，是不是不要经验而只靠思维，人类的理性就能够推测到实在事物的性质呢？
>
> 照我的见解，问题的答案扼要说来是：只要数学的命题是涉及实在的，它们就是不可靠的；只要它们是可靠的，它们就不涉及实在。我觉得，只有通过那个在数学中叫作“公理学”的趋向，这种情况的完全明晰性才成为公共财产。公理学所取得的进步，在于把逻辑形式同它的客观的、或者直觉的内容截然划分开来；依照公理学，只有逻辑形式才构成数学的题材，而不涉及直觉的、或者别的与逻辑形式有关的内容。
>
> ……
>
> 另一方面也是确定无疑的，一般说来，数学，特别是几何学，它之所以存在，是由于需要了解实在客体行为的某些方面。……而仅有公理学的几何概念体系，显然不能对实在客体的行为作出任何断言。为了能够作出这种断言，几何学必须去掉单纯的逻辑形式的特征，应当把经验的实在客体同公理学的几何概念的空架子对应起来。

由此可见，虽然为了数学的严谨性，现代数学逐渐走向了符号化、形式化和公理化，但数学的教学过程却应当反其道而行之：虽然概念的表达是符号的，但对概念的认识应当是有具体背景的；虽然证明的过程是形式的，但对证明的理解应当是直观的；虽然逻辑的基础是基于公理的，但思维的过程应当是归纳的。为此，在数学教育的过程中，把握数学基本思想是极为重要的，因为无论是情境的创设，还是问题的提出、思维的引导，都应当源于数学的本质，这个本质就是数学基本思想。

体现在数学教育外部。基础教育阶段的数学教育必须重视这样一个基本事实，就是学生中的大多数，将来所从事的工作很可能不需要研究数学，因此，这些学生从事工作后，会把辛辛苦苦记住的那些数学概念、证明方法以及解题技能逐渐忘掉。这个现实，给基础教育阶段的数学教育提出了一个非常本质的问题：是否应当在知识和技能的基础上，还能让学生感悟一些东西、积累一些经验，让学生终生受益呢？正是为了实现这个目的，我在《义务教育数学课程标准(2011年版)解读》的绪论中写道①：

---

① 参见：史宁中．义务教育数学课程标准(2011年版)解读[M]．北京：北京师范大学出版社，2012：2.

> 与教学大纲相比，课程标准更加重视学生能力的培养和素养的提高。《标准(2011年版)》的培养目标在原有"双基"的基础上，进一步明确提出了"基本思想"和"基本活动经验"的要求，这样就把"双基"扩展为"四基"。希望学生在义务教育阶段的数学学习中，除了获得必要的数学知识和技能之外，还能感悟数学的基本思想，积累数学思维活动和实践活动的经验。
>
> 思想的感悟和经验的积累是一种隐性的东西，但恰恰就是这种隐性的东西在很大程度上影响人的思想方法，因此，对学生，特别是对那些未来不从事数学工作的学生的重要性是不言而喻的，这是学生数学素养的集中体现，也是"育人为本"教育理念在数学学科的具体体现。
>
> ……
>
> 显然，思想的感悟和经验的积累仅仅依赖教师的讲授是不行的，更主要的是依赖学生亲自参与其中的数学活动，依赖学生的独立思考，这是一种过程的教育。

依据上面的说法，对于数学教育，"过程教育"所说的"过程"，不是数学知识产生的过程，也不是数学家所描述的数学思维过程，而是学生自己理解数学的思维过程。一个人会想问题，不是学习的结果，而是经验的积累，是学生在独立思考的过程中逐渐形成的思维习惯。因此在基础教育阶段，一个好的数学教育，应当更多地倾向于培养学生数学思维的习惯，像我们在前面谈到过的那样：会在错综复杂的事物中把握本质，进而抽象能力强；会在杂乱无章的事物中理清头绪，进而推理能力强；会在千头万绪的事物中发现规律，进而建模能力强。这些，恰恰是数学基本思想的核心。

下面，我们将在这本书中，结合数学知识产生与发展的过程，阐述其中所蕴含的数学基本思想。

第一部分

数学的抽象：从现实进入数学

在绪言中，我们已经述说了为什么抽象可以作为数学的基本思想。虽然就数学的研究对象和研究对象之间的关系而言，通过抽象得到是数学的语言或者定义，但语言或者定义的作用是不可估量的，正如文化符号学的奠基人卡西尔所说①：

> 尽管语言无法以其自身的手段产生科学知识，甚至也无法触及科学知识，但是，语言却是通往科学知识之途的必经阶段，语言是对事物知识得以生成和不断增长的唯一中介。命名行为是不可或缺的首要步骤和条件，而科学的独特工作就是建立在这种明确限定行为之上。

思想与语言之间的关系大体是这样的：一方面，无论是思维的过程还是表达的过程，都是语言承载着思想；另一方面，思想是思维的结果，体现了语言产生、发展与表达的内心活动。

在将要述说的第一部分，所说的数学语言主要是指数学的基本概念和运算法则，这些是数学所要研究的对象，是数学研究的基础；因此，对应的数学思想就是指，数学基本概念和运算法则产生、发展与表达的内心活动，把这种内心活动归结为**数学抽象**。我们将讨论，人们是如何通过对现实世界中数量与数量关系、图形与图形关系的

---

① 参见：恩斯特·卡西尔. 人文科学的逻辑[M]. 沉晖，海平，叶舟，译. 冯俊，校. 北京：中国人民大学出版社，2004：53.

抽象，得到数学的基本概念和运算法则。

为了清晰地理解什么是抽象，需要先明确关于抽象的两个基本问题：一个问题是抽象的过程，另一个问题是抽象的存在。

抽象的过程。绪言中谈到，就数学的研究对象而言，数学的抽象经历过两个阶段：第一阶段的抽象是基于现实的，第二阶段的抽象是基于逻辑的。那么，数学抽象的过程是不是有所不同呢？数学抽象的过程能不能分出层次呢？

抽象必须关注研究对象的共性，亚里士多德称之为共相；不仅如此，抽象还必须关注研究对象与其他事物的差异，可以称之为异相①。把握共相、明晰异相，把所要研究的对象从诸多的事物中分离出来形成集合，对集合以及集合中的元素进行命名，这就是对研究对象进行抽象的基本思维过程。正如卡西尔所说，命名行为是不可或缺的首要步骤和条件，而科学的独特工作就是建立在这种明确限定行为之上。在数学上，称这种命名行为为定义。

统观数学研究对象的抽象过程，大体上有两种定义的方法：一种方法是基于对应的，另一种方法是基于内涵的。所谓基于对应，是指通过若干具有同质特征的实例，给研究对象起个名字，这样的方法不涉及研究对象的本质特征；所谓基于内涵，是指把握研究对象的本质特征，述说研究对象是什么②。数学的发展证明，为了使研究对象完全摆脱对物理背景的依赖，上述两种方法都要归结于公理化体系，最终达到抽象的极致。在公理化体系的意义上，上述两种数学的定义方法殊途同归。

可以从两个方面把握数学的抽象。一方面，我们确信，真正的知识，包括数学最为本质的知识，是来源于感性经验的，是通过直观和抽象得到的，因此抽象不能独立于人的思维而存在；另一方面，我们还应当知道，抽象能力是数学思维的基础，只有具备一定的抽象能力，才可能从感性经验中获得事物的本质特征，从而上升到理性认识。因此，数学教育，特别是基础教育阶段的数学教育，必须把抽象能力的培养作为一个重要的目标，无论受教育者未来是否从事与数学有关的工作。

就一个具体数学概念的抽象过程，大体可以分为三个阶段，或者说三个层次。第一阶段是简约阶段：把握事物关于数量或者图形的本质，把繁杂问题简单化，给予清晰表达。第二阶段是符号阶段：去掉具体内容，利用符号和关系术语，表述已经简约化的事物。第三阶段是普适阶段：通过假设和推理，建立法则、模式和模型，在一般

---

① 异相的说法来自《墨经》，参见：史宁中著《数学思想概论(第4辑)——数学中的归纳推理》第二讲。

② 在这样定义的语句中，通常要使用系词“是”，人们称这样的语句为系词结构。在这样结构的定义中，主词与谓词必须是充分必要的，参见本书第十讲的讨论。

意义上描述一类事物的特征或规律。正如阿蒂亚所说[①]：

> 其实数学本身是一个层次分明的学科，每一层都是建立在之前的层次上，这就是为什么少受一年的教育可能导致灾难性的后果。这种层次结构与抽象发展是一致的。在这个过程中许多类似的现象被组合到一起，形成下一个层次的基石。

在以后的章节中，我们将结合数学知识的形成过程，具体分析上面述说的问题。必须强调，我们的目的不是为了论述数学知识本身，而是为了借助数学知识产生与发展的过程，感悟和理解什么是数学的抽象，感悟和理解数学的一般性是如何得以实现的。

抽象的存在。这完全是一个哲学问题：抽象的东西是否存在？如果存在，是如何存在的？这个问题之所以重要，是因为这个问题涉及抽象的本质。

这个问题是由柏拉图引发的。柏拉图认为人的经验是不可靠的，因此，所有基于经验的概念都是不可靠的，数学的概念不应当是经验意义的存在，而应当是永恒的存在。为了更好地解释，柏拉图把这种永恒的存在称为理念，数学的任务就是发现这样的存在。柏拉图的学生亚里士多德在《形而上学》这本书中这样阐述柏拉图的想法[②]：

> 柏拉图认为定义是关于非感性事物的，而不是那些感性事物的。正是由于感性事物不断变化，所以不能有一个共同定义。他一方面把非感性的东西称为理念，另一方面把感性的东西作为说明置于理念之外。柏拉图认为，只有理念才得以存在。

亚里士多德的总结是精辟的。亚里士多德不同意柏拉图的观点，因此说出了那句著名的话语：吾爱吾师，吾更爱真理。亚里士多德认为：抽象的东西是不存在的，抽象的东西只不过是一个“名”而已。在我们生活的现实世界，抽象的数字“2”是不存在的，存在的只有具体的两匹马、两头牛，数字“2”只不过是一个“名”而已。在这个意义上，数学的任务不是发现已经存在的东西，而是构建数学的研究对象。因为这两位

---

① 原文参见：Atiyah，M. Thoughts of a Mathematician[J]. Brain，2008，131：1156-1160. 中文翻译参见：王克，林开亮，译. 数学家的想法[J].《数学文化》，2015(1)：115.

② 参见：北京大学哲学系外国哲学史教研室编译.《西方哲学原著选读(上卷)》[M]. 北京：商务印书馆，1981：125-133.

哲人的论述，从古希腊时代开始引发了旷日持久的“名实之争”，这个争论吸引了后世许多著名的哲学家、数学家与科学家，延续至今①。那么，应当如何理解抽象的存在性呢？

无论如何，抽象的东西是存在的，因为只有基于这种存在，人们才可能对抽象的数学对象进行研究和交流。但这种存在绝不是现实的存在，而是抽象的存在，是那种存在于人们的大脑之中的，并且可以取得人们普遍共识的东西。这个基本看法非常重要，正如爱因斯坦所说②：

> 可是事实上，“实在”绝不是直接给予我们的。给予我们的只不过是我们的知觉材料，而其中只有那些容许用无歧义的语言来表述的材料才构成科学的原料。从知觉材料到达“实在”，到达理智，只有一条途径，那就是有意识的或无意识的理智构造的途径，它完全是自由地和任意地进行的。……
>
> 这些事实可以用一个悖论来表述，那就是，我们所知道的实在是唯一地由“幻想”所组成的。我们对于那些有关实在的想法表示信赖或相信，仅仅根据如下事实：这些概念和关系同我们的感觉具有“对应”的关系。我们陈述的“真理”的内容就在这里建立起来。在日常生活和科学中都是这样。如果现在在物理学中，我们的概念与感觉的这种对应越来越接近，就没有权利责备这门科学是用幻想来代替实在。只有我们能够指明某一特殊理论的概念不可能以适当的方式与我们的经验相关联的时候，上述那种批评才能站住脚。

显然，爱因斯坦所说的“幻想”与我们所说的“抽象的存在”有关。比如，我们看到足球、看到苹果，会形成圆的概念，离开了足球和苹果，在大脑中依然有圆的概念存在。依赖这个存在，我们可以在黑板上画出圆，可以在一起讨论圆，甚至可以给出圆的定义、研究圆的性质，这是一个由感性具体上升到理性具体的思维过程。在这个意义上，我们研究的不是曾经看到的足球、苹果这样具体的圆，也不是在黑板上画出的那个圆，而是在大脑中存在了的抽象的圆。正因为如此，数学的研究才具有一般性。善于画竹的郑板桥说得最为生动：我画的是我心中之竹，而不是我眼中之竹。

虽然与数学一样，哲学研究的对象也是抽象的东西，但二者之间有本质区别，了

---

① 近代学者在经典“实在论”和“唯名论”的基础上又提出了“概念论”，参见：蒯因．从逻辑的观点看[M]．江天骥，宋文淦，张家龙，等译．上海：上海译文出版社，1987：13-14．

② 出自《关于实在问题的讨论》，这是1950年爱因斯坦写给英国作家塞缪耳的信。参见：爱因斯坦．爱因斯坦文集(第一卷)[M]．许良英，范岱年，译．北京：商务印书馆，1976：512-513．

解这个区别对深入理解数学的抽象是有意义的，这个区别正如康德所说[①]：

> 哲学的知识是出自概念的理性知识，数学知识则是出自概念的、构造的理性知识。构造一个概念就意味着：把与它相应的直观先验地展现出来。……所以，哲学知识只是在普遍中考察特殊，而数学知识则在特殊中，甚至在个别中考察普遍，……

在上面的论述中，康德关于数学知识特征的表述是非常具有哲理的，我们可以这样把握数学概念产生的思维过程：数学概念的形成是从特殊开始的，数学概念的思维是从直觉开始的。对于数学的抽象而言，构造的理性知识，或者说，具有结构的理性知识是非常重要的，因为数学最终要形成抽象结构，这个抽象结构包括对象以及对象的关系或者运算法则。

下面，我们讨论自然数的概念是如何形成、发展和表达的，关系和运算法则是如何确立的。希望在这个讨论中，能够感悟到数学抽象的本质。

第一讲 自然数的产生

现实生活中广泛使用的自然数，产生于人们对数量的抽象；自然数之间的大小关系，产生于人们对数量之间多少关系的抽象。人们发明了十个符号和数位的方法，有效地表达了自然数，形成了十进制记数系统。为了叙述清楚这个抽象过程，需要首先讨论数量与数量关系。

数量与数量关系。从远古时代开始，在日常生活与生产实际中，人们就需要创造出一些语言来表达事物(事件与物体)量的多少。比如，狩猎收获的多少，祭祀牺牲的多少，等等。在古代中国，殷墟甲骨文表明[②]，这样的表达至少可以追溯到商代。这样的表达中出现了数字，数字表达的特点是数字背后都有着具体的背景；数字表达的形式是数字后面都有后缀名词。在现代汉语中，一些表示数量后缀名词的形式被根深蒂固地保留下来：一粒米、两条鱼、三只鸡、四个蛋、五匹马、六头牛、七张纸、八顶帽子、九件衣服、十条裤子，等等。汉语系统中数量表达之精细，堪称为世界之

---

① 参见：康德. 纯粹理性评判[M]. 邓晓芒，译. 杨祖陶，校. 北京：人民出版社，2004：553.

② 这里所说的甲骨文主要是指殷墟甲骨文。殷墟在现今河南安阳小屯村一带，商王盘庚于公元前14世纪左右将商王朝迁都于此，至纣亡国，历8代12王273年。

最，这或许与中国很早就步入农耕社会有关。称这种有实际背景的、关于量多少的数字表达为数量。

在上述的表达中，那些数字还不具备数的功能，因此，只能把那些数字理解为与数量有关的事物的记载。至少有两方面理由支持这样的理解：一是背景，一粒米与一头牛是不可同日而语的，虽然都是数量"一"的具体例子；二是运算，一粒米加上一头牛是什么呢？由此可见，数量不能作为数学研究的对象，数学研究的对象应当是更抽象的东西。

为了实现更一般的抽象，就必须把握数量的本质，这个本质表现在数量的关系之中。数量的本质是多与少，因为动物也能够分辨出多与少[①]。由此可以推断，人类对于数量多少的感知比语言的形成还要早，但是，能够从数量的多少中抽象出数的概念却是一件不容易的事情。一些书中记载，至今为止，有些原始部落依然没有系统的数字概念，那里的人们只能区分一、二和许多[②]。那么，人们是如何形成数的概念的呢？又是如何进行表达的呢？这就要依赖抽象。

基于对应的抽象。在小学数学的教学过程中，对自然数的抽象是基于对应的：首先，利用图形一般性地表示事物数量的多少；然后，对图形的多少进行命名；最后，把命名的东西符号化。比如，采用下面的对应方法：

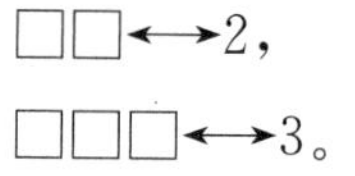

然后对于上面小方块的数量进行命名，最后符号表达，分别表示为"2"和"3"。显然，命名是可以不同的，比如，汉语分别称之为"二"和"三"，而英语分别称之为"two"和"three"。虽然命名可以不同，但符号实现了表达的统一，这充分体现了符号表达的功能[③]。

小学数学中这样的教学方法是符合认识规律的，因为这种对应的方法古已有之。在古希腊著名的荷马史诗中，生动地讲述了一个与对应有关的故事[④]：

> 当俄底修斯刺瞎独眼巨人波吕裴摩斯并离开克罗普斯国以后，那个不幸的老人每天坐在山洞口照料他的羊群。早晨母羊外出吃草，每出来一只，他就从一堆石子中捡起一颗石子；晚上母羊返回山洞，每进去一只，他就扔掉

---

① 详细讨论参见：史宁中著《数学思想概论(第1辑)——数量与数量关系的抽象》第一讲。

② 参见：巴罗．天空中的圆周率[M]．苗华建，译．北京：中国对外翻译出版公司，2000.

③ 事实上，汉字是从象形字演化过来的、也是一种符号表达，这种表达对维系中华民族大一统的作用是不可估量的。

④ 参见：荷马．奥德修记[M](又译奥德赛)．杨宪益，译．上海：上海译文出版社，1979.

一颗石子。当他把早晨捡起的石子都扔光时，他就确信所有的母羊返回了山洞。

多么明智的办法，根本不用具体计算羊的数量，只需要把羊的只数与石子的颗数对应起来，因为独眼巨人关心的是母羊是否全都返回山洞了，而不是关心有多少只母羊。可见，远古的人们就很清楚对应关系的本质：如果两个集合的元素能够一一对应，那么，这两个集合的元素是一样多的。如前所述，这样的认识是从特殊开始的，这样的思维是基于直觉的。

在上面的表达中，符号"⟷"表示对应关系；小方块可以表示任何元素，既可以表示石子，也可以表示羊。小方块是沟通数量与自然数对应关系的桥梁，这样的表达方式是具有一般性的，称这样的表达方式为模式。今后，我们**称能够认识或者解决一类数学问题的方法为模式**。因为数量的"多与少"对应于数的"大与小"，所以，从上面的模式中可以知道：$3>2$。

这样的表达，在本质上是感性的，可以满足人们使用自然数的要求，但不利于人们对自然数性质的研究。因为自然数是所有数的根基，正如在绪言中讨论的那样，为了更清晰地表达实数，人们用公理化的方法重新定义了自然数。

基于内涵的抽象。现今数学界，人们广泛认可的关于自然数的定义，是皮亚诺算术公理体系，这是一种基于内涵的定义。这种定义的出发点是细化了的"大小"关系：自然数是一个一个大起来的。数学家在这种关系中抽象出"后继"的概念，皮亚诺用"后继"的概念定义了自然数①。

比如，先有1；称1的后继为2，2比1大1，表示为$2=1+1$；称2的后继为3，3比2大1，表示为$3=2+1$；……通过这样的后继关系，就定义所有的自然数，同时又定义了加法。

一个事实揭示了自然数集合可以扩张的关键，这就是关于自然数的起始。皮亚诺最初规定自然数是从1开始的，后来又规定自然数从0开始。其原因在于：如果自然数从1开始，算术公理体系将无法定义出0；如果定义不出0，则无法定义相反数，进而无法定义负整数；如果定义不出负整数，则无法通过加法的逆运算定义出减法。因此，如果没有0，自然数集合就不可能在公理化结构下扩张为整数集合。由此可见，0对于加法运算是非常重要的。同样的道理，1对于乘法运算是非常重要的，因为没有1就无法定义倒数，整数集合就不可能在公理化结构下扩张为有理数。由此可见，

---

① 参见本书附录1。

0和1分别是规定加法逆运算和乘法逆运算的基础，而逆运算的完备性是数域得以扩张的基础。

小结。可以看到，无论是基于对应的方法还是基于内涵的方法，都实现了对自然数的抽象。一般来说，需要从两个角度把握自然数的抽象：在形式上，自然数的抽象去掉了数量后面的后缀名词；在实质上，自然数的抽象去掉了数量所依赖的现实背景。上述抽象过程表明，数学研究的不是具体背景下的东西，而是一般的具有规律性的东西。

上述两种抽象方法各有特色：基于对应的抽象比较形象，容易感知自然数是什么；基于内涵的抽象比较严谨，容易把握自然数的本质。必须强调的是，如果没有基于对应抽象的自然数作为铺垫，人们将很难理解基于内涵抽象出来的自然数到底是什么。因此，作为一名中小学数学教师，应当知道这两种方式的抽象，理解其中的逻辑关系，知道数学的严谨性是从自然数的定义开始的。

从皮亚诺算术公理体系知道，自然数与十进制无关，因为“后继”的概念只是意味着自然数是一个接一个源源不断产生的。但是，对于日常生活和生产实践，自然数的十进制表达至关重要。

自然数的古典表达。因为自然数的数量无穷多，因此在原则上，表达所需符号也无穷多，这是一个天大的难题。于是，聪明的人类发明了进位的方法，使得有些符号可以重复使用。如果记数规则是十进制的，那么，除了一到九的符号之外，还需要创造出十进位记数符号。

在古代中国，十进制符号是十、百、千等；在古代罗马，相应的符号是X，C，M等。在这样的符号系统中，五十并不是指50，而是指五个十；三万也不是指30 000，而是指三个万。因此，这样的表示方法是从语言表达向符号表达的过渡，我们称之为**准数字符号系统**。准数字符号系统能够相当广泛地适用于人们的日常生活，因此这样的表达沿用至今。但是，准数字符号系统有两个致命弱点：一个是不利于运算，另一个是表达不完备。

不利于运算很好理解。比如，古罗马的数字系统是以五为单位创造基数符号，除了对应十、百、千的符号X，C，M之外，还有对应于五、五十、五百的符号V，L，D；并且规定，表示1，2，3的符号Ⅰ、Ⅱ、Ⅲ在上述符号的左边的为减、右边的为加。比如，Ⅳ表示4，Ⅵ表示6。于是，28要表示为XXⅧ，其中前面的XX表示20，后面的Ⅷ表示8；199要表示为CXCIX，其中C表示100、XC表示90(即一百减十)、Ⅸ表示9(即十减一)。欧洲的许多古老城市都矗立着纪念碑，上面雕刻时间的表述大多用的是古代罗马的数字符号，相当繁杂。这样的表达是无法进行运算的，当然，如果从美学的角度考虑，就另当别论了。

所谓表达不完备，是指在原则上，准数字符号系统依然需要创造出无穷多个不同的符号。比如，在汉字系统中，常用的最大的记数符号是“兆”，这是 10 的 12 次方，这确实是很大的基数。但对于一个与信息量有关的符号系统来说却是远远不够的，今天生活中不可缺少的个人计算机(PC)，每分钟要处理的信息量就要大大超过这个基数。那么，如何改善这个准数字符号系统呢?

自然数的现代表达。表示自然数的关键是十个符号和数位。十个符号是基于十进制的，因为使用二进制只需要两个符号。人们之所以采用十进制，大概与人有十根手指有关，人们通过对应的方法认识了自然数，十进制就是把事物的数量与十根手指相对应，比如在现代汉语中，表述数量较少时，便形容这个数量为屈指可数。在现实生活中，与数量有关的表述方法还有十二进制和六十进制，这些规定大多与时间有关，进而与古代历法有关①。

从自然数的古典表达发展成为现代表达，需要一个小小的发明，使自然数的表达摆脱十、百、千，或者，X，C，M 这些记数符号的束缚。今天看来似乎是一件非常容易的事情，但这个小小的发明至少经历了几个世纪的时间。这个发明就是数位：在不同数位数字符号的意义不同。数位的想法类似于古代中国发明的算盘：同样多的算珠在不同位置表示的量不同。问题的难点在于如何用符号表达这个功能，也就是说，如何用符号表达算盘中的空档，这个符号就是零。

表示零的符号“0”是古印度人发明的，他们称之为 sunya，原意是空。古印度人认为“空”也是一种存在，甚至认为是一种绝对的存在，在佛学或者禅宗中，可以找到许多关于这方面的论述。在数学里，“0”的存在是现实的：在数字符号系统中加 0，一个有效简捷的数字符号系统就建立起来了。后来，阿拉伯人把这个数字符号系统带到了欧洲，那已经是 10 世纪以后的事情了。现在，人们称这个数字符号系统为阿拉伯数字。

从小到大，或者从左到右，自然数十进位数位法则规定依次相差十倍：从“个”开始，十个“个”是“十”、十个“十”是“百”、十个“百”是“千”，十个“千”是“万”，等等。因此，自然数的数位均与 10 有关：从 10 的 0 次方开始，然后是 10 的 1 次方、2 次方、3 次方、4 次方，等等。

---

① 参见：史宁中著《数学思想概论(第 5 辑)——自然界的数学模型》第二讲，也可以参见本书第十六讲。

必须清楚，数位与数是不同的。在小学数学教科书中，认识一万是这样述说的[①]：十个一千是一万。这样的认识是不合适的。因为依据数位法则，“万”这个数位是十个“千”，但并不是说一万这个数等于十个“一千”，否则一万这个数就是通过乘法得到的了。我们回忆皮亚诺自然数公理体系，自然数是一个一个大起来的，因此应当这样认识一万这个数：已经知道用千位表示的最大数是 9 999，现在又多了一个 1，应当如何称呼这个新的数呢？在中国，人们称这个数为“一万”；在西方，人们称这个数为“十千”，虽然名称不同，但这个数的表达符号是一致的——10 000。

因为各民族文化的传统不同，对于数，特别是对于数位的读法也不尽相同。比如，基于汉语的东亚语言系统的数位基础是四[②]，即数位是：

个、十、百、千；万、十万、百万、千万；亿、十亿、百亿、千亿；兆……

可以看到，其中个、万、亿、兆代表的数位位置分别是 1，5，9，13，差是 4。与此不同，基于拉丁语的欧洲语言系统的数位基础是三，即数位是：

个、十、百；千、十千、百千；百万、十百万、百百万；十亿……

其中个(ones)、千(thousands)、百万(millions)、十亿(billions)代表的数位位置分别是 1，4，7，10，差是 3。现代会计系统源于西方，因此，所有会计报表中记账数字的数位基础是三。

基于十个符号和数位，可以表示所有自然数。一般用 **N** 表示自然数集合：

$$\mathbf{N}=\{0,\ 1,\ 2,\ 3,\ \cdots\},$$

这种表示说明自然数的序是有开头无结尾的。

通过上面的讨论可以看到，人类从最初发明用自然数表达数量，到最终完成十进制自然数的记数系统，经历了一个相当漫长的抽象过程。这个过程最初是为了日常生活的需要，然后是为了数学自身发展的需要。关于自然数的十进制记数系统，拉普拉斯有一段非常精彩的阐述[③]：

> 用十个记号来表示一切的数，每个记号不但有绝对的值，而且有位置的值，这种巧妙的方法出自印度。这是一个深远而又重要的思想，它今天看来如此简单，以致我们忽视了它的真正伟绩。但恰恰是它的简单性以及对一切计算都提供了极大的方便，才使我们的算术在一切有用的发明中列在首位；

---

① 大多数教科书已经改过来了，但在有些教科书的表示中，似乎仍然没有理解这个问题的本质，没有理解数位与数是不同的。事实上，这种基于十的数位概念已经渗透到了日常生活中的各种数量单位：元、角、分；米、分米、厘米；等等。

② 在中国，关于“万”这个数位的记载可以追溯到殷墟甲骨文。

③ 参见：拉普拉斯. 宇宙体系论[M]. 李珩，译. 上海：上海译文出版社，2001.

而当我们想到它竟逃过了古代最伟大的两位人物阿基米德和阿波罗尼奥斯的天才思想的关注时，我们更感到这成就的伟大了。

可惜在那个时代，拉普拉斯对于中国还不十分了解，于是把这项发明完全归功于印度。如前所述，古代中国至少在商朝就有了明晰的十进制记数法，正如吴文俊所说①：

位值制的数字表示方法极其简单，因而也掩盖了它的伟大业绩。它的重要作用与重要意义，非但为一般人们所不了解，甚至众多数学专家对它的重要性也熟视无睹。而法国的数学家拉普拉斯则独具慧眼，提出算术应在一切有用的发明中列首位。中华民族是这一发明当之无愧、独一无二的发明者。这一发明对人类文化贡献之巨，纵然不能与火的发明相比，至少是可与文化史上我国的四大发明相媲美的。中华民族应以出现这一发明而引以自豪。

但是，也正如前面讨论过的那样，古代中国发明的十进制法则与现代意义的自然数十进制记数系统还是有所区别的。关于自然数，克罗内克有句常被人们引用的话："上帝创造了自然数，其余的都是人的工作。"这句话一方面表述了自然数的重要性，另一方面也表述了人们对理解自然数以外其他"数"的苦恼。但克罗内克至少忽略了这样一个事实：负整数在本质上与自然数是一致的。

负整数的表示。人们把 0 以外的自然数称为正整数，这样的述说是为了区别那样的一些数：表达与正整数数量相等、意义相反的量。这些数就是在日常生活中以及在现代数学中不可缺少的负整数。几乎在所有的数学教科书中，都是用定义的方法述说负整数：借助 0，通过正整数的相反数定义负整数。或者说，都是通过内涵的方法定义负整数。

基于内涵定义的负整数。算术公理体系已经定义了自然数和加法，于是可以进一步定义：

对于给定的非 0 自然数 a，把满足 $a+b=0$ 的数 b 称为 a 的相反数，表示为 $-a$。

这样，就用构造的方法定义了负整数：非 0 自然数的相反数。进一步，把正整数、负整数和 0 统称为整数，于是自然数集合就扩张为整数集合，通常用 $\mathbf{Z}$ 表示：

$\mathbf{Z}=\{$负整数，0，正整数$\}=\{\cdots, -3, -2, -1, 0, 1, 2, 3, \cdots\}$。

① 参见：吴文俊. 吴文俊论数学机械化[M]. 济南：山东教育出版社，1996.

虽然在逻辑上，这样产生负整数是无可非议的，但这样产生的负数仅仅是一种符号而已，完全脱离了人们最初创造负数的本意。事实上，负整数的产生也是基于对应的，是为了日常生活表达的需要。

基于对应定义的负整数。 现有资料表明，中国汉朝的数学著作《九章算术》最早提到负数①，并且给出了负数加法和减法运算方法②。在《九章算术》的第八章，即"方程"篇中，利用一个实例引入了负数的概念。这个例子述说了一个人三次买卖牲畜③：

> 第一次卖牛、马盈利为正数，买猪付款为负数；第二次卖牛、猪盈利为正数，买马付款为负数；第三次卖马、猪盈利为正数，买牛付款为负数。

可以看到，这样对应产生的负数，显示了负数的真实含义，从中可以体会到负整数与对应正整数之间的关系：数量相等，意义相反。比如，如果盈余 5 元为正，那么亏损 5 元就为负，钱数相等；如果向西 8 里为正，那么向东 8 里就为负，距离相等。正是基于这个原因，人们在自然数的前面加上一个"＋"号或者"－"号，是为了表示数的性质，而用绝对值表示这些数对应数量的大小。也是基于这个道理，一个负整数与对应正整数的关系是：绝对值相等，意义相反。

负数的出现，使得自然数得到了极大的扩充。那么，应当如何对这样一类扩充了的数进行运算呢？

第二讲 四则运算的产生与演变

四则运算是指加法、减法、乘法、除法。对于人们的日常生活和生产实践，四则运算是极为重要的。如果让人类重新开始建立数学，那么，新建立的数学将会有多少与现在的数学是一致的呢？大概四则运算是一致的，其他的就不好说了。

加法。 与自然数的抽象一样，加法也是人们在日常生活和生产实践中抽象出来

---

① 《九章算术》是中国最重要的数学著作之一，最晚成书于东汉早期，作者不详。这本书以 246 个问题为背景，内容涉及方程组、分数四则运算、负数加减运算、面积体积计算等。刘徽、李淳风等人的校注使得这部书得以完整，北宋(1084 年)刊刻为教科书，是世界最早的印刷本数学书。刘徽(约 225—295)，魏晋时代伟大的数学家，山东临淄人。李淳风(602—670)，唐代杰出的天文学家和数学家，陕西岐山人。

② 大约在公元 628 年，印度数学家婆罗摩笈多给出了负数的四则运算方法，参见《婆罗门历算书》。此书共 24 章，其中第 12 章和第 18 章专门论述数学。

③ 详细讨论参见：史宁中．基本概念与运算法则——小学数学教学中的核心问题[M]．北京：高等教育出版社，2013：103-105.

的，并且，与自然数的抽象方法一样，加法也有两种抽象方法，一种方法是基于内涵的，一种方法是基于对应的。现行所有教科书，无论是小学的还是大学的，均采用基于内涵的方法。事实上，只有用对应的方法解释加法，才可能揭示加法的真正意义。

基于内涵的加法。皮亚诺算术公理体系定义了自然数，同时也定义了加法，因为在“后继数”的定义和表达中，用到了“$+1$”的运算。并且，从“$+1$”运算出发，可以推导出所有自然数的加法，据此可以说：加法是“$+1$”运算的复合。比如，从“$+1$”运算出发，可以得到 $2+2=4$。彭加勒在著作《科学与假设》中记载[①]，下面关于 $2+2=4$ 的证明是莱布尼茨给出的。

证明：从 1 出发，对于给出的自然数 a，规定 $a+1$ 为 a 后面的序数，比如，

$1+1=2$，$2+1=3$，$3+1=4$。

因为 $a+2=(a+1)+1$，

所以 $2+2=(2+1)+1=3+1=4$。

正如彭加勒在书中所说，这样的表述不是数学的证明，只是一种验证。之所以称之为验证，因为这样的述说只是一个特例。如果要明确地表述加法，还需要进一步的抽象。

基于“$+1$”的经验，可以用如下的方法定义加法运算。对于任意 $a\in\mathbf{N}$，$b\in\mathbf{N}$，规定运算 $a+b$ 表示在 a 后面增加 b 个后继的序数，如果这个序数为 c，则称 c 为 a 与 b 的和。称这样的求和运算为加法，记为 $a+b=c$。在这样定义的基础上，可以验证加法运算满足下面三条法则：

1. 封闭性：如果 a，$b\in\mathbf{N}$，则 $a+b\in\mathbf{N}$。
2. 交换律：$a+b=b+a$。
3. 结合律：$(a+b)+c=a+(b+c)$。

第一条表示自然数集合 $\mathbf{N}$ 对加法运算是封闭的；第二条和第三条被称为加法运算律，是人们从长期使用加法的经验中抽象出来的。事实上，$\mathbf{N}$ 上的加法还有一个重要的性质，就是存在 0 元素，可以表示为：存在 $0\in\mathbf{N}$，使得对于任意的 $a\in\mathbf{N}$，$a+0=$

① 参见：彭加勒．科学与假设[M]．叶蕴理，译．北京：商务印书馆，1997：6-7.

$0+a=a$。

许多学者对于这种包括加法在内的形式化了的运算表示不满。亥姆霍兹在《算与量》中说，只有经验才能告诉我们算术的加法法则可以用在哪里，比如：一个雨滴与另一个雨滴相加并不能得到两个雨滴；两份等体积的水混合，一份温度为40℃，另一份温度为50℃，但两份水加在一起，绝不可能得到温度为90℃的水。勒贝格则更是调侃道，你把一头狮子和一只兔子关在一个笼子里，最后笼子里绝不会还有两只动物①。

因此，在数学教学的过程中，除了这种完全基于定义的加法运算之外，还应当让学生感悟加法运算的现实意义与运算本质，这个意义和本质都体现在对应的方法之中。

基于对应的加法。在小学数学教科书中，是用图来解释加法运算。具体的呈现过程大体是这样的，给出下面的图：

因此在"←□"之前有三个"□"，在"←□"之后有四个"□"，于是就得到 $3+1=4$。可是，为什么这样就得到4呢？是因为利用了等号"="的对称性：因为从自然数的定义知道 $4=3+1$，所以利用对称性有 $3+1=4$。用这样的方法解释加法实在是令小学生费解，所有教师在教学过程中都不会用这样的方法解释加法，于是就让学生记住：3加1等于4。

但是，这样的教学是基于符号转换的，完全脱离了现实背景，没有述说"等于"的含义是什么，也没有涉及"加法"的本质。这样的教学方法只是让学生记住了加法的计算规则，而没有让学生感悟到数学思想。下面，我们描述如何利用对应的方法来解释加法。

同样是 $3+1=4$ 的问题。在小学阶段，特别是低学年的数学教育中，可以采用这样的方法解释加法。首先，给出下面的两组方块：

□□□　　　　□□□□　　　　(2.1)

教师可以问学生："哪边的方块多？"学生当然会回答："右边的方块多"。因为学生已经通过对应的方法认识了5以内的自然数：称左边方块的个数为3，右边方块的个数为4。可以通过这个图让学生再次感悟：4个比3个多，4比3大。

然后，再拿出一个方块加到左边，形成下面的图：

□□□←□　　　　□□□□　　　　(2.2)

① 参见：克莱因．数学：确定性的丧失[M]．李宏魁，译．长沙：湖南科学技术出版社，1997：86-87.

教师可以再问学生："现在哪边的方块多?"学生当然会回答："一样多"。于是，就在这个直观的基础上，向学生解释加法的算式：$3+1=4$。当然，在具体的教学过程中，可以讲述得更加生动活泼。

正如前面反复强调的那样，数学研究的不是概念本身，而是概念之间的关系，因此，这样解释加法就突出了两个量之间的相等关系：左边=右边。进而揭示了符号"="的本质含义①：符号两边讲述的是两个故事，符号表示这两个故事中的数量相等。由此可以看到，通过这样的教学，既可以让学生感悟"数量相等"的本质(这对未来理解方程非常重要)，又可以让学生感悟到加法运算的基本特征，即加上一个正整数比原来的数大。

减法。显然，可以类比由(2.1)到(2.2)的过程，利用基于对应定义的方法解释减法。同样，还可以利用基于内涵定义的方法解释减法。

在第一讲中，已经用对应的方法抽象出了负数，并把自然数集合扩充到了整数集合。那么，对于数学来说，进一步要做的事情是：把加法运算由自然数集合扩充到整数集合。容易验证，在整数集合上的加法是可行的，并且知道：加上一个正数，比原来的数大；加上一个负数，比原来的数小。

有了整数集合上的加法，就可以在整数集合上定义减法：对于任意 $a\in \mathbf{Z}$，$b\in \mathbf{Z}$，

$$a-b=x \quad \longleftrightarrow \quad a=b+x,$$

其中 $x\in \mathbf{Z}$ 是一个整数。这就是说，整数集合 $\mathbf{Z}$ 对于减法运算是封闭的。必须注意到，这个定义在自然数集合 $\mathbf{N}$ 上是不可行的，只有在整数集合 $\mathbf{Z}$ 上才有意义。可以验证上述定义蕴涵 $a+(-a)=0$，这与相反数的定义是一致的。

乘法。人们一般认为，乘法是加法的简便运算，但事实上，问题并不是这样简单。需要分两种情况讨论：一种情况是基于自然数集合的乘法，另一种情况是基于整数集合的乘法②。

在自然数集合上，乘法是加法的简便运算。比如，$12=4\times 3$ 是由 $12=4+4+4$ 得到的，这是 3 个 4 相加的简便运算。一般地，对于任意 $a\in \mathbf{N}$，$b\in \mathbf{N}$，有

$$a\times b=c \quad \longleftrightarrow \quad a+a+\cdots+a=c,$$

其中"连加"表示有 b 个 a 相加，因此，符号"↔"左边的乘法是符号"↔"右边 b 个 a 相加的简便运算。对于这样的表示，通常称 a，b 为乘数，c 为积。基于这样的乘法运算，可以得到两个基本性质：对于任意 $a\in \mathbf{N}$，都有

$$0\times a=0，1\times a=a。$$

① 等号还有一个功能：传递。表示的是一种递推关系，这个功能通常表现在运算的过程中。

② 事实上，最初的乘法是针对自然数进行的运算，因为在新近出版的《清华竹简》上明确记载了"九九表"，这表明最晚在战国时期，古代中国人就能够熟练地进行乘法运算了。

这两个性质构成了乘法运算的基本特征，近代数学所定义的任何形式的乘法(包括矩阵的乘法、群上的乘法)都保留了这两个性质。

但是，在整数集合上，乘法不是加法的简便运算。当被乘数为负整数、乘数为正整数时，还可以把乘法运算解释为加法的简便运算。比如，可以把

$$(-2)\times 3=-6 \quad \longleftrightarrow \quad (-2)+(-2)+(-2)=-6,$$

解释为3个(-2)相加的简便运算。当乘数为负整数时，“乘法是加法的简便运算”这个命题就解释不通了。比如，不可能把乘法$3\times(-2)$解释为(-2)个3相加的简便运算。因此，在整数集合上，不能说乘法是加法的简便运算。为了得到一般结论，需要更加深刻地理解乘法的运算法则。

因为整数集合包含自然数集合，于是可以把自然数集合上乘法运算扩充到整数集合，推广的工具就是交换律和分配律，因为乘法交换律和分配律在自然数集合上是成立的。这样，扩充的基本逻辑是：把自然数集合上的乘法，连同交换律和分配律这两个定律一起扩充到整数集合$\mathbf{Z}$上，就得到了整数集合上的乘法。在整数集合上，这两个定律表示如下：

对于任意$a\in\mathbf{Z}$，$b\in\mathbf{Z}$，$c\in\mathbf{Z}$，有

交换律：$a\times b=b\times a$；

分配律：$(a+b)\times c=(a\times c)+(b\times c)$。

交换律和分配律对于乘法运算是本质的，也就是说，这两个定律与乘法运算是等价的，也正因为如此，才可能把乘法运算由自然数集合扩充到整数集合。为此，必须证明扩充的唯一性。现在需要强调的是，乘法运算的扩充方法是具有一般性的，也就是说，几乎对于所有的运算，都可以采用这样的方法进行扩充。如前所说，这样的方法可以称之为模式。下面，证明扩充的唯一性。

假设又有一种运算“·”，这种运算满足上面所说的两个基本性质和两个定律。因为扩充的方法是一样的，为了证明扩充的唯一性，只需要证明：在自然数集合$\mathbf{N}$上，这样定义的运算“·”是加法的简便运算。用数学归纳法证明如下①：

对于任意$a\in\mathbf{N}$，有

$a\cdot 2=2\cdot a=(1+1)\cdot a=1\cdot a+1\cdot a=a+a=2a$，

① 关于数学归纳法的合理性证明，参见本书第十二讲。

其中，第一个等号成立是因为交换律，第二个等号成立是基于自然数的定义，第三个等号成立是因为分配律，第四个等号成立是因为第二个基本性质，第五个等号成立是基于加法的定义。结论表明：当 $k=2$ 时，运算“$\cdot$”是加法的简便运算。其中，$2a$ 表示的是自然数序列中的数，比如，$a=4$，那么 $2a$ 表示的就是序数 8；$a=5$，那么 $2a$ 表示的就是序数 10。

假设 $k=n$ 时结论成立，即对于 $n\in\mathbf{N}$，$a\cdot n=na$ 成立，下面证明 $k=n+1$ 的情况。因为

$$a\cdot(n+1)=(n+1)\cdot a=n\cdot a+1\cdot a=na+a=(n+1)a,$$

其中，第一个等号成立是因为交换律，第二个等号成立是因为分配律，第三个等号成立是基于归纳假设和第二个基本性质，第四个等号成立是基于加法的定义。因为 $(n+1)a$ 是自然数集合 $\mathbf{N}$ 中的序数，表示 $(n+1)$ 个 a 相加的结果，所以在自然数集合 $\mathbf{N}$ 上，运算“$\cdot$”是加法的简便运算。

根据数学归纳法，这就完成了证明。

通过上面的证明过程可以看到，a 乘 b 的结果就是 b 个 a，即 $a\times b=ba=ab$，因此，在不引起混乱的情况下，在进行乘法运算时，人们经常会省略乘法符号“×”，直接把 $a\times b$ 写成 ab。也把这样的表示应用到除法：$a\div b=a\times\left(\frac{1}{b}\right)=\frac{a}{b}$，这样除法就与分数连接起来了。

对于乘法运算，1 是非常重要的数(相当于 0 对于加法运算的作用)，通常把 1 这个数理解为乘法运算的单位元。用 1 和其相反数 -1 可以把乘法的计算法则表示为

$$1\times1=1,$$
$$1\times(-1)=(-1)\times1=-1,$$
$$(-1)\times(-1)=1。$$

其中，第一个等式成立是基于乘法的第二个基本性质，第二个等式成立是基于乘法交换律。第三个等式可以用下面的方法给予证明：

$$\begin{aligned}0&=0\times(-1)\\&=[(-1)+1]\times(-1)\\&=[(-1)\times(-1)]+[1\times(-1)]\\&=[(-1)\times(-1)]+(-1)。\end{aligned}$$

在上面最后的式子中，因为 -1 的相反数为 1，因此得到结论：$(-1)\times(-1)=1$。在上面的运算过程中，第一个等式成立是基于乘法的第一个基本性质，即 0 乘任何数为

0，第二个等式成立是因为1与-1互为相反数，第三个等式成立是因为乘法分配律，第四个等式成立是因为已知$1\times(-1)=-1$。

可以看到，交换律和分配律对于乘法运算是何等重要：没有交换律就解释不了$1\times(-1)=-1$；没有分配律就解释不了$(-1)\times(-1)=1$。因此，在数学的教学过程中，不可以简单地把运算法则理解为依附于运算的性质，而应当把运算法则理解为运算的本质。

当然，也可以利用相反数的概念直观描述乘法。表达如下：

$(-1)\times1$是1×1的相反数，可以从$1\times1=1$得到$(-1)\times1=-1$；

$(-1)\times(-1)$是$(-1)\times1$的相反数，可以从$(-1)\times1=-1$得到$(-1)\times(-1)=1$。

但是，这样的描述至多是直观解释，因为没有讨论"相反数"与"运算"之间的关系，更没有讨论"相反数"与"运算法则"之间的关系。

除法。我们曾经利用相反数来定义负数，并且把自然数集合扩充到整数集合。类似地，也可以利用倒数来定义有理数，然后把整数集合扩充到有理数集合①。

倒数的定义如下：对于$b\in\mathbf{Z}$且不为0，称满足

$$b\times y=1$$

的数y为b的倒数，表示为$\frac{1}{b}$，也称b与$\frac{1}{b}$互为倒数。显然，在上述定义中b不能为0，这是因为0乘任何数都不能为1。进一步，对于任意$a\in\mathbf{Z}$，用$\frac{a}{b}$表示a个$\frac{1}{b}$这样的数。这样，可以用倒数把整数集合扩充到有理数集合，通常用$\mathbf{Q}$表示有理数：

$$\mathbf{Q}=\left\{\frac{a}{b};\ a\in\mathbf{Z},\ b\in\mathbf{Z}-\{0\}\right\}。$$

上面的集合表示是具有一般性的：用大括号囊括所有集合中的元素；分号前面表示的是集合中元素的形式；分号后面表示的是集合中元素的属性。其中，符号$b\in\mathbf{Z}-\{0\}$表示b可以是除去0以外的所有整数，这种表示也意味着"0不能为除数"这个基本要求。

建立了有理数集合，很容易把乘法运算从整数集合扩充到有理数集合。基于有理数集合上的乘法，可以定义除法。对于$a\in\mathbf{Q}$，$b\in\mathbf{Q}$，

$$a\div b=y \quad\longleftrightarrow\quad a=b\times y。$$

这个关系表明除法是乘法的逆运算，因为除法可以与乘法对应。在上式中，通常称a

① 传统的有理数是用分数形式表示的，因此在传统意义上，有理数是指可以用整数表示的数。虽然在现代数学中，可以用分数表示除法，但在本质上，分数是数而不是运算。分数主要表示两个整数与整数（自然数与自然数）的关系：整体与等分的关系；比例关系。详细讨论参见：史宁中．基本概念与运算法则——小学数学教学中的核心问题[M]．北京：高等教育出版社，2013：13-16，105-106.

为被除数，称 b 为除数，称 y 为商。

人们把上述四种运算统称为四则运算，四则运算是数的运算中最基本，也是最重要的运算。通过讨论可以看到：减法、乘法和除法运算都是基于加法的，由加法的逆运算产生了减法，由加法的简便运算产生了乘法，由乘法的逆运算产生了除法；为了逆运算的封闭性，必须对数的集合进行扩充，在自然数集合、整数集合、有理数集合上都可以进行四则运算，但只有有理数集合对于四则运算是封闭的。

从算术到代数：符号的运算。把数字运算抽象为符号运算，是数学表达最具创新性、最具革命性的一步，是近代数学得以发展的基础。

第一个有意识使用字母系数来表示抽象运算的是韦达。1591 年，韦达在著作《分析艺术引论》中，划分了算术与代数的区别，认为算术以及数字系数的方程是与数打交道，是数字计算，而代数是作用于事物的类别或形式上的方法，他称之为类型计算。

在韦达之前，人们只解决带有数字系数的方程。比如，对于一元二次方程，当时的人们认为下面两个方程 $3x^2+2x+1=0$ 和 $2x^2+3x-5=0$ 是不一样的，虽然知道可以用同样的方法求解。韦达用符号 $ax^2+bx+c=0$ 一般性地表示一元二次方程，其中 a，b，c 这些字母系数可以用来表示任何数。因为把方程由数字系数抽象到了字母系数，于是研究的是整个一类方程的计算；因为有了字母系数，就可以得到方程根的一般公式，而对于具体的数字系数，只要代入公式就可以求解。不仅如此，把方程抽象到符号系数，还有利于研究方程的性质。比如，如果用 x_1 和 x_2 分别表示方程的两个根，由求根公式容易得到：$x_1+x_2=-\frac{b}{a}$，$x_1x_2=\frac{c}{a}$，这就清晰地表达了方程的根与系数之间的关系。为了纪念韦达，人们把这个性质叫作韦达定理。韦达定理可以推广到更高阶的方程，推广的韦达定理是伽罗华、阿贝尔等数学家发明群论的基础。

可以看到，基于字母的数学运算所具有的功效：一方面，字母可以像数一样进行运算；另一方面，通过字母得到的结论具有一般性。

下面，我们来分析数量与数量关系抽象过程中的三个阶段。第一个阶段，抽象出数量、用古典表达来表述这些数量，这是简约阶段；第二个阶段，建立十进制系统、用数字符号和数位原则定义自然数，这是符号阶段；第三个阶段，在方程等数学表达式中用字母符号代替数字符号，得到更加一般的数学结论，这是普适阶段。可以看到，数学的抽象一旦达到普适阶段，那么，数学的研究就进入到更高的层次，得到的结论也具有更加广泛的应用性。

第三讲 微积分的产生与极限理论的建立

如果说，人类对于数学的创造，第一个重要的工作是给出了数和数的运算法则的话，那么，第二个重要的工作就是发明了微积分。正如恩格斯在《自然辩证法》中谈到的[①]：

> 在一切理论进步中，同17世纪下半叶发明的微积分比较起来，未必再有别的东西会被看作人类精神如此崇高的胜利。如果说在什么地方可以出现人类精神的纯粹的和唯一的业绩，那就正是在这里。

也正如英国《不列颠百科全书》述说的那样[②]：

> 微积分的产生与发展是“近代技术文明产生的关键事件之一，它引入了若干极其成功的、对以后许多数学的发展起决定性作用的思想。”

事实上，无论微积分的计算法则，还是微积分的思想核心都在于极限理论，极限理论充分地发挥了数学符号表达的功效，使得数学研究的对象从常量走向变量，从静态走向动态，从平直走向弯曲。我们从微积分产生和极限理论建立这两个方面，进一步讨论数学的抽象。

微积分的产生。现代科学的发展得益于文艺复兴。文艺复兴是从重新认识古希腊文明开始的，这个重新认识恢复了人的地位和尊严。13世纪末，首先是在地中海沿岸意大利的一些城市，然后逐渐扩展到整个欧洲，新的思想、新的科学、新的技术如雨后春笋，这些都构成了微积分产生的背景。

新的思想主要体现于两位杰出人物，一位是英国哲学家培根，另一位是法国哲学家、解析几何的创始人笛卡儿。培根探求研究科学的方法，是近代归纳法的创始人。培根说过一句名言：知识就是力量。笛卡儿的名言是：我思故我在。笛卡儿寻求建立

---

① 参见：恩格斯，列宁，斯大林．马克思恩格斯选集(第四卷)[M]．中共中央编译局，译．北京：人民出版社，1995：365.

② 参见：中国大百科全书出版社，美国不列颠百科全书公司，合作编译．简明不列颠百科全书(第三卷)[M]．北京：中国大百科全书出版社，1985：111.

真理的方法，强调直觉和演绎。他们所倡导的理性精神和实证方法，无论是对自然科学还是对人文科学都产生了积极而深远的影响。

新的科学是从哥白尼开始的，他的日心说划破了欧洲中世纪千年的黑暗。1543年哥白尼的《天体运行论》出版；1608年荷兰人发明望远镜，推动了天文学的发展；1619年开普勒发表行星运动的三大定律，用椭圆描绘了行星的运动轨迹；1626年费马、1637年笛卡儿完成了解析几何的工作，把几何图形与代数式有机地结合起来；1638年伽利略用方程表述了自由落体，用抛物线描绘了抛物体的运行轨迹。1642年伽利略去世，同年，牛顿诞生。

虽然有许多数学家对于微积分的产生做出过杰出的贡献，包括开普勒、费马、帕斯卡以及牛顿的老师、剑桥大学三一学院的巴罗。但是，对于微积分进行系统阐述，从而建立起这门学科的还应当归功于两位伟人：牛顿和莱布尼茨。

微积分的核心是极限运算。我们通过导数可以直观理解极限的意义，一个例子就是瞬时速度，就像牛顿所思考的那样。伽利略用函数 $s(t)=\frac{1}{2}gt^2$ 描述了一个自由落体经过了时间 t 的下降距离，其中 g 是重力加速度，在地球上近似为 $g=9.8$ 米/秒^2。因此在地球上，伽利略自由落体定律可以近似写成 $s(t)=4.9t^2$。由此可知，如果一个物体下降4秒以后还没有落地，那么，这个物体在这段时间下落的距离为 $s=4.9\times16=78.4$(米)。牛顿考虑的问题是：物体下落4秒时的瞬时速度是多少？

回想传统的运动公式：距离＝速度×时间。这个公式假设：运动速度是均匀的，是一个常值；如果运动速度不是均匀的，可以用平均速度来代替这个常值。于是牛顿思考：是否可以用很短的时间间隔的平均速度来代替瞬时速度呢？更重要的问题是：这个时间间隔应当多短呢？

假定在4秒后有一个时间增量 h，在4秒到 $4+h$ 秒时间间隔物体下落的距离增量为 m，由自由落体方程可以得到

$$78.4+m=4.9\times(4+h)^2=4.9\times(16+8h+h^2),$$

等式两边减去78.4并除以 h 有

$$\begin{aligned}\frac{m}{h}&=\frac{39.2h+4.9h^2}{h}\\&=39.2+4.9h。\end{aligned}\tag{3.1}$$

这样，(3.1)式的右边就是物体下落4秒后、时间间隔 h 内的平均速度。如果令时间间隔 h 为0，可以得到物体下落4秒时的瞬时速度为39.2米/秒。于是牛顿定义：当 h 趋于0时，(3.1)式左边的比值为瞬时速度，并称其为流数。

这种计算非常美妙，用静态的计算刻画了动态过程的瞬间，就像高速摄影的定格

一样。至少对于自由落体定律，这种计算是可行的，在直观上也是可以被认同的。我们可以把这种方法推广到一般的情况，令函数 $f(t)$ 表示一个物体随着时间 t 变化的运动方程，计算时刻 t_0 时物体运动的瞬时速度。令 Δt 表示时间的增量，根据(3.1)式的想法，可以定义：当 Δt 趋于 0 时，

$$瞬时速度=\frac{f(t_0+\Delta t)-f(t_0)}{\Delta t}。\tag{3.2}$$

现在，我们称这样的计算方法为“求导”。

容易验证，对伽利略自由落体方程 $s(t)=\frac{1}{2}gt^2$，可以用求导的方法得到时刻 t 时的瞬时速度方程为 gt，再对速度方程求导可以得到 g，这恰好为加速度。如果称前者为一阶导数，后者为二阶导数，那么，运动方程的一阶导数为速度，二阶导数为加速度，多么简捷清晰的计算！多么合情合理的表述！

但是，对于一般表达的(3.2)式，我们的理性却遇到了挑战：时间增量 Δt 到底是等于 0 呢还是不等于 0 呢？这也促使我们重新审视(3.1)式的合理性。可以看到，令(3.1)式右边中的 h 为 0 是无所谓的，只是一个规定而已。问题出在(3.1)式的左边，也就是牛顿所定义的流数：如果时间间隔 $h=0$，那么，比值$\frac{m}{h}$将要变为$\frac{0}{0}$。根据我们关于四则运算的知识，这个比值是无意义的。牛顿也解释不清楚他所定义的流数，他在 1676 年发表的《求曲边形的面积》中说：

> 流数，可以随我们的意愿、任意接近在尽可能小的时间间隔中产生的流量的增量，精确地说，是最初增量的最初比。

牛顿的这个说法实在是含糊不清。后来，牛顿在《自然哲学的数学原理》中用到了极限的概念，虽然对这个概念描述得并不清晰：

> 它与无限减少的量所趋近的极限的差，能够比任何给出的差更小，但在这些量无限减少之前不能越过也不能达到这个极限。

还有一个重要的问题：是否对于所有的函数 $f(t)$ 都可以求导呢？可以看到这个阶段微积分的症结之所在，如果把极限看作一种运算，那么，这种运算与四则运算有着本质的不同：既说不清楚运算的规则，也判断不了运算的对象。

尽管还有许多问题说不清楚，但牛顿并没有花费更多精力进行进一步研究，因为

牛顿认为：数学只是用来描述自然定律的一种工具。于是，牛顿用他创造出来的数学方法，成功地描述了那个时代人们所关心的一切自然现象：物体下落、行星运动、彗星周期、海洋潮汐、光的折射、力的表达，等等。这充分说明，牛顿已经成功地完成了关于极限运算的第一步抽象。当然，为了寻求合理的解释，人们还需要进行第二步抽象。但是，正如绪言谈到的那样，虽然第二步抽象的结果在形式上可能是美妙的，但第一步抽象却更为本质，因为第一步抽象发现新的知识，第二步抽象只是合理地表达了新的知识。

莱布尼茨研究的问题与牛顿不同，但是在本质上是一致的，都用到了极限计算。莱布尼茨首先定义了函数，在 1673 年的一部手稿中创造了函数 function 一词，表示任何一个随着曲线上的点变动而变动的量的纵坐标[①]。然后，莱布尼茨研究用函数表达的曲线的切线，这个切线与导数有关，并且比牛顿研究的瞬时速度更具几何直观。对于给定曲线 $y=f(x)$ 和点 x_0，做平面上过点 $A(x_0, f(x_0))$ 的切线。如图 3-1，点 $A(x_0, f(x_0))$ 在曲线 $y=f(x)$ 上，其中 $f(x_0)$ 为对应 $x=x_0$ 时 y 轴的坐标。

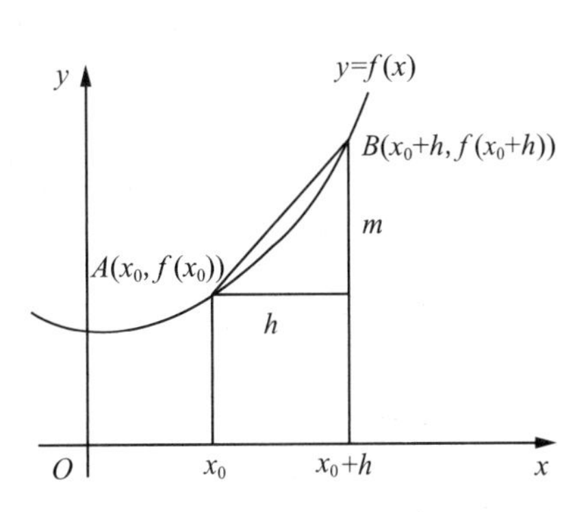

图 3-1　曲线的切线与斜率

根据定义，切线是一条经过点 A 并且在点 A 附近与曲线仅有一个交点的直线。我们可以用点斜式直线方程表示切线，那么，应当如何计算其斜率呢？类似牛顿的思考，在 x 轴的点 x_0 处给一个增量 h，于是在 y 轴的 $f(x_0)$ 处可以得到一个对应的增量 $m=f(x_0+h)-f(x_0)$。如图 3-1 所示，增量的比值 $\frac{m}{h}$ 为割线 AB 的斜率，其中点 B 的坐标为 $(x_0+h, f(x_0+h))$。显然，当自变量增量 h 趋于 0 时，函数增量 m 也趋于 0。莱布尼茨定义这时的比值为切线的斜率，并且用符号 $\frac{\mathrm{d}y}{\mathrm{d}x}$ 表示。莱布尼茨发明的这个符号沿用至今，人们称 $\frac{\mathrm{d}y}{\mathrm{d}x}$ 为函数 y 对 x 的导数。

经过近十二年的努力，莱布尼茨于 1684 年在《教师学报》上发表了他关于微积分的第一篇论文，这也是第一篇系统阐述微积分的论文[②]。比较(3.2)式可以看到，莱布尼茨的方法与牛顿的方法在本质上是一样的。与牛顿相同的是，莱布尼茨也不能很好

---

① 参见：克莱因. 古今数学思想(第一册)[M]. 张理京，张锦炎，译. 上海：上海科学技术出版社，1979.

② 牛顿对于发表自己的研究成果非常谨慎，去世后留下大约五千页的未发表的手稿，经过近三百年的整理，剑桥大学出版社从 1967 年起分八卷陆续出版，其中第一卷有一篇(pp. 400-448)牛顿写于 1666 年的关于流数的论文手稿。

地解释极限运算的规则；与牛顿不同的是，莱布尼茨是一位伟大的哲学家，面对来自各个方面的“过分苛刻”的批评，他在1695年《教师学报》的文章中给出了富有哲理的、今天仍然有价值的回答：“过分的审慎不应该使我们抛弃创造的成果”。

莱布尼茨进一步思考了无穷小量的阶，认为当h是一个无穷小量时，诸如h^2，h^3这样的h的任意次幂将是更小的量，可以忽略。1699年，他在给朋友的一封信中写道：

> 考虑这样一种无穷小量将是有用的，当计算它们的比的时候，不把它们当作零，但是只要它们与不可比较的大量一起出现时，就把它们舍弃。例如，如果我们有$x+\mathrm{d}x$，就把$\mathrm{d}x$舍弃。

可以看到，莱布尼茨已经说出了现今分析学中经常使用的高阶无穷小的思想。如果用函数表示的曲线方程为$y=ax^2$，类似(3.2)式的计算得到$\frac{\mathrm{d}y}{\mathrm{d}x}=2ax+a(\mathrm{d}x)$，根据莱布尼茨的想法，把这个等式右边含有$\mathrm{d}x$的项舍掉，就可以得到导数：$\frac{\mathrm{d}y}{\mathrm{d}x}=2ax$。如果$a=4.9$，$x=4$，得到$\frac{\mathrm{d}y}{\mathrm{d}x}=39.2$，这与(3.1)式的结果一致。

微分远没有导数那样直观，但与导数有着密切的联系。当导数$\frac{\mathrm{d}y}{\mathrm{d}x}=2ax$时，对应的微分形式为$\mathrm{d}y=(2ax)\mathrm{d}x$。这是函数增量的近似表达：当$x$得到增量$\mathrm{d}x$时，$y$得到增量$\mathrm{d}y$。这个增量$\mathrm{d}y$是$\mathrm{d}x$的线性函数，其中斜率恰好为导数。

积分最初的目的是计算被曲线围成的区域的面积。这是一个非常古老的问题，一直可以追索到古希腊的学者欧多克斯和阿基米德。到了17世纪，借助直角坐标系，人们把问题阐述得更加清晰。我们用一个具体的例子阐述积分的思想和计算过程。

如图3-2，计算曲线$y=x^2$下，$a\leqslant x\leqslant b$所围成的面积。因为容易计算矩形的面积，从矩形面积出发思考解决问题的方法。把区间$[a, b]$分为n等分，分点为x_1，…，x_{n-1}，x_n，其中$x_n=b$，可以得到n个宽为$\frac{b-a}{n}$、高为$y_i=x_i^2$的小矩形，这些小矩形面积之和为

$$(b-a)\frac{x_1^2+\cdots+x_n^2}{n}。\qquad (3.3)$$

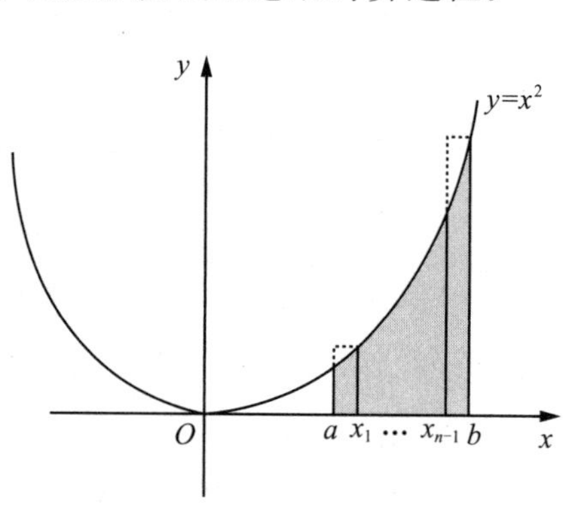

图3-2　计算曲线下面积

显然，这个面积之和大于所要求的曲线下面积，但是，随着 n 逐渐增大，面积的大小会逐渐趋于一致。与求瞬时速度的想法一样：如果令 n 趋于无穷大(等价于 $\frac{1}{n}$ 趋于0)，则小矩形面积之和就会等于曲线下面积。

下面计算(3.3)式。由定义知道 $i=1, \cdots, n$，$x_i=a+\frac{i(b-a)}{n}$，因此(3.3)式为

$$\frac{b-a}{n}\left[na^2+\frac{2a}{n}(b-a)\sum_{i=1}^{n} i+\frac{(b-a)^2}{n^2}\sum_{i=1}^{n} i^2\right]。$$

上式第一个 $\sum$ 和号表示自然数的前 n 项和，等于 $\frac{n(n+1)}{2}$；第二个 $\sum$ 和号表示自然数平方的前 n 项和，等于 $\frac{n(n+1)(2n+1)}{6}$。这样，上式可以计算得到：

$$(b-a)\left[a^2+\left(1+\frac{1}{n}\right)a(b-a)+(b-a)^2\left(\frac{1}{3}+\frac{1}{2n}+\frac{1}{6n^2}\right)\right]。$$

按照莱布尼茨的想法，含有无穷小 $\frac{1}{n}$ 和高阶无穷小 $\frac{1}{n^2}$ 的项都可以忽略，可以得到：

$$区间[a，b]上曲线 y=x^2 下的面积=\frac{1}{3}(b^3-a^3)。$$

多么美妙的结果，多么巧妙的计算方法！

哲学家莱布尼茨是制造符号的高手，他把这一系列的计算过程用一个拉长的 $\sum$ 符号代替，把小区间长度用微分符号 $\mathrm{d}x$ 代替，就把计算方法推广到一般。比如，计算曲线 $y=f(x)$ 下，区间 $a \leqslant x \leqslant b$ 上的面积，那么，

$$面积=\int_a^b f(x)\mathrm{d}x。$$

这样，积分学就建立起来了。由解析几何知道，一个连续函数总能与一条曲线对应，于是积分就有了很好的直观解释：一个函数的积分就是对应曲线下面积。

但是，从上面的计算过程知道，求和并不是一件简单的事情，那么，是否有更加简捷的方法来计算常见的函数的积分呢？我们还是从函数 $y=f(x)=x^2$ 入手分析这个问题。通过上面的计算我们已经知道了这个函数的积分，如果用 $F(x)$ 表示这个积分，那么 $F(x)=\frac{x^3}{3}$，在区间$[a，b]$上积分的结果可以写成 $F(b)-F(a)$。可以验证，$F(x)$ 的导数恰为 $f(x)$、微分为 $f(x)\mathrm{d}x$，这样就可以在微分与积分之间搭建一个桥梁：

$$\int_a^b f(x)\mathrm{d}x = F(b)-F(a)。$$

为了纪念牛顿和莱布尼茨对微积分的贡献，人们称这个公式为牛顿-莱布尼茨公式。

容易看到，积分的本质也是利用了极限运算。可是，对于这种具有超凡威力的极限运算，人们依然不能合理地表述这种运算的道理，甚至不能清晰地表达这种运算的规则。好奇的天性驱使人们要探究其中的奥妙，这样，关于微积分的第二次抽象就应运而生了。

从前面的分析知道，现在需要解决两个核心问题。第一个问题是关于微积分的计算方法：应当如何认识极限？第二个问题是关于微积分的计算对象：应当如何认识函数？

极限理论的建立。由牛顿和莱布尼茨发明微积分的过程可以知道，他们的思想依赖的是物理直观和几何直观。直观是创造的源泉，但不能作为解释创造的根据。极限理论严谨化的历程是数学家再抽象的过程，再抽象要求数学家必须对极限给出明确的定义，这将涉及极限运算、无穷小量、连续函数、导数、微分、积分、无穷级数等一系列概念。如果说牛顿和莱布尼茨的抽象是从感性具体到理性具体，那么，这个再抽象就是从理性具体到理性一般。我们将会看到，这个再抽象的过程从本质上促进了数学自身的发展，标志着近代数学的开始。

理解极限运算是困难的，根本原因是要涉及无穷的概念。在日常生活中，人们遇到的事物都是有限的，因此，要抽象出无穷的概念，特别是抽象出关于无穷的运算法则，实在是困难。但是，数学历来被视为最为严谨的学科，人们通常认为由数学方法得到的结论是不容置疑的，可是现在，人们却解释不清楚具有如此威力的微积分的运算规则，实在是一件不可容忍的事情。在莱布尼茨 1684 年发表第一篇关于微积分的论文后的一百年，也就是 1784 年，柏林科学院数学分部设立了一个奖项，寻求无穷问题的最佳解答①：

> 数学的功用，它所受到的尊敬，“精确科学”这一极为贴切的桂冠，源于其原理的清晰、证明的严密及定理的精确。为了确保知识体系中这一精致部分、这些富有价值的优势，需要对所谓极限问题有一个清晰精确的理论。

当时数学分部的主任是法国数学家拉格朗日，这个奖项的设立显然与他有关系。拉格朗日想避开无穷的概念，另起炉灶建立微积分理论，他于 1797 年出版的著作《解析函数论》的副标题就是：“包含微积分的主要定理，不用无穷小或正在消失的量、或极限与流数等概念，因而归结为有限量的代数分析艺术”，其中“有限量的代数分析”

---

① 参见：克莱因. 数学：确定性的丧失[M]. 李宏魁，译. 长沙：湖南科学技术出版社，1997.

的下面还加了重号。当然，拉格朗日的尝试是失败的，但他的尝试至少说明了这样一个事实：数学的第二步抽象是需要探索和尝试的，第二步抽象依赖人的认识水准和理解力，所得到的结果是可以争议的。两年后的1786年，科学院收到23篇应征论文，结果是令人沮丧的，科学院发布的结果如下：

> 科学院收到了许多关于这个课题的论文，它们的作者都忽略了解释为什么从一个矛盾的假设出发，比如无穷大量，却能推出那么多的正确结论。他们都或多或少地忽略了对清晰性、简明性和严密性的要求。多数论文甚至没有看出来所寻求的原理不应局限于微积分，而应扩展到用古代方法研究的代数与几何中去。科学院认为问题没有得到满意的答复。
>
> 但是，我们也发现最接近目标的是一篇法语论文，题目的格言是：无穷，是吞没我们思想的深渊。因此，科学院投票决定这篇论文的作者得奖。

获奖者是瑞士数学家惠利尔，虽然论文没有新的建树，但论文中使用符号lim来表示极限，这种符号表示对于建立极限理论是重要的，这个符号沿用至今。利用莱布尼茨给出的关于导数的表示和惠利尔给出的关于极限的表示，困扰牛顿的瞬时速度可以表达为

$$\text{瞬时速度}=\frac{\mathrm{d}y}{\mathrm{d}x}=\lim_{\Delta t\to 0}\frac{f(t_0+\Delta t)-f(t_0)}{\Delta t}。\tag{3.4}$$

虽然还不能很好地解释极限，但是终于能够表示极限了。

理解极限的关键：由离散到连续。事实上，不仅创造需要依赖直觉，理解也需要依赖直觉。比如对于极限，人们很难理解$\Delta t\to 0$：一个量如何能连续不断地趋于0呢？连续不断是什么意思呢？但人们可以理解：当n逐渐加大时，$\frac{1}{n}$经过$\frac{1}{2}$，$\frac{1}{3}$，…，逐渐实现$\frac{1}{n}\to 0$。因此，理解极限首先要从离散的、变化的量开始。

达朗贝尔在1750年出版的《百科全书》第四卷“极限”的条目中说出了上面的想法：“当一个量以小于任何给定的量逼近另一个量时，可以说后者是前者的极限。”并且强调：“极限理论是微分学真正形而上学的基础。”但是，应当如何用数学符号表达这个想法呢？柯西在1821年出版的著作《分析教程》中给出了今天仍然在使用的定义①：

---

①　参见：克莱因．古今数学思想(第四册)[M]．北京大学数学系翻译组，译．上海：上海科学技术出版社，1981：6．

当一个变量逐次所取的值无限趋向于一个定值，使得变量的值与该定值之差要多小就多小，这个定值就叫作所有其他值的极限。

在这里，柯西所说的“逐次所取的值”就是针对离散量的描述，他用数学符号清晰地表达了这个意思：假定一个变量的取值依次为

$\frac{1}{1}$，$\frac{1}{2}$，$\frac{1}{3}$，$\frac{1}{4}$，…

这样就形成了一个数列，用$\{\frac{1}{n}\}$表示这个数列，其中 n 由小到大依次取正整数。虽然这个数列中的每一项都大于 0，但随着 n 的增大，这个数列的取值可以无限地接近 0，于是就可以定义这个数列的极限为 0。凭借直觉，我们可以理解这样的极限。用现在教科书的标准语言，可以把柯西上述的想法表述为

对于任意 $\varepsilon>0$，不管 ε 是多么的小，只要不是 0，就存在一个自然数 N（比如任意大于$\frac{1}{\varepsilon}$的正整数），当 $n>N$ 时就有 $\left|\frac{1}{n}-0\right|<\varepsilon$，把这个事实表示为

$$\lim_{n\to\infty}\frac{1}{n}=0。$$

这样就表明$\frac{1}{n}$与 0 之间的差可以任意小，于是可以称 0 为数列$\{\frac{1}{n}\}$的极限。这种想法显然可以推广到一般情况，比如，给出一个数列收敛到某个极限的定义：

对于数列$\{a_n\}$和数值 a，如果对于任意 $\varepsilon>0$，均存在 N，使得当 $n>N$ 时，有 $|a_n-a|<\varepsilon$，则称数列$\{a_n\}$是收敛的，并称数值 a 为数列$\{a_n\}$的极限，表示为

$$\lim_{n\to\infty}a_n=a。\tag{3.5}$$

定义中所说的“对于任意 $\varepsilon>0$”实质是在说“对于无论怎样小的正数 ε”，这与牛顿最初的想法是一致的，只是避免了使用“无穷小量”这样很难给出定义的词语。因此，数列收敛的定义阐述的是这样一个事实：任意做一个包括数值 a 的区间，无论这个区间怎样小，都能找到一个 N，使得数列中 a_N 以后的所有项都在这个区间之内，则称 a 为这个数列的极限。

下面，我们分析数列$\{a_n\}$收敛的条件。当n趋向无穷时，由绝对值的三角不等式可以得到：如果一个收敛数列，那么数列中相邻两项的差$a_{n+1}-a_n$必然趋向于0。但这只是一个必要条件，这个条件是不充分的，在许多教科书中都可以找到说明的例子①。一个简洁明快的充分必要条件是柯西给出的，人们称为柯西准则：

一个数列$\{a_n\}$收敛的充分必要条件是，对于任意给定的正整数k，都有

$$\lim_{n\to\infty}(a_{n+k}-a_n)=0。\qquad(3.6)$$

显然，这个条件比必要条件更强了，因为必要条件只是这个条件的一个特例：$k=1$。有了柯西以及与柯西同时期数学家们的努力，终于可以理解并表达离散量的极限。但对于微积分来说，更需要的是关于连续量的极限，这将涉及函数与函数的连续性。

如何定义函数。无论是牛顿还是莱布尼茨，他们创建的微积分的计算对象都是函数。如前所述，函数这个词最初出现在莱布尼茨的一部手稿中，用来表示任何一个随着曲线上的点变动而变动的量。后世数学家认识到，微积分只是一种计算方法，而要把这种计算方法的理论基础研究清楚，必须建立一个从头到尾相对成体系的学科，称这个学科为数学分析。数学分析的研究对象是函数，正如欧拉在1748年的著作《无穷小分析引论》指出的那样：数学分析是关于函数的科学。

欧拉在1755年的著作《微分学》中给出了函数的明确定义："如果某变量以如下的方式依赖于另一些变量，即当后面这些变量变化时，前者也随之变化，则称前面的变量是后面变量的函数。"我国现行初中数学教科书大多采用了这种定义。比较莱布尼茨最初关于函数的定义，我们看到了函数定义的本质变化，在莱布尼茨那里，函数的定义借助几何图形描述，现在已经摆脱了具体背景，抓住了函数的本质：变量之间的关系。人们通常称这样的定义为函数的变量说。可是，什么是变量呢？

在1821年著作《分析教程》中，柯西定义变量："依次取许多互不相同的数值的量叫作变量"，并且针对函数，定义了自变量和因变量。1851年，黎曼给出了新的定义："假定z是一个变量，如果对它的每一个数值，都有未知量w的一个数值与之对应，则称w是z的函数。"我国现行高中数学教科书大多采用了这样的定义。黎曼的定义更为抽象，通常称这样的定义为函数的对应说。

① 最经典的例子是雅各布·伯努利给出的，用a_n表示自然数倒数的前n项和，虽然有$a_n-a_{n-1}=\frac{1}{n}$趋于0，但数列不收敛。关于数列以及级数的收敛还有许多非常有趣的故事，参见：史宁中著《数学思想概论(第1辑)——数量与数量关系的抽象》第七讲。

到了20世纪，1939年法国布尔巴基学派给出了更为抽象的定义："如果定义在集合X和Y上的关系F满足：对于每一个$x\in X$，都存在唯一的$y\in Y$，使得$(x, y)\in F$，则称F为函数。"人们通常称这样的定义为函数的关系说。

我们应当清楚：对于研究者而言，事物的高度抽象有利于把握事物的本质，分析事物间的关联；对于学习者而言，过分抽象往往会适得其反，因为每一次抽象都必须舍去事物的一部分表象，进而舍去了事物原本的生动与直观。今天，我们回顾莱布尼茨最初的函数定义，反而会感到朴实与自然。

什么是连续函数。连续函数对于微积分是非常重要的，因为函数的连续性是函数可以求导数的必要条件。凭借直觉，说一个函数$f(x)$在点x_0处是连续的，就是认为当自变量x无限接近x_0时，对应的函数值$f(x)$也无限地接近$f(x_0)$，可以表示为：当$x\to x_0$时，$f(x)\to f(x_0)$。可是，如何用语言和符号来表述这样的变化过程呢？

我们已经通过(3.6)式理解了离散量的收敛，可以用离散量表述函数的连续：如果数列$\{x_n\}$收敛到x_0，对应的函数值数列$\{f(x_n)\}$也收敛到$f(x_0)$。更严格的，可以给出下面的定义：

> 命题(1) 称一个函数$f(x)$在点x_0处连续，如果对于任意收敛到x_0的数列$\{x_n\}$，对应的函数值所构成的数列$\{f(x_n)\}$都收敛到$f(x_0)$。

可是，这样的定义还是凭借直觉的：任意的数列等价于连续不断吗？柯西在1821年的著作《分析教程》中说："设$f(x)$是变量x的一个函数，并设对介于给定两个界之间的x值，这个函数总取一个有限且唯一的值。……给变量x一个无穷小增量α，……差$f(x+\alpha)-f(x)$的数值随着α的无限减小而无限减小，那么就说，在变量x的两个界之间，函数$f(x)$是变量x的一个连续函数。"在这里，柯西强调函数在区间上连续是非常有道理的，因为凭借直觉，很难想象在一个点上连续的东西是什么。魏尔斯特拉斯是数学分析基本原理的集大成者，他创造了现代数学广为使用的"$\varepsilon-\delta$语言"。1860年左右，魏尔斯特拉斯给出了现行教科书中关于函数连续的定义①：

> 命题(2) 称一个函数$f(x)$在点x_0处连续，如果对于任意$\varepsilon>0$，都存在$\delta>0$，当自变量x满足$|x-x_0|<\delta$时，均有函数值$|f(x)-f(x_0)|<\varepsilon$，表示为

---

① 参见：克莱因．古今数学思想(第四册)[M]．北京大学数学系翻译组，译．上海：上海科学技术出版社，1981：8.

$$\lim_{x\to x_0} f(x)=f(x_0)。$$

可以看到，魏尔斯特拉斯的定义完全是形式的，这种形式与我们的直观并不完全一致：因为定义中先给出的数值是正数 ε，这个数值是用来控制函数值的。如果用语言来解释这个定义，那么是：对于包含函数值 $f(x_0)$的任意一个邻域 $O\{f(x_0)\}$，都存在 x_0 的邻域 $O\{x_0\}$，使得任意自变量 $x\in O\{x_0\}$，都有对应的函数值 $f(x)\in O\{f(x_0)\}$。在这里，先说的是函数值，后说的是自变量，与我们上面述说的直觉完全相反。但是，这样的表达与离散量收敛的直觉却是一致的，因为可以证明命题(2)与命题(1)是等价的，证明的过程使用了选择公理，是广泛使用的 ZF 集合论公理体系中的一个公理①。

正如绪言所说，由于柯西、魏尔斯特拉斯以及后继数学家们的严谨工作，现代数学的特征就逐渐形成了：概念符号化、证明形式化、逻辑公理化。也正因为如此，人们终于可以严格定义导数了，这是在牛顿、莱布尼茨发明微积分 200 多年以后的事情，可见，从第一步抽象到第二步抽象，数学家们经历了何等艰苦的努力。

导数的定义。凭借直觉，人们可能会认为，如果一个函数在某一点连续，那么函数在这一点就必然会存在导数，因为按照莱布尼茨的述说，导数是函数在这一点切线的斜率。但是，人们很快就发现这个直觉是不对的，比如，函数 $f(x)=|x|$ 是一个连续函数，但在 0 点导数不存在，因为变量由负方向趋于 0 时(3.4)式为-1，变量由正方向趋于 0 时(3.4)式为 1，两个值不相等。

接受 $f(x)=|x|$ 的教训，还是基于(3.4)式，柯西在 1823 年出版的《无穷小分析教程概论》中给出了如下定义：

> 称一个函数 $f(x)$在点 x_0 处可以求导，如果
> $$\lim_{\Delta t\to 0+}\frac{f(x_0+\Delta t)-f(x_0)}{\Delta t}=\lim_{\Delta t\to 0-}\frac{f(x_0+\Delta t)-f(x_0)}{\Delta t},$$
> 其中 $\Delta t\to 0+$表示从正方向趋于 0，$\Delta t\to 0-$表示从负方向趋于 0。

人们终于可以通过极限的运算清晰地定义导数了：左极限等于右极限。即便如此，那个时代的数学家都相信，连续函数还是可以求导的，至多去掉一些孤立点，直到魏尔斯特拉斯在 1872 年构造了一个处处连续、处处不可导的函数

$$f(x)=\sum b^n\cos(a^n\pi x),$$

---

① 参见本书附录 2。

其中 a 是奇数，b 是取值于区间(0，1)且满足 $ab>1+\frac{3\pi}{2}$ 的常数。这就意味着，存在一条处处没有切线的连续曲线，这与人们的几何直观相悖。这时数学家意识到，完全凭借几何直观分析问题是不可靠的，对于数学所有的结论，必须给出明确的定义和严格的证明，包括实数的理论。

第四讲 无理数的刻画与实数理论的建立

从字面上可以知道，无理数与有理数是对应存在的，事实上，这两个名称的出现与古希腊学者对数的认识有关。人们把有理数和无理数统称为实数，实数理论的建立完全是为了数学发展的需要。因为无理数是用有理数的极限定义的，因此，出现了一个乍看匪夷所思、细想又顺理成章的事实：人们是在微积分产生以后、在极限理论建立以后，才真正完成了对无理数的刻画。

古希腊的学者，特别是毕达哥拉斯学派，热衷于自然数的研究，他们对自然数有着非凡的想象力。比如，大于1的奇数代表男性，偶数代表女性，因为5是第一个男性数与女性数之和，因此，5象征男女的结合；如果一个自然数所含有因数(本身除外)之和正好等于这个数，那么，这个数就是一个完满数，第一个完满数是6，因为6所含有的因数是1，2，3，又恰好有6＝1＋2＋3。后来，宗教哲学家圣奥古斯丁无限制地发展了这个想法，在他的著作《天堂》一书中说：

> 虽然上帝能够在瞬间创造世界，但为了表现天地万物的完满，他还是用了6天。

一件有实际意义的事情是，毕达哥拉斯发现了数字与音乐之间的关系：两个绷得一样紧的弦，如果一根的长度是另一根长度的二倍，就会产生和谐的声音，这两个音相差八度；如果两个弦长的比为3∶2，则会产生另一种和谐的声音，这两个音相差五度。由此，他们得到一般结论：音乐的和声在于多根弦的长度之间成整数比，这样就发明了音阶。在《费马大定理》这本书中，作者生动地描述了毕达哥拉斯发现音乐和声规律的故事①：

---

① 参见：辛格. 费马大定理——一个困惑了世间智者358年的谜[M]. 薛密，译. 上海：上海译文出版社，1998.

> 真是天赐好运，他碰巧走过一个铁匠铺，除了一片混杂的声响外，他听到了锤子敲打着铁块，发出多彩的和声在其间回响。毕达哥拉斯立即跑进铁匠铺去研究锤子的和声。……他对锤子进行分析，认识到那些彼此间音调和谐的锤子有一种简单的数量关系：它们的质量彼此之间成简单比，或者说简分数。就是说，那些重量等于某一把锤子重量的$\frac{1}{2}$，$\frac{1}{3}$或者$\frac{1}{4}$的锤子都能产生和谐的声音。

不仅长度成比例可以产生和谐的声音，重量成比例也可以产生类似的效果，古代中国编钟的制作就是根据这个道理。古代中国《管子》这本书明确记载了类似的确定音阶的方法[①]，把这样的方法称为“三分损益”，书中确定的音阶为五声，分别命名为：宫、商、角、徵、羽。如果以同样粗细的竹子作为原材料，据《史记·律书》记载，取$9\times9=81$为长度标准(称为黄钟)，五个音阶对应竹子的长度分别是81，54，72，48，64，这些长度与81的比分别为：1，$\frac{2}{3}$，$\frac{8}{9}$，$\frac{16}{27}$，$\frac{64}{81}$。如果从商末周初的编钟算起，古代中国对音阶的确定比毕达哥拉斯至少要早几百年[②]。

毕达哥拉斯学派如此热衷于自然数还有一个原因，就是他们认为可以用自然数或者自然数的比来度量自然界的一切事物，以至于有这样的传说：毕达哥拉斯学派中的一员发现边长为1的正方形的对角线是不可公度的，他们感到非常震惊，于是就把发现者扔到海里。这就是发现无理数的故事，这个生动的故事充分表明人们对无理数的困惑。这个不可共度的数为$\sqrt{2}$，可以用勾股定理计算得到。证明这个长度不可共度要用到反证法，我们将在第十三讲中讨论这个问题。勾股定理的名称来源于古代中国的数学著作《周髀算经》，其中谈到勾股数[③]：勾三股四径五。西方称这个定理为毕达哥拉斯定理，据《希腊编年史》记载，毕达哥拉斯学派为了庆祝这个定理的发现曾宰牛祭神。也有许多学者对这个记载表示怀疑，因为毕达哥拉斯学派主张素食，禁止杀生。

---

① 参见《管子》，相传作者是管夷吾。管夷吾，公元前730～前645，又名敬仲，字仲，安徽颍上人，春秋时期齐国著名政治家，曾任齐国上卿(丞相)。

② 中国明代朱载堉于万历十二年(1584)提出新法密率，这是一种将八度音程十二等分的精确方法(见《律吕精义》)，推算出比率为$2^{\frac{1}{12}}$，利玛窦把这个方法传到欧洲。现在，十二平均律在交响乐队和键盘乐器中得到广泛应用。

③ 原名《周髀》，作者不详，大约成书公元前1世纪，是我国最古老的天文学著作。唐初规定为国子监明算科的教材，改名为《周髀算经》。勾股数“勾三股四径五”相传是商代商高发现的，称为商高定理。三国的赵爽注解《周髀算经》，对勾股定理作出了详细的证明。《周髀算经》还记载，陈子给出了求直角三角形斜边的一般算法：勾股各自乘、并而开方除之。书中所说的陈子大概是公元前六七世纪的人，参见“周髀算经上之勾股普遍定义：陈子定理”，章鸿钊著，《中国数学杂志》，1951(1)。

无论如何，古希腊学者理解不了$\sqrt{2}$这样的数，于是称这样的数为无理数，称能够用整数或者整数的比进行表达的数为有理数。或许与无理数这个名称有关，后期的古希腊学者不重视算术的研究而热衷于几何学，甚至用几何的方法来解释无理数的运算①，人们称这样的研究为几何代数。

故事终究是故事，在现实生活中，人们在面积计算的过程中很早就发现了无理数。一个耐人寻味的事实是，在对无理数的刻画中，西方学者都是借助分数形式的有理数，而古代中国的学者，不仅借助分数形式的有理数，还利用了小数形式的有理数，这个事实表现在对圆周率的刻画。

圆周率与无理数。人们很早就知道圆的周长与半径之比为一个常数。如果记这个常数为π，圆半径为r，那么，圆的周长$=2\pi r$，圆的面积$=\pi r^2$。因为π是一个无理数，计算起来是非常困难的，于是人们希望用一个可公度的数近似得到π。

因为尼罗河的泛滥，古埃及人不得不每年都进行土地面积的测量与计算，他们对圆面积给出了很好的近似，莱茵德纸草书第50题说②：直径为9的圆形土地的面积等于边长为8的正方形土地的面积。用正方形面积和圆面积计算公式，可以得到方程：$8^2=\pi(\frac{9}{2})^2$，可以得到π大约等于$\frac{16}{9}$的平方，即$\frac{256}{81}=3.160\ 5$。这个记载是公元前1700年左右的事情，比毕达哥拉斯学派的发现要早一千多年。当然，仅就这一点我们还很难确定，当时的古埃及人已经认识到了无理数的存在。

对于π的近似计算，古希腊的阿基米德得到的结果是：在$\frac{22}{7}$与$\frac{223}{71}$之间。据《隋书·卷十六·志第十一·律历》记载，南北朝时期的祖冲之得到圆周率的结果是：

> 以圆径一亿为一丈，圆周盈数三丈一尺四寸一分五厘九毫二秒七忽，朒数三丈一尺四寸一分五厘九毫二秒六忽，正数在盈朒二限之间。密率，圆径一百一十三，圆周三百五十五。约率，圆径七，周二十二。……所著之书，名为《缀术》，学官莫能究其深奥，是故废而不理。

也就说，祖冲之得到圆周率在3.141 592 6和3.141 592 7之间，如果用分数表示，在约率$\frac{22}{7}$与密率$\frac{355}{113}$之间。祖冲之得到的圆周率有8位可靠数字，领先世界达9

① 参见：史宁中著《数学思想概论(第2辑)——图形与图形关系的抽象》第五讲。

② 古埃及人在纸莎草(Papyrus)压制成的草片上写书，现存两部，即莱茵德纸草书和莫斯科纸草书，莱茵德纸草书是以苏格兰收藏家莱茵德(H. Rhind)命名，现藏伦敦大英博物馆。

个世纪之久[1]。可惜祖冲之的著作《缀术》已经失传，真是一件憾事。

我们现在已经无法知道，上述两个近似小数是如何得到的，因为$\frac{22}{7}=3.1428571\cdots$，$\frac{355}{113}=3.1415929\cdots$，因此这两个近似小数不是通过约率和密率得到的。可以看到，祖冲之的约率与阿基米德的结果一样，可以通过计算“内接正96边形周长与圆直径”的比得到。密率对π的近似更为重要的，因为按照分数的分母从小到大排列，下一个比密率更接近π、分母最小的分数是$\frac{52163}{16604}=3.1415923\cdots$，这个分数比密率没有精确多少，但要比密率繁杂得多。正因为如此，为了纪念祖冲之的卓越工作，人们又称密率为祖率。

三角形面积与无理数。在数学教科书中，求三角形面积的公式是：$\frac{底\times 高}{2}$。这个公式很容易从平行四边形的面积得到，而平行四边形的面积又很容易从长方形的面积得到。

但是，这个求三角形面积的公式不实用，因为在计算土地的面积时，人们很难测量三角形的高。古希腊学者海伦在著作《度量》中，给出一个只依赖于边长的计算公式：如果三角形的边长分别为a，b和c，令s为三角形周长的一半，那么，三角形的面积为

$$\Delta=\sqrt{s(s-a)(s-b)(s-c)}。\tag{4.1}$$

显然，在大多数情况下，这样计算得到的三角形面积都是无理数。古代中国也有类似公式，宋代秦九韶著《数书九章》第五卷中的第二问为“三斜求积”，原文如下：

> 问沙田一段，有三斜，其小斜一十三里，中斜一十四里，大斜一十五里。里法三百步，欲知为田几何？答曰：田积三百一十五顷。术曰：以少广求之。以小斜幂并大斜幂减中斜幂，余半之，自乘于上。以小斜幂乘大斜幂，减上，余四约之，为实。一为从隅，开平方之，得积。

这是在说，如果三角形三个边长依次为：小斜$a=13$(里)，中斜$b=14$(里)，大斜$c=15$(里)，可以得到三角形的面积为315顷。按当时的计量单位换算：1里为300步，1顷为100亩，1亩为240平方步。计算得到1顷$=240\times 100$(平方步)，1平方里

---

① 参见：梁宗巨．数学历史典故[M]．沈阳：辽宁教育出版社，1995：229.

$=300\times300$(平方步)。把面积换算为平方里：

$$\frac{315\times240\times100}{300\times300}=84。$$

下面分析这个结果与海伦公式的关系。由 $s=\frac{13+14+15}{2}=21$，$s-a=8$，$s-b=7$，$s-c=6$ 得到 $21\times8\times7\times6=7\ 056$，开平方为 84。可以看到，计算结果与海伦公式完全吻合。那么，秦九韶是怎么计算的呢？在"术曰"中解释了计算方法。

在"术曰"中，称这样的计算方法为少广①，"术曰"中所说"幂"为平方的意思。第一句话的数学表达为

$$上=\left(\frac{a^2+c^2-b^2}{2}\right)^2;$$

第二句话的数学表达为

$$实=\frac{1}{4}\left[a^2c^2-\left(\frac{a^2+c^2-b^2}{2}\right)^2\right]; \tag{4.2}$$

最后，对"实"开平方就得到面积。这样，我们就不难验算(4.2)式与(4.1)式是一致的，这也就是说，秦九韶"三斜求积"的方法与"海伦公式"是一致的。

应当看到，如果没有数学符号的表达，理解秦九韶的方法是非常困难的。更为典型的例子表现在元代学者朱世杰的著作《四元玉鉴》中，其中讨论了立体级数等一系列对现今数学也富有启发性的工作，特别是关于方程求解的工作比韦达的著作还要早三百多年，可惜没有抽象出合适的数学符号，因此没有办法对计算过程给出清晰的数学表达，以至于后人就理解不了他的工作②。

方程的解与无理数。古希腊代数的顶峰是在丢番图时代，丢番图的重要贡献之一就是在代数中引入了符号，甚至给出了相当于现在$\frac{1}{x}$和 x 的 3 次以上幂的形式，这在当时是极度抽象的符号，因为古代的人们认为 2 次幂是平方、3 次幂是立方，都有具体的几何背景，3 次以上幂无具体的几何背景，因而是无意义的。丢番图已经知道一元二次方程式有两个根，但不知道如何处理这两个根，于是规定：两个根均为有理数时，取较大的一个；根为无理数或者虚数时，这个方程不可解。显然，毕达哥拉斯学派的发现是丢番图的一个特例，因为$\sqrt{2}$是方程 $x^2=2$ 的一个根。

虽然人们很早就发现了无理数，甚至可以给出无理数的定义，即不能表示成分数形式的数，但一直到 18 世纪，人们还完全不能理解无理数，至少表现在下面两个

---

① 少广为《九章算术》第四卷的题目，这一卷讨论面积与边长之间的关系，涉及开平方、开立方等概念。

② 参见：史宁中著《数学思想概论(第 3 辑)——数学中的演绎推理》第三讲。

方面。

不能进行无理数的计算。人们用$\sqrt{2}$这样的符号表达了无理数，可是，应当如何进行无理数的运算呢？比如无理数的加法：$\sqrt{2}+\sqrt{3}$是多少呢？再比如无理数的乘法：$\sqrt{2}\times\sqrt{3}$是多少呢？这个乘积等于$\sqrt{6}$吗？如果相等，那么是否也会有：$\sqrt{-1}\times\sqrt{-1}=\sqrt{(-1)\times(-1)}=\sqrt{1}=1$ 呢？当时的人们无法进行关于无理数的四则运算。

没有认清无理数的性质。虽然早在丢番图时代，人们就发现，以有理数为系数的高次方程的根也可能是无理数，并称这样的数为代数数。可是，无理数就是代数数吗？有些数，比如圆周率 π，不是由高次方程得到的，这样的数也是代数数吗？当时的人们没有认清无理数的性质。

到了 18 世纪，为了数学的严谨性，人们开始认真思考无理数到底是什么。欧拉认为除了代数数以外，还存在其他类型的数，称这类数为超越数，因为这样的数超越了代数方法的能力之外。比如，欧拉猜想“圆周率”就是一个超越数。

判定 π 是否为超越数的问题是十分重要的，这涉及古希腊的一个作图问题，这个问题被称为化圆为方：做一个面积等于单位圆的正方形①。1844 年，法国数学家柳维尔用构造性方法证明了超越数的存在，从他的论文的题目“论既非代数无理数又不能化为代数无理数的广泛数类”就可以体会这一类数的性质。1873 年，法国数学家埃尔米特证明了 e 是一个超越数，其中 e≈2.718 28 被称为自然对数的底，是现代数学中一个非常重要的数。1882 年，德国数学家林德曼修改了埃尔米特的方法，成功地证明了 π 是一个超越数，同时彻底解决了化圆为方这个古老的问题。

虽然康托用对应的方法证明了超越数的个数要远远超过代数数，但至今为止，人们能够清晰刻画的超越数依然是寥寥无几。1900 年，在巴黎召开的世界数学家大会上，希尔伯特作了“数学问题”的重要讲演。讲演中他所提出的 23 个问题对数学的发展提出了挑战，这些问题大多数已经得到解决，解决过程很好地促进了 20 世纪数学的发展，其中第 7 个问题的题目就是“某些数的无理性与超越性”。

从上面的讨论可以看到，合理定义无理数，进而合理定义实数并不是一件轻而易举的事情。虽然在初中阶段的数学教育中，就把数集由自然数集合扩充到了实数集合，但在数学发展的历史上，实数理论的确立却比微积分的出现还要晚，为此克莱因说②：

---

① 参见：史宁中著《数学思想概论(第 1 辑)——数量与数量关系的抽象》第四讲。

② 参见：克莱因. 数学：确定性的丧失[M]. 李宏魁，译. 长沙：湖南科学技术出版社，1997.

> 数学史上这一系列事件的发生顺序是耐人寻味的，并不是按着先整数、分数，然后无理数、复数、代数数和微积分的顺序，数学家们是按着相反的顺序与它们打交道的。……他们非到万不得已才去进行逻辑化的工作。

克莱因所说的并不全面，因为他只述说了过程和必要性，没有谈及缘由和可能性。事实上，合理定义无理数需要极限理论，因此，只能产生在严格的极限理论之后，而不是之前。更为本质的，使用极限理论，必须构建小数形式的无理数；进而，必须构建小数形式的有理数。

小数形式的有理数。人们长期以来习惯于用分数来表示有理数。据记载，是16世纪的荷兰工程师斯蒂芬开始用小数表示有理数，他用

24　3　(1)　7　(2)　5　(3)

表示有理数24又$\frac{375}{1\,000}$。直到18世纪，一个稳定的十进位小数的表达形式才逐渐形成，把前面的分数表示为24.375。

那么，应当如何建立分数与小数之间的联系呢？如何用小数表达有理数呢？我们讨论考虑真分数的情况：对应的小数在区间(0，1)之内。不难发现，这个区间内的所有小数可以分为两种情况：有限小数和无限小数。进一步，有的分数可以化为有限小数；有的分数虽然不能化为有限小数，但是却能化为循环的无限小数。比如，

$$\frac{1}{2}=0.5，\frac{1}{3}=0.333\cdots，\frac{1}{6}=0.166\,6\cdots，\frac{1}{7}=0.142\,857\,142\,857\cdots，$$

等等。这样的表达是不是具有一般性呢？也就是说，是否有这样的结论：所有的分数都可以化为有限小数或者无限循环小数？答案是肯定的，我们来证明这个结论。

把分数化为有限或者无限循环小数。考虑分数$\frac{m}{n}$，$m<n$。如果这个分数能化为有限小数，结论成立。如果不能化为有限小数，用m除以n必有余数，显然，这个余数只能取1和$n-1$之间的一个整数。根据除法的运算法则，有余数后的除法需要加0填位。因此，最多n次运算后，某个余数必然还要出现第二次，并且在以后的运算中周期出现，这就形成了循环小数。这就证明了：所有的分数都可以化为有限小数或者无限循环小数。

现在是否就可以用"有限和无限循环小数"来定义有理数呢？还为时过早，因为定义需要满足一个基本原则：对一个已有的定义构造一个新定义，那么，新的定义必须是原有定义的充分必要条件。因为只有满足充分必要条件，才能保证两个定义的等价性。为此，还需要证明必要性。

把有限或者无限循环小数化为分数。 因为每一个有限小数都可以写成分数，因此，只需要证明无限循环小数的情况。一个无限循环小数可以分为两部分，一部分是前面有限个不循环项、接续无限个循环项。为了论述的简洁，假定无限循环小数是由循环项所构成的。这样，无限循环小数可以表达为

$$A=0.a_1a_2\cdots a_qa_1a_2\cdots a_q\cdots$$

注意小数点以后的位数，对相同的数字合并同类项，可以得到下面的结果：

$$A=a_1\left(\frac{1}{10}+\frac{1}{10^{q+1}}+\frac{1}{10^{2q+1}}+\cdots\right)+\cdots+a_q\left(\frac{1}{10^q}+\frac{1}{10^{2q}}+\frac{1}{10^{3q}}+\cdots\right)。$$

令 $a=0.a_1a_2\cdots a_q$，然后再合并同类项，可以得到

$$A=a\left(1+\frac{1}{10^q}+\frac{1}{10^{2q}}+\cdots\right)。$$

上式括号中是一个等比级数，公比为$\frac{1}{10^q}$。因为公比小于1，括号中的级数收敛，可以得到

$$A=a\left(1-\frac{1}{10^q}\right)^{-1}。$$

这显然是一个分数。

现在，我们可以用小数定义有理数，称有限或者无限循环小数为有理数。进而，可以从形式上定义无理数，称无限不循环小数为无理数；可以从形式上定义实数，有理数和无理数统称为实数。人们通常用大写字母 **R** 表示实数所构成的集合。

有了小数形式的无理数，就可以进行无理数的近似计算。在现实生活中，近似计算就足够了，正如美国天文学家纽克姆所说："十位小数就足以使地球周界准确到一英寸以内，三十位小数便能使整个可见宇宙的四周准确到连最强大的显微镜都不能分辨的一个量。"事实上，现代计算机无论是对有理数的计算，还是对无理数的计算，精确到小数点后的位数都是一样的。

在上面的证明过程可以看到，如果没有极限理论，将无法定义小数形式的有理数，进而无法定义无理数和实数。但问题还远远没有解决：这样定义的无理数可以用来讨论运算法则吗？这样定义的实数是连续不断的吗？为了回答这些问题，还需要对实数进行进一步的抽象。对于现代数学，关于实数的两个最为基本的定义都是在1872年完成的。

基于有理数序列定义的实数。 1872年，康托在《数学年鉴》上发表的文章中，详细讨论了无理数的理论，并且命名了实数。康托称一个满足柯西准则（见(3.6)式）的、由有理数构成的数列为基本序列，然后用每一个这样的序列定义实数，比如，$\sqrt{2}$就对

应一个有理数的数列：

$$1.4,\ 1.41,\ 1.414,\ 1.414\,5,\ 1.414\,59,\ 1.414\,592,\ 1.414\,592\,6,\ \cdots$$

如果有两个基本序列收敛于同一个极限点，则认为这两个基本序列属于同一个等价类。这样，一个实数就与一个有理数基本序列的等价类对应，定义是合理的。

因为有理数的四则运算是已知的，而数列四则运算的极限等于极限的四则运算，康托就解决了实数的运算。这样，实数集合 $\mathbf{R}$ 不仅对四则运算是封闭的，对极限运算也是封闭的。

但是，康托的定义并没有解决实数的连续性问题：任意两个不同的实数之间是否必然存在一个与这两个实数不同的实数吗？可以更形象地述说这个问题：如果实数能够与数轴上的点一一对应，对数轴任意砍一刀，是否必然要碰到一个实数？

基于有理数分割定义的实数。1872 年，戴德金出版了著作《连续性与无理数》，借助划分数轴的思想划分有理数。因为可以把数轴上的点划分为两类，使得一类的点在另一类点的左边，这样的划分能并且只能产生一个点。这样的划分是基于直观感觉的，或者说，可以进行这样划分是一个公理。同样的道理，把有理数集合 $\mathbf{Q}$ 划分为两个没有共同元素的集合 A 和 B，使得集合 A 中任意元素都小于集合 B 中的任意元素。称这样的划分为分割，记为 A/B。分割可能会出现下面三种类型之一：

类型 1　A 中有最大值，B 中无最小值；

类型 2　A 中无最大值，B 中有最小值；

类型 3　A 中无最大值，B 中无最小值。

前两个类型的存在是显然的，比如分割的点是 2。最后一个类型也是可能的，比如，集合 A 为平方小于 2 的所有有理数，集合 B 为平方大于 2 的所有有理数。

为了说明有理数分割只有上述三种类型，还必须证明不会出现这样的情况：A 有最大值，B 有最小值。这个证明是简单的：假如 A 有最大值、B 有最小值，令它们分别为 a 和 b，a 和 b 都是有理数，由分割知道 $a<b$。现在令 $c=\dfrac{a+b}{2}$，c 为有理数，并且满足 $a<c<b$，因此 c 既不属于 A 也不属于 B，这是不可能的，因为 A 和 B 包含了所有的有理数。根据反证法就证明了这个结论。

现在约定：类型 3 的划分 A/B 定义了一个无理数，比如，刚才得到的$\sqrt{2}$。如果把有理数与无理数统称为实数，那么，一个分割 A/B 就定义了一个实数。

在第一讲中已经讨论，对应于数量的本质是多与少，数的本质是大与小。那么，如何来判断通过分割定义的实数的大小呢？令两个分割 A/B 和 C/D 得到的实数分别为 a 和 c，那么，

$a=c$ 等价于 $A=C$；

$a<c$ 等价于 $A\neq C$ 且 A 被 C 包含；

$a>c$ 等价于 $A\neq C$ 且 C 被 A 包含。

通过这样定义的大小关系，可以得到一个非常有意义的命题：有理数集合 **Q** 在实数集合 **R** 中是稠密的。也就是说，对于任意两个实数 a 和 c，如果 $a<c$，则必然存在一个有理数 r，使得 $a<r<c$。下面用存在性的方法证明这个命题。因为 $a<c$ 等价于 $A\neq C$ 且 A 被 C 包含，因此至少存在一个有理数 r 属于 C 但不属于 A。因为 A 和 B 包含了所有的有理数，于是 r 属于 B，即 $a<r$；而 r 属于 C 意味着有理数 $r<c$，这就证明了命题。

下面讨论最关键的命题：实数是连续的。类似有理数分割，把实数集合 **R** 划分为两个不相交的集合，比如 A 和 B，使得：任意 $a\in A$ 和 $b\in B$，都有 $a<b$。现在，这样的分割只能出现两种类型：

类型 1　A 中有最大值，B 中无最小值；

类型 2　A 中无最大值，B 中有最小值。

可以看到，只有这两种类型就意味着实数是连续的。现在证明这个命题。

证明上述两种类型必然有一种类型成立。令 A' 和 B' 分别表示被 A 和 B 包含的所有有理数所组成的集合，这两个集合满足：$a\in A'$ 和 $b\in B'$，必有 $a<b$。记对应于分割 A'/B' 的实数为 λ。因为 λ 是实数，所以 λ 必然属于 A 或者 B。下面证明：如果 λ 属于 A，那么 λ 必然是 A 中的最大值。利用反证法证明，如果 λ 不是 A 中的最大值，那么在 A 中存在一个大于 λ 的实数，比如 $\alpha>\lambda$。因为有理数是稠密的，至少存在一个属于 A' 的有理数 r，使得 $\alpha>r>\lambda$，这与分割的定义是矛盾的。同样，如果 λ 属于 B，则 λ 是 B 中的最小值。

有了上述两个关于实数的定义，一个完备的关于数的理论体系就建立起来了①。实数理论的确立，不仅合理地解释了函数、极限运算，也合理地解释了微积分以及后来逐渐发展起来的微分方程、积分方程、调和分析等学科，也为测度理论的产生奠定了坚实的基础，从而产生了实变函数、泛函分析、概率论等一系列基于测度的分析学科。

---

①　事实上，还有两个问题需要思考。第一个问题是，我们已经定义了各种数的集合，那么，这些集合是否一样大呢？也就是说，如果把无穷大看作一个数，怎样比较无穷大的大小呢？第二个问题是，在实数以外，是否还存在其他的数呢？康托研究了第一个问题，称集合的大小为势，并且用对应的方法证明了，自然数集合、整数集合、有理数集合的势是一样大的，称这样的大小为可列的，而实数集合是不可列的，因此实数集合的势要大于有理数集合的势。对于第二个问题，人们又发明了复数和四元数等，但在本质上，复数和四元数都不属于数，因为复数和四元数没有大小关系。详细的讨论，可以参见：史宁中著《数学思想概论（第 1 辑）——数量与数量关系的抽象》第九讲和第十讲。

从对应的角度思考，自然数来源于对数量的刻画，有理数来源于对比例的刻画，无理数来源于对度量的刻画；基于数量与数量之间的关系，产生了四则运算和极限运算。这便是数量与数量关系的第一次抽象，是一个从感性具体上升到理性具体的思维过程。

从公理的角度思考，皮亚诺算术公理体系定义了自然数和加法，派生出四则运算；为了四则运算的封闭性，把自然数集合扩充到有理数集合；为了合理解释极限运算，把有理数集合扩充为实数集合。这便是数量与数量关系的第二次抽象，是一个从理性具体上升到理性一般的思维过程。

第五讲　随机变量与数据分析

数学历来被认为是确定性的科学，这就意味着，从同样的条件出发就应当得到同样的结论。如果得到结论不一样，就会认为其中至少有一个结论是错误的。但在日常生活中，人们却会遇到大量的不确定性事件，也就是说，事先无法确定这样的事件是否一定会发生、会发生到什么程度。比如，明天下雨的事件、期末考试得到90分以上的事件、彩票中奖的事件，等等，人们称这样的事件为**随机事件**。

事实上，古代的人们就知道有些事件是随机的，只是不知道应当如何理解和处理这些随机事件。古希腊的哲学家宁可用必然性来解释随机性，比如德谟克里特和他的老师留基伯认为[①]："没有什么是可以无端发生的，万物都是有理由的，而且都是必然的。"德谟克里特举了一个有趣的例子，这个例子后来被许多哲学家引用：

> 老鹰抓起乌龟飞到空中抛下，这个乌龟恰好落在一个秃子的头上。人们都认为这个事件是偶然的，但我说是必然的。因为老鹰喜欢吃乌龟肉，为了打破乌龟壳就要把乌龟从空中抛到石头上，而这一次是把秃头当作石头了。

这个故事体现了古希腊学者的雄辩风采，但德谟克里特并没有理解什么是偶然事件，不清楚偶然事件与因果关系的界线。对于不确定事件，古代中国人采取与古希腊人迥然不同的方法，他们不追究事件发生的原因，而是希望预测某个事件是否会发生、会以怎样的形式发生、会发生到什么程度，集大成者便是列于五经之首的《周

① 参见：罗素．西方哲学史[M]．何兆武，李约瑟，译．北京：商务印书馆，1976.

易》，采用的基本方法就是分类。如《周易·系辞》开宗明义：

> 天尊地卑，乾坤定矣。卑高以陈，贵贱位矣。动静有常，刚柔断矣。方以类聚，物以群分，吉凶生矣。

《系辞》是解释《周易》的经典著作，相传是孔子所作。在《周易》中，长横"—"表示阳爻，对应数字中的奇数；两个短横"——"表示阴爻，对应数字中的偶数。有放回地取阳爻和阴爻三次合成一卦，共有 $2^3=8$ 种组合方法，这便是《系辞传》所说"太极生两仪，两仪生四象，四象生八卦"；八卦每两个分别叠合，又组成 $8^2=64$ 个别卦；每个别卦都有 6 爻，对应 6 种解释。这样，《周易》就把天地万物的事情大体分为 $64\times6=384$ 种情况，而所谓的算卦(利用草棍①)，就是根据卦象来预测哪种情况发生的可能性比较大。显然，这种预测方法是不科学的，因为对于同样一件事情两次算卦的结果很可能不一样，但这种分类的思想方法却是很有道理的，这反映了一种模型的思想②。此外，《周易》中用长短横线及其组合的表达方法是跨时代的，这样的符号表达类似于二进制数学的符号体系。二进制数学的发明者莱布尼茨认为，他的发明与《周易》的符号系统异曲同工，1703 年他发表在《皇家科学院纪录》的论文《二进制算术的解说》的副标题就是③："……它只用 0 与 1，并论述其用途以及伏羲氏使用的古代中国数学的意义"。

随机变量。在今天，我们已经很清楚地知道，虽然事先无法确定某一个随机事件是否一定发生，但是却可以依据一些先验信息来预测事件发生可能性的大小。比如，平时学习好的学生"期末考试得到 90 分以上"的可能性要大于平时学习不好的学生。那么，如何对具有随机现象的问题进行抽象，并且用数学符号予以表达呢？我们从最简单的问题入手进行分析：

> 一个袋子里有五个大小一样的球，其中有四个白颜色的球和一个红颜色的球。如果我们从袋子里随机摸一个球，这个球会是什么颜色的呢？

显然，摸出的球可能是白颜色的，也可能是红颜色的。这样，一个行为就可能有两个结果，这与传统数学中的函数是不一样的，因为函数要求"因变量取值唯一"。即便如

---

① 通常用蓍草的茎，蓍草是一种多年生草本植物，其茎有棱，叶子呈披针形。

② 参见：史宁中．由八卦到六十四卦：试论《周易》的逻辑思维[J]．哲学研究，2011(8)．

③ 参见：李约瑟．中国科学技术史(第二卷)——科学思想史[M]．北京：科学出版社，上海：上海古籍出版社，1990．

此，我们还是能够利用抽象符号很好地表达“摸球”这个事件。仍然用$y=f(x)$来表示两个变量之间的关系，x表示摸球，y表示摸到球的颜色。如果用1表示白球，用2表示红球，则$\{y=1\}$表示“摸到白球”这个事件，$\{y=2\}$表示“摸到红球”这个事件。称这种事先无法确定具体取值的变量y为随机变量，这样，就可以用随机变量的取值表示随机事件，比如$A=\{y=1\}$。称随机事件发生可能性的大小为概率，表示为$\Pr\{A\}$。显然，概率至少要满足两个条件：$0\leqslant\Pr\{A\}\leqslant 1$；如果$A\subseteq B$，则$\Pr\{A\}\leqslant\Pr\{B\}$。

如何计算概率呢？因为白球多于红球，凭直观可以认为事件$\{y=1\}$发生的概率要大于事件$\{y=2\}$发生的概率，即$\Pr\{y=1\}>\Pr\{y=2\}$；因为球的大小是一样的，可以假定每一个球被摸到的可能性是一样大的，可以设想$\Pr\{y=1\}=\frac{4}{5}$，$\Pr\{y=2\}=\frac{1}{5}$。这样设想正确吗？道理是什么呢？

定义得到的概率。从纯粹数学的角度思考，概率是被定义出来的。最初的概率定义是拉普拉斯在1814年出版的一本小册子《概率的哲学导论》中给出的①：

> 机遇理论的要义是：将同一类的所有事件都化简为一定数目的等可能情况。即化简到这样的程度，我们可以等同地对待所有不确定的存在，并且确定欲求其概率那个事件的有利情况的数目，此数目与所有可能情况之比就是欲求概率的测度。简而言之，概率是一个分数，其分子是有利情况的数目，分母是所有可能情况的数目。

几乎所有教科书，概率的定义都采用了拉普拉斯上文中的最后一句话：概率是一个分数，分子是有利情况的数目，分母是所有可能情况的数目。人们称这样定义的概率为**古典概率**。

必须注意到拉普拉斯的定义是有条件的：一个条件是所有可能发生事件的数目是有限的，随机变量可能取值的个数是有限的；另一个条件是随机事件发生可能性的大小是相等的，随机变量取每一个值的概率都是相等的。

仍然考虑摸球的问题。依据上述两个条件的要求：袋中球的个数必须有限，所有球的大小必须保持一致。因为袋子里有5个球，其中4个白球、1个红球，根据拉普

---

① 1812年拉普拉斯的名著《分析概率论》出版，1814年出第二版时，拉普拉斯增加了长达150页的绪论，同年，这个绪论以《概率的哲学导论》为书名单独出版，本文译自英译本 Pierre Simon Marquis de Laplace. A Philosophical essay on probabilities[M]. New York: John Wiley & Sons，1902：6-7.

拉斯的定义，摸一次球摸到白球的概率就是$\frac{4}{5}$，摸到红球的概率为$\frac{1}{5}$。这与设想的结果是一致的，说明合理的直觉是定义概念的源泉，而从直觉到定义的演变依赖的是数学的抽象和表达。

在1933年出版的德文著作《概率论基础》中，柯尔莫哥洛夫创立了概率论公理体系，这本著作已经成为这个研究领域的经典。

估计得到的概率。在现实生活中，对于大多数的随机事件，人们不可能掌握很多信息，甚至不知道随机变量的取值是不是有限的，也不知道取每一个值的概率是否一样，因此，无法用拉普拉斯的方法定义随机事件的概率。比如，仍然考虑摸球的问题，如果事先不知道袋子里有多少个球、都有什么颜色的球，这就无法定义摸出什么颜色球的概率；再比如，考虑随机变量是测量误差，那么随机变量的取值范围是在一个区间内，取值的可能性不是有限的。这样，对于绝大多数的随机事件，需要建立起这样一个信念①：概率是随机事件的一个固有属性，但这个属性是未知的，只能对这个属性进行估计。那么，我们应当如何估计未知的概率呢？只有一个办法：调查研究，通过数据进行估计。

仍然考虑摸球的问题，调查的方法就是有放回地摸球，记录摸到各种颜色球的次数，称这样的记录为数据。其中，"有放回"的操作是为了保证每次调查的条件都是一样的，称这样取得数据的操作过程为随机抽样。凭借直观，可以想象随机抽样之后，通过数据分析至少可以进行下面的估计：

1. 估计出袋子中的白球比红球多；
2. 估计白球与红球的比例；
3. 如果知道球的总数，还可以分别估计白球和红球的数量。

一般而言，估计是一种推断的方法。通过数据对随机事件进行推断被称为"统计推断"或者"推断数据分析"。估计概率与定义概率是完全不一样的：定义概率需要对背景了如指掌，并且要给出相应的假设；估计概率只依靠数据，参照数据产生的背景建立随机模型，给出估计方法。下面，我们简单分析如何通过随机模型得到估计方法。

继续考虑摸球的问题。假设袋子中红球所占比例为p，我们来估计这个p。有放回地摸球n次，如果红球出现k次，就可以用$\frac{k}{n}$估计p，称其中的n为样本数。这样的估计是不是有道理呢？为此，必须认真分析事件的本质，抽象出合理的数学表达，

① 详细讨论参见：史宁中著《数学思想概论(第4辑)——数学中的归纳推理》第五讲。

这就是构建模型的过程。

伯努利模型。考虑一个随机事件只有两个可能结果：成功或者失败。用1表示成功，用0表示失败。把成功的概率表示为p，失败的概率为$q=1-p$，即

$$\Pr\{X=1\}=p,\ \Pr\{X=0\}=q=1-p,$$

其中概率p是未知的，希望通过数据估计未知概率。可以看到，许多试验或者实验问题都可以归结为这样的模型：考试是否优秀、彩票是否中彩、导弹是否命中、药物是否阳性，等等。

还是分析摸球的例子，只知道袋子里有红球和白球，但不知道袋子里有多少个球。摸到红球表示成功，记为1；摸到白球表示失败，记为0。用X表示摸一次球，X可能取1，也可能取0。有放回地摸球n次，得到样本X_1，…，X_n，令

$$Y=X_1+\cdots+X_n。$$

因为每一个X_i的取值只能是0或者1，这样，Y就表示了n次摸球中摸到红球的次数。在摸球之前，不知道Y的具体取值，是一个随机变量。用k表示摸到红球的次数，k可能是0到n中的任何一个数，即$k\in\{0,1,\cdots,n\}$。现在考虑随机事件$\{Y=k\}$的概率。

如果在n次试验中有k次成功，那么就有$n-k$次失败。考虑成功或者失败出现顺序的不同，比如当$n=5$和$k=2$时，就有10种可能情况，分别为

00011，00101，01001，10001，00110，

01010，10010，01100，10100，11000。

这样的组合数是可以计算的，恰是二项式$(p+q)^n$展开后p^kq^{n-k}项的系数，称为二项系数，这个系数也可以由杨辉三角形得到。如果用$c(n,k)$表示这个系数，可以得到

$$c(n,k)=\frac{1}{k!}n(n-1)\cdots(n-k+1),$$

其中$k!$表示所有不大于k的正整数的乘积，即$k!=k(k-1)\cdots1$。这个表达式是卡尔丹给出的，记载在他的著作《机遇的博弈》中，这本书直到他去世后很久的1663年才得以出版。因为每种情况发生的概率都是p^kq^{n-k}，因此，随机事件$\{Y=k\}$的概率为

$$\Pr\{Y=k\}=c(n,k)p^kq^{n-k}。\tag{5.1}$$

虽然在(5.1)式中的概率p是未知的，但(5.1)式描述了随机变量的取值规律，人们称这样的描述随机变量取值规律的数学表达为**随机变量分布**。特别称(5.1)式的表达为二项分布。又因为是伯努利最早推导出了二项分布，人们也称这个分布为伯努利分布。

最大似然估计。如何估计随机变量分布中未知的概率呢？我们必须认清这样一个事实，虽然Y是一个随机变量，事先无法知道会取什么值，但通过摸球那样的重复试验，

可以得到实际摸到红球的次数，比如 k 次，这就是数据。数据是估计概率的基础。可以做这样的设想：如果真的概率为 p，那么这个概率应当使真实数据 k 实现的可能性最大。这样，可以建立一个估计的原则，针对摸球的问题，可以把这个原则表示为

当 k 给定时，把使得(5.1)式取值最大的那个 p 作为概率的估计。

称这个原则为**最大似然原则**，称这样得到的估计为**最大似然估计**。现在，这个原则已经成为统计学最重要的准则之一。高斯在 1821 年首先提出了这个想法，现代统计学奠基人之一、英国统计学家费歇于 1912 年发表文章，明确了这种估计方法，并详细地讨论了估计量的性质，因此人们把最大似然原则的发明归功于费歇。

现在针对二项分布具体计算 p 的最大似然估计。显然(5.1)式中的二项系数与求最大值无关，可以不考虑；又因为对数函数是一个单调函数，因此求(5.1)式最大值的问题等价于求函数

$$g(p)=k\ln p+(n-k)\ln(1-p)$$

的最大值。利用求导的方法，函数 $g(p)$ 对 p 求导，并令导函数为 0，可以得到

$$\frac{k}{p}-\frac{n-k}{1-p}=0。$$

通过上面的式子容易得到：使(5.1)式取最大值的解为 $\frac{k}{n}$，这样，$\frac{k}{n}$ 就是未知概率 p 的最大似然估计，这与我们直观分析的结果是一致的。

最大似然估计不仅在逻辑上是合理的，并且具有很好的统计性质。对于统计学，对估计结果的判断更关注好与坏，而不是对与错。比如，对于摸球的问题，不能说使用最大似然估计就是对的，不使用最大似然估计就是错的，只是说，在大多数情况下，使用最大似然估计是好的。事实上，针对一些特殊的情况，最大似然估计不一定就是最好的方法。我们看下面的例子。

某个同学投篮，估计这个同学投中的概率。根据上面的讨论，如果这个同学投了 n 次，投中 k 次，则概率的最大似然估计为 $\frac{k}{n}$。可是，如果这个同学只投了 1 次并且投中了，因为 $\frac{1}{1}=1$，就此用最大似然估计的方法估计这个同学投篮命中的概率为 1，这实在有些不讲道理。针对这样的情况，还可以考虑其他的估计方法，比如，估计概率为 $\frac{k+1}{n+2}$。那么，针对 1 次投篮问题，得到的概率估计就是 $\frac{1+1}{1+2}=\frac{2}{3}$。这个估计是可以接受的，人们称这种方法为**贝叶斯估计**。贝叶斯是推断数据分析的奠基人之一，他在 1763 年发表的论文《论机会学说问题的求解》中讨论了这种方法。贝叶斯的思想和方法至今仍然被广泛使用。

误差模型。在伯努利模型中，随机变量取值的可能性是离散的，因此称为离散型随机变量，称这样的统计分析为离散数据分析。在许多情况下，随机变量还可以取值于某一个区间上的任何一个值，因为实数的连续性，因此称为连续型随机变量。

最典型的连续型随机变量是基于误差模型的，是指测量误差或者观察误差，是因为一些随机的原因使数据产生的误差。高斯在1809年的《绕日天体运动理论》的最后部分，给出了误差模型随机变量的分布，因此误差模型又称高斯模型。高斯解决问题的手法基本非常巧妙，简单描述如下。

高斯是这样思考的，如果对于真值为μ的物体进行测量，得到数据为x，误差就是$x-\mu$。假定测量数据取值为x的概率为$f(x-\mu)$，f表示分布的密度函数。为了得到密度函数，对同样的事物重复进行n次测量，假设得到的数据为x_1，…，x_n。可以假设测量是独立进行的，那么n次测量的联合概率应当等于概率的乘积，即为

$$L(x;\ \mu)=f(x_1-\mu)\cdots f(x_n-\mu)。\tag{5.2}$$

凭借直观，高斯设想这些数据的样本均值

$$\bar{x}=\frac{1}{n}(x_1+\cdots+x_n)$$

将使数学表达(5.2)式达到最大，即

$$L(x;\ \bar{x})=\max_{-\infty<\mu<\infty} L(x;\ \mu)。\tag{5.3}$$

这就是最大似然的最初想法。下面求(5.2)式的最大值，仍然采用：取对数、求导数、令导函数为0的方法。于是，可以得到

$$\begin{aligned}\frac{\partial \ln L(x;\mu)}{\partial \mu} &= \sum_{k=1}^{n}\frac{f'(x_k-\mu)}{f(x_k-\mu)}\\ &= \sum_{k=1}^{n} g(x_k-\mu)=0,\end{aligned}$$

其中$g(x)=f'(x)/f(x)$。把样本均值代入上式，可以得到

$$\sum_{k=1}^{n} g(x_k-\bar{x})=0。$$

分析上面的式子。当$n=2$时，在任何情况下均有$x_1-\bar{x}=-(x_2-\bar{x})$，这就意味着

$$g(-x)=-g(x)。\tag{5.4}$$

令$n=m+1$，并令$x_1=\cdots=x_m=-x$，$x_{m+1}=mx$，则有$\bar{x}=0$，且

$$\sum_{k=1}^{n} g(x_k-\bar{x})=mg(-x)+g(mx)=0。$$

再利用(5.4)式，可以得到

$$g(mx)=mg(x)。\tag{5.5}$$

因为误差是连续型随机变量，取值是连续的，那么，同时满足(5.4)式和(5.5)式

的连续函数只有 $g(x)=cx$。这样，就可以得到

$$f(x-\mu)=M\exp\{c(x-\mu)^2\}。$$

又因为密度函数在全空间上的积分为 1，这样，高斯就得到误差模型随机变量的密度函数为

$$f(x-\mu)=\frac{1}{\sqrt{2\pi}\sigma}\exp\left\{\frac{(x-\mu)^2}{2\sigma^2}\right\}。$$

这便是有名的正态分布。其中，$\sigma>0$ 是一个常数，也就是人们通常所说的标准差。

正态分布是极为重要的，几乎所有随机变量的极限分布都与正态分布有关。为了纪念高斯的贡献，德国面值 10 马克的纸币上印有高斯的头像和正态分布的密度曲线。通过计算可以知道，参数 μ 恰好是总体均值，而 μ 的最大似然估计恰好是样本均值。这样的估计方法是如此自然和谐，于是从高斯开始，最大似然的想法就逐渐形成了。最大似然的哲学思考，也构成了归纳推理的理论基础①。

统计学与数学的区别。虽然统计学要用数学语言进行表达，但与传统的确定性数学是合而不同，分析这个区别，不仅有利于了解统计学，也有利于深刻地理解数学。大概有三个不同。

第一，立论基础不同。通过数量与数量关系的抽象，可以看到，数学是建立在概念和符号的基础上的，一个好的概念的形成（比如实数的定义）、一个好的符号表达（比如函数的连续），对数学的发展至关重要。而统计学是建立在数据的基础上的，是通过数据进行推断的。

第二，推理方法不同。数学的证明是基于公理和假设的，证明的过程依赖的是演绎推理，得到的结论是必然的。统计学强调的是数据产生的背景，根据背景寻找合适的抽象方法和推断方法，推理的过程依赖的是归纳推理，得到的结论是或然的。在后面几讲，还会专门讨论这两种形式的推理。

第三，判断原则不同。因为传统数学研究的是确定性问题，因此对结果的判断原则只能是“对”或“错”。而统计学是通过数据推断数据产生的背景，允许人们根据自己的理解提出不同的推断方法，因此统计学对结果的判断原则只能是“好”或“坏”。在这个意义上，统计学不仅是一门科学，也是一门艺术，因为艺术作品允许“仁者见仁，智者见智”。正如《大美百科全书》对统计学的定义②：

---

① 参见本书第十四讲的讨论，详细的内容参见：史宁中著《数学思想概论（第 4 辑）——数学中的归纳推理》第五讲。

② 原文参见 Encyclopedia Americana，Encyclopedia Americana Inc. 1990；中译本见《大美百科全书》，台北：光复书局，1991 年。

> 作为一个研究领域，统计学是关于收集和分析数据的科学和艺术，其目的是为了对一些不确定的事物进行较准确的推断。

在现代生活中，统计学变得越来越重要，主要原因是数据分析变得越来越重要。因为计算机科学和信息科学的迅猛发展，人们把数据等同于信息，对许多事情都进行数据化处理，包括言语、信号、图形、声音，把凡是能够承载信息的东西都形成数据，而统计学恰恰是数据分析的科学和艺术。

第六讲　图形的抽象

人们通常会认为，图形是看得见、摸得着的，因此图形的抽象要比数量的抽象更容易一些，但事实并非如此。在我们的日常生活中，越是熟视无睹的东西，往往越是说不清楚。

对于图形的研究，人们侧重研究图形的度量与变换。无论是度量还是变换，不仅需要抽象出研究对象的概念，还需要抽象出度量和变换的方法，这样的抽象比四则运算和极限运算的抽象更为繁杂，因为其中涉及许多人为因素，既涉及人们对空间的直觉，也涉及人们对自然的理解。

为了日常生活和生产实践的需要，人们需要理解生活的空间，首先是方位的辨认和距离确定，法国数学家彭加勒说得非常清楚[①]：

> 如果距离、方向、直线这种直觉——简言之，空间的这种直接的直觉——不存在，那么我们关于它所具有的信念从何而来呢？如果这只不过是一种幻觉，那么这种幻觉为什么如此牢固呢？考察一下这些问题是恰当的。我们说过，不存在关于大小的直接的直觉，我们只能达到这一数量和我们的测量工具的关系。因此，如果没有测量空间的工具，我们便不能构造空间。

长度单位的确定。几乎所有古老民族，对距离度量的参照物都是人体的外在器官，这样的度量是便捷的，也是形象的。在中国，现今日常生活中仍然广泛使用这样

① 参见：彭加勒．科学与方法[M]．李醒民，译．北京：商务印书馆，2006：74．但彭加勒在他的另一部书中又谈道："这些量不必总是可测量的，例如在有一种几何学的分支中人们无视于这些量的测量，……这种数学名曰拓扑学。"参见：彭加勒．科学与假设[M]，叶蕴理，译．北京：商务印书馆，1997：28．

的度量：比如“庹”，是指两臂张开之间的距离；比如“步”，是指人行走的步幅。正如《孔子家语》所说：“布手知尺，布指知寸”。现在人们所说的“拃”就是古代中国的“尺”，是成年男子拇指到中指伸展后的距离；还有一个距离单位为“咫”，是成年女子拇指到中指伸展后的距离。成语“咫尺之间”，说的是这两种度量之间的差距不会很大[①]。这样的度量虽然便捷，但这样的度量因人而异，是不确切的，于是人们在此基础上规定了“尺”的大小。商代的一尺约合现在的 17 厘米，一丈十尺就是现在的 1.70 米左右，相当于成年男子的平均身高，据说“丈夫”一词就是由此而来。秦始皇统一中国之后就统一了度量衡，明确规定了“尺”的大小，当时的一尺约合现在的 23 厘米。

现在，全世界统一使用的长度单位“米”(meter)源于法国。1790 年，法国科学家特别委员会提出建议，定义“米”为巴黎子午线全长的四千万分之一。为了使用方便，1889 年第一届国际计量大会决定，把长度单位“米”固化，用一根相当于这个长度的、截面呈 *X* 形的铂铱合金棒为“米”的基准，称之为“米原器”，这是第一次世界范围确定的长度标准，现在“米原器”保存在巴黎国际计量局的地下室中。但是，固化了的东西就必然会因为时间或者其他原因而有所改变，不利于精确刻画距离。当人们已经能够很精确地测定时间和光速以后，1983 年国际计量大会通过了下述定义：米的长度为光在真空中 1/299 792 458 秒所经过的距离[②]。以光的速度为基准，人们还规定：光一秒走过的距离为一“光秒”，一年走过的距离为一“光年”。

面积与体积的度量。使得图形成为数学研究对象的真正动力，是土地测量等生产实践的需要。几乎所有国家的数学史都把几何学的发端归功于古埃及。几何学能够在古埃及得以发展，与古埃及人的生活条件关系密切。埃及地处干旱少雨的非洲北部，只有周期出现的尼罗河泛滥才给这片土地带来生机。尼罗河每年 6 月开始泛滥，洪水大约维持 4 个月，于是人们每年 10 月在土地干涸后开始播种，第二年尼罗河泛滥前收获完毕。

尼罗河泛滥对于古埃及人们的生活以及经济发展影响重大，甚至政府的税收也与洪水有关。国家规定：根据每年洪水的高度和耕种的土地面积征税。关于这一点，希罗多德是这样记载的[③]：

> 如果河水冲毁了一个人分得的土地的任何一部分土地，这个人就可以到

---

① 参见：[汉]许慎．说文解字[M]．[宋]徐铉，校定．北京：中华书局，1963：175.

② 1967 年，在第 13 届国际度量衡大会上，利用原子钟的原理对“秒”给出了严格的定义：铯 133 辐射 9，192，631，770 个周期的时间间隔。

③ 参见：希罗多德．历史[M]．王嘉隽，译．北京：商务印书馆，1959.

国王那里去把发生的事情报告，于是国王便派人前来调查并测量损失地段的面积，今后他的租金就要按照减少后的土地面积来征收了。我想，正是由于有了这样的做法，埃及才第一次有了量地法，而希腊人又从那里学到了它。

希罗多德是公元前5世纪的人，他关于古希腊人从古埃及人那里学到几何学的论述是可信的。现在通用的英文几何一词 geometry 源于古希腊语 $\gamma\varepsilon\omega\mu\varepsilon\tau\rho\iota\alpha$，就是土地测量的意思，这个词由 $\gamma\eta$(土地)和 $\mu\varepsilon\tau\rho\iota\alpha$(测量)复合而成。

古埃及人发明了一套行之有效的计算土地面积的方法，包括三角形、长方形、梯形等图形面积的计算方法。虽然古埃及人并没有明确给出面积的定义，但他们清楚地知道：面积是对于平面物体大小的度量，并且用长乘宽度量长方形的面积。莱茵德纸草书上记载[①]，古埃及人用“四边形两组对边之和的一半的乘积”作为四边形的面积：如果规定一个四边形的四个边长依次为 a，b，c 和 d，那么，这个四边形的面积为 $[(a+c)/2]\times[(b+d)/2]$。显然，当这个四边形为长方形时，面积恰为“长×宽”。

让人们吃惊的是古埃及人关于体积的计算，他们清晰地把体积表示为：底面积×高。在莫斯科纸草书上记载了许多这方面的题目[②]，其中第14题的复杂程度令人吃惊：

如果有人告诉你，一个截面四棱锥体高为6，底边长为4，顶边长为2。你就将这个4平方，得到16；又将它加倍，得到8；将2平方，得到4。把16，8，4加起来得到28。你要取6的三分之一，得到2。你要取28的2倍，得到56。看，它是56，你会知道它是对的。

我们把上面所说的解题方法用现代数学符号表述：设截面四棱锥上顶正方形的边长为 a，下底正方形边长为 b，高为 h，截面四棱锥的体积公式为

$$V=\frac{1}{3}h(a^2+ab+b^2)。$$

把 $a=2$，$b=4$ 和 $h=6$ 代入上面的公式，可以得到 $V=56$。计算体积是一件非常困难的事情，在今天，许多计算体积公式的证明需要利用微积分的方法，而在四千多年以前的古埃及人就得到了如此复杂的公式，实在是不可思议。

三角形边角关系的度量。我们在第四讲中讨论了勾股定理，并且称勾股定理的三

① 参见：依夫斯. 数学史上的里程碑[M]. 欧阳绛，戴中器，赵卫江，译. 北京：科学技术出版社，1990.

② 由俄国贵族戈列尼雪夫于1893年在埃及购得，现藏于莫斯科普希金精细艺术博物馆。

个正整数解为勾股数。史料记载，人们在很早的时代就发现了勾股数。在尼罗河三角洲发现的、大约为公元前 2000 年的卡呼恩纸草书①上有这样一个题目：

> 将一个面积为 100 的大正方形分为两个小正方形，一个边长为另一个边长的四分之三。

这个答案恰为一组勾股数(6，8，10)。因为正方形的面积是边长的平方，于是问题可以与勾股定理联系起来。设两个小正方形的边长分别为 a 和 b，大正方形的边长为 c，古埃及人大概是这样得到结果的：如果 $b=1$，那么 $a=\frac{3}{4}$，由勾股定理可以得到 $c=\frac{5}{4}$。现在 $c=10$，是$\frac{5}{4}$的 8 倍，这样就可以得到结论：$a=\frac{3}{4}\times 8=6$，$b=1\times 8=8$。很多数学史的专家认为，古埃及人在修建金字塔时，就是用(3，4，5)这组勾股数来确定直角的②。

表达直角三角形边角关系最有力的工具是三角函数，有的学者认为③，在公元前 1600 年以前的古巴比伦人就作出了三角函数的正切表。古巴比伦人在泥板上刻写楔形文字，在已经发现的几十万块泥板中大约有 300 块与数学有关，其中包括一些数表，比如乘法表、倒数表、平方表和立方表等。其中有一个被称为“普林顿 322”的泥板④，记录了 15 组勾股数。即便是在今天，能够得到 15 组勾股数也不是一件容易的事情，但这项工作却是在公元前 1900～前 1600 年完成的，实在是令人感叹。

古代中国的几何应用。下面，讨论大约公元前 1000 年前，中国古代周朝的人们是如何利用几何知识认识世界的，因为中国古代数学史的著作和文章中都没有详细讨论过这些问题，因此我们将花费一些篇幅。涉及的几何知识有直角三角形、勾股定理、三角函数，涉及的认知范围包括一年四季的确定(参见第十六讲的讨论)、周朝疆域的确定、周朝中心的确定，等等。

日影与天下之中(一)。在古代中国，土圭之法不仅用来测定四季，还用来测量距离。非常重要的工作就是测定了周朝的疆域，特别是决定各诸侯国的势力范围。周朝

---

① 是以发现地卡呼恩(Kahun)命名的纸草书，现藏于伦敦大学学院皮特里博物馆。

② 参见：Cantor，E. Vorlesungen uber Geschichte der Mathematik，Leipzing，1906。

③ 参见：梁宗巨. 世界数学通史[M]. 沈阳：辽宁教育出版社，2001：203-207.

④ 1923 年由收藏家普林顿(C. A. Plimpton)收藏，现存于纽约哥伦比亚大学珍本图书馆。

还测定了“天下之中”，从而确定了“中国”这个名称①，这个工作是由周武王提出、周公完成的。“天下之中”又称“地中”，在那个地理知识相当贫乏的时代，人们是如何定义并寻找地中的呢？下面一段文字给出了问题的答案，这段话出自《周礼·地官·大司徒》：

> 以土圭之法测土深，正日景，以求地中。日南则景短多暑，日北则景长多寒，日东则景夕多风，日西则景朝多阴。日至之景尺有五寸，谓之地中：天地之所合也，四时之所交也，风雨之所会也，阴阳之所和也。然则百物阜安，乃建王国焉，制其畿方千里耳封树之。 (6.1)

在这段话的注释中，郑玄引用郑众的话说②：“土圭之长尺有五寸，以夏至之日立八尺之表，其景适与土圭等，谓之地中。今颍川阳城地为然。”所说颍川阳城是指现在河南省登封市告成镇。为什么“日至之景尺有五寸”就可以确认地中呢？《周礼·地官·大司徒》的解释是：

> 景尺有五寸者，南戴日下万五千里，地与星辰四游升降于三万里之中，是以半之得地之中也。畿方千里，取象于日一寸为正。 (6.2)

对于这段述说，后世学者的研究兴趣大多集中在文中“地与星辰四游”的含义，或者“景一寸地千里”的说法是否正确。事实上，这句话最为本质的含义是：夏至正午测影，在最南端8尺“表”的日影长为0尺；在登封告成8尺“表”的日影长为1.5尺(南戴日下万五千里)；在最北端8尺“表”的日影长为3尺(升降于三万里之中)。因为1.5居0和3之中，所以确认日影长1.5尺的地方为“地中”，即文中所说“是以半之得地之中也”。那么，其中的道理是什么呢？这就必须先讨论日影与纬度之间的关系。

日影与北纬纬度。这是一件非常巧合的事情，在古代中国，人们可以很轻松地通过日射角得到测量地的北纬度数，这是因为当时中原大陆的最南端是番禺，以南就是大海，恰巧番禺又在北回归线上，夏至正午立杆无影。至少商代人就知道这个事实，如《吕氏春秋·有始》所说：“夏至日行近道，乃参与上。……日中无影，呼而无响，盖天地之中也。”所说“乃参与上”是指日在头顶。

---

① 1965年，于陕西省宝鸡县贾村塬出土的何尊的内部铸有122字的铭文。铭文记述成王五年四月，成王继承武王遗志，营建东都成周，事成之后成王在大殿对宗族小子的训话。其中说道：“宅兹中国，自兹乂民。”这是至今为止发现最早的、记载“中国”这个词的物证，这个词出自武王之口。

② 参见：《十三经注疏·周礼注疏》[M][汉]郑玄，注，[清]贾公彦，疏，北京：北京大学出版社，2000：295-300.

下面讨论日影与北纬纬度之间的关系，从中体会大自然是如何惠顾中国的。虽然讨论的基础是基于现代知识的，但只是为了说明古人完全凭借直觉进行的度量，最终得到的结果是什么。在这个分析过程中可以看到：直觉是重要的，直觉是提出问题的发端；但完全凭借直觉是不行的，不仅得不到合理的解释，而且无法进行深入的研究和交流。因此，对于数学的产生与发展，把个人或者一部分人的直觉抽象成一般的概念，并且进行合理的数学表达，是极为重要的。

土圭之法的核心是“表”与“景”之间的关系，即直角三角形中两个直角边长度之比，用这个比值可以决定日射角的大小，参见图 6-1 中的$\angle a$。因为表的高度为 8 尺，景的长度为 1.5 尺，可以得到两条直角边长之比和日射角：

直角边长比$=\frac{1.5}{8}=0.1875$，日射角$=0.1875$ 的反正切函数值$\approx 10°37'$。

如图 6-1，点 A 表示北回归线上的点，夏至正午立杆无影；点 B 表示登封告成，日射角$\angle a=10°37'$。因为太阳距离地球很远，可以假设夏至正午，太阳照射在点 A 和点 B 的光线是平行的。因为内错角相等，所以地心角$\angle AOB=\angle a$；又因为$\angle b$ 是北回归线的纬度，所以点 B(登封告成)的北纬度数就是$\angle a+\angle b$。这就是说，夏至正午，在中国辽阔大地上任何地方，测得的日射角加上北回归线的纬度就是测量地的北纬度数。大自然就是这样惠顾了中国。

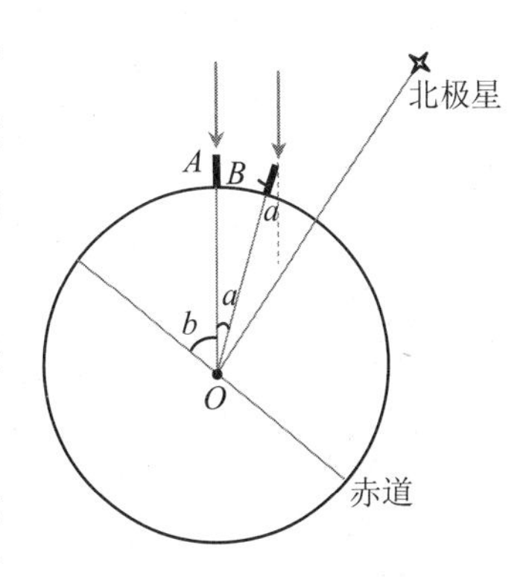

图 6-1　日射角与纬度之间的关系

现在验证这个结果是否正确。下面的数据是已知的：登封告成在北纬 $34°23'$，$\angle a=10°37'$，北回归线$\angle b=23°26'$，可以得到$\angle a+\angle b=34°3'$。比较 $34°3'$ 和 $34°23'$，计算结果比实际数据小 20 分(1 度为 60 分)。这个差异是因为北极星微小移动引起的①。如图 6-1，北极星的方向决定了赤道平面，赤道平面又决定了光线与北回归线之间的夹角。历史资料表明，随着北极星的微小移动，这个夹角逐渐缩小，大约每年缩小 0.46 秒(1 分为 60 秒)。周朝距今大约 3 000 年，据此推算，这段时间北极星大约移动了 $0.46\times3\,000=1\,380$ 秒，为 23 分，大体抵消了上面计算的差异。

日影与天下之中(二)。知道了日射角与北纬之间的关系，就可以分析周朝的疆域，进而讨论周公确定“地中”的道理了。根据文(6.2)所说，最南端夏至正午立杆无影，最北端景长 3 尺。我们计算日射角，再加上 3 000 年前的北回归角$\angle b=23°49'$，

---

① 更确切地说，应当是地球自转轴方向发生微小移动。早在晋代，天文学家虞喜就发现了这个现象，称之为岁差，如《宋史·律历志》记载“虞喜云：尧时冬至日短星昴，今二千七百余年，乃东壁中，则知每岁渐差之所至”。

得到北纬度数如下：

最南端：比值$\frac{0}{8}=0$，日射角$\angle a=0°$，北纬度数$0°+23°49'=23°49'$；

最北端：比值$\frac{3}{8}=0.375$，日射角$\angle a=20°31'$；北纬度数$20°31'+23°49'=44°20'$。

这就是周朝认为“天下”的最南端和最北端的纬度。下面，分析这些结果与当时人们对地理的认识是否吻合，分析的依据是《山海经》。最南端已知，最北端需要仔细分析。

查看地图，沿着登封告成的子午线，北纬44°20′大概在阴山以北，是北部草原的尽头。查看《山海经》中的《北山经》，谭其骧认为①：“总括北山三经……北至内蒙阴山以北直抵北纬四十三度迤北一线，这大概是不会错的。”这个结论与上面计算的结果大体相当。因此可以认为，周朝初期疆域的最北端就是阴山，那里夏至正午“立表日影长3尺”。甚至可以想象，周人为了确立疆域确实进行了实地测量，得到“影长3尺”的结论。

用日出时间的差可以判断东西方位②。可以推断，周“天下”的范围大概是：南起广州番禺，北至内蒙古阴山；东起山东半岛，西至甘肃渭源；登封告成恰为其中。

日影与太阳高度。我们分析了日射角与纬度之间的关系，从而分析了周人是如何确立疆域的，但这完全是基于现代的知识分析古人的方法。事实上，古代中国认为地球是方的而不是圆的。正如《大戴礼记·曾子天圆》中的记载，曾参在回答单居离的问题时说③：“如诚天圆而地方，则是四角之不掩也。且来，吾语女。参尝闻之夫子曰：天道曰圆，地道曰方，方曰幽而圆曰明。”与此同时，古代中国也不认为太阳距离地球很远，因此才有后羿射日的故事。那么，古人认为太阳距离地球多远呢？

虽然《周髀算经》记载了勾股定理，但这部书的本意是研究如何用土圭之法来测量太阳的高度、测量大地的距离，书中说“髀者，表也”就是这个意思，因此周髀是指土圭之法中的表。而谈及勾股定理只是为了得到直角、直角三角形，从而得到直角边的比例关系。

假设夏至正午太阳到地球的距离为a里。因为登封告成距离日下的距离为1.5万里，表与景之比为8∶1.5，利用直角三角形直角边之比，可以得到$a:1.5=8:1.5$，即

$$a=1.5\times\frac{8}{1.5}=8(\text{万里})。$$

---

① 参见：谭其骧. 长水粹编·论《五藏山经》的地域范围[M]. 石家庄：河北教育出版社，2000：327.

② 参见：史宁中. 宅兹中国：周人确定“地中”的地理和文化依据[J]. 历史研究. 2012(6)：4-15.

③ 参见：[清]王聘珍. 大戴礼记解诂[M]. 王文锦，校. 北京：中华书局，1983：98-99.

这就是周人认为的太阳高度①。那么，这 8 万里折合现在的距离单位是多少呢？事实上，周朝的一里大约相当于现在的 80 米，千里大约相当于现在的 80 公里。因此，周人认为太阳高度相当于 6 400 公里，实在算不得遥远。度量单位的换算如下。

景一寸地千里。文(6.2)中说到“景一寸地千里”，这是说，在同一经度，如果夏至正午南北两地日影长相差一寸，则两地距离相差千里。历代学者，特别是隋唐以后的学者，普遍认为这个说法是错误的。事实上，这些学者的理解有误，需要仔细分析这个问题。

这个命题涉及“里”的长度的定义。根据同样的方法，可以计算“景一寸”的两条直角边之比大约为$\frac{0.1}{8}=0.0125$；利用反正切函数得到日射角为$\angle a\approx 0°43'$，因此“景一寸”对应的角度大约为 0.716 度。地球近似为一个圆球，经线周长大约为 4 万公里，1 度对应的长度大约为$\frac{40\ 000}{360}\approx 111.1$(公里)，因此“景一寸”对应的距离近似为 $111.1\times 0.716=79.547\ 6\approx 80$(公里)。

下面，分析“景一寸”所对应的实际距离。登封告成的日射角为 $10°37'$，说明与北回归线上的广州番禺的纬度大约相差 10.6 度，两地之间的距离大约为 $111.1\times 10.6=1\ 177.66$(公里)，这是《周礼》中所说的 15 000 里。因此“景一寸”对应的实际距离为$\frac{1\ 177.66}{15}\approx 78.5$(公里)，这是周人认为的千里。据此可以推断：周“千里”大约为 80 公里；周“一里”大约为 80 米。这个关于“里”的定义与人们的传统认识相差很大②，因此，不能不对推测的合理性进行必要的说明。

首先，上面推测的周“里”的长度与《山海经》中所说的“里”的长度是一致的。谭其骧在《长水粹编》中谈道③：“自北号山南至太山，实距约为二百五六十里，折合汉里为三百五六十里，经文作一千七百二十里，约为实距五倍。”按照我们的推测，周的 1 000 里相当于现在的 160 里(80 公里)，因为$\frac{1\ 000}{160}=6.25$，说明周的 6.25 里大约折合现在的 1 里。又因为$\frac{1\ 720}{6.25}=257.2$，这就说明，《山海经》中记载的距离 1 720 里大约折合现在的 275.2 里，这与书中所说“实距约为二百五六十里”基本吻合。可以断

---

① 在《周髀算经》用的是长安的景长 1.6 尺，得到的结果是一样的。

② 参见：吴承洛．中国度量衡史[M]．上海：商务印书馆，1937：46，95．其中，第 46 页记载，商“一尺”约合 0.15 米，周“一尺”约合 0.19 米；第 95 页记载，周“六尺为步，……一里合三百步，即千八百步”，这样，周“一里”约在 270～340 米。但应当注意到，书中所说的“里”与面积有关，并不单纯是指长度单位。

③ 参见：谭其骧．长水粹编・论《五藏山经》的地域范围[M]．石家庄：河北教育出版社，2000：334.

言，如果谭其骧所提供的数据是正确的，则我们推测周“里”的长度与《山海经》中所说“里”的长度是一致的。

其次，我们的推测能够清晰地回答历代学者对“景一寸地千里”提出的质疑。《隋书·志第十四·天文上》中记载，刘焯上书说：“周官夏至日影，尺有五寸。张衡、郑玄、王蕃、陆绩先儒等，皆以为影千里差一寸。言南戴日下万五千里，表影正周，天高乃异。考之算法，比为不可。寸差千里，亦无典说，明为意断，事不可以。”后来，唐一行作《大衍历》时进行了实地测量，据《新唐书·志第二十一·天文一》记载，最后得到的结论是：“大率五百二十六里二百七十步，晷差二寸余。而旧说王畿千里，影差一寸，妄矣。”这样，学者们就普遍认为，这个结论彻底否定了“寸差千里”的说法。事实上，问题并不那样简单，这些学者对周所说“里”的理解有误。虽然唐也认为“里”的基础是“步”，但认为一里至少多于三百步(因为文中的余数是二百七十步)，这就与周“里”的定义大为不同。

我们分析这个问题。根据上面《新唐书》中的数据：“日影长相差二寸，两地相差五百二十六里二百七十步”，可以具体计算如下：日影长相差二寸，则直角边长比为$\frac{0.2}{8}=0.025$，对应日射角大约为1.43度，因此，两地相差距离大约为$111.1\times1.43\approx159$(公里)，折合159 000米。如果文中是以500步为1里，则“五百二十六里二百七十步”折合为263 270步，如果按1步0.6米计算，可以得到$0.6\times263\ 270=157\ 962$(米)，这个数字与159 000米相当接近。可以推断，唐的“一里”为500步，一步长在0.6米左右，这是成年男子正常行走的步幅。这样可以折算，唐的“一里”大约为$0.6\times500=300$(米)，与周的“一里”有很大差异。

事实上，唐代学者已经发现了述说的差异，只是没有说出道理。在上面那一段文字的后面，《新唐书·志第二十一·天文一》又说道：“凡南北之差十度半，其径三千六百八十里九十步。”其中，“三千六百八十里九十步”近似为$300\times3\ 680=1\ 104\ 000$(米)，即1 104公里，这与上面计算的、从登封告成到广州番禺的距离1 177公里相当接近；并且，两地的纬度之差为10.6度，与文中所说的“十度半”也是相当接近的。由此可以得到结论：一行以及历代学者的测量和计算结果与《周礼》所述不悖，只是计量单位不同。

虽然古埃及、古巴比伦和古代中国都对几何学的产生与发展做出了重大贡献，但在本质上，这些工作还是基于经验的，没有给出明确概念和度量法则，更没有给出几何图形的命题和证明。几何学是在古希腊得到了长足的发展。

西方哲学家普遍认为哲学是从古希腊学者泰勒斯开始的，并且认为在那个时代哲学与科学不分，这就意味着科学也是从泰勒斯开始的。泰勒斯生平无考，但很多书中都记载他成功地预言了一次日食，希罗多德在《历史》这部书中对这个事件进行了生动的描述：

> 战争正在进行时，发生了一件偶然的事件，即白天突然变成了黑夜。米利都人泰勒斯曾经向伊奥尼亚人预言了这个事件，他向他们预言在哪一年会有这样的事件发生，而实际上这话应验了。美地亚人和吕底亚人看到白天变成了黑夜，便停止了战争，而且他们双方都十分盼望达成和平的协议。

据现代天文学家推测，那次日食是在公元前 585 年 5 月 28 日。依据上述逻辑，哲学和科学产生于公元前 6 世纪，那正是中国的春秋时代。令人惊讶的是，也正是在那个时代，在中国黄河流域也创造出了灿烂夺目的文化，代表人物有老子、孔子、墨子等，在古印度则出现了释迦牟尼。那个时代所创造的文明与文化，对后世的影响极为深刻，因此，有些西方学者称那个时代为轴心时代。

泰勒斯曾游历埃及，在那里学到了经验几何。但泰勒斯没有停留在经验几何，他在图形描述的基础上开创了几何学的抽象。雅典柏拉图学院后期导师普罗克洛斯在著作《几何学发展概要》中述说①，泰勒斯发现了下述几何命题并给予证明：圆的直径将圆平分；等腰三角形的两个底角相等；两直线相交对顶角相等；角边角对应相等的两个三角形全等。虽然泰勒斯的证明非常原始，但他所述说的命题及其证明已经相当抽象、规范了，这些命题依然是现今初中阶段数学教学的重要内容。但是，现代意义上的几何学还应当是从欧几里得开始的②。

第七讲 欧几里得几何与公理体系

这一讲，我们将讨论几何学研究对象的抽象过程，论述抽象的两个阶段：第一阶段的抽象集中体现在欧几里得的《几何原本》中，第二阶段的抽象集中体现在希尔伯特的《几何基础》中。

---

① 参见：吴文俊. 世界著名科学家传记·数学家Ⅱ[M]. 北京：科学出版社，1992：267.

② 在欧几里得之前，至少还有两个几何学的重要工作，一个是毕达哥拉斯学派发现并证明了三维空间只有五种正多面体，一个是亚历山大图书馆的埃拉托色尼测定了地球周长。参见：史宁中著《数学思想概论(第 2 辑)——图形与图形关系的抽象》。

几何学研究对象抽象的核心是如何摆脱人们的直觉，或者说，如何摆脱研究对象的物理属性。对于这个抽象过程的讨论，可以更好地感悟什么是数学的研究对象、应当如何表达数学的研究对象，进而感悟到研究对象之间的关系对于数学研究，特别是对于几何学研究的重要性。

一、欧几里得几何

欧几里得的《几何原本》对几何学、乃至对数学的贡献，怎么评价都不过分。直到19世纪末，欧几里得几何与数学仍然是同义词，《几何原本》的证明方法也成为数学证明的范例。

欧几里得的这本著作更准确地应当称为《原理》，因为原书的题名为希腊文Στοιχεία，这是希腊文“定理”一词Στοιχείου的复数形式，因此原书名直接的意思是“诸定理”。这本书的拉丁文译本书名为Elementa，现代西方普遍沿用拉丁文译名，英文译为Elements，就是“原理”的意思。在中国，这本书的翻译是在明末由利马窦和徐光启完成的，由于他们只翻译了其中的一部分，即关于平面几何的6卷，他们根据所翻译的内容把中文译本命名为《几何原本》，这是非常有道理的[①]。他们的这个命名也为中国的数学增添了一个新的、对后世影响很大的名词：几何。根据利马窦和徐光启的想法，可以把几何理解为：用形式逻辑的方法研究图形的学科。

人们关于欧几里得的生平所知甚少，普罗克洛斯的著作《几何学发展概要》中记载，欧几里得是托勒密一世时代的人，现在普遍认为欧几里得大约生于公元前325年，死于公元前265年。欧几里得早年在雅典学习，后受托勒密一世的邀请来到了亚历山大图书馆。据说，欧几里得著作的初稿是他在亚历山大城图书馆教书时使用的教材。欧几里得活跃的时代比亚里士多德大约晚50年左右，他的思想方法应当是受到了亚里士多德学说的影响。

一般的论证模式。亚里士多德从哲学的角度构建了论证的模式，主要包括两个关键问题。一个问题是关于论证的开始：最初概念不需要解释，直接前提不需要论证；另一个问题是关于论证的过程：提出包括“大前提、小前提、结论”三段论在内的推理形式。后来，亚里士多德提出的推理形式逐渐被发展为形式逻辑，也成为数学证明的主要方法，我们将在第二部分讨论这个问题。

---

① 参见绪言中的有关注解。

关于论证的开始，亚里士多德在《工具论·后分析篇》中说[①]：

> 我们认为，并不是所有知识都是可以证明的。直接前提的知识就不是通过证明获得的，这很显然并且是必然的。因为如果必须知道证明由已出发的在先的前提，如果直接前提是系列后退的终点，那么直接前提必然是不可证明的。以上就是我们对这个问题的看法。我们不仅主张知识是可能的，而且认为还存在着一种知识的本原。我们借助它去认识终极真理。

亚里士多德的意思非常明确，为了进行证明，必须先建立一个前提，而这个前提本身是不需要证明的，甚至是不可证明的[②]。进一步，亚里士多德又把不需要证明的前提分为两类：一类是获得任何知识都必须把握的前提，称之为公理，比如"等量加等量还是等量"；另一类是获得某些专门领域的知识必须把握的前提，称之为公设，比如"两点决定一条直线"。

欧几里得几何的论证模式。最初的《原理》包括 13 卷，每卷的结构基本是一样的，由定义和命题两部分组成，只是在第 1 卷给出定义的同时还给出了公理和公设。可以看到，欧几里得已经把握住了数学研究的根本：通过定义给出概念，建立公理和公设，利用推理从公理和公设出发验证命题。这就是数学公理体系的雏形。关于公理体系的结构和作用，柯朗在《什么是数学》中谈道[③]：

> 用通常的话来说，公理体系的观点可以描述如下：在一个演绎系统中，证明一个定理就是表明这个定理是某些先前业已证明过的命题的必然逻辑结果；而这些命题的证明又要利用另一些已证明的命题，这样一直逆推上去，所以数学证明的过程是一个无限逆推的不能完成的任务，除非允许在某一点可以停下来。因此，必须有一些称为公设或公理的命题，把它们当作真的事实接受下来，而无须加以证明。从它们出发，我们可以设法用纯粹的逻辑论证，推导出所有其他定理。如果一个科学领域中的事实能被纳入这样一个逻辑次序，使得所有的事实都能够从一些选择好的命题出发来证明，则称这个

---

① 参见：亚里士多德. 工具论(上卷)·后分析篇[M]. 余纪元，徐开来，秦华典，译. 北京：中国人民大学出版社，2003：249.

② 大约在相同的年代，古代中国也产生了类似的想法，这就是老子所说的"道"和孔子所说的"仁"，"道"和"仁"都是判断事物的出发点，是不需要论证的。参见：史宁中. 中国古代哲学中的命题、定义和推理(上)[J]. 哲学研究，2009(3)：42-50.

③ 参见：柯郎，罗宾. 什么是数学[M]. 左平，张饴慈，译. 上海：复旦大学出版社，2005.

领域已被表示为公理体系。

可以看到，公理体系的论证形式正是亚里士多德所希望的。而欧几里得《原理》则实践了这种论证形式，奠定了几何学公理体系的基本结构，这是人类建立的第一个能够被称之为科学的学科体系，为数学乃至物理学等自然科学的建立做出了楷模。许多数学家和科学家都是在学习了《原理》之后才开始了他们的研究生涯。据说牛顿最初对数学并没有兴趣，是他读了《原理》之后才热衷于数学，开始了他天才的思考①。爱因斯坦更是对《原理》给出了高度的评价②：

> 西方科学的发展是以两个伟大成就为基础，那就是：希腊哲学家发明的形式逻辑体系(在欧几里得几何中)，以及通过系统的实验发现有可能找出因果关系(在文艺复兴时期)。

由此可见，欧几里得《原理》的重要性，并不仅仅是表现于所贡献的数学知识，而更重要的是表现于所贡献的思维形式和论理模式。因此，我们有必要对这部重要著作进行比较认真地分析，从中体会抽象的原则、方法和思想。

定义的抽象。欧几里得《原理》的开篇就给出了23个定义，这些定义描述了平面几何研究的基本对象，这些研究对象包括③：点、线、面、角、多边形、三角形、平行线等。

根据历史文献记载，这些名词并不是欧几里得创造的，欧几里得的主要贡献是科学地总结了古希腊学者的工作。在日常生活和生产实践中，人们已经发明了这些术语，并且能够用这些术语进行交流，也就是说，当时的人们已经清楚这些术语的含义。但要对这些术语给出确切的定义却是困难的，不仅需要把握术语含义的本质，还需要高度抽象概括。欧几里得《原理》中关于点、线、面的定义如下所述(其中的序号是原文中的序号)：

> 1. 点是没有部分的。
> 2. 线只有长度没有宽度。
> 4. 直线是它上面的点一样平放着的线。

---

① 参见：吴文俊. 世界著名科学家传记·数学家Ⅱ[M]. 北京：科学出版社，1992.

② 参见：爱因斯坦. 爱因斯坦文集(第一卷)[M]. 许良英，范岱年，译. 北京：商务印书馆，1976：574.

③ 参见：欧几里得. 原本[M]. 兰纪正，朱恩宽，译. 西安：陕西科学技术出版社，1990.

5. 面只有长度和宽度。

7. 平面是它上面的线一样地平放着的面。

关于角、平角和直角是这样定义的：

8. 平面角是在一平面内但不在一条直线上的两条相交线相互的倾斜度。

9. 当包含角的两条直线是一条直线时，这个角叫作平角。

10. 当一条直线和另一条直线交成的邻角彼此相等时，这些角的每一个叫作直角，而且称其中一条直线垂直于另一条直线。

还有一个定义是必须提到的，这就是第 23 个定义(也就是最后一个定义)，是有关平行线的：

23. 平行直线是在同一平面内的直线，向两个方向无限延长，在不论哪个方向它们都不相交。

欧几里得的定义是幼稚的，这至少表现在两个方面。一个方面是涉及内涵的：在定义中使用了没有给出定义的术语，比如长度和宽度。另一个方面是涉及外延的：在定义中使用了“没有部分的”“一样地平放着”等令人费解的描述。红颜色也是没有部分的，那么，红颜色也是点吗？可是，即便是在两千多年以后的、科学技术已经如此发达的今天，我们能够给出比欧几里得的更好的定义吗？

首先，关于内涵，如果要先给出长度的定义，那么很可能要用到“两点间的距离”这样的术语，这不仅要定义什么是距离，甚至会涉及“两点间直线段最短”这样的命题，还很可能会出现定义和命题的恶性循环，就像许多词典那样，这在数学中是不允许的。其次，关于外延，虽然这个世界上不存在“没有部分的”东西，但数学的抽象就是要脱离具体内容，这就意味着数学的定义在现实生活中“不存在”恰恰是合理的。我们将在下一讲中尝试性地解决这两个问题。

无论如何，欧几里得的定义使得数学向科学迈出了强有力的一步，从欧几里得开始，作为科学的数学就扬帆起航了。

公理与公设。欧几里得更重要的工作是给出了公理和公设，正如亚里士多德所希望的那样。在《原理》中，欧几里得给出了 5 个公理和 5 个公设。5 个公理是：

1. 等于同量的量彼此相等。
2. 等量加等量，其和相等。
3. 等量减等量，其差相等。
4. 彼此能重合的物体是全等的。
5. 整体大于部分。

这 5 个公理是超出数学的，符合人们生活的经验和思维的常理，完全符合亚里士多德对于公理所提出的要求，这 5 个公理的表述简洁高雅，体现了数学的美。但在下面的讨论中将会看到，其中第 4 条公理存在一个隐患，因为使用了意义不十分明确的“重合”这样的术语。为了实现图形的重合就必然要涉及图形的运动，但欧几里得几何没有涉及图形的运动。5 个公设是：

1. 由任意一点到任意一点可以作直线。
2. 一条有限直线可以继续延长。
3. 以任意点为心及任意的距离可以画圆。
4. 凡直角都相等。
5. 同平面内一条直线和另外两条直线相交，若在某一侧的两个内角的和小于两个直角，则这两条直线经无限延长后在这一侧相交。

这 5 个公设是关于图形的假设，也是基于人们的经验，也符合亚里士多德的要求。但这些公设的描述远远没有公理那样优雅。公设前三个是关于作图的假设，成为后世数学家确认什么是“尺规作图”的依据。第 4 个公设是不必要的，为了保证定义 10 成立，必须假设直角都相等。

第 5 个公设的叙述最为繁杂，从中可以体会到欧几里得的犹豫不决。根据定义 9 和定义 23，很容易给出一个简洁的等价命题：同平面内一条直线和另外两条直线相交，如果同旁内角之和等于平角，这两条直线平行。欧几里得为什么不通过正面叙述的形式给出公设呢？

分析上面的定义和公设会发现，欧几里得是谨慎的：希望在有限的空间研究问题。想象是需要凭借经验的，在那个时代，人们能够经验、能够感知的空间是相当有限的，对于永远延长下去的直线是无法想象的。当时的人们已经知道地球是圆的，那么，能在地球表面画出一条永远延长下去的直线吗？特别是，两条永远延长并且永远平行下去的直线更是无法想象的。几何学的进一步发展证明了欧几里得的犹豫不决是有道理的，这个问题实在是太复杂。下一讲，我们将讨论这个问题。

命题的叙述与证明的形式。利马窦和徐光启翻译的《几何原本》中的第1卷有48个命题，讨论的是平面几何的基本问题；先讨论的是三角形的性质，包括几何作图、图形全等、角平分线，直到第27个命题，才开始讨论平行线及其相关的性质，第32个命题讨论三角形内角和为180度。这些命题的先后顺序似乎与现代人的常理不符，按现代人的常理，似乎应当先讨论直线(线段、相交线、平行线)、角以及它们的性质，然后再讨论三角形，因为构成三角形的基本元素是线段和角，现在初中数学教科书就是按照这种常理安排几何的教学内容的。欧几里得为什么开篇就不按常理呢？大概有两个原因：首先，三角形比直线更直观，命题内容更丰富，直线的命题看似简单，却很难理解，对于初学者来说，对三角形的理解可能比对直线的理解更容易一些；其次，欧几里得对第5个公设(平行公设)是犹豫不决的，只有到了必须使用的时候才不得不使用。我们从中可以体会到欧几里得的良苦用心。

下面，我们分析《原理》的第一个命题，从而体会几何命题的述说和证明。现有史料表明，这个命题的证明或许是第一个能够被称之为证明的数学证明，重要性不言而喻。两千多年来，人们已经习惯了欧几里得《原理》中命题表述和论证形式，称之为综合证明法。

命题1. 在一个有限直线上作一个等边三角形。

题目：设 AB 是已知有限直线，要求在线段 AB 上作一个等边三角形。

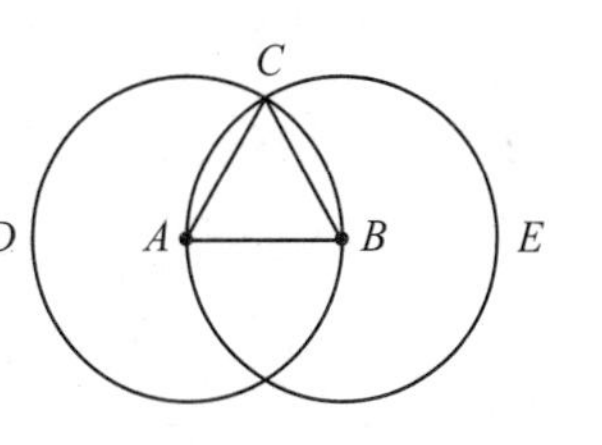

证明：以 A 为心，以 AB 为距离画圆 BCD；[公设3]

再以 B 为心，以 BA 为距离画圆 ACE；[公设3]

由两圆的交点 C 到点 A，B 连线 CA，CB。[公设1]

因为点 A 是圆 CDB 的圆心，AC 等于 AB。[定义15]

点 B 是圆 CAE 的圆心，BC 等于 BA。[定义15]

已经证明了 CA，CB 都等于 AB，

而且等于同量的量彼此相等，[公理1]

所以 CA 也等于 CB。

三条线段 CA，AB，BC 彼此相等，

所以三角形 ABC 是等边的，即在已知有限直线 AB 上作出了这个三角形。

这就是所要求作的。

这个证明几乎是完美无缺的。可以看到，欧几里得从三角形的作图出发来讨论几何问题是有道理的，因为从几何作图出发，顺便也讨论了几何图形的存在性。在论证的过程中，每一个结论的得出都是有根据的，因此，如果承认了公理和公设，得到的结论是无懈可击的，这便是演绎推理的精髓。

如果要在上述证明中鸡蛋里挑骨头的话，那么就是在证明中所说的点 C 是两个圆的交点，这多少有些含糊，有哪一条公理或者公设能够保证两个圆相交必有且只有一个交点呢？回顾欧几里得的定义：点是没有部分的。那么，两个圆相交怎么能交出一个“没有部分的”东西呢？正如我们在实数的连续性中讨论的那样，戴德金受这个直观的启发，提出了用有理数分割定义实数的方法，进而证明了实数的连续性，但在戴德金那里，把线段的连续性作为一个公理。

显然，欧几里得在论证的过程中，仍然依赖了头脑中几何图形的直观，但是，图形的直观只能是帮助分析问题的工具，而不能成为推理的依据。当然，两千多年前的欧几里得可能不会想得那么多，如果欧几里得的论证中存在问题，那也是需要后人在欧几里得的基础上进行修正的。

二、希尔伯特几何公理体系的建立

欧几里得的著作《原理》对于人类文明的最大贡献在于用演绎方法构建了一个公理化体系，使得人们对数学的认识可以从经验上升到理性，从具体上升到一般。两千多年来，人们不断发现欧几里得几何的定理能够与客观事实如此完美地保持一致，以至于使人们确信几何的定理就是真理。

但是，正如前面所讨论的那样，虽然欧几里得几何已经对于现实世界进行了高度抽象，但在本质上仍然是建立在经验直觉之上的，仍然能够感觉到那些假设或定义的现实存在性。据此，只能说欧几里得几何实现了第一步抽象，这种抽象并没有完全舍弃物理背景。特别是因为平行线公设所引发的非欧几何的出现，使人们开始怀疑经验直觉的可靠性，开始思考应当如何确定数学研究的基础。

德国数学家帕斯明确地认识到了这一点，开始了有意义的尝试。帕斯意识到，欧几里得在本质上并没有给出几何研究对象的定义，“点是没有部分的”这不能称其为定义，特别是术语“部分”的理解将变得比定义本身的理解更为困难。关于论证的出发点，他认为公理不应当是不证自明的真理，而是用以产生一门特殊几何的一些假定。

他在1882年出版的《新几何讲义》中谈出了自己的想法①：

> 如果几何学要成为一门真正演绎的科学，那么必不可少的是：作出推论的方式既要与几何概念的意义无关，又要与图形无关；需要考虑的全部东西只是命题和定义所断言的几何概念之间的联系。

提出算术公理体系的意大利数学家皮亚诺和他的学生们也注意到了这一点，在1889年出版的著作《几何原理》中，他们用符号表示基本研究对象，并且给出了基于符号的公理集合。

但是，自欧几里得以来，几何公理化体系的集大成者还是德国数学家希尔伯特。与高斯一样，希尔伯特也是哥廷根大学的教授，比高斯整整晚100年。我们从中可以体会哥廷根大学数学传统之深远。希尔伯特于1899年出版了著作《几何基础》，后经多次修改，每一版都更加清晰和完全，最后一版是1930年的第七版。这部著作共七章，体现公理化体系的内容主要在前两章，第一章的题目为"五组公理"，第二章的题目为公理的相容性和互相独立性。

下面，就基本概念、论证出发点、公理体系特征这三个方面，我们尝试着分析这本著作②，从中体会几何学第二阶段抽象的精髓所在。

研究对象的符号化。几何学的基本概念应当包括两个方面：一是所要研究的对象，二是表述研究对象之间关系的术语。关于几何学所要研究的对象，希尔伯特认为应当是形式化的，正如在绪言中曾经引用过的那样，希尔伯特生动地比喻：

> 欧几里得关于点、线、面的定义在数学上是不重要的，它们之所以成为讨论的中心，仅仅是因为公理述说了它们之间的关系。换句话说，无论把它们称为点、线、面，还是把它们称为桌子、椅子、啤酒瓶，最终推理得到的结论都是一样的。

这样，希尔伯特就开始了形式化公理体系的发端。与欧几里得一样，希尔伯特《几何基础》的开宗明义也是定义，但定义的形式是完全不同的。

---

① 参见：克莱因. 古今数学思想(第四册)[M]. 北京大学数学系翻译组，译. 上海：上海科学技术出版社，1981.

② 参见：希尔伯特. 几何基础[M]. 江泽涵，朱鼎勋，译. 北京：科学出版社，1995.

定义：设想有三组不同的对象：第一组的对象叫作点，用 A，B，C，…表示；第二组的对象叫作直线，用 a，b，c，…表示；第三组的对象叫作平面，用 α，β，γ，…表示。点叫作直线几何的元素；点和直线叫作平面几何的元素；点、直线和平面叫作空间几何的元素或空间元素。

可以看到，为了摆脱研究对象的物理属性，最好的方法就是将研究对象符号化。事实上，也只有通过对于符号的计算或者推理，才可能真正地消除经验直觉，才可能得到更为一般的结论，数量与数量关系的抽象是这样，图形与图形关系的抽象也是这样。

在上面的定义中，已经找不到任何直接经验的影子了。到了19世纪初，哲学家和数学家至少在一个基本点上达成了共识：数学不能过分依赖经验。数学要完全摆脱经验，一方面要摆脱研究对象的具体内容，另一方面要摆脱论证过程中对直观的依赖。这就是说，与我们在第一部分讨论过的、数量与数量关系的抽象一样，必须实现研究对象的符号化和论证过程的形式化。但是，我们必须再一次强调：没有第一步抽象不可能建立起第二步抽象。可以设想，如果没有两千多年来欧几里得几何的熏陶，人们可能理解希尔伯特的这种形式化的几何定义吗？反过来，基于这种形式化的定义几何讨论问题，人们头脑中思考的载体能不是欧几里得的具体定义吗？

论证过程的形式化。在处理了几何学的研究对象之后，希尔伯特非常智慧地通过公理的形式给出了描述研究对象之间关系的术语，从而确定了研究对象之间的关系以及与研究对象有关的公理假设。这些术语是这样被确定的：

第一组公理：关联公理

1. 对于两点 A 和 B，恒有一条直线 a，它同 A 和 B 这两点的每一点相关联。

2. 对于两点 A 和 B，至多有一条直线 a，它同 A 和 B 这两点的每一点相关联。

3. 一条直线上至少有两个点，至少有三个点不在同一条直线上。

4. 对于不在同一条直线上的任意三个点 A，B 和 C，恒有一个平面 α，它同 A，B 和 C 这三点的每一点相关联。

5. 对于不在同一条直线上的任意三个点 A，B 和 C，至多有一个平面 α，它同 A，B 和 C 这三点的每一点相关联。

6. 若直线 a 上的两个点 A 和 B 在一个平面 α 上，则 a 的每一点都在平

面 α 上。

7. 若两平面 α 和 β 有一个公共点 A，则它们至少还有一公共点 B。

8. 至少有四点不在同一平面上。

第二组公理：顺序公理

1. 若点 B 在点 A 和点 C 之间，则 A，B 和 C 是同一直线上的不同的三点，这时 B 也在 C 和 A 之间。

2. 对于两个点 A 和 C，直线 AC 上至少有一点 B，使得 C 在 A 和 B 之间。

3. 一条直线上任意三个点中，至多有一点在其他两点之间。

4. 设 A，B 和 C 是不在同一直线上的三个点，设 a 是平面 ABC 上的一条直线，但不通过 A，B 和 C 这三个点中的任一点，若直线 a 通过线段 AB 上的一点，则它必定也通过线段 AC 上的一点，或者线段 BC 的一点。

第三组公理：合同公理

1. 设 A 和 B 是一条直线 a 上的两个点，C 是这条直线或另一条直线 b 上的一个点，而且给定了直线 b 上点 C 的一侧，则在直线 b 上点 C 的这一侧，恒有一个点 D，使得线段 AB 与线段 CD 合同或者相等，用记号表示为 $AB=CD$。

2. 若两条线段都与第三条线段合同，则它们彼此也合同。

3. 设线段 AB 和 BC 在同一条直线 a 上，线段 DE 和 EF 在同一条直线 b 上。如果 $AB=DE$ 且 $BC=EF$，则 $AC=DF$。

4. 设给定了一个平面 α 上的一个角 $\angle(h, k)$，一个平面 β 上的一条直线 b，以及平面 β 上 b 的一侧。设 g 是平面 β 上的从点 O 起始的一条射线，则平面 β 上恰有一条从点 O 起始的射线 s，使两个角 $\angle(h, k)$ 与 $\angle(g, s)$ 合同或相等，而且使 $\angle(g, s)$ 的内部在平面 β 上给定的一侧，用记号表示为：$\angle(h, k)=\angle(g, s)$。每一个角与它自己合同。

5. 若两个三角形 ABC 和 DEF 满足下列合同式：$AB=DE$，$AC=DF$，$\angle BAC=\angle EDF$，则也有合同式 $\angle ABC=\angle DEF$。

第四组公理：平行公理

设 a 是任一条直线，A 是 a 外的任一点。在 a 和 A 所决定的平面上，至多有一条直线通过 A，而又不与 a 相交。

第五组公理：连续公理

1. 阿基米德公理。若 AB 和 CD 是任意两条线段，则存在数 n 使得沿 A

到 B 的射线上，自 A 作首尾相接的 n 条线段 CD，必将越过 B。

2. 直线完备公理。一条直线上的点集、连同其顺序关系与合同关系不可能再扩充，使得这直线上原来元素之间所具有的关系，从第一组公理到第三组公理所推出的直线顺序与合同基本性质，以及第五组公理的阿基米德公理都仍旧保持。

可以看到，希尔伯特公理体系要比欧几里得公理体系庞杂得多，进而弥补了两千多年来人们研究欧几里得公理体系时发现的漏洞。我们简单地分析一下这些公理以及公理之间的关系。

第一组关联公理，规定了研究对象之间的隶属关系，建立了现代数学最基本的关系概念：属于。利用这个概念建立了点、直线、平面这三组对象之间的联系。在现代集合论中，首先要确定的概念也是属于，最难处理的概念之一也是属于，这个概念引发了许多悖论。

第二组顺序公理，规定了直线上点之间位置的顺序关系，来源于帕斯的《新几何讲义》[①]。前三个公理是说，在直线上三个不同的点，有且仅有一个点在其他两个点之间；第四个公理说，一条直线进入到一个三角形的内部则必然还要出去，蕴含着这条直线不能与三角形的三个边都相交，这样就引入了平面结构，也顺便解决了“两条直线相交必然交于一点”这个问题。在现代数学的各个分支中，顺序关系都非常重要，是数学研究对象之间的一个根本关系。

第三组合同公理，规定了研究对象之间的相等关系，包括欧几里得几何中的全等。前三条公理是关于线段的，第四条公理是关于角度的，第五个公理是线段、角度全等关系的复合。通过这些公理可以直接得到三角形全等的“边角边”定理，因此在现行教科书中把“边角边”定理作为基本事实。

第四组平行公理，规定了平行线的唯一性。这个公理是欧几里得几何的本质，或者说，这个公理是一个研究“平”且“直”几何的基础。我们将在下一讲详细讨论这个问题。

第五组连续公理，引进了无穷集合的概念。在著作的第一版，只有阿基米德公理，后来在法国数学家彭加勒的建议下加上了直线完备公理。加上这一条公理的理由是：如果利用笛卡儿直角坐标系 x，y，z 来表示欧几里得几何，并且只保留 x，y，z 取代数数的那些点，得到的是一个“多孔”的空间。虽然在这个“多孔”空间中，希尔伯

---

① 参见《几何基础》第3页希尔伯特给出的注释。

特的其余公理仍然成立，但这个空间本身是不完备的，或者说，这个空间的点与实数不能一一对应。但在这本著作中，完备公理始终没有被用到，希尔伯特解释说："但是加上了完备公理，就能证明相当于戴德金分割的确界的存在。"因为这个公理没有被用到，说明希尔伯特是在彭加勒所说的"多孔"的空间上构建了几何，由此可以推断，"完备"这个概念完全是人为定义出来的，而不是现实世界中的必然"存在"。更有趣的事实是，希尔伯特构建直线完备性的思想依赖于实数的连续性；戴德金在构建实数的连续性时，又用到了直线完备性的直观。

不管怎么说，希尔伯特构建了一个形式化的几何公理体系，在这个体系中，我们能够充分地体会出"形式化"的含义：不管研究对象的实质是什么，只要从已经定义了的、用符号表示的研究对象出发，依据上述几组公理以及人们认可的逻辑法则，那么，推导出来的结论就一定是正确的。这或许就是柏拉图所期盼的、人们理念中的、脱离了经验的数学。那么，如何判断公理体系自身的合理性呢？

三、公理体系的合理性

希尔伯特在完成了研究对象的定义和公理体系的构建之后，就在《几何基础》的第二章讨论他所构建的公理体系的合理性，这是希尔伯特工作的重点。最初，希尔伯特认为，如果这个公理体系是相容的，并且公理相互之间是独立的，那么，这个公理体系就是合理的。他设定第二章的题目就是：公理的相容性和互相独立性。

相容性。所谓相容性就是指公理之间是无矛盾的，即不可能从上述几组公理出发，用逻辑推理的方法得到与其中某一个公理相矛盾的结果。更形象地说，不能从公理体系的公理出发，用逻辑推理的方法证明某一个命题的正确性，又证明了这个命题的否定形式的正确性。大多数数学家对相容性是确信无疑的，比如，德国数学家外尔确切地说道①：

> 关于真理，纯粹数学只承认一个条件，而且是它必须承受的条件，那就是相容性。

但是，能够通过公理体系证明相容性吗？希尔伯特希望实现这个证明。为了讨论的方便，希尔伯特把实数作为一组对象（这与欧几里得恰恰相反，欧几里得是把线段

---

① 参见：外尔．数学与自然科学之哲学[M]．齐明友，译．上海：上海科技教育出版社，2007：35.

作为对象)，指出这一组实数对象满足五组公理中的全部公理。

希尔伯特的基本思路是：从数的集合 **Q** 出发，把一个点理解为一个数对(x, y)，把一条直线理解为三个数的比$(u:v:w)$，之所以用比描述直线，是因为当 u 和 v 不同时为零时，对于常数 $a\neq 0$，$(au:av:aw)$与$(u:v:w)$在同一条直线上。把点与直线之间的关联理解为等式

$$ux+vy+w=0 \tag{7.1}$$

成立。然后通过解析几何的方法以及直线的平移和角度的旋转(与合同公理对应)，论证了几何公理的无矛盾性可以归结为算术公理的无矛盾性。而“算术公理的无矛盾性”是一个征求答案的公开问题，也就是希尔伯特 1900 年在巴黎数学家大会上提出的 23 个问题中的第 2 个问题。

独立性。独立性是指任何一组公理都不是其他几组公理的逻辑推论。显然，问题的核心在于后三组公理：合同公理、平行公理和连续公理。其中，平行公理的独立性是已知的。

证明思路可以简单表述如下：在三维笛卡儿坐标中考虑一个固定的椭球，然后类似(7.1)式构建点、直线、平面之间的关系，并考虑使这个椭球不变的所有一次变换，于是在这个球的内部可以构成一种几何来定义合同关系。这样，除了平行公理之外，其他公理都满足了独立性。

对于合同公理独立性的证明，希尔伯特设计了一个很巧妙的方法。用$A(x_1, y_1, z_1)$和$B(x_2, y_2, z_2)$表示几何中的两个点，定义线段 AB 的长度为

$$d(A, B)=\sqrt{(x_1-x_2)^2+(y_1-y_2)^2+(z_1-z_2)^2}。$$

利用线段长度规定合同：如果两个线段 AB 和 CD 的长度相等，即 $d(A, B)=d(C, D)$，那么，这两个线段合同。利用合同规定和其余四组公理，希尔伯特证明了一个与欧几里得几何矛盾的结果：等腰三角形的底角不相等。因此可以得到结论：要得到正确的结果，在其余四组公理的基础上加上第三组公理是必要的，这就证明了合同公理的独立性。

我们已经说过，第五组连续公理的核心是引进了无穷集合的概念。其中，阿基米德公理保证了研究对象是无界的，直线完备公理保证了研究对象是连续的。但是，要证明阿基米德公理的独立性，需要证明：前四组公理不能保证“对任意的两个线段 AB 和 CD，必然存在一个自然数 n，使得线段 CD 在 n 次首尾相接后比线段 AB 长”。这个问题的证明是非常复杂的，涉及无穷序列的概念，希尔伯特利用了他所定义的复数系。可是，正如希尔伯特之前的一些数学家，比如意大利数学家韦罗尼斯研究过的，没有阿基米德公理的几何体系仍然成立，人们称这样的几何为非阿基米德几何。为

此，希尔伯特在著作中特别强调，与非欧几何一样，非阿基米德几何也有非常重大的意义。大概正是因为这个强调，有的学者甚至认为希尔伯特的这部书就是为非阿基米德几何而写的[①]。因为直线完备公理是在彭加勒的建议下后加的，因此希尔伯特认为这个公理的独立性是显然的，没有给予证明。

完备性。要论证一个公理体系的合理性，除了相容性和独立性以外，希尔伯特后来又加了一条：完备性。对此，1925年希尔伯特在论文《论无限》中强调：

> 作为可以用来处理基本问题的方法的一个例子，我更乐于选取一切数学问题均可以解决这样一种观点。我们都相信，吸引我们去研究一个数学问题的最主要原因是：在我们中间，常常听到这样的呼声，这里有一个数学问题，去找出它的答案！你能通过纯思维找到它，因为在数学中没有不可知！

基于完备性的原则，要求对于所有表达清晰的、有意义的数学命题都能给出一个明确答案：要么是正确的，要么是错误的。在一般的情况下，这个原则是可以的，比如，对于2＋2＝4这样的命题，我们必须明确地做出正确与否的判断，这个原则与我们在第二部分将要讨论的排中律是一致的。正因为有了这样的信念，人们才孜孜不倦地寻求各种猜想的答案。

公理体系的合理性无法自身验证。凭借直觉，我们可以接受希尔伯特的想法，一个合理的公理体系应当具备：相容性、独立性和完备性。但是，这个直觉却被美籍奥地利数学家、逻辑学家哥德尔彻底颠覆了：除却独立性以外(事实上，独立性的证明也借助了外力)，现行所有公理体系的相容性和完备性，都不能通过公理体系本身予以证明。这正应了中国的一句俗语：自己的刀不能修理自己的刀把。这个简洁的经验之谈蕴含了多么深刻的哲理！

关于完备性。1931年，哥德尔划时代的论文使数学界为之震惊，那篇论文的开始部分写得非常深刻，转载如下[②]：

> 在较精确的意义上说，数学的发展已经导致它大范围的形式化，以至于证明竟然可以依照少数几条机械规则实现。目前，最丰富的形式系统，一个是怀海德和罗素的《数学原理》的系统，另一个是策梅罗—弗兰克尔(ZF)的公理集合论系统。这两个系统足够广博，现在数学中使用的所有证明方法都可

---

① 参见：希尔伯特. 几何基础[M]. 江泽涵，朱鼎勋，译. 北京：科学出版社，1995：译者绪言.

② 参见：格勒尔. 哲学逻辑[M]. 张清宇，陈慕泽，译. 北京：中国人民大学出版社，2008：80.

以在系统中形式化，即都可以从几条公理和推理规则演绎出来。因此，似乎可以合理地推测，这些公理和推理规则对于判定所有在系统中能够描述的数学问题是充分的。下面将要指出的是，事情并非如此！在上述两个系统中，存在着相对简单的初等数论问题，不能在该系统中基于公理而判定。

否定完备性的命题被称为“哥德尔第一不完全性定理”，证明不是很轻松的，我们只能大致地描述一下论证方法。哥德尔把系统中的每一个概念指派一个正整数，这样，每个语句(命题)都可以通过算术指派一个数，现在人们称这样的数为“哥德尔数”。比如，指派1对应于自然数1，指派2对应于等号，于是命题“1＝1”就对应于整数组“1，2，1”；基于最小素数2，3，5，指派这个命题的“哥德尔数”就是$2^1 \cdot 3^2 \cdot 5^1=90$。因为是基于最小素数的，这样的指派是唯一的，这就构成了公理系统与算术体系之间的一个映射。

利用这些算术术语，哥德尔构造了一个语句G，这个语句指派的哥德尔数是n，而这个语句G的表述是：n在这个系统中不可证。也就是说，构造了“我是不可证明的”这样的语句。对于这样表述的语句，逻辑推理表明，下面两个命题中只有一个成立：

G是真的，但在这个系统中不可证。

G是假的，但在这个系统中可证。

第二个命题不能成为数学命题，因为数学的逻辑方法只能用来“求真”，不能用来“证伪”(参见第二部分的讨论)，而第一个命题恰恰就是哥德尔得到的结论。这样，哥德尔的结论就宣判了，至少对于现今为止人们所使用的、形式化公理体系的完备性不成立。

作为一个实际例子，哥德尔深入地研究了连续统的问题，他于1947年在《美国数学月刊》上发表论文的题目就是①：什么是康托的连续统问题？在这篇论文中，哥德尔猜想②：连续统的问题在ZF系统中是不可解的。1963年，美国数学家柯恩用“力迫法”确实证明了，连续统假设与不包括选择公理的ZF系统，甚至与包括选择公理的ZFC系统都是独立的，因此，“连续统假设”这个命题的正确与否无法用ZF系统进行判断，即无法用现代数学正在使用的集合论公理系统进行判断。

关于相容性。哥德尔又给出了被称为“哥德尔第二不完全性定理”，提出并证明了

---

① 参见：Godel. What is Cantors Continuum Problem? [J]. American Mathematical Monthly，1947(54)：515-525.

② 参见：王浩. 哥德尔[M]. 康宏逵，译. 上海：上海译文出版社，1997：415.

命题①：如果一个系统是相容的，那么就不能证明它自身的相容性。基本证明思路是这样的。用“consis”表示系统相容的算术语句，用“$\subseteq$”表示蕴含的技术符号，对于语句 X，Y，$Y\subseteq X$，读作“如果 X，则 Y”。显然，如果 X，$Y\subseteq X$ 为真，那么 Y 也为真；同样，在一个系统中，如果 X，$Y\subseteq X$ 可以证明，那么 Y 也可以证明。仍然用 G 表示命题：n 在这个系统中不可证。根据“哥德尔第一不完全性定理”，关系 G$\subseteq$consis 为真。这样，如果语句 consis 是可以证明的，那么 G 就是可以证明的，这恰是上面曾经论述到的、证明“哥德尔第一不完全性定理”时涉及的第二个命题，因此，就数学的话语系统而言，这个系统是不相容的。这样就得到结论：如果这个系统是相容的，就不能证明它自身的相容性。现在，考虑这个命题的逆否命题：如果一个公理体系可以用来证明自身的相容性，那么这个公理体系就是不相容的。这样，希尔伯特试图通过给出的几组公理来证明这个公理体系的相容性也是不可能的。与完备性的结论是一样的，如果要证明，就必须借助外来的力量。可是，这个外来的力量在哪里呢？

可以看到，希尔伯特过高地评价、过分地依赖形式化公理体系。事实上，评价一个系统的合理性需要借助系统之外的参照物，正如恩格斯在《自然辩证法》中谈到的：

> 我们主观的思维和客观的世界服从于同样的规律，两者在自己的结果中不能相互矛盾，必须彼此一致，这个事实绝对地统治着我们的整个理论思维，它是我们的理论思维的不自觉的和无条件的前提。

可以得到结论：数学的第二步抽象是必要的，但不是万能的。在一个系统内，命题正确与否的最终判断，并非完全是形式化公理体系内部的事情，仍然需要借助客观事实。因此，正如我们在绪言中讨论过的那样，数学的教学，包括数学的研究，不能完全拘泥于符号化、形式化和公理化，也需要依赖客观事实，依赖经验和直觉。在下一讲，我们将更为本质地讨论几何学的发展。

第八讲　欧几里得几何的再认识

统观欧几里得几何公理体系，人们或许会形成这样的感觉：欧几里得几何知识的内涵似乎是包罗万象的，又似乎是无关紧要；欧几里得几何知识的呈现似乎是顺理成

① 参见：格勃尔．哲学逻辑[M]．张清宇，陈慕泽，译．北京：中国人民大学出版社，2008：94．

章的，又似乎是杂乱无章的。正因为如此，现在的人们很难处理这些已经存在了两千多年的、最为经典的数学内容。比如，在基础教育的数学教学中，有些国家介绍很多欧几里得几何知识，有些国家几乎不涉及这些知识。为此，需要站在现代数学的角度，重新认识欧几里得几何，透过那些似乎合理的公理体系的外壳，借助直观和逻辑，探讨一个最基本的问题：几何学的本质是什么？或者说：什么才是几何学最为重要的内容？

回顾几何学产生的背景可以知道，几何学的本质是研究空间的图形，研究图形的性质以及图形之间的关系。其中有两个内容是极为重要的：一个是关于图形全等，一个是关于平行线。前者引发了图形的变换，因为变换的不同，变换中几何不变量的不同，形成了现代几何学的若干分支；后者决定了空间是平直的还是弯曲的，进而产生了结构完全不同的几何学。

因此，重新认识欧几里得几何就必须充分关注上面所说的两个问题，而能够重新认识欧几里得几何的前提就是重新梳理几何学的基本概念。事情往往是相辅相成的：一方面，只有合理简洁、恰到好处地定义了学科的基本概念，才有可能对学科的本质进行深入研究；另一方面，或许是更重要的方面，只有在深刻地理解了学科的本质之后，才有可能合理简洁、恰到好处地定义这个学科的基本概念。为此，需要首先梳理、抑或重新构建几何学的基本概念。

一、几何学的基本概念

通过上一讲的讨论可以看到，无论是欧几里得几何公理体系，还是希尔伯特几何公理体系，对几何学基本概念的阐述都不尽如人意：前者的阐述过于依赖物理直观，没有实现更一般地抽象，必然会引发悖论；后者的阐述过于符号化，虽然实现了一般抽象，但使人不知所云。基于这种状况，需要寻求一个描述基本概念的中间道路：既要依赖现实背景，又要实现符号抽象。就像哥德尔所证明的那样，需要借助外部的力量。这就需要对现实背景中的几何问题进行必要的逻辑分析，进而实现高度抽象。逻辑分析基础上的抽象，是实现从理性具体走向理性一般的过程，也就是我们所说的第二次抽象。

下面的讨论，是在反思欧几里得几何、非欧几何、希尔伯特公理化几何的基础上，重新回归现实世界，在抽象的过程中寻求思维逻辑的合理性。我们姑且称这样的几何为**逻辑几何**。无论如何，在下面逻辑几何的构建过程中，我们能够更加清楚地感知几何学的本质。

既然几何学研究的是空间的图形，首先应当清楚空间是什么。时间和空间是人们认识世界最基本的概念，因而也是最重要的概念。人们观察到了自然界和人世间的事物，通过时间可以分辨事物的先后关系，得到事物的顺序差异；通过空间可以分辨事物的位置关系，得到事物的性质差异。因此，时间承载着事物的过程，空间承载着事物的位置①。

人们能够感觉到自己生存的空间是三维的，所谓的三维是指需要用三个方面的量才能表述清楚的事物。比如，人们不仅能在地图上标记出某一座山、某一个建筑物的位置，还能够知道这座山、这个建筑物的高度。人们对于三维空间的信念是那样根深蒂固，以至于几乎谈及空间时就自然而然地认为这个空间是三维的。亚里士多德在《论天》中说得非常明确②：

> 物体就是在一切方面都可分的东西，如在一个方面可分就是线，两个方面可分就是面，在三个方面可分就是体。除了这些之外再无其他，因为三维就是全部，三个方面就是一切方面。

虽然亚里士多德的论述过于绝对，但他抓住了描述空间的关键。为此，我们基于亚里士多德的这段论述重新构建空间的基本概念。人们构建数轴和二维坐标系是为了解决数学问题的需要，而构建三维坐标系才是为了描述现实世界的需要。

构建空间模型的基本概念。几何图形是对事物空间位置的抽象。为了实现位置以及位置关系的抽象和度量，就需要构建几何模型。构建模型的基础是空间维数，因为只有维数的不同，才可能引发几何图形的性质发生本质变化，在后面的讨论中，我们将会更加深刻地理解这个变化。为此，把维数作为空间概念的基础，给出如下定义：

> 称一维的图形为线、二维的图形为面、三维的图形为体。面承载线，体承载面。
>
> 如果一个面上的两条线相交，称相交的位置为点。线承载点。

几何学的本质就是研究这些概念的性质以及这些概念之间的关系。可以看到，定义“点”是非常困难的，因为我们很难建立起0维空间的直觉。事实上，单纯讨论点是没有意义的，因为讨论点与点之间的关系必须依赖于承载着点的线。

---

① 更为详细的讨论，参见本书的第三部分。

② 参见：苗力田．亚里士多德全集(第二卷)[M]．北京：中国人民大学出版社，1991：265.

我们阐述几何学研究对象之间关系的基本原则是：在高一维空间建立概念。也就是说，在线上建立点与点的关系；在面上建立点与线、线与线的关系；在体上建立线与面、面与面的关系。在下面的讨论中将会看到，这样的操作不仅是可能的，也是必要的。

一维图形是一条线：定义距离。如图 8-1，在线上标出原点、方向和长度单位，称这样标出的线为**数轴**。对于数轴，需要下面的两点说明。

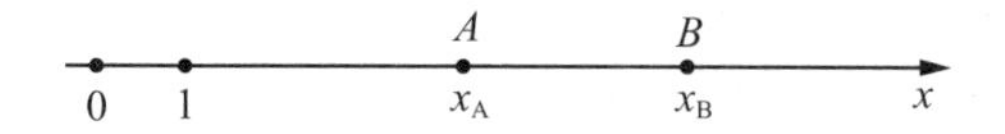

图 8-1　利用数轴表示两点间的距离

首先，建立长度单位是可能的。比如，像我们将在第十六讲中讨论的那样，利用原子辐射周期的个数定义时间单位，利用光在单位时间通过的距离定义长度单位。当然，几何学研究的是一般性的问题，原则上可以任意确定长度单位，但任意性必须建立在可能性的基础上。在这里，借助物理学的外力，我们述说了确定可以得到普遍认同的长度单位的可能性。

其次，不要求数轴是在直线上的。虽然在所有的教科书中，均要求数轴建立在直线上，但这里不明确这样的要求。这是因为，站在一维空间的立场，不可能分辨出一条线是直的还是曲的，因此在一维空间提出直线的要求是不合理的，也是不可能的。但是，通过数轴度量两点间距离是可能的。

两点间距离。利用数轴，可以清晰地表示点的位置。比如，对于线上的点 A，利用单位长度度量这个点到原点 0 的长度，如果把长度表示为 x_A，则称这个数值为点 A 的坐标，这样就可以用坐标表示点在数轴上的位置。用一个数值就可以表示点的位置，这是一维空间的本质。如下定义距离：

> 分别用 x_A 和 x_B 表示两个点 A 和 B 的坐标，那么，这两个点之间的距离就是坐标差的绝对值
>
> $$d(A, B)=|x_A-x_B|。\tag{8.1}$$

同理，可以把上面的方法拓展到一个面上的两点间距离，在拓展的过程中会发现，对于一个面上任意的两个点，都存在无数条线把这两个点连接起来，这时应当如何定义距离呢？

二维图形是一个面：认识直线。对于任意给定的一条线，站在二维空间的立场与站在一维空间的立场进行分析，得到的结论会有本质差异。下面，借助图 8-2 来分析

这个差异。图中加黑的线表示的是一维空间，这是一个封闭的折线。在这个图中至少可以得到两个本质差异。

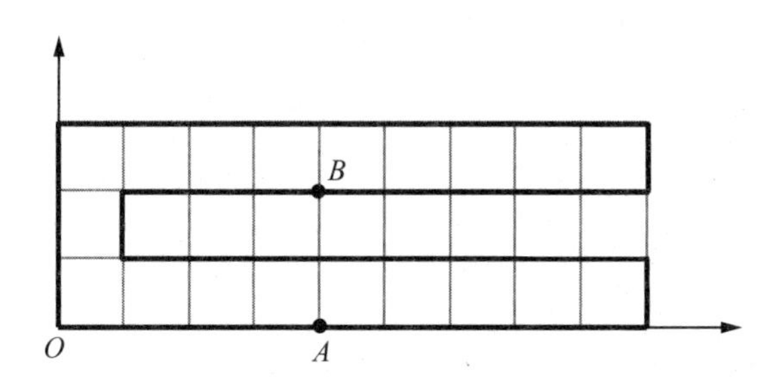

图 8-2　一维空间与二维空间的差异

可以分辨曲线还是直线，可以分辨有界还是无限。如图 8-2，如果站在或者行走在加黑线上分析这条线的性质，因为没有参照物，将感觉不到这条线是直线还是曲线，这就像传说的在森林中迷路那样，会重复同一条道路一个劲地走下去，直到看到某些标志时才会发现走的是一条回转的路。

进一步，如果不在道路上设立标志物，可能会认为这个封闭折线的长度是无限的。因此，在二维空间看是有界的东西，在一维空间看可能是无限的。同样的道理，站在二维空间，无法判断一个面是平的还是曲的，也无法知道一个面是有界的还是无限的。以此类比，三维空间也是如此，这就是爱因斯坦所说的时空有界和无限的区别，我们将在第三部分讨论这个问题。

高维空间可能存在捷径，可能实现低维空间穿越。如图 8-2，对于加黑线上的点 A 和点 B，在一维空间的坐标分别为 4 和 22，由(8.1)式得到两点间距离为 $22-4=18$；而在二维空间，两点间距离为 2。造成这个差异的原因是因为一维空间的点 A 只能通过一维空间的线才到达点 B，而在二维空间可能存在别的路径。同样，在更高维的空间，两点之间还可能存在新的捷径。这个基本事实为现代物理学提供了假设的基础，也为跨越时空的科幻小说提供了想象的舞台。

上面所说的两个差异是基于想象的结果，凭借人的经验无法直接感知。但这些想象可以启发我们如何构建二维空间的几何模型，如何探寻几何学的本质。下面给出面上度量的定义，包括直线段和直线、点到直线的距离、两条直线段的夹角。因为在二维空间无法判断一个面是平面还是曲面，因此，定义的所有概念都超出了欧几里得平面几何的限制。

两点间直线段。面上任意两个不同点 A 和 B，有无数条线通过这两个点，用(8.1)式沿线定义两点间距离。称其中距离最短为直线段，表示为

$\overline{AB}$，称这两个点为直线段的端点，称这时的两点间距离为直线段的长度。直线段从端点出发在面上向两边无限延长形成线，如果这条线上的任意两点都构成直线段，则称这条线为面上的直线。

点到直线距离。用 a 和 l 分别表示面上的一个点和一条直线，点 A 不在直线 l 上。对直线 l 上的任意一点，都可以得到端点为点 A 和这个点的直线段。称最短直线段的长度为点 A 到直线的距离，称对应于距离的直线上的点为点 A 在直线 l 上的投影。

直线段的夹角。分别用$\overline{OA}$和$\overline{OB}$表示两条具有一个公共端点且不重合的直线段，称这个图形是面上的角①，表示为$\angle AOB$。以 O 为起点，分别在两个直线段上截取同样的长度，得到两个点 a 和 b，直线段$\overline{ab}$的长度为这个角的大小，长度越大，角度越大。

直角的定义。设$\overline{OA}$和$\overline{OB}$是两条具有一个公共端点的直线段，如果在两个直线段上分别存在点 a 和点 b，形成面上的三条直线段$\overline{Oa}$，$\overline{Ob}$和$\overline{ab}$，使得这三条直线段的长度满足

$$d^2(a, b)=d^2(O, a)+d^2(O, b), \tag{8.2}$$

称由直线段$\overline{OA}$和$\overline{OB}$形成的角$\angle AOB$为直角，角的大小②为$\frac{\pi}{2}$。称直线段$\overline{OA}$与$\overline{OB}$垂直。

可以看到，由(8.1)式定义的两点间距离这个概念是至关重要的，因为借助这个概念可以定义线段的长度，进而在面上定义直线段和直线。上面直线段和直线的定义，既解决了命题“两点间直线段距离最短”所带来的困扰③，又为其他类型几何学关于直线的定义做出了铺垫。在下面关于黎曼几何的讨论中，将会理解这样定义的必要性。(8.2)式是通过勾股定理定义直角，这样的定义回归了人们最初确定直角的方法。这个定义非常重要，否则将无法定义平面，进而无法得到欧几里得几何体系。

三维图形是一个体：认识平面。至今为止的讨论，还没有涉及欧几里得几何，因为我们无法定义平面，平面的定义必须在三维空间完成。在这里，大自然似乎在告诉我们这样一个事实：只有三维空间才是现实的，其他的几何概念都是人想出来的，这就像人们通过自然数和加法认识所有的数以及数的各种运算一样。人们可以通过三维

---

① 在一般情况下，角的计算需要通过对曲线求导的方法，就像前面讨论过的莱布尼茨的方法。

② 平面上角的大小可以用所对应的单位圆的弧长刻画：圆周角为 2π，平角为 π，直角为 $\pi/2$。

③ 这个性质在欧几里得几何公理体系中似乎是显然的，但要证明却是困难的。希尔伯特提出的 23 个问题中第 4 个问题就是证明：两点间直线距离最短。1973 年，苏联数学家波格列洛夫声称在距离对称的条件下解决了这个问题。

空间和空间直角坐标系，认识、理解和表达所有几何概念以及各种几何变换。用现实的存在解释思维想象，不仅是直觉使然，也是逻辑的需要。更重要的是，凭借对三维空间的感知，人们会认为三维空间是平的和直的[①]。

与二维空间与一维空间的关系类似，也可以推断出下面的结论：只有站在三维空间才能判断一个面是平面还是曲面；就两点间距离而言，在三维空间可能存在比二维空间更短的距离。下面，我们借助三维空间，完成几何基本概念的定义。

点到面的距离。分别用 A 和 α 表示三维空间的一个点和一个面。对于面 α 上的任意一个点，都可以得到端点为点 A 和这个点的直线段，称其中最短直线段的长度为点 A 到面 α 的距离，称对应于距离的面 α 上的点为点 A 在面上的投影。

平面的定义。分别用 A 和 α 表示三维空间的一个点和一个面，用 O 表示点 A 在面 α 上的投影。以点 O 和点 A 为端点得到直线段 OA。对于面 α 上任意点 B，如果直线段 OB 都与 OA 垂直，即得到的角 $\angle AOB$ 都是直角，则称面 α 是一个平面，称直线段 OA 为平面 α 的法向量。如果 l 是平面 α 上的一条直线，称 l 为平面直线。

平面夹角。设 α 和 β 是三维空间两个相交平面，分别用 $\overline{OA}$ 和 $\overline{OB}$ 表示这两个面的法向量，称两个法向量的夹角为平面夹角。如果这两个法向量相互垂直，称这两个平面 α 和 β 相互垂直。

平行线。平面上两条直线被第三条直线所截，如果同旁内角和等于 π，称这两条直线平行。

我们终于成功地定义了平面。有了平面的概念，就可以回归传统欧几里得几何学的研究了，因为传统欧几里得几何学是对平面上各种图形性质的研究。作为平面几何学最重要的发展，就是建立平面直角坐标系，直角坐标系构建了几何学与代数学的关联，沟通了用代数学方法研究几何学的路径。平面直角坐标系又被称为笛卡儿坐标系，这是为了纪念法国哲学家、数学家笛卡儿的杰出贡献[②]。

平面直角坐标系。平面直角坐标系可以参见图 8-3 中的 xOy 平面、xOz 平面和

---

① 人们通过三维直角坐标系和推广了的勾股定理(8.4)式，理解和表达三维空间的平与直。事实上，对于弯曲的三维空间，不仅是无法经验的，即便是借助类比方法，也很难给出整体的几何空间，参见：奥迪弗雷迪. 数学世纪——过去 100 年间 30 个重大问题[M]. 胡作玄，胡俊美，于金青，译. 上海：上海科学技术出版社，2012：59.

② 在《数学思想概论(第 2 辑)——图形与图形关系的抽象》第八讲中用很大篇幅讨论了笛卡儿是如何创建坐标系的。

yOz 平面。平面直角坐标系由两条相互垂直的平面直线组成，以交点 O 为原点，在直线上标明方向和单位长度。通常用 x 表示横坐标，用 y 表示纵坐标。这样，平面上的任何一个点 A 的位置，都可以用一个数对(x_A, y_A)表示，其中 x_A 和 y_A 分别表示点 A 在横坐标和纵坐标上的投影。借助平面上的勾股定理，点 A 和点 B 之间的距离可以定义为

$$d(A, B)=\sqrt{(x_A-x_B)^2+(y_A-y_B)^2}。\tag{8.3}$$

可以看到，这样定义是类比(8.1)式在直线上对于距离的定义，是一种合乎逻辑的推广。

三维直角坐标系。 如图 8-3，三维直角坐标系由三个相互垂直的平面直角坐标系组合而成。类比二维直角坐标系，空间一个点 A 的位置可以用三维数组(x_A, y_A, z_A)表示，这个三维数组的现实含义可以分别理解为：经度、纬度和高度。类比(8.3)式，定义三维空间两个点 A 和 B 间的距离为直线段的长度，再次利用勾股定理可以得到：

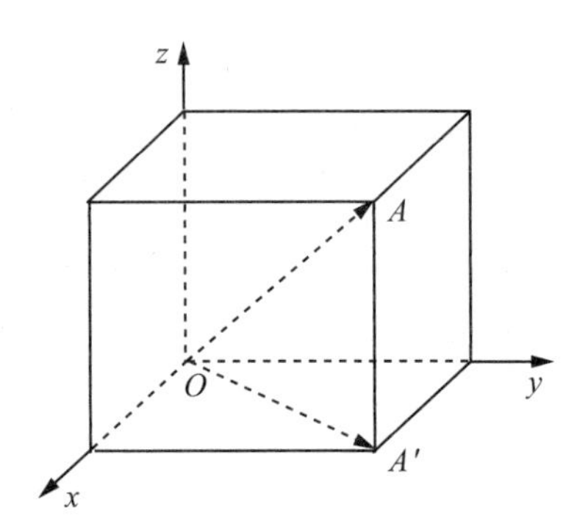

图 8-3　三维直角坐标系中线段的长度

$$d(A, B)=\sqrt{(x_A-x_B)^2+(y_A-y_B)^2+(z_A-z_B)^2}。\tag{8.4}$$

上面关于距离的表达，是把三维空间想象为一个平直的空间，就像二维平面那样。我们生活的空间是三维空间，类比前面的讨论，站在三维空间的立场上无法判断这个空间是平直的还是弯曲的。在第三部分的讨论中将会看到，爱因斯坦把时空想象为四维空间，在四维空间中，两点间距离的表达将会有不同的形式。无论如何，基于平直的概念，可以把两点间距离的表达式(8.1)、(8.3)和(8.4)推广到任意 n 维空间。

不同维数空间上的两点间距离。 通过上面的讨论可以看到，对于任意给定的两个不同的点，站在不同维数空间的立场，可以构建不同的直线，得到不同的度量结果。我们分析一个实际例子。

北京大约位于北纬 40 度东经 116 度，纽约大约位于北纬 40 度西经 74 度，把北京和纽约想象为两个点，分析这两个点在不同维数空间的距离[①]。

在一维空间，因为两个点的纬度基本相同，可以认为北纬 40 度是一条直线，从北京沿着这条直线一直向东行可以到达纽约，行程大约为 14 411 公里。

在二维空间，可以认为地球表面是一个面，在这个面上，过两点间直线就是测地线即大圆。通过这两点大圆劣弧的距离大约为 11 005 公里，比沿着纬度测量的距离大

① 下面的结果是东北师范大学地理科学学院赵云升教授计算的。

约缩短 3 406 公里[①]。

在三维空间，存在通过地球内部的直线，如果构建隧道挖地而过，从北京到纽约的直线距离大约是 9 723 公里，比地球表面的最短距离大约缩短 1 282 公里。

从上面的讨论可以看到，在不同维数的空间、在不同形状的载体上，两点间最短距离可以是完全不同的。对于更高维空间的情况只能凭借基于类比的想象，第三部分讨论了一些特殊情况。

二、欧几里得几何的再认识

传统欧几里得几何是建立在平面上的几何学，所有命题的结论都与平面的性质有关，脱离了平面这个基本假设，所有命题的结论都可能是不正确的。下面的命题，都与我们给出的平面定义等价。

> 过直线外一点有且仅有一条平行线。
> 线段长度可以由勾股定理计算。
> 三角形内角和为 $180°$。　　　　(8.5)
> 任意多边形的外角和为 $360°$。
> 同弧上圆心角为圆周角的 2 倍。
> 圆的周长为半径的 2π 倍。

有些学者可能会不同意这种说法，因为在学习平面几何的过程中并没有涉及三维空间，为什么必须通过三维空间来定义平面呢？为什么只有在三维空间定义了平面之后，才可能讨论这些命题的等价关系呢？我们通过两个命题来说明这个必要性。

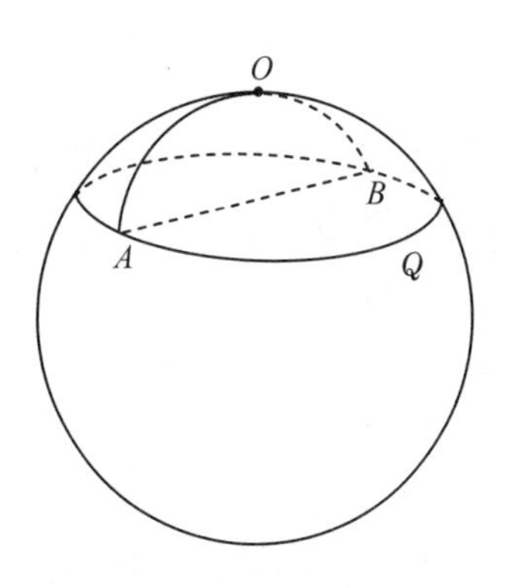

图 8-4　球面上圆的周长与平面上圆的周长

平面上与球面上圆的周长。考虑上述最后一个命题。如图 8-4，对于球面上的一个点 O，如果以这个点为圆心，在球面上画一个圆(球面上与点 O 距离相等的那些点组成的集合)，用 Q 表示这个圆。在球面上，过点 O 作一条直线

① 对于球面上任意两点，都能像切西瓜那样，经过这两个点把球切开，切出的轨迹是一个圆。切的角度不同得到的圆的大小也不一样，其中经过球心的那个圆是最大的，这便是古希腊学者所说的大圆，劣弧是指大圆上长度较短的那段弧线。

(过点 O 的大圆)，这个大圆与圆 Q 相交于 A 和 B 两点。可以得到两条直线段：一条直线段在球面上，即以点 A 和点 B 为端点的大圆的劣弧，半径为劣弧长度的一半，用 R 表示；一条直线段在圆 Q 所在平面上，半径为 AB 弦长的一半，用 r 表示。用 c 表示圆 Q 的周长，由命题组(8.5)最后一个命题得，平面上圆的周长为 $c=2\pi r$。但在球面上，因为 $R>r$，则有

$$c=2\pi r<2\pi R。$$

这个结果表明，对于球面上的几何度量，人们通常使用的圆周长计算公式不成立。当然，在现实生活中，在教室这么大的范围，弧长 $2R$ 与弦长 $2r$ 之间的差异是非常小的，用 r 替代 R 是可以的。因此，在较小的范围内，即便是在地球表面上，欧几里得几何还是适用的。

平面上与曲面上三角形内角和。现在考虑命题组(8.5)中的第三个命题，这个命题的结论似乎是一个常识：三角形内角为 180°。但与圆周长的问题一样，这个结论只在平面上成立，如图 8-5，在曲面上三角形的内角和并不等于 180°。

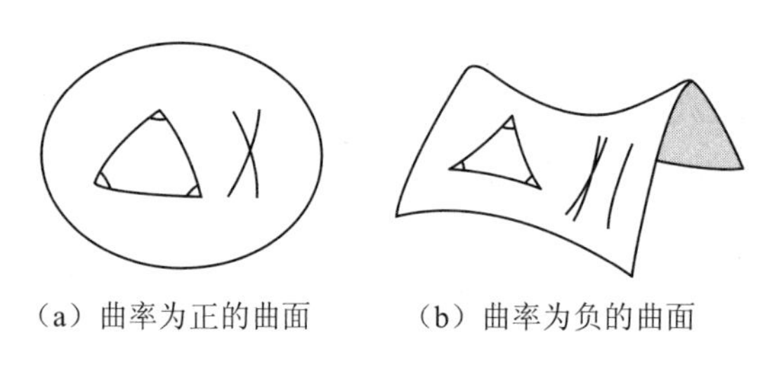

(a) 曲率为正的曲面　　(b) 曲率为负的曲面

图 8-5　曲面上三角形的内角和

高斯发现，在一个曲面上，三角形内角和的大小与这个曲面的弯曲程度有关，高斯给出了度量曲面弯曲程度的方法，人们称之为**高斯曲率**。不仅如此，曲面上三角形内角和的大小还与三角形在曲面上的面积有关。高斯在 1827 年的论文中给出了一个非常漂亮的结果①：

$$\text{三角形内角和}=\int_A k(a)\mathrm{d}a+\pi。$$

其中，$k(a)$ 表示高斯曲率，A 表示曲面上三角形所围成的区域。在平面上，高斯曲率等于 0，这就得到了欧几里得几何的结果，三角形内角和为 180°；如果高斯曲率为正(比如球面)，如图 8-5(a)，上述积分为正，于是三角形内角和大于 180°；如果

① 1844 年，法国数学家博内将这个公式推广到一般闭曲线围成的单连通区域，后来法国数学家韦依于 1942 年、美籍华人数学家陈省身于 1944 年把这个工作推广到高维闭黎曼流形。关于黎曼几何，参见下一讲的讨论。

高斯曲率为负（比如马鞍面），如图 8-5(b)，上述积分为负，于是三角形内角和小于 180°。

上面两个例子说明，对于一般的曲面而言，我们通常使用的许多关于长度、角度、面积的计算公式都是不确切的，只是因为在日常生活中这个差异比较小，所以用欧几里得几何模型的结果替代是可以的，但这个替代并不意味着欧几里得几何模型就是真理。

历史的回顾。为了进一步理解欧几里得几何，需要回顾比欧几里得更早的，特别是古希腊人对地球表面的认识。欧几里得几何的确立是基于理性的，但是，人类知识的确立不是从理性开始的，而是从经验开始的，古希腊人很早就意识到地球是一个球体。因为海洋贸易的需要，古希腊人终年扬帆远航，来往于大陆之间、岛屿之间进行贸易往来，他们对海洋航行积累了丰富的经验。这些经验告诉他们，遥远的海平面并不是地球的尽头，向前航行越过现在看到的海平线，必然还会有另一番天地，凭借这种直觉他们认为地球是一个圆球。

令人吃惊的事实是，亚里士多德是通过观察月蚀推断地球是一个球体的。亚里士多德认为，月球本身不发光，月光是对太阳光的反射，而月蚀是因为地球遮挡了太阳光引起的，他把月球作为镜子，把月蚀作为地球的影子，推断地球是圆球形的。他在《论天》中明确写道①：

> 在月蚀时，它的外线总是弯曲的；既然月蚀是由于地球插入（太阳与月球）其间，那么，它外线的那种形状就应是地球的表面所造成，所以，地球必定是圆球形。此外，通过对星体的观察，不仅表明地球是圆的，而且，也表明它的体积并不大。

被西方誉为地理学之父的古希腊学者埃拉托色尼不仅知道地球是圆的，还类似古代中国的土圭之法，利用夏至那一天立杆有影的地点与立杆无影的地点之间的距离，计算了地球的周长②。

阿基米德关于浮力的研究集中于《论浮体》这本著作之中③，这本著作成为流体静力学的经典。其中的命题 2 非常重要：处于静止状态的任何流体的表面都是其中心与地球中心相同的球体表面。这个命题不仅述说了地球是一个球体，并且述说了静态流

---

① 参见：苗力田．亚里士多德全集（第二卷）[M]．北京：中国人民大学出版社，2009：350-351.

② 参见第六讲结尾部分的注释。

③ 参见：希思．阿基米德全集[M]．朱恩宽，李文铭，译．西安：陕西科学技术出版社，1998.

体表面也是一个球面，刻画了海洋表面的形状。在命题的论证中，阿基米德利用了球面上最短距离即大圆的概念。

正因为如此，远在欧几里得之前，因为航海和天文学的需要，人们就开始了对球面的问题，特别是对球面三角的问题进行系统的研究。先驱者是古希腊学者希帕恰斯，梅内劳斯写出了研究球面的第一部著作《球面学》，开宗明义给出了球面三角形的定义①：在球面上由大圆弧所包围的部分。天体研究的集大成者是亚历山大图书馆的后期学者托勒密，他在那里写出了巨著《天文学大全》共13卷，其中第2卷专门讨论球面上的三角形。

虽然因为生产实际的需要，人们在很早就讨论了球面上的几何学，但在日常生活中，人们依然会感觉到自己是生活在平面上的，欧几里得的几何模型是适用的，是看得见摸得着的，认为命题组(8.5)所说的那些结论是必然成立的。以至于，在欧几里得之后漫长的两千多年的岁月里，人们始终确信，欧几里得几何模型是绝对的。这个信念的承接经过了伽利略和牛顿，一直到爱因斯坦的出现，人们的认识才发生了根本性变化。

第九讲　图形变换与几何模型

从艺术的角度思考，欧几里得所描绘的平坦的几何模型实在令人乏味，这种几何模型创造出来的数学语言不足以描绘人们丰富多彩的生活画面，于是，那些变化莫测的云、形状各异的花、绵延起伏的山峦、规则多变的雪花，只能是文学家、画家，甚至是音乐家的专利。虽然在文艺复兴之后，达·芬奇引入了三维透视的画法，使得绘画的表现力由二维走到三维，但三维透视的方法在本质上解决的是图形远近大小的比例关系，不足以描述千姿百态的图形变化。要描述图形的变化，就必须涉及变换的概念，这个概念的建立源于对图形全等的研究；要描述弯曲的空间，就必须涉及非欧几何的概念，这个概念的建立源于对平行线公理的研究。

一、图形全等与正交变换

图形的变化是事物空间位置运动的结果，而判断空间的位置运动与否是需要参照

---

① 参见：梁宗巨．世界数学通史[M]．沈阳：辽宁教育出版社，2005：419.

物的。比如，虽然飞机运动的速度要比火车快得多，但是，在火车上看窗外景物飞驰，我们知道火车在运动；在飞机上如果放下遮阳板，我们感觉不到飞机的运动。

在欧几里得时代，人们没有意识到建立参照系对考察运动的重要性，因此欧几里得的《原理》没有提及图形的运动，但在字里行间，欧几里得似乎已经感悟到了这一点，只是没有把“图形运动”这个概念抽象出来。《原理》第四个公理认定：

彼此能重合的物体是全等的。

显然，没有图形的运动就不可能有图形的重合。希尔伯特明晰这个公理的症结所在，但因为注意力在于构建公理体系，希尔伯特的《几何基础》也没有涉及图形的运动，而是采用了一个简洁的方法：在第三组公理即合同公理中，给出了“边角边相等则三角形全等”这个更为直接的公理。这样，希尔伯特就避免了关于“物体重合”的讨论，进而避免了关于“图形运动”的讨论。

为了完成上一讲论及的关于逻辑几何的讨论，我们应当重新回归欧几里得的立场，基于逻辑分析探讨上述第四个公理的合理内核。毋庸置疑，欧几里得在构建这个公理的时候，头脑中一定想象了物体的运动，并且想象的运动一定是不改变物体形状的运动，比如，是把一块石头移到另一个地方的运动，而不是把锅里的水倒到碗里的运动。为此，可以把欧几里得的这个公理说得更明确一些：

一个物体经过不变形运动与另一个物体重合，这两个物体全等。

如果是这样，就必须给出“不变形运动”一个明确的定义。很显然，这个定义只能从人们日常生活的经验中抽象出来。可以这样思考：把一个固体的(比如木制的)三角形放到另一个三角形上，如果这两个三角形能够重合，那么，这两个三角形全等。可以看到，这样的运动就是现代数学和物理学中所说的刚体变换。因此，一个直观的、原始的定义可以是这样的：

如果运动后，物体任意两点之间的距离不变，称这个运动为刚体变换①。

(9.1)

---

① 在有些物理学的教科书中还要求刚体变换满足手性不变，这样就排除了下面将要讨论的反射变换，为了方便起见，在这里不考虑这个限制。

下面，我们构建运动的参照系，借助参照系考察什么样的运动形式可能是刚体变换。在我国中小学数学课程标准中，规定了“图形的运动”的内容，主要涉及平移、旋转和轴对称，因此，我们主要讨论这三种具体的运动形式与刚体变换之间的关系。为了讨论问题的方便，引入现代代数学中一种重要运算工具：矩阵运算。

矩阵运算。在二维空间中，如(9.2)式所示，用大写字母 $\boldsymbol{A}$ 表示矩阵，用小写字母 a 表示矩阵中的元素；用大写字母 $\boldsymbol{X}$ 表示向量，即二维空间的点，用小写字母 x 表示向量中的元素，即点的坐标；用 $\boldsymbol{A}^{\mathrm{T}}$ 表示 $\boldsymbol{A}$ 的转置矩阵，用 $\boldsymbol{X}^{\mathrm{T}}$ 表示 $\boldsymbol{X}$ 的转置向量。我们可以认为，矩阵和向量都是一种数字或字母行与列的表示形式。

$$\boldsymbol{A}=\begin{pmatrix} a_{11} & a_{12} \\ a_{21} & a_{22} \end{pmatrix},\ \boldsymbol{A}^{\mathrm{T}}=\begin{pmatrix} a_{11} & a_{21} \\ a_{12} & a_{22} \end{pmatrix},\ \boldsymbol{X}=\begin{pmatrix} x_1 \\ x_2 \end{pmatrix},\ \boldsymbol{X}^{\mathrm{T}}=(x_1,\ x_2)。\tag{9.2}$$

称一个矩阵为单位矩阵，如果这个矩阵的对角线元素均为1，即 $a_{11}=a_{22}=1$，非对角线元素均为0，即 $a_{12}=a_{21}=0$，把单位矩阵表示为 $\boldsymbol{I}$。定义**矩阵加法**为矩阵的对应元素相加，因此 $\boldsymbol{A}+\boldsymbol{B}$ 仍然是一个矩阵。用 $\boldsymbol{AB}$ 表示**矩阵乘法**，为 $\boldsymbol{A}$ 的行与 $\boldsymbol{B}$ 的列的对应元素相乘后相加，如(9.3)式所示。矩阵与向量乘法、向量与向量的乘法也如(9.3)式所示。

$$\begin{aligned}
&\boldsymbol{AB}=\begin{pmatrix} a_{11} & a_{12} \\ a_{21} & a_{22} \end{pmatrix}\begin{pmatrix} b_{11} & b_{12} \\ b_{21} & b_{22} \end{pmatrix}=\begin{pmatrix} a_{11}b_{11}+a_{12}b_{21} & a_{11}b_{12}+a_{12}b_{22} \\ a_{21}b_{11}+a_{22}b_{21} & a_{21}b_{12}+a_{22}b_{22} \end{pmatrix},\\
&\boldsymbol{AX}=\begin{pmatrix} a_{11} & a_{12} \\ a_{21} & a_{22} \end{pmatrix}\begin{pmatrix} x_1 \\ x_2 \end{pmatrix}=\begin{pmatrix} a_{11}x_1+a_{12}x_2 \\ a_{21}x_1+a_{22}x_2 \end{pmatrix},\\
&\boldsymbol{X}^{\mathrm{T}}\boldsymbol{Y}=(x_1,\ x_2)\begin{pmatrix} y_1 \\ y_2 \end{pmatrix}=x_1y_1+x_2y_2,\\
&(\boldsymbol{AB})^{\mathrm{T}}=\boldsymbol{B}^{\mathrm{T}}\boldsymbol{A}^{\mathrm{T}},\ (\boldsymbol{AX})^{\mathrm{T}}=\boldsymbol{X}^{\mathrm{T}}\boldsymbol{A}^{\mathrm{T}}。
\end{aligned}\tag{9.3}$$

容易验证，在一般情况下，矩阵乘法不满足交换率，即 $\boldsymbol{AB}\neq\boldsymbol{BA}$。在这个意义上，矩阵的乘法不是我们通常所说的乘法，只是一种符号表达。下面定义矩阵乘法的逆运算，定义的方法与乘法逆运算的定义(除法)是类似的。

对于矩阵 $\boldsymbol{A}$，如果矩阵 $\boldsymbol{B}$ 满足 $\boldsymbol{AB}=\boldsymbol{BA}=\boldsymbol{I}$，称矩阵 $\boldsymbol{B}$ 为 $\boldsymbol{A}$ 的**逆矩阵**，表示为 $\boldsymbol{A}^{-1}$。如果矩阵 $\boldsymbol{A}$ 满足 $\boldsymbol{A}^{\mathrm{T}}=\boldsymbol{A}^{-1}$，则称这个矩阵为**正交矩阵**，因此，一个矩阵 $\boldsymbol{A}$ 是正交矩阵当且仅当 $\boldsymbol{AA}^{\mathrm{T}}=\boldsymbol{A}^{\mathrm{T}}\boldsymbol{A}=\boldsymbol{I}$。对于给定矩阵 $\boldsymbol{A}$，定义数量 $a_{11}a_{22}-a_{12}a_{21}$ 为矩阵 $\boldsymbol{A}$ 的**行列式**。容易验证，矩阵 $\boldsymbol{A}$ 为正交矩阵的充分必要条件是 $\boldsymbol{A}$ 的行列式为1或者－1。

刚体变换。考虑二维空间的直角坐标系，用向量 $\boldsymbol{X}$ 和 $\boldsymbol{Y}$ 分别表示两个点。利用(9.3)式中的第三个等式，可以得到：

$$(\boldsymbol{X}-\boldsymbol{Y})^{\mathrm{T}}(\boldsymbol{X}-\boldsymbol{Y})=(x_1-y_1,\ x_2-y_2)\begin{pmatrix}x_1-y_1\\x_2-y_2\end{pmatrix}=(x_1-y_1)^2+(x_2-y_2)^2, \tag{9.4}$$

这个结果与(8.3)式是一致的，因此，可以用(9.4)式定义**两点间距离**，即(9.4)式表示了两点 $\boldsymbol{X}$ 和 $\boldsymbol{Y}$ 之间距离的平方 $d^2(\boldsymbol{X},\boldsymbol{Y})$。

下面，借助参照系讨论什么样的运动是刚体变换。首先，考虑参照系为一条射线，始点表示为 O。存在下面两种情况。

平移变换。第一种情况是图形沿着射线方向平移运动，这样的运动满足下面条件：

物体上的每一点沿射线方向移动相同距离。　(9.5)

这是中小学数学教科书中所说的平移，称为**平移变换**。考察平移变换是否为刚体变换。以射线的始点 O 为原点，以射线方向为横坐标正方向建立直角坐标系，用 h 表示运动后点所移动的距离，运动前的图形中的任意两个点分别为 $\boldsymbol{X}(x_1,\ x_2)$ 和 $\boldsymbol{Y}(y_1,\ y_2)$，运动后对应的点分别为 $\boldsymbol{S}(s_1,\ s_2)$ 和 $\boldsymbol{T}(t_1,\ t_2)$。基于刚体变换(9.1)的定义，需要证明 $d(\boldsymbol{S},\boldsymbol{T})=d(\boldsymbol{X},\boldsymbol{Y})$。可以知道，图形经过平移变换后，变换后与变换前点坐标之间有下面的关系：

$$s_1=x_1+h,\ s_2=x_2;\ t_1=y_1+h,\ t_2=y_2。 \tag{9.6}$$

用 $\boldsymbol{H}$ 表示第一个元素为 h、第二个元素为 0 的二维向量，则(9.6)式也可以写成为

$$\boldsymbol{S}=\boldsymbol{X}+\boldsymbol{H},\ \boldsymbol{T}=\boldsymbol{Y}+\boldsymbol{H}。$$

因为 $\boldsymbol{S}-\boldsymbol{X}=\boldsymbol{T}-\boldsymbol{Y}$，由(9.4)式可以得到 $d(\boldsymbol{S},\boldsymbol{T})=d(\boldsymbol{X},\boldsymbol{Y})$。因此，**平移变换是刚体变换**。

旋转变换。现在考虑第二种情况，假定图形中的任意一点 $\boldsymbol{X}$ 经过运动后位移到点 $\boldsymbol{S}$，运动满足下面的条件：

运动后，图形中的每一点到射线始点 O 的距离保持不变：$d(O,\ S)=d(O,\ X)$，向量$\overrightarrow{OS}$与射线的夹角比向量$\overrightarrow{OX}$与射线的夹角增加一个给定角度。　(9.7)

这是中小学数学教科书中所说的旋转，称为**旋转变换**。许多教科书认为，旋转变换的参照系只需要一个点就可以了，这是不确切的，因为在二维空间中，参照一个点无法判断物体是否进行了旋转。下面，我们考察旋转变换是否为刚体变换。

如同第一种情况平移变换时设立直角坐标系，令两个点分别表示为$\boldsymbol{X}(x_1, x_2)$和$\boldsymbol{Y}(y_1, y_2)$，运动后对应的点分别为$\boldsymbol{S}(s_1, s_2)$和$\boldsymbol{T}(t_1, t_2)$。令给定的角度为φ，仍然需要证明$d(\boldsymbol{S}, \boldsymbol{T})=d(\boldsymbol{X}, \boldsymbol{Y})$。用极坐标表示直角坐标系中的这些点，由条件(9.7)的要求，极坐标满足下面的关系：

$$x_1=\rho_1\cos\theta_1,\ x_2=\rho_1\sin\theta_1;\ s_1=\rho_1\cos(\theta_1+\varphi),\ s_2=\rho_1\sin(\theta_1+\varphi);$$

$$y_1=\rho_2\cos\theta_2,\ y_2=\rho_2\sin\theta_2;\ t_1=\rho_2\cos(\theta_2+\varphi),\ t_2=\rho_2\sin(\theta_2+\varphi)。\tag{9.8}$$

下面，利用矩阵运算来计算两点间距离，从中可以体会到，矩阵是一种非常便捷的运算工具。回忆三角函数公式

$$\sin(\theta+\varphi)=\sin\varphi\cos\theta+\cos\varphi\sin\theta,\ \cos(\theta+\varphi)=\cos\varphi\cos\theta-\sin\varphi\sin\theta.$$

利用(9.3)式中矩阵与向量的乘法，借助上面三角函数公式，可以得到$\boldsymbol{S}=\boldsymbol{AX}$和$\boldsymbol{T}=\boldsymbol{AY}$，其中

$$\boldsymbol{A}=\begin{pmatrix}\cos\varphi & -\sin\varphi\\ \sin\varphi & \cos\varphi\end{pmatrix}。$$

容易验证$\boldsymbol{AA}^{\mathrm{T}}=\boldsymbol{A}^{\mathrm{T}}\boldsymbol{A}=\boldsymbol{I}$，即$\boldsymbol{A}$是一个正交矩阵。这样，用(9.4)式计算两点间的距离：

$$\begin{aligned}d^2(\boldsymbol{S}, \boldsymbol{T})&=(\boldsymbol{S}-\boldsymbol{T})^{\mathrm{T}}(\boldsymbol{S}-\boldsymbol{T})\\&=(\boldsymbol{AX}-\boldsymbol{AY})^{\mathrm{T}}(\boldsymbol{AX}-\boldsymbol{AY})\\&=(\boldsymbol{X}-\boldsymbol{Y})^{\mathrm{T}}\boldsymbol{A}^{\mathrm{T}}\boldsymbol{A}(\boldsymbol{X}-\boldsymbol{Y})=d^2(\boldsymbol{X}, \boldsymbol{Y})。\end{aligned}\tag{9.9}$$

因为经过旋转变换以后两点之间距离保持不变，因此**旋转变换是刚体变换**。

轴对称变换。考虑参照系是一条直线，图形的运动满足下面的条件：

图形翻转到直线的另一侧，对应点到直线的距离保持不变。 (9.10)

这是中小学数学教科书中所说的轴对称，称为**轴对称变换**。下面，证明轴对称变换是刚体变换。同样的方法建立直角坐标系，把纵坐标建立在给定直线上，令两个点分别为$\boldsymbol{X}(x_1, x_2)$和$\boldsymbol{Y}(y_1, y_2)$，运动后对应的点分别为$\boldsymbol{S}(s_1, s_2)$和$\boldsymbol{T}(t_1, t_2)$。由条件(9.10)的定义，运动前后坐标之间的关系为

$$s_1=x_1,\ s_2=-x_2;\ t_1=y_1,\ t_2=-y_2。$$

可以计算得到，上式等价于$\boldsymbol{S}=\boldsymbol{AX}$和$\boldsymbol{T}=\boldsymbol{AY}$，其中

$$\boldsymbol{A}=\begin{pmatrix}1 & 0\\ 0 & -1\end{pmatrix}。$$

容易验证 $\boldsymbol{AA}^{\mathrm{T}}=\boldsymbol{A}^{\mathrm{T}}\boldsymbol{A}=\boldsymbol{I}$，即 $\boldsymbol{A}$ 是一个正交矩阵，类似(9.9)式的运算可以得到 $d(\boldsymbol{S},\boldsymbol{T})=d(\boldsymbol{X},\boldsymbol{Y})$。据此可以得到结论，**轴对称变换是刚体变换。**

小结。归纳上面的三种情况可以看到，图形的平移变换、旋转变换和轴对称变换都是刚体变换。下面，我们需要讨论必要条件，即证明相反的命题：刚体变换都能通过这三种变换或者这三种变换的复合得到。同样，令两个点分别为 $\boldsymbol{X}(x_1, x_2)$ 和 $\boldsymbol{Y}(y_1, y_2)$，运动后对应的点分别为 $\boldsymbol{S}(s_1, s_2)$ 和 $\boldsymbol{T}(t_1, t_2)$。因为刚体变换是一种线性变换，即变换前与变换后点的坐标之间满足：

$$\boldsymbol{S}=\boldsymbol{AX}+\boldsymbol{H},\ \boldsymbol{T}=\boldsymbol{AY}+\boldsymbol{H},$$

其中 $\boldsymbol{A}$ 表示矩阵，$\boldsymbol{H}$ 表示向量。刚体变换要求变换后两点间的距离保持不变，即 $d(\boldsymbol{S},\boldsymbol{T})=d(\boldsymbol{X},\boldsymbol{Y})$，利用(9.3)式和(9.4)式，可以得到：

$$\begin{aligned} d^2(\boldsymbol{S},\boldsymbol{T}) &= (\boldsymbol{S}-\boldsymbol{T})^{\mathrm{T}}(\boldsymbol{S}-\boldsymbol{T}) \\ &= [(\boldsymbol{AX}+\boldsymbol{H})-(\boldsymbol{AY}+\boldsymbol{H})]^{\mathrm{T}}[(\boldsymbol{AX}+\boldsymbol{H})-(\boldsymbol{AY}+\boldsymbol{H})] \\ &= (\boldsymbol{X}-\boldsymbol{Y})^{\mathrm{T}}\boldsymbol{A}^{\mathrm{T}}\boldsymbol{A}(\boldsymbol{X}-\boldsymbol{Y})。\end{aligned}$$

为了满足 $d(\boldsymbol{S},\boldsymbol{T})=d(\boldsymbol{X},\boldsymbol{Y})$，线性变换中的向量 $\boldsymbol{H}$ 可以是任意的，但矩阵 $\boldsymbol{A}$ 必须为正交矩阵。这样，我们可以得到一般结论：一个变换是刚体变换当且仅当所对应的矩阵是正交矩阵。因此，在数学上，也称刚体变换为**正交变换**。

这样，我们就通过图形的运动以及运动过程中的不变量，完成了欧几里得几何中关于“重合”和“全等”的定义。在这个基础上，欧几里得《原理》的第四个公理以及希尔伯特《几何基础》的第三组合同公理中的第五个公理，都可以用定义的形式给出：

经过平移、旋转、轴对称以及这些变换的复合得到的图形与原图形全等。　(9.11)

借助上述图形全等的定义，就可以把图形的变换引入传统平面几何：正交变换使图形全等，这种变换的不变量是两点间距离；正交变换对应于义务教育数学课程中所涉及的三种图形的运动。如果仅仅为了阐述平移、旋转、轴对称以及全等的定义，只需要借助参照系，不需要引入直角坐标系的表达，而在上面的论述中之所以引入直角坐标系，完全是为了更好地表达什么是变换，是为了论证用变换定义“全等”的合理性。无论如何，定义比公理更让人信服，如果连什么是“平面图形的全等”都解释不清楚、都必须借助公理的话，是不是在教学活动中多少有些令人尴尬呢？

进一步，我们还可以给出平行线的定义：

通过平移得到的直线与原直线平行。 (9.12)

可以看到，用定义代替欧几里得几何(或者希尔伯特几何)中关于“全等”和“平行”这些极为重要的公理是可行的。这样的定义可以避免很多不必要的麻烦，因为可以规定：我们只讨论与定义有关的图形的性质。这样，就不需要顾及公理体系的独立性、相容性和完备性等诸多问题了。无论如何我们已经看到，公理体系并不是数学研究的必由之路。

通过定义讨论平面几何还有一个更重要的好处，就是使传统的平面几何得以复活，可以为学习现代数学奠定直观基础。我们下面进一步讨论这个问题。

二、其他形式的图形变换

通过上面的讨论可以看到，所谓图形变换就是图形的位置按照一定的规则发生变化，如果借助二维直角坐标系，那么就是图形上点的坐标按照一定规则发生了变化，可以用矩阵、向量以及它们的运算度量这样的变化。

正交变换是一种线性变换，对应的几何不变量是“两点间距离”。对于任何一种几何变换，不变量的概念都是极为重要的。在本书的第三部分，我们还将通过描述物体运动变化的伽利略变换和洛伦兹变换，探讨其中的几何不变量，从中体会几何不变量的物理意义。

图形变换与不变量。正交变换基于线性变换 $\boldsymbol{S}=\boldsymbol{AX}+\boldsymbol{H}$，要求其中的矩阵 $\boldsymbol{A}$ 为正交矩阵，这就是欧几里得几何中图形全等的本质，人们也称这样的几何为**度量几何**。显然，很容易把线性变换和正交变换的讨论推广到任意 n 维空间，构成了大学阶段线性代数的主要内容。

在线性变换中，如果假设 $\boldsymbol{A}$ 可以是任意行列式不为 0 的矩阵，那么就是射影几何的主要内容；如果再假设无穷远点变换后仍然为无穷远点①，那么就是仿射几何的主要内容。

特别地，如果把矩阵看作一种变换，把矩阵之间的乘法运算看作变换的复合，那么，我们现在所讨论的几何学就是群论或者近世代数中最为简单、最为直观的特例。可以看到，如果从群的角度考虑，那么，射影几何是最大的，其次是仿射几何，然后

① 这里所说的无穷远点是指有限空间的平行线在无穷远处相交的点，更确切的说法是“假设无穷远直线变换后仍然为无穷远直线，其中无穷远直线是由无穷远点组成的。”上文中提到无穷远元素，指的就是无穷远点和无穷远直线。

是度量几何[①]。或许，这些就是德国数学家克莱因于 1872 年发表爱尔兰格(Erlanger)几何纲领的思想动机。在这个纲领中，克莱因倡导利用不同的变换把几何学进行分类，研究在变换下图形不变的性质。

传统的几何分类是基于研究方法的，大体上有两种研究方法：一种是非量化的方法，又被称为综合法，比如欧几里得几何；另一种是量化的方法，又被称为分析法，就像笛卡儿发明的那样。克莱因的纲领倡导的是基于研究内容对几何学进行分类，这个纲领对几何学的发展影响重大。我们不准备详细讨论这些问题，就变换与不变量简单归纳如下：

刚体变换对应欧几里得几何。这种变换保持两点间距离不变，所以也保持角度、面积这些几何特性不变，可以建立图形全等的概念。

仿射变换对应仿射几何。这种变换保持直线仍然是直线以及平行的性质不变，这种变换可以把三角形放大或者缩小，把圆压缩为椭圆，但在一般意义上，三角形仍然是三角形，某种圆锥曲线仍然是这种圆锥曲线，因为欧几里得几何也满足这种性质，因此欧几里得几何是仿射几何的特例。

射影变换对应射影几何。这种变换保持直线仍然是直线，可以保持几个点共线、几条线共点以及线段之间的比例这些特性不变[②]，因为仿射几何也具有这些特性，因此仿射几何是射影几何的特例。

拓扑变换。通过上面的讨论可以清晰地感悟到，只有借助图形变换与图形变换的不变量，才可能真正地把握图形的性质。或许，我们还可以做这样的猜想，对于诸多的几何变换，变换的限制条件越弱，则研究的几何性质越本质。

那么，是否可以构建一个限制条件最简单而又有意义的变换呢？比如，允许“把直线变为曲线”“把三角形变为椭圆”“把金字塔变为圆球”的变换。如果是这样，那么这样的几何学还有研究的内容吗？我们尝试分析这个问题，可以把这样的限制归结为

通过变换，点、线、面、体保持不变。　　　　(9.13)

---

① 法国数学家拉盖尔(Edmond Laguerre，1834—1886)于 1853 年提出了根据射影概念建立欧几里得几何的度量，参见 Nouvells Annalesde Matuematiques，12，1853，57-66。也参见：柯朗，罗宾. 什么是数学[M]. 左平，张饴慈，译. 上海：复旦大学出版社，2005：186.

② 在许多高等几何的教科书中称这个比例为交比，这是一个线段长度比值之比：如果在一条直线上依次有四个点 A，B，C，D，那么，交比为 AC/BC 与 AD/BD 之比，这是在射影变换下的不变量。

回顾上一讲关于点、线、面、体的定义，可以进一步把上述限制浓缩为

通过变换，保持图形的维数不变。 (9.14)

如果在这样的变换下，依然有不变量存在，那么，这样的变换就是有几何意义的。并且，我们在上一讲所强调的、利用空间的维数定义几何学基本概念的想法，就不仅是可行的，也是合理的。下面，简单分析基于这种变换的几何学。

对于这种变换的研究源于欧拉对著名的“哥尼斯堡七桥问题”的思考。在18世纪时，普莱格尔河流经东普鲁士的哥尼斯堡(现今俄罗斯的加里宁格勒)，河中有两个小岛。人们修建了七座桥把两岸与河中的这两个岛连接起来，如图9-1(a)。居民经常在这里散步，他们提出并思考这样的问题：是否能在一次散步中不重复地走遍这七座桥？这个问题成为人们茶余饭后讨论的问题，但一直得不到确切的答案。

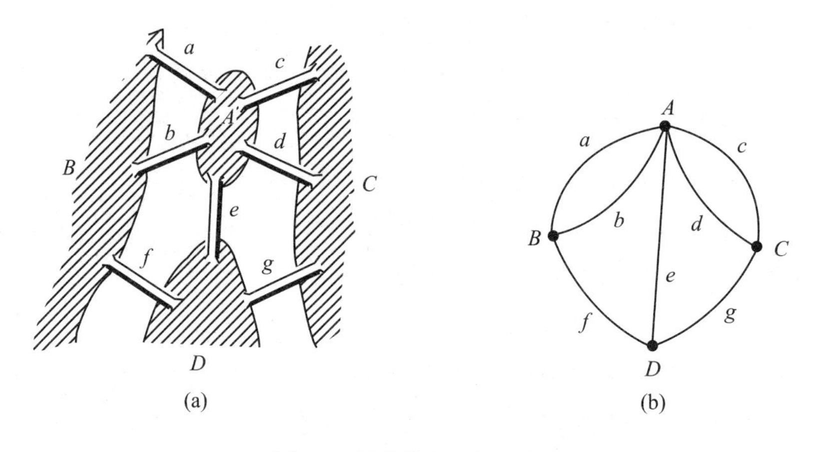

图9-1 哥尼斯堡七桥问题

当时在圣彼得堡的欧拉知道了这个问题，他决定解决这个问题。欧拉把问题简化，抽象成四个点和七条线所构成的图形，如图9-1(b)。现在的数学问题是：能否一笔把这个图形画出来。这就是一笔画问题。在欧拉抽象的过程中可以看到，问题中的河流、桥、岛、河岸都不是本质的，本质的只有点、线以及它们的关系。欧拉发现：如果从某一点出发，中途经过的点一定是有进就有出，因此应当有偶数条线与其相连；如果终点与始点重合，这个点也应当有偶数条线与其相连。因为哥尼斯堡七桥问题中每一个点的连线都是奇数，因此欧拉断定，不可能在一次散步中不重复地走遍这七座桥。欧拉在1736年发表了这个结果，文章的题目就是《哥尼斯堡的七座桥》，文

章的开头说出了研究这类问题的几何学实质[①]：

> 讨论长短大小的几何学分支一直被人们热心地研究着，但是还有一个至今几乎完全没有探索过的分支；莱布尼茨最先提起过它，称它为“位置几何学”(geometriam situs)。这个几何学分支讨论只与位置有关的关系，研究位置的性质；它不去考虑长短大小，也不涉及量的计算。但是至今尚未有令人满意的定义来刻画这门位置几何学的课题与方法。

高斯认为研究这类问题是很有必要的，他的学生、后来哥廷根大学的物理教授李斯廷于 1848 年出版著作《拓扑学的初步研究》，开创了系统讨论这类问题的先河。李斯廷之所以使用拓扑学而没有使用位置几何学这个术语，是因为当时已经有人把射影几何学也称作位置几何学，比如 1847 年，德国数学家施陶特出版了《位置几何学》一书，在书中他希望用一种摆脱代数和度量关系的、全新的方法来建立射影几何学[②]。为了区别这样的几何学，李斯廷使用了拓扑一词。拓扑学的原意也是关于位置的学问，因为英文中“拓扑”一词 topology 源于李斯廷创造的德文 topologic，这个词就是由希腊语 τοποζ(位置、形势)和 λογοζ(学问)组合而成的。

在拓扑学中，在二维空间，把由点和线组成的图称为网络，称点为顶点，连接顶点的线称为棱。用 V 表示网络中的顶点的个数，用 E 表示棱的个数，称 $V-E$ 为网络的欧拉示性数。在三维空间，对于一个凸多面体，用 V 表示顶点的个数，用 E 表示棱的个数，用 F 表示面的个数，人们称 $V-E+F$ 为凸多面体的**欧拉示性数**。对于许多类型的拓扑变换，欧拉示性数是不变量[③]。

现在，拓扑学已经成为数学的一个重要分支，研究的邻域也越来越宽泛。比如，研究网络问题，这对现代互联网以及基于互联网的社交网(比如 QQ、微信等)是非常重要的；研究平面图形的分割问题，包括著名的四色问题；研究空间图形的变换，把凸多面体变换的结果拓展同胚映射；研究著名的彭加勒猜想，许多数学家为此做出了杰出的工作，其中多位获得菲尔兹奖，直到 2003 年俄罗斯数学家佩雷尔曼最终解决这个问题，把那三篇相继完成的论文粘贴到一个刊登数学和物理论文的网站上[④]。

---

① 参见：姜伯驹．一笔画和邮递路线问题[M]．北京：人民教育出版社，2002：附录二.

② 参见：梁宗巨．世界数学通史[M]．沈阳：辽宁教育出版社，2001：772-773.

③ 关于欧拉示性数和下一自然段内容的详细讨论，参见史宁中著《数学思想概论(第 2 辑)——图形与图形关系的抽象》第九讲。一些新的相关结果也可以参见：奥迪弗雷迪．数学世纪——过去 100 年间 30 个重大问题[M]．胡作玄，胡俊美，于金青，译，上海：上海科学技术出版社，2012：第二章.

④ 参见 http://arxiv.org/abs/math.DG/0211159，2002.11.11(0303109，2003.3.10)(0307245，2003.7.17)。

2006年在西班牙马德里召开的国际数学家大会上，国际数学家联合会决定授予佩雷尔曼菲尔兹奖，但他拒绝了这项对数学家具有巨大荣誉的奖项。

三、平行线公设与几何模型

在欧几里得几何中，引起数学家们质疑最多的是第五公设，即平行线公设。平行线公设与欧几里得几何系统的其他公理公设似乎没有什么必然联系，于是数学家们热衷于证明或者改造这个公设。始料未及的是，经过数学家们长期不懈的努力，不仅没有使欧几里得几何更趋完善，却创造出了几个不同形式的几何模型，人们统称这样的几何为非欧几何。耐人寻味的是，几乎每个非欧几何都能找到相应的物理背景以说明各自存在的合理性。大自然似乎在告知人们世界的多样性，在启发人们思考：数学并不像柏拉图希望的那样严肃刻板、永恒不变，而是生机勃勃的、随着条件的变化而变化的；数学的目的不是为了更好地解释这个多彩的世界，而是为了更好地描述这个多彩的世界。

从观念形成的角度思考，平行线公设是建立在直观之上的，这仅仅是数学的第一步抽象；为了寻求公设更合理的解释，需要进行更一般的抽象，这便是数学的第二步抽象。

平行线公设的改写。就像人们通常所做的那样，发现存在问题后，第一步工作就是修正。对于欧几里得几何也是如此，数学家最初的工作是改写平行线公设。为了讨论的方便，我们再一次回顾第五公设：

> 同平面内一条直线和另外两条直线相交，若在某一侧的两个内角的和小于两个直角，则这两条直线经无限延长后在这一侧相交。

这个命题等价于，平行线同旁内角之和为180°。雅典柏拉图学院的后期导师普罗克洛斯对整理和重新出版《原理》做出了重大贡献，资料表明，对平行线公设提出质疑也是从他开始的。他企图通过一个平行线的定义来代替平行线公设：

> 对于给定直线，称到这条直线距离保持一定的点的轨迹为这条直线的平行线。

这种定义的方法是可行的，但带来了一个更大的困难，如何能保证那些与直线距离保持一定的点的轨迹是一条直线呢？回忆欧几里得关于直线的定义：它上面的点一样平放着的线。可能普罗克洛斯认为“距离保持一定”与“一样平放着”是等价的，但是，这个定义过分地借助了几何直观。于是，人们思考用一些新的命题来代替表述模糊的、欧几里得的平行线公设。其中，英国地质学家普莱费尔给出了最为经典的、最为本质的平行线公理：

过已知直线外一点，有且仅有一条直线与已知直线平行。　　(9.15)

正如我们在“欧几里得几何再认识”中讨论过的那样，这个公理与欧几里得平面几何中最核心的一些命题是等价的，参见命题组(8.5)所示诸命题。这个公理还区分了没有平行线、存在两条以上平行线这两种情况，正在这个区分的启发下，人们后来构建了不同类型几何模型。但是，这个公理并没有给出平行线的定义，因此还是不完整的。希尔伯特在《几何基础》第四组平行公理中，也述说了这条公理，但在述说中还蕴含着下面的定义：

两条永远不相交的直线为平行线。

这个定义或许是直观的，但如前所述，欧几里得并不希望给出这样的定义。因为判断一条线是否永远是直的是需要参照物的，何况又是两条。现在初中数学教科书中，保留了与欧几里得的初衷最为贴近的定义，也被称为平行线判定定理：

两条直线被第三条直线所截，如果同位角相等，则两条直线平行。

以及希望用反证法和公理(9.15)证明的平行线性质定理：

两条直线平行则同位角相等。

这样，我国义务教育阶段的数学教育，用上述四个命题完成平行线的述说。无论如何，关于平行线的讨论是必要的，因为没有平行线就无法证明三角形内角和为180°。现在的问题是，即便用了四个命题，依然很难把握平行线的本质。为了解决这个问题，在定义(9.12)中，我们尝试用直线平移的方法给出平行线的定义，借助运动理解平行未必不是一个好想法。

存在两条以上平行线。人们开始尝试其他途径寻求平行线公设的合理解释。当然，最简捷的方法就是取消这个公设：如果能够借助其他五个公理和四个公设证明平行线公设，这个公设就没有单独设立的必要了。意大利数学家萨谢利独具匠心，希望用反证法来证明平行线公设。证明思路是这样的，先用与平行线公设有本质不同的命题来代替这个公设，也就是分别考虑两种情况：一种情况是过直线外一点不存在平行线，另一种情况是过直线外一点存在两条以上平行线。在这个基础上进行逻辑推理，如果得到了荒谬的结论，就等价地证明了平行线公设。萨谢利推导出了一些有意义的命题，比如三角形内角和小于两个直角，他认为这些命题是荒谬的，于是他认为自己完成了对平行线公设的证明，并于1733年著书①，书名为《欧几里得无懈可击》。

后来人们发现，萨谢利得到的那些命题并不荒谬，这就启发人们开始思考，用其他的命题替代第五公设，是否可以建立起与欧几里得几何不同的几何呢？这个想法非常大胆，这就意味着，人们将要在完全没有背景的情况下构建几何学。这里存在两个重大问题：这样创造出来的几何学能够在大自然中找到现实意义吗？反之，是否存在着这样的可能，恰恰使欧几里得几何不符合现实呢？

几千年来，人们已经熟视无睹的知识是不是也需要反思呢？被人们视为真理的欧几里得几何的成立是不是需要一些假设条件呢？

回想古希腊学者埃拉托色尼计算地球周长时的假设：太阳的光线是平行地照在大地上的。在浩瀚无垠的宇宙，太阳只能被看作为一个点，认为照射在地球上的太阳光线来源于一个点；反之，在地球表面这样的“可知空间范围”内，必须认为太阳的光线是平行的，否则就无法进行科学研究。这就意味，过直线外一点可以作出无数条平行线。可是，这种基于经验的合理想法，能够成为数学研究的基础吗？应当如何进行抽象呢？1824年，高斯在给德国数学家托里努斯的信中写道②：

> 假定三角形内角和小于180°将导出一种奇怪的几何，它与我们的欧几里得几何非常不同，但却是完全相容的，我已经将它发展的令自己完全满意了。它的定理看来是矛盾的，但是，如果你从开始的不习惯到对它心平气和的深入思考，就会发现这里并没有什么不可思议的东西。

高斯非常清楚，三角形内角和小于180°的假设需要在很大范围内才能够验证，于是他利用三座山进行测量，可是得到的结果是180°15′，比180°还要大。高斯的思考是非常有价值的，我们需要把几何学的研究从书斋延伸到自然界。可惜，高斯对于发

---

① 参见：Halsted，G. B.．Girolamo Saccheri's Euclides vindicatus[M]．Chicago：Open Court Pub. Co，1920.

② 参见：克莱因．数学：确定性的丧失[M]．李宏魁，译．长沙：湖南科学技术出版社，1997：76.

表研究成果非常谨慎，他一直遵循“宁可少一些，但要好一些”的原则[①]，因此他的这些研究结果一直到他去世后才被整理发表，这比其他两位非欧几何的创立人俄罗斯数学家罗巴切夫斯基和匈牙利数学家鲍耶有关结果的发表要晚近30年。

1826年，罗巴切夫斯基第一次发表了他的新学说，虽然一开始人们并不理解，但是他坚持不懈地进行研究和著作，他执着的学术精神得到后人的高度赞扬。鲍耶的父亲是高斯的密友，鲍耶于1823年得到关于非欧几何的基本原理；1832年，在他父亲著作的附录中发表了他的研究结果。后来，人们称这种非欧几何为**罗巴切夫斯基几何**，或者罗巴切夫斯基-鲍耶几何。从数学构造的角度考虑，1871年，克莱因称这类几何为**双曲几何**。

假定认知世界有限的条件下，平行线的基本逻辑可以表述如下。如图9-2，椭圆内是我们可知世界，对于给定直线 a 外一点 A，过点 A 作直线 a 的垂线，记点 A 到垂足 B 的距离为 d。这时，所有过点 A 的直线可以分为两类：一类与直线 a 不相交，一类与直线 a 相交。令这两类直线的边界为直线 c 和直线 c'。从距离的对称性可以推出边界线关于垂线是对称的，即两个边界线与垂线的夹角相等，设这个夹角为 α，并称这个夹角为平行角。

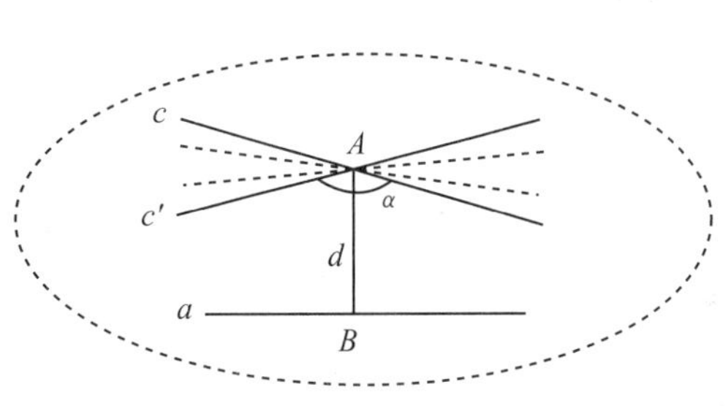

图9-2　平行线与平行角

如果平行角 α 为锐角，那么凡是与垂线的夹角大于平行角的直线都与直线 a 不相交，也就是说，这些直线都是直线 a 的平行线，因此，过直线外一点将有无数多条直线与已知直线平行。随着距离 d 缩小平行角 α 逐渐增大，距离 d 趋近0时平行角 α 趋近直角，则直线 c 与 c' 重合，这就得到欧几里得平行公设，也只有在这个时候，过直线外一点有且只有一条平行线与已知直线平行。

可以看到，只有在非常大的范围时，罗巴切夫斯基几何才会与欧几里得几何有所区别，高斯没有测量出这两种几何差别，可能是因为他选择的三个山头的距离还是太近。

不存在平行线。回忆上一讲关于直线的定义，在地球的球面上，用两点间最短距离定义直线段，进而拓展到直线，那么，球面上的直线就是大圆。因为所有的大圆都是首尾相接，并且任意两个大圆都必然有两个交点，因此，在球面上不存在平行线。基于这样的想法，可以在曲面上构建一种新的几何模型，这种几何模型不存在平行线。

实现几何模型重大突破的是德国数学家黎曼，他的导师是高斯。黎曼家境贫寒，但他思维敏捷、聪明异常。在读中学的时候，学校的数学教学内容已经无法满足他的

① 参见：Boyer，C B. A History of Mathematics[M]. New York：Wiley，1991.

需要，校长给了他一本法国数学家勒让德的长达 859 页的巨著《数论》，据说黎曼只用了六天时间就把这本书一口气读完了，并且掌握了其中的核心知识[①]。后来，黎曼酷爱数学，在数学的诸多领域都做出了卓越的贡献，特别是在数论中提出的 ζ 函数的猜想可能都与他的这段经历有关，现在人们称这个猜想为黎曼猜想，是当今数学领域最为著名的猜想之一[②]。黎曼的成长历程对于我们今天的基础教育是富有启发的：特殊人才的成长需要营造特殊的环境。

1854 年 6 月 10 日，黎曼在哥廷根大学发表了题目为《论几何基础中的假说》的就职演说，这个就职演说彻底改变了人们对于传统几何模型的认识。黎曼思考的基础就是包括球面在内的一般曲面，他把曲面作为专门的研究对象，并且建立了曲线坐标来描述曲面。这样，黎曼就创造了描述曲面简洁而清晰的工具，使得曲面摆脱了欧几里得几何中"平坦"的束缚。

黎曼研究的基础依然是两点间距离，只是用曲线坐标刻画这个距离，论证的基础依然是勾股定理，只是更加一般化了的勾股定理。度量是构建几何模型的关键，距离的度量又是最为基础的：**距离是构建几何模型的基础。**

用类比的方法，黎曼构建了一般的 n 维空间：一个点 x 对应于一个 n 维数组 $(x_1, x_2, \cdots, x_n)$。如果用 $x+\mathrm{d}s$ 表示点 x 附近的相邻点，这个相邻点可以表示为 $(x_1+\mathrm{d}x_1, x_2+\mathrm{d}x_2, \cdots, x_n+\mathrm{d}x_n)$，其中 $\mathrm{d}x_j$ 表示分量 x_j 附近的微小变化，可以把这个微小变化看作通常所说的微分。通过与(8.3)式或者(8.4)式的类比，可以得到两个相邻点之间的距离，即距离的平方为

$$\mathrm{d}s^2=\mathrm{d}x_1^2+\mathrm{d}x_2^2+\cdots+\mathrm{d}x_n^2。\tag{9.16}$$

这个距离表明：整体的微小变化的平方是每一个分量微小变化的平方和。这就是扩张了的 n 维空间的勾股定理，与人们通常对几何学的理解不悖。

现在的问题是：如何用曲线坐标来表示曲面上的点来刻画相邻两点间的距离，从而构建基于曲面的几何模型呢？为了与传统的几何模型对应，或者更确切地说，为了使新的几何模型能够包含传统的几何模型，思考问题的出发点仍然是直角坐标系。为了便于直观分析，借助二维曲面讨论这个问题，相邻两点间距离公式(9.16)可以写成

$$\mathrm{d}s^2=\mathrm{d}x_1^2+\mathrm{d}x_2^2。\tag{9.17}$$

二维空间的图形必须用两个坐标表示，对于曲线坐标系也是如此。所谓曲线坐标系，就是构建坐标的基础是两条曲线，比如 u 和 v。显然，在直角坐标系中，这两条

---

① 参见：Bell, E T. Men of Mathematics[M]. New York: Simon and Schuster, 1937: 487.

② 近代数学界有五个重要猜想：四色猜想、彭加勒猜想、费马大定理、哥德巴赫猜想、黎曼猜想，前三个猜想在近些年已相继解决。

曲线可以表示为 x_1 和 x_2 的函数，比如 $u=u(x_1, x_2)$，$v=v(x_1, x_2)$。如果假定这两个函数是光滑的，并且存在光滑的反函数，那么，直角坐标系上的坐标又可以通过曲线坐标表示，比如，表现形式是 $x_1=f(u, v)$，$x_2=g(u, v)$，其中 f 和 g 表示反函数。类比直角坐标系，设定曲线坐标系的原点就是直角坐标系的原点，并且假设两个基本坐标曲线经过原点：$u(x_1, x_2)=0$ 和 $v(x_1, x_2)=0$。这样，坐标网线就可以用曲线族 $u(x_1, x_2)=a$ 和 $v(x_1, x_2)=b$ 表示，其中常数 a 或者 b 可以取不同的实数。可以看到，随着 a 和 b 的变化，就可以在曲面上得到一族“平行”的网线，如图 9-3。

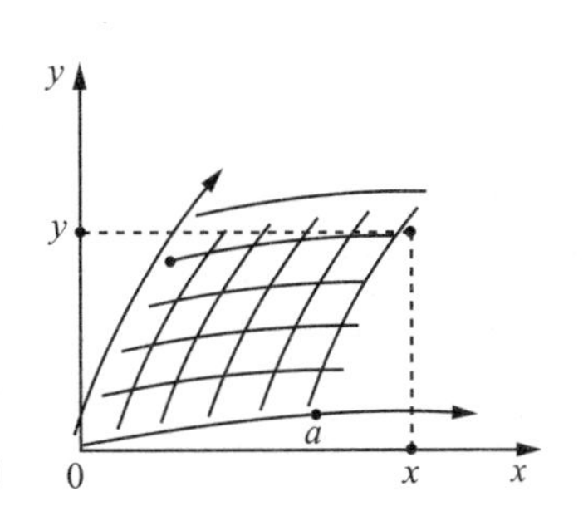

图 9-3　曲线网格与直角坐标系之间的关系

下面，我们考虑曲线坐标下相邻两点之间的距离。根据二阶微分的计算公式，容易知道(9.17)式可以写成下面的形式：

$$ds^2=h_{11}du^2+h_{12}dudv+h_{21}dvdu+h_{22}dv^2, \tag{9.18}$$

其中，系数 h_{11}，h_{12}，h_{21} 和 h_{22} 是函数 $f(u, v)$ 和 $g(u, v)$ 对 u 和 v 的偏微商，是 u 和 v 的函数。从偏微商的运算法则知道，系数 h_{12} 和 h_{21} 是相等的，通常称由这样的系数构成的矩阵为**对称阵**。

对于一个数学公式，利用什么符号表达不是本质的，仅仅是一种习惯而已，只需要在公式中标明每一个符号表达的含义。为了与通常的习惯一致，在(9.18)式中仍然用 x_1 用代替 u，用 x_2 代替 v，可以把公式化简为 $ds^2=\sum h_{jk}dx_j dx_k$，其中 $\sum$ 是对 $j=1, 2, k=1, 2$ 求和。因为求和号表示的是双重求和比较烦琐，于是爱因斯坦则干脆省略了这个求和符号，把相邻两点间距离表示为①

$$ds^2=h_{jk}dx_j dx_k, \tag{9.19}$$

其中 $j, k=1, 2$。可以看到，(9.19)式所确定的距离的大小完全是由系数决定的，人们称这些系数为黎曼度规张量。有了曲线坐标下的距离，一般的二维曲面空间就建立起来了。

如果单纯从数学的角度思考，很容易把上面的结果推广到一般的 n 维空间，因为只需要扩大上面所讨论的下标集合，即 $j, k=1, 2, \cdots, n$；并用同样的方法，可以定义空间的相邻两点之间的距离，有了距离就决定了几何模型。可是，这样推广的几何模型有什么物理意义吗？事实上，黎曼空间恰恰是爱因斯坦构建时空模型的几何基础，我们将在第三部分详细讨论这个问题。

---

① 参见：福克. 空间、时间和引力的理论[M]. 周培源，朱家珍，蔡树棠，等译. 北京：科学出版社，1965：156.

第二部分

数学的推理：数学自身的发展

与抽象一样，推理也是数学最为显著的特征。人们通过抽象，得到数学的研究对象和研究对象之间的关系。数学的研究对象最终以定义的形式出现，可以是基于对应的定义，也可以是基于内涵的定义，如自然数、实数、点、线、面等。数学研究对象之间的关系包括两方面的内容，一方面的内容是研究对象的度量与运算，包括长度、面积、角度的度量，以及加、减、乘、除、极限这五种运算；另一方面的内容是表示关系的逻辑术语，这些术语具有因果、转折、递进、对比、补充、选择等功能，如存在、相等、属于、介于、平行、垂直、因为、所以等。

数学的推理，就是把表示关系的运算方法、逻辑术语运用于研究对象，得到数学的结论或者验证数学的结论。因为数学的结论最终可以归结为数学命题，因此，**数学推理就是得到数学命题或者验证数学命题的思维过程。**在这个意义上，就数学思想而言，数学研究对象的确立依赖的是抽象，数学内部自身的发展依赖的是推理。

第二部分包括六讲，主要讨论什么是数学的推理、数学推理方法本身的合理性，最终目的是实现数学推理过程的条理化。数学的结论各式各样，得到结论的思维过程和验证结论的思维过程更是百花齐放，那么，应当如何在这些错综复杂的思绪中抓住事物本质、理清思维脉络呢？我们还是先回顾一下笛卡儿的建议，笛卡儿在《探求真理的指导原则》的第六个原则中说①：

---

① 参见：笛卡儿．探求真理的指导原则[M]．管真湖，译．北京：商务印书馆，2005：27.

> 要从错综复杂的事物中区别出最简单事物，然后进行有秩序的研究。这就要求我们在那些已经通过演绎得到真理的推理过程中，观察哪一个事物是最简单项，以及观察这个项与其他项之间关系的远近，或者相等。

笛卡儿认为这个原则是他这部著作中最有用的，是揭示科学奥秘的基本方法[①]。笛卡儿所说的研究方法的实质就是，把要进行推理的事物排成一个系列，然后找出系列中的最简单项进行逐项判断。对于数学的论证，笛卡儿所说的系列就是由条件出发，最后得到结论的整个过程，这个过程是由一些最简单项首尾连接而成的。因此，讨论数学的推理，就是要认清推理过程中的最简单项是什么，然后从这些最简单项入手，讨论最简单项的特征，讨论推理过程中最简单项之间是如何首尾连接的，进而讨论数学的推理是如何作为的。

许多人会把数学的推理等同于数学的证明，因为数学证明的思维过程依赖的是演绎推理，于是认为数学推理就是演绎推理，甚至认为逻辑推理就是演绎推理。这种认识不仅是不全面的，甚至对于数学教育还是有害的，我们将在第二部分认真地论述这个问题。

数学的推理是一种有逻辑的推理，其中的逻辑性就表现在上面所说的推理过程中最简单项之间的首尾相接，第二部分的讨论将会显示，逻辑推理既包括演绎推理也包括归纳推理[②]。在一般情况下，人们借助归纳推理“推断”数学的结果，借助演绎推理“验证”数学结果。在这个意义上，数学的结果是“看”出来的，而不是“证”出来的。

虽然数学不是经验科学，也不是实验科学，但数学概念的形成依赖基于经验的抽象，数学推理的过程依赖基于直觉的思维。因此，经验的积累，特别是思维经验和实践经验的积累对于学习数学是至关重要的，学习数学的要义不仅仅是为了“记住”一些东西，甚至不仅仅是为了掌握一些“会计算”“会证明”的技巧，而是能够“感悟”数学所要研究问题的本质，“理解”命题之间的逻辑关系，在“感悟”和“理解”的基础上学会思考，最终形成数学的直觉和数学的思维。这也是《标准(2011年版)》中提出“四基”，强调“基本思想”和“基本活动经验”的本意。

---

① 参见：笛卡儿．探求真理的指导原则[M]．管震湖，译．北京：商务印书馆，2005：31-32.

② 本书所说的归纳推理既包括归纳的方法，也包括类比的方法。

第十讲　数学推理的基础

数学最基本的表达方式是定义和命题[①]：数学的定义述说了数学的研究对象，数学的命题述说了数学的研究结果。如果说数学抽象主要是建立数学定义、关系以及运算法则的思维过程，那么数学推理就是建立数学命题以及验证数学命题的思维过程。

定义和命题都是陈述句，在形式上是很难区别的。因此，在具体讨论之前，有必要从功能上认识清楚定义与命题的区别是什么。或许，下面的结论会出乎大多数人的常识：中国古代先哲在这方面有过极为精辟的论述。许多重要的论述被记录在《墨经》这部经典之中[②]，比如，《墨经·小取》中"以名举实，以辞抒意，以说出故"这段话就阐述了定义、命题、推理之间的关系。这段话实在是言简意赅，但其中的含义是明确的，寓意是深刻的。我们用现代语言把这段文字表述如下[③]。

> 通过定义(名)明确所讨论问题的对象(实)，通过命题(辞)表述所讨论问题的实质(意)，通过论证(说)得到所讨论问题的缘由(故)。

我们可以这样理解上述内容的逻辑关系："以名举实"的含义是定义(名)是对象(实)的抽象，可以通过举例(举)说明[④]，这些抽象了的定义构成了研究的对象；"以辞抒意"的含义是定义本身并没有表述研究对象的实质(意)，研究对象的实质是通过命题(辞)表述的；"以说出故"的含义是命题所表述的东西不一定就是正确的，其中的道理(故)是需要论证(说)的。

可以看到，中国古代先哲对定义和命题的功能，以及这二者之间关系的理解是相当深刻的。根据先哲的论述，定义是命题的用语，或者说，命题中所涉及的对象应当是已经定义了的那些东西。定义本身并不要求必须具有解释对象性质(甚至包括内涵)的功能；命题是一种陈述，命题本身并不具有判断功能，命题陈述的正确与否是需要

---

① 虽然许多数学结论的表达需要借用符号和图形，但在本质上也是一种陈述，单纯用语言是可以表达清楚的。

② 详细讨论参见：史宁中著《数学思想概论(第3辑)——数学中的演绎推理》附录。这个附录的大部分内容分上、下两篇文章发表在《哲学研究》2009年的第3期和第4期。

③ 参见：胡适．先秦史学史[M]．合肥：安徽教育出版社，1999：118-120；冯友兰．中国哲学史[M]．北京：北京大学出版社，1996：105-107；金岳霖．形式逻辑[M]．北京：人民出版社，2005：347-350；李渔叔．墨子选注[M]．台北：正中书局，1977：230-231.

④ 通过举例说明定义，而不是通过内涵解释定义，这样述说问题的方法在中国古代是具有一般性的。

论证的。

因为数学推理主要是针对数学命题，并且数学定义的功效主要表现于数学命题，因此在这一讲，我们先讨论什么是数学命题，然后再讨论什么是数学定义。通过下面的讨论可以看到，这样的流程不仅是可行的，也是必需的。在这一讲的最后部分，我们讨论判断数学命题的基本原则是什么。

一、数学命题

无论是定义还是命题，在本质上都是陈述语句，但命题的功能与定义的功能有本质区别，命题的陈述语句不是为了给一个事物命名，而是为了述说已经命名了的事物的一些事情。虽然事情的存在与思想无关，是客观的，但对事物的陈述则蕴含着思想，是主观的，人们可以对这样的陈述语句进行判断：或者肯定，或者否定。命题陈述句为人们提供了一个判断①：可以通过逻辑的方法进行分析判断，也可以通过经验的事实进行证实判断。人们通常称前一种判断方法为分析的，后一种判断方法为综合的。正因为如此，我们可以认为：**命题是一个可供真假判断的陈述语句**。为了更好地理解数学命题，还需要强调下面两件事情。

数学命题必须提供判断。数学命题陈述句述说的是研究对象的事情，但是，无论是直接判断还是通过一系列的推理进行判断，这个陈述句必须是可以从数学的角度判断“真假”的。比如，我们分析下面的关于三角形的陈述句：

这个三角形是白的。

虽然这个陈述句可以成为一个命题，但不能成为一个数学命题，因为这个陈述句没有提供数学判断的可能性。一般来说，具有形容功能的陈述句都不能成为数学命题，这是因为数学概念的抽象过程已经舍去了研究对象的所有物理属性，正如第一部分讨论过的那样。语言学家王力甚至认为，对于所有含有“是”的语句，只有当谓词是名词时，“是”才能作为系词，这样的话语才能形成系词结构②。

数学命题只能提供判断。虽然数学命题的陈述句必须提供判断，但数学命题本身

① 参见：艾耶尔．语言、真理与逻辑[M]．尹大贻，译．上海：上海译文出版社，2006：2.

② 按照王力的说法，陈述句“这个三角形是白的”中的“是”就不是系词，因为“白的”不是名词，所以这个陈述句也不能成为系词结构。参见：王力．《汉语史稿》[M]．北京：中华书局，2004年：402．我想，王力的这种说法对于一般情况并不合适。

却不承担判断真假的职责，判断真假是数学推理的任务。因此，不能清晰地划分数学命题的功能和数学推理的功能，就必然会影响到对命题的理解，会影响到数学的教学活动。比如，对于构建数学命题而言，下面两个陈述句是等价的：

三角形内角和是180°。

三角形内角和是120°。

而对这两个命题的真假判断则是数学推理的任务。

数学命题的主观性与客观性。在第一部分的开始，我们曾经讨论了抽象的东西是如何存在的，与此对应，在第二部分的开始，我们讨论数学命题的存在形式，讨论数学命题的主观性与客观性。

所谓数学命题的主观性与客观性是针对思想者而言的：如果命题是思想者正在思想的东西，或者是思想者思想的结果，那么数学命题就是主观的；如果数学命题的存在与思想者无关，数学命题只是思想者要判断的已经存在的东西，那么数学命题就是客观的。

在我国，几乎所有形式逻辑的教科书，关于命题的论述都隐含着“命题就是判断”的指向，这就意味着命题是主观的，因为只有思想者才能进行判断。因此，这些教科书中所讨论的命题是思想者应当如何进行思想的东西，而不是思想者应当如何进行判断的东西。无论如何，这样的认识是不全面的，这样的认识不仅不利于研究数学推理，并且也不利于指导数学教学。虽然没有说得很清楚，但胡塞尔意识到了其中的差异①。罗素则说得非常明确②：“命题就是可以有意义地加以断定或否定的东西。”这样命题就具有了客观性。

对于数学命题，我们可以做这样的划分：如果是为了得到数学命题，那么数学命题就是主观的，因为这时的数学命题是思想者思想的结果；如果是为了验证数学命题，那么数学命题就是客观的，因此这时的数学命题是思想者思想的对象。在下面的讨论中，我们将会仔细分析：虽然这两种情况的思维过程都依赖逻辑，但推理形式却有着本质的不同。

正因为如此，分清数学命题的主观性与客观性是必要的。对于绝大多数的人来讲，数学命题是客观的，因为他们是在求学的过程中才会接触到数学命题，所以对于

---

① 有关的论述可以参见：胡塞尔．形式逻辑和先验逻辑——逻辑理性批判研究[M]．李若蒸，译．北京：中国人民大学出版社，2012：第三章、第四章和附录Ⅰ。

② 参见：罗素．我们关于外间世界的知识[M]．陈启伟，译．上海：上海译文出版社，2006：40.

他们而言，数学命题只是一些数学内容的陈述，他们的任务是理解这样的陈述，或者，论证这样陈述的正确性(比如，他们在写作业的时候或者在考试的时候)。与此对应的数学教育，就是让学生在数学命题的理解与论证的过程中，提升数学证明的能力和数学解题的技巧。但是，对基于创新的数学教育，仅仅停留在这个层面是不够的，还需要创设出合适的数学教学情境，在这个情境中引导学生自主地得到一些数学的性质、法则，甚至自主地得到一些数学的结论、命题，即便得到的东西对数学本身并没有任何价值。在这个意义上，得到数学命题的过程就极为重要了，这不仅使数学命题具有了主观性，更重要的是让学生在这个过程中感悟：应当如何有逻辑地得到和表达数学的结论。进一步，如果在数学的教学活动中，能把得到数学结论与证明数学结论有机结合，就可能让学生更好地感悟逻辑推理的形式和道理，在感悟的基础上积累数学思维的经验，逐渐形成自己的、合理的思维模式。

数学推理。综上所述，明确地说：数学推理就是得到和判断数学命题的思维过程，或者说，**数学推理就是从一个数学命题判断到另一个数学命题判断的思维过程。**判断一个数学命题真假的思维范式大体是这样的：判断一个数学命题"为真"需要证明，这就是用逻辑的方法进行论证；判断一个数学命题"为假"需要举例，这就是用经验的事实进行证实。为了讨论得深入，有必要对数学命题进行分类。

数学命题的分类。基于陈述内容的不同，可以把数学命题分为两类：一类命题的陈述内容只涉及研究对象本身的性质，称之为性质命题；还有一类命题的陈述内容涉及多个研究对象之间的关系，称之为关系命题。强调这样的区分是非常重要的，因为陈述内容的不同会导致语言表达方式的不同，进而会导致命题表述模式的不同。罗素非常重视这种区分，有过非常苛刻的论述①：

> 因此，陈述两个事物具有某种关系的命题与主谓式命题具有不同形式，看不到这种区别或者不承认这种区别，一直是传统形而上学中许多谬误的根源。

可以看到，我们所说的性质命题就是罗素所说的主谓式命题，关系命题就是罗素所说的陈述两个或者更多事物具有某种关系的命题。下面，针对具体的数学内容，我们分别讨论这两类命题的特征以及各自的语言表述模式。

性质命题。性质命题的功能是述说研究对象的性质，比如，下面的两个语句都构

① 参见：罗素. 我们关于外间世界的知识[M]. 陈启伟，译. 上海：上海译文出版社，2006：34.

成性质命题：前者是正命题，述说了“加法”的一种性质；后者是否命题，述说了“这个三角形”不具有的性质。

数是可以比较大小的。
这个三角形不是直角三角形。 (10.1)

上述每一个性质命题都可以被“是”或者“不是”这样的系词分为两个部分，称这样的语句为系词结构，称命题的前半部分为**所指项**，后半部分为**命题项**，相当于汉语语法中的主词和谓词。

为了数学推理的确定性，性质命题中的所指项必须定义明确(参见下一个话题)。这就意味着，所指项的述说可以表示为一个集合或者一个元素。如果用 A 表示所指项的集合或者元素，命题组(10.1)第一个命题中的 A 表示“数”的集合，第二个命题中的 A 表示“这个三角形”的单一元素。如果用 P 表示命题项所述说的性质，用“$\to$”表示“是”，“$\sim$”表示“不是”，上述两个性质命题可以用下面的符号表达：

正命题：$a\in A$，$a\to P$，即 A 中的元素都具有性质 P。
否命题：$a\in A$，$a\sim P$，即 A 中的元素都不具有性质 P。 (10.2)

与所指项不同，命题项的述说可以相对模糊一些，也就是说，性质 P 的述说可以相对模糊一些，以至于会出现这样的情况：很难用一个确切的集合表示满足性质 P 的所有元素。比如，命题组(10.1)第一个命题中，命题项“可以比较大小”这个述说就相当模糊。即便如此，这个命题本身是可以判断的，是可以进行推理的，因为人们能够明白命题中“所指项”与“命题项”之间的关系。因此，对于性质命题的推理，不需要清晰满足性质 P 的所有元素都是什么。但有一类性质命题是特殊的，这就是主谓对称的性质命题，人们称这样的命题是充分必要的。

主谓对称的性质命题。这类命题中的“所指项”与“命题项”对称，也就是说，研究对象定义所包含的元素和研究对象性质所包含的元素均能表示为集合，并且这两个集合等价。比如，把勾股定理写成具有系词结构的性质命题：

直角三角形是一条边长的平方等于其他两条边长平方之和的三角形。 (10.3)

其中，所指项“直角三角形”是研究对象，命题项“一条边长的平方等于其他两条边长平方之和”是性质。这个命题的对象与性质之间是充分必要的：一个“直角三角形”一定满足“一条边长的平方等于其他两条边长平方之和”；反之，满足“一条边长的平方等于其他两条边长平方之和”的三角形必然是一个“直角三角形”。如果用 A 表示所有的“直角三角形”所组成的集合，用 P 表示性质“一条边长的平方等于其他两条边长平方之和”，用 B 表示所有满足性质 P 的元素组成的集合，可以如下用符号表达这种关系：

$$\begin{aligned} &a\in A\rightarrow a\in B; \\ &a\in B\rightarrow a\in A。\end{aligned} \tag{10.4}$$

这就意味着，两个集合之间存在等价关系：$A\equiv B$。

因此，如果可以用一个集合 B 清晰地表达所有满足性质 P 的元素的话，那么在一般情况下，集合之间必然满足关系：$A\subseteq B$，即集合 A 中的任意元素 a 都具有性质 P。其中，符号 $A\subseteq B$ 综合了对称 $A\equiv B$ 与不对称 $A\subsetneqq B$ 两种情况。

如命题组(10.1)所表达的陈述句，性质命题分为两类：一类为正命题，一类为否命题。又因为对于每种命题都存在两种可能判断，即“肯定”判断，或者“否定”判断，这样，**性质命题与判断只存在四种可能结果：**正正、正否、否正、否否。在这四种可能结果中，前面的“正”或者“否”表示对命题的判断，后面的“正”或者“否”表示命题的陈述形式。

在许多书籍中，没有强调甚至混乱了判断与陈述之间的关系，往往把上面所说的“否否”理解为“否定之否定为肯定”，并把这样的逻辑用于性质命题本身的述说，这种理解是不可以的。比如，按照这样的理解，必然会认为命题组(10.1)中的第一个命题“数是可以比较大小的”与其否定之否定形式的命题“数不是不可以比较大小的”是等价的。但事实上，为了证明“数是可以比较大小的”，必须非常清晰“数”的定义，并且需要论证“所有数”都是可以比较大小的；而对于“数不是不可以比较大小的”，并不需要非常清晰“数”是什么，只需要论证存在可以比较大小的“数”就可以了。基于命题“数不是不可以比较大小的”陈述中存在的模糊性，因此，与一般生活中的命题比较，数学命题的特殊性就在于，**性质命题只使用正命题与否命题两种形式。**数学命题更为复杂的形式表现于关系命题。

关系命题。关系命题是为了阐述研究对象之间的关系的，这类数学命题通常不能表示为系词结构。比如，第八讲中讨论过的希尔伯特的著作《几何基础》，在构建了符号化的研究对象之后，希尔伯特就以公理的形式表述了研究对象之间的关系：

> 对于两点 A 和 B，恒有一直线 a，它同 A 和 B 这两点的每一点相关联。
>
> 对于两点 A 和 B，至多有一直线，它同 A 和 B 这两点的每一点相关联。

这两句话形成了一条公理，决定了一个数学上通常所说的基本事实：两点确定一条直线。在通常情况下，可以认为这个基本事实是对现实的描述，是不证自明的。这个公理是涉及关系的数学命题，明晰了“点”与“直线”之间的关系。

在一般情况下，关系命题可以写成“如果……，那么……”的形式，或者写成“若……则……”的形式。其中，“如果”引导的话语是命题的“条件”，“那么”引导的话语是命题的“结论”。也就是说，关系命题通常可以写成“条件”与“结论”两个部分。比如，可以把上面的公理改写为一个标准的关系命题：

> 如果存在两个不同的点 A 和 B，那么存在并且唯一存在一条直线 a 同 A 和 B 这两点关联。

因为所有的数学定理都是需要条件的，因此，关系命题更多地表现在数学定理的述说。几乎在所有数学教科书中都可以找到这样的例证，比如，几何学中的平行线判定定理：

> 两条直线被第三条直线所截，如果同位角相等，那么这两条直线平行。　　(10.5)

这个定理述说的是两条直线之间的关系。在这个命题中，背景是“两条直线被第三条直线所截”，条件是“同位角相等”，结论是“两条直线平行”。因为在关系命题中，无论条件还是结论都是以述说形式表达的，因此，很难用集合之间的关系来表达命题的结构。但有一个关系结构很明确：通过“条件”可以得到“结论”，也就是说，“条件”对于“结论”是充分的①。如果用 Q 表示条件述说，用 P 表示结论述说，**关系命题的表述模式为**

---

① 由此可以看到，在关系命题的陈述中，“条件”和“结论”的关系与“原因”和“结果”的关系有着本质的区别：“条件”是“结论”的充分条件，而“原因”是“结果”的必要条件。参见：史宁中著《数学思想概论(第4辑)——数学中的归纳推理》第5.4节。

如果 $x \to Q$，那么 $x \to P$。　　(10.6)

与性质命题不同，上面表述模式中的 x 不是单一的研究对象，而是两个或者两个以上的研究对象。比如，在平行线判定定理(10.5)中，x 是指两条直线，条件 Q 是同位角相等，结论 P 是这两条直线平行。**命题中的研究对象是否单一，是性质命题与关系命题差异的本质。**

与性质命题类似，关系命题在充分条件的基础上，条件与结论之间的关系也可以分为"不对称"和"对称"这两种情况，在数学上，分别称这两种情况为"充分不必要"和"充分必要"。

充分不必要的关系命题。充分不必要是指条件对于结论是充分的，即若条件成立则结论成立，但条件对于结论不是必要的，即条件不成立结论也可能成立。比如，下面的命题：

如果两个数是偶数，那么这两个数的和也是偶数。　　(10.7)

在这个命题中，条件 Q 是"两个数是偶数"，结论 P 是"和为偶数"。显然，条件对结论是充分的，可以写成命题(10.6)的形式；但条件对结论不是必要的，因为奇数与奇数的和也是偶数①。

充分必要的关系命题。充分必要是指条件对于结果是充分的，即若条件成立则结论成立，同时，条件对于结论是必要的，即条件不成立结论也不成立。比如，平行线判定定理(10.5)的逆定理，即平行线性质定理可以写成下面的形式：

两条直线被第三条直线所截，如果这两条直线平行，那么同位角相等。
(10.8)

上述命题是正确的，因此，平行线判定定理的"条件"与"结论"是充分必要的。如果用 Q 表示条件述说，用 P 表示结论述说，那么，**充分必要的关系命题**可以表示为

如果 $x \to Q$，那么 $x \to P$；

---

① 必要条件涉及命题(10.7)的逆命题：两个数的和是偶数，那么这两个数都是偶数。这个逆命题显然是不成立的。因此，条件对于结论是不必要的。

如果 $x \rightarrow P$，那么 $x \rightarrow Q$。 (10.9)

上述第二个式子是第一个式子“条件”与“结论”的互换，表达的是命题(10.5)和命题(10.8)之间的关系，其中 Q 是条件“同位角相等”，P 是结论“两条直线平行”。事实上，第二个式子也可以用逆否命题的形式给出：如果 $x \sim P$，那么 $x \sim Q$。比如命题(10.8)的逆否命题：

两条直线被第三条直线所截，如果两条直线不平行，那么同位角不相等。 (10.10)

这样，就可以把命题(10.8)和命题(10.10)合写为一个命题，用“当且仅当”这样的连词表达：

两条直线被第三条直线所截，这两条直线平行，当且仅当同位角相等。

可以看到，这种充分必要的关系命题可以构成定义，比如，在现行中小学数学教科书中，就把平行线的定义写成：两条直线被第三条直线所截，如果同位角相等，则称这两条直线平行。我们将在下一个话题中讨论其中的道理，现在分析关系命题的书写形式。

关系命题的四种形式。如果用符号“→”表示“是”，用符号“～”表示“不是”，那么，至少在形式上，关系命题(10.6)式可以平行地写出下面四种形式：

如果 $x \rightarrow Q$，那么 $x \rightarrow P$；
如果 $x \rightarrow Q$，那么 $x \sim P$；
如果 $x \sim Q$，那么 $x \rightarrow P$；
如果 $x \sim Q$，那么 $x \sim P$。 (10.11)

下面分析这四种情况是否都能构成合理的数学命题。我们已经论证了第一种和第四种情况，对于第二种和第三种情况，也可以构建相应的关系命题：

如果一个数是奇数，另一个数是偶数，那么这两个数的和不是偶数。
两条直线被第三条直线所截，如果同位角不相等，那么这两条直线必然相交。

可以看到，关系命题与性质命题的陈述存在很大的区别，**关系命题可以蕴含逻辑结构，性质命题不可以蕴含逻辑结构。**这是因为在语言结构上，关系命题提供了“条件”和“结论”两个可以判断的语句，性质命题只提供了一个可以判断的语句。在这个意义上，关系命题本身就蕴含了从一个命题判断到另一个命题判断的思维过程。

符号表达的关系命题。数学命题还有一类重要的表示方法，就是利用数学的符号，这样的表达通常被称为数学公式或者数学模型。在本质上，数学公式或者数学模型都是可以用语言表达的，但也可以利用数学符号进行表达。比如，平方差公式可以用语言表示为：两个数平方的差可以表示为这两个数差与和的乘积；用数学符号表示为

$$a^2-b^2=(a-b)(a+b)。$$

再比如，伽利略重力加速度模型可以用语言表示为：自由落体下落的距离与重力加速度成正比，与自由落体下落时间的平方成正比；用数学符号表示为

$$s=\frac{1}{2}gt^2,$$

其中 s 表示自由落体下落距离，g 表示重力加速度，t 表示自由落体下落时间。

在大多数情况下，利用数学符号表达的关系命题都是充分必要的，这是因为等号表示了变量之间的等价关系。可以看到，无论是数学公式还是数学模型，利用符号表达则更加明晰，更加准确，因此，人们称数学符号以及数学符号的表达为数学的语言。现在人们普遍认为，如果一个学科的研究能够使用数学的语言进行表达，那么标志着这个学科已经走向科学的理性。

二、数学定义

在第一部分，我们用大量篇幅讨论了：数学的研究对象是如何通过抽象得到的，是如何通过语言或者符号定义的；数学研究对象之间的关系是如何通过抽象确立的，是如何通过语言或者符号表达的。现在，我们终于可以从思维的角度讨论更为本质的问题：什么是数学的定义。之所以推迟到现在才讨论这个问题，是因为数学定义附属于数学命题，脱离数学命题单纯讨论数学定义是没有意义的，也是无法讨论清楚的。比如，我们进一步分析命题组(10.1)中的第一个命题，这是一个性质命题：

数是可以比较大小的。

如果要对这个命题进行判断，就必须非常清晰“数”的确切含义，也就是我们曾经说过的，性质命题“所指项”的定义必须非常清晰。事实上，如果这个命题中所定义的数就是实数，那么可以肯定这个命题；如果这个命题中所定义的数还包括复数或者四元数，那么必须否定这个命题。反之，如果认为性质“可以比较大小”是“数”必须具备的属性，那么就必须在上述命题的“所指项”中排除复数和四元数，进而给出更为确切的命题：

实数是可以比较大小的。

由此可见数学定义的重要性：如果研究对象没有确切的定义，数学命题的阐述就没有根基，会影响对数学命题真伪的判断。数学命题与数学定义是相辅相成的：一方面，数学定义的准确性决定了数学命题判断的可能性；另一方面，数学命题的判断又可以反过来验证数学定义的合理性。

数学定义的两种形式。我们的生活是如此丰富多彩，为了交流的便利，往往需要对各种各样的东西进行定义，这样就导致许多定义相当模糊。因此，要给“定义”本身一个明确的定义是困难的[①]。但在数学上，如上所述，使用模糊的定义是不可以的，那么，什么是数学的定义呢？进一步，应当如何合理地给出数学的定义呢？

在第一部分，我们提及了两种形式的定义，现在从思维模式的角度具体讨论这两种形式的定义。首先，我们可以把这两种形式归纳如下：一种形式是基于对应的定义，称这样的定义为**名义定义**；一种形式是基于内涵的定义，称这样的定义为**实质定义**。

名义定义。名义定义是对某一类事物标明符号或指明称谓[②]。比如，在第一部分讨论过，关于点、线、面的定义，希尔伯特表述为：用大写字母 A 表示点，用小写字母 a 表示直线，用希腊字母 α 表示面，这就是对图形标明符号；关于自然数的定义，用汉语“二”或者英语“two”称谓两个小方块，并且用符号“2”来表示这个称谓，这就是对数量标明称谓，虽然称谓可以不同，但符号表达是一致的。

可以看到，这样的定义不涉及研究对象的具体含义，甚至不考虑定义对象的存在性：希尔伯特关于点、线、面的定义，并不顾及点、线、面是否存在。这种完全符号化的定义有一个最大的好处，那就是可以避免许多可能出现的争议。凡是现实的、确

① 参见：柯匹，科恩．逻辑学导论[M]．第 11 版．张建军，潘天群，等译．北京：中国人民大学出版社，2007：115-120.

② 几乎所有的形式逻辑的教科书中，都不重视这种形式的定义，但对数学，特别是数学教育，却不能不重视。

切的定义必然会引发争议，比如，欧几里得几何对象的定义，康托集合的定义，都引发了各种悖论①。但是，这样的定义有一个最大的坏处，那就是人们无法通过定义把握研究对象的实质，因而很难理解所要研究问题的背景是什么。所以，在数学教育的过程中，必须充分注意到这种定义的不足之处，需要用具体的事例作为名义定义的补充，通过各种事例说明研究问题的背景，就像我们在第八讲“重新认识欧几里得几何”中所尝试的那样。

名义定义的思维模式。基于对应的方法构建和理解名义定义的思维模式是什么呢？事实上，基于对应的名义定义的构建是非常简单的，比如：

称这样的数量为3。

称这样的图形为线段。

在上面的表述中，“这样的数量”“这样的图形”是所要定义的东西，称之为**被定义项**；“3”“线段”是被定义项的所指，是定义出来的东西，称之为**定义项**。在这样的定义中，被定义项往往是具体的东西。比如，在上面第一个定义中，“这样的数量”可以是三个小方块或者三个小圆圈，这是对数量的抽象；在第二个定义中，“这样的图形”可以是一条直线段，也可以是几条直线段，这是对图形的抽象。这样定义的目的，只是给被定义项起一个名字：“3”和“线段”。

这样的定义看似简单，但其中的逻辑内涵却非常复杂，世界上的事情大多如此，表达越是简单的事情越是要付出逻辑的艰辛，我们来分析这个问题。用x表示被定义项，用B表示定义项，则名义定义可以表示为

$$x \to B。\tag{10.12}$$

在上面的表示中，符号x好理解：是一个或者几个东西；但符号B却非常不好理解：表面上看B表示的只是一个名词，蕴含的只是一个东西，但实际上，B却是一个集合，甚至是一个类，表示的是一种**抽象了的数学共性**。比如，针对上述第一个定义，这里的B表示所有数量是3的那些东西的数学共性；针对上述第二个定义，这里的B表示所有图形是线段的那些东西的数学共性。在第一部分的讨论中，我们曾经说

① 对于集合的定义，康托最初给出基于内涵的定义，但罗素给出了著名的理发师的悖论，后来，策梅罗在构建ZF集合论公理体系时采用了名义定义的方法，详细讨论参见：史宁中著《数学思想概论(第3辑)——数学中的演绎推理》第五讲。

这样的东西是抽象的存在。这样，(10.12)式表示的就是一个抽象的过程：x 表示具体，→表示抽象，B 表示抽象的结果。我们称这种一般化的表达为**模式**，(10.12)式所表示的就是一个基于对应构建名义定义的模式。

实质定义。实质定义是指揭示内涵，对某一类事物进行刻画[1]。与性质命题一样，数学的实质定义也可以写成系词结构，但在实质定义中，主词与谓词之间的关系必须是充分必要的。这样，实质定义中的"被定义项"也将是一个集合，比如，表示为 A。如果仍然用 B 表示定义项的集合，那么，在构建实质定义的过程中必须把握好(10.4)式所表达的关系：

$$\begin{aligned} &a \in A \to a \in B;\\ &a \in B \to a \in A。\end{aligned} \tag{10.13}$$

充分必要的性质命题可以构成实质定义。所有充分必要的性质命题都可以用"性质"构成研究对象的新定义，比如，可以用命题(10.3)给出直角三角形"新"的定义：

称一条边长的平方等于其他两条边长平方之和的三角形是直角三角形。

即便如此，在一般情况下，人们还是习惯用不需要论证的话语作为研究对象的定义，比如，对于直角三角形的定义，还是习惯用"一个角为直角"这样的话语作为定义的内涵。

充分不必要的性质命题不可以构成实质定义。这个原则是非常重要的，是在构建实质定义的过程中必须充分注意的。比如，方程的定义，几乎所有的中小学教科书关于方程的定义都是：

称含有未知数的等式为方程。 (10.14)

这个定义是不确切的。因为按照通常的理解，所谓的等式就是用等号连接起来的式子，我们在第二讲中曾经说过，等号具有两个功能，一个功能表示等号两边的量相等，一个功能表示运算结果的递推，而方程中的等号是基于第一个功能的，不是基于第二个功能的。比如，$2x-x=x$ 这个式子中的等号是基于第二个功能的，因此，即

① 参见：金岳霖. 形式逻辑[M]. 北京：人民出版社，2005：41-42.

便这个等式含有未知数，但这个等式不是方程。这个事实可以用符号表示如下：A 表示所有含有未知数的等式，B 表示所有的方程，a 表示等式 $2x-x=x$，命题组(10.13)中的第一个式子不成立。但命题组(10.13)中的第二个式子成立，即命题(10.14)的相反命题成立：

方程是含未知数的等式。　　(10.15)

这是一个可供判断的陈述句，依据命题组(10.2)的模式，这个陈述句构成性质命题。那么，这样的陈述句如何才能构成数学的定义呢？这就引发了下一个问题的讨论。

属加种差的定义方法。在形式逻辑的教科书中，通常把命题(10.15)的陈述句归结为属加种差的定义方法①。这种称谓借用了生物学的分类方法，认为在上面的陈述中，"等式"是属，"方程"是种，"含未知数"是种差。其中种差说出了"方程"这个种在"等式"这个属中的特征。可以看到，在这个意义上，所有"属加种差"的定义都属于性质命题。但是必须注意到的是，数学定义必须是充分必要的性质命题。比如，因为有 $2x-x=x$ 这样的反例存在，因此命题(10.15)的陈述不能成为方程的定义，只能成为方程的性质命题。由此也可以看到，数学的实质定义非常苛刻，这样的苛刻体现了数学的严谨性。

那么，如何在命题(10.15)中陈述句的基础上进行精细加工，从而构建方程的实质定义呢？通常的办法就是对"种"进行更加严格的划分。比如，如果认为等式存在，并且只存在两种形式：一种形式表示等号两边的"量相等"；另一种形式表示运算的"递推"。因为方程采用的是上述第一种形式，那么，据此可以得到方程的实质定义：

方程是含有未知数的表示量相等的等式。　　(10.16)

可以看到，"含有未知数"与"表示量相等"就说出了"方程"这个种在"等式"这个属中的本质特征，并且这个特征在"等式"这个属中与"方程"这个种是充分必要的。这个特征表明，方程的本质是借助未知数讲述两个故事，这两个故事在某一个要素上量相等，也正是基于这个原因，方程可以作为构建数学模型的数学语言。

实质定义的思维模式。如上所述，为了通过属加种差的方法得到数学定义，要求

---

① 也被称为划分定义、分析定义、属种定义，或者直接称为内涵定义。详细讨论参见《逻辑学导论》(第 11 版)的第三章。

被定义项所蕴含的元素与定义项所蕴含的元素是等同的，差别只在于：被定义项是一个语言符号，定义项是语言符号的内涵说明，两者的蕴含是一致的。如果以命题(10.16)为例，那么，被定义项“方程”的集合与定义项“含未知数的表示量相等的等式”的集合是一样的。进一步，因为定义项是由命题“含未知数的表示量相等的等式”确定的，如果把这样的命题称为一个准则，构建实质定义的思维模式可以描述如下：

给出准则 P，基于准则 P 构建集合 A。如果对任何一个元素 x，都能明确判断 x 是否属于 A，则称准则 P 为实质定义，称 A 为定义集合。(10.17)

基于上面的描述，如果要给出一个实质定义，或者确认一个已经存在了的述说是否可以成为实质定义，至少应当做下面三个步骤的工作。

给出准则：明确被定义项与定义项的关系，明确被定义项的内涵，依据内涵给出准则；

验证准则：通过例子验证准则是否满足(10.17)的要求，特别是验证那些可能成为反例的例子；

确立定义：如果验证无误，根据准则形成定义。

我们必须清楚，数学的任何一个重要定义都要经受长时间的实践和理论的检验，这就像科学结论一样，随时准备接受反例的挑战。在建立定义的过程中，所谓的反例就是那些可能使准则模糊的例子，也就是那些可能属于集合 A 也可能不属于集合 A 的例子。比如，第一部分讨论过的，欧几里得几何试图给出点的实质定义：点是没有部分的东西。这个定义至少在两方面受到了挑战，一方面的挑战是关于内涵的：如何说明定义中的准则“没有部分”？所对应的集合都包含些什么？是否包含红颜色，是否包含数字 3？另一方面的挑战是关于定义的使用：两条直线相交是否会交于一点？如何说明两条直线交于没有部分的东西？正是因为欧几里得给出的点的定义经受不了上述两方面的检验，希尔伯特才在他的公理体系中给出点的名义定义。

在第八讲，我们曾经尝试性地给出了新的关于点的实质定义：一个面上两条线相交，称相交的位置为点。在这个意义上，独立的点是不存在的，由线承载着点，这就像面承载着线、体承载着面一样。这样的定义基于一个认识空间的前提：只有在高维空间才能认识低一维空间的事情。但是，这样的定义是否能够经受实践和理论的检验呢？比如，在这样的定义下，线上的点是否会是连续不断的呢？直线上的点与实数是否能够对应呢？或许我们可以这样认为，所谓的“连续”和“对应”只不过是一种假设，就像戴德金用分割法定义实数时所假设的那样。

三、数学推理的基本形式与基本原则

前面已经谈到，数学推理就是对于数学命题的判断，是一个数学命题的判断到另一个数学命题判断的思维过程。其中所说的数学命题主要是性质命题，因为至少在形式上，关系命题可以分解为若干个性质命题，比如，条件是一个性质命题，结论是另一个性质命题。

那么，数学推理的思维形式是怎样的呢？一般来说，人们普遍认为有三种思维：形象思维、辩证思维和逻辑思维。数学推理属于逻辑思维的范畴，也就是说，数学推理是一种有逻辑的推理。因此，在这下面的讨论中，我们将不加区别地使用"数学推理"或者"逻辑推理"，只是涉及前者的话题可能更局限在数学内部，涉及后者的话题可能更一般化。

在这一个话题，我们将讨论：什么是有逻辑的推理，或者更狭义地说，什么是数学推理。主要涉及两个内容：数学推理的基本形式、数学推理的基本原则。

数学推理的基本形式。如果推理是一个命题的判断到另一个命题的判断的思维过程，那么，什么样的思维过程是有逻辑的？什么样的思维过程是没有逻辑的呢？至今为止，我还没有看到过关于这个问题的确切论述，所以，只能进行尝试性讨论。无论如何，这样的尝试是必要的，这是为了让数学学习者、一线的数学教师在一般层面上理解和把握数学推理，这对数学学习或者数学教学是重要的。因为是一种尝试，就可能有不周全，甚至不恰当的地方，仅供参考。

我们称不超过三个性质命题的推理为**简单推理**。为了更清晰地述说逻辑推理的思维脉络，这个话题只讨论简单推理的逻辑性。首先，分析下面几组正面述说的简单推理。

简单推理第一组。

因为 $a=b$，$b=c$，所以 $a=c$。

所有的实数都可以比较大小，3 和 5 是实数，所以，3 和 5 可以比较大小。

至今的计算结果表明，每一个偶数都是两个素数之和，推断所有偶数都可以表示为两个素数之和。

简单推理第二组。

因为 $a=b$，$c=d$，所以 $a=d$。

所有的实数都可以比较大小，大小是一种关系，所以，实数是一种关系。

至今的计算结果表明，每一个偶数都是两个素数之和，推断所有偶数都可以表示为两个素数之差。

对于上述推理，我们自然会认为：第一组的三个推理都是有逻辑的，虽然其中第三个推理的结论还只是一种猜想(哥德巴赫猜想)，但依然会认为得到这个猜想的推理是有道理、有逻辑的；第二组的三个推理都是没有逻辑的，虽然其中第二个推理也是一环扣一环的，但依然会隐隐约约地感觉到有什么地方不对劲。那么，应当如何给出一个准则，通过这个准则来判断推理的逻辑性呢？又应当如何在形式上表示推理的逻辑性呢？

不难看到，上述第一组的三个推理有一个共同特征，那就是话语是前后连贯的，也就是说，从头至尾讨论的是一件事情。如果把每一个话语都看作一个性质命题，那么，所谓话语前后连贯是指：这些命题的所指项，或者所指项的等价物①始终出现在这些命题之中。我们称命题与命题之间具有这样特征的推理为**具有传递性的推理**。比如，在第一个推理中“c”是“b”的等价物；在第二个推理中“3 和 5”是“实数”的等价物；第三个推理是“具体”到“一般”的扩充。而第二组的三个推理中的命题之间都不具有这个特征，虽然第一个和第二个的推理都是一环扣一环，但中间命题的述说没有所指项或者所指项的等价物，因此是没有逻辑的推理。这样，我们可以给出下面的定义：

一个简单推理是有逻辑的推理当且仅当这个简单推理具有传递性。

这就是说，有逻辑的推理与具有传递性的推理是等价的。在后面几讲，将通过具体的数学推理过程来验证这个定义的确切性，以及这个定义在复杂推理下的扩充。现在，我们尝试用数学的语言和符号表达上述定义，上述定义大体上可以分为关系传递性和性质传递性两种形式。

关系传递。令 A 是一个集合，$\approx$是集合上的二元关系，对于集合中的元素 a，b 和 c，如果 $a\approx b$，$b\approx c$，则 $a\approx c$，称这个关系对于集合具有传递性。进一步，令$\odot$是集合 A 上的一种运算，称这个关系对于运算具有传递性，如

① 等价物的范畴是指属于同一个集合。

果$a \approx b$，则 $a \odot c \approx b \odot c$。称基于关系传递的推理具有关系传递性。

容易判断，等号“＝”、小于等于号“≤”和大于等于号“≥”对于实数集合具有关系传递性；对于实数集合，加法运算和减法运算具有关系传递性。基于有逻辑推理的定义，我们可以认定：简单推理第一组中第一个推理符合关系传递性，这样的推理是有逻辑的。进一步，“等式两边加减同一个数等式不变”这样的推理也符合关系传递性，这样的推理也是有逻辑的。把符合关系传递的推理也称为**演绎推理**①，这种推理得到的结果是必然正确的。

性质传递分为两种类型，这两种类型的性质传递有本质区别：第一种类型是通过大范围成立的性质论证小范围这个性质成立，就是通常所说的从一般到特殊的推理，通过推理得到的结论必然正确，人们称这样的推理为**演绎推理**；第二种类型是通过小范围成立的性质推断更大范围类似性质也成立，就是通常所说的从特殊到一般的推理，通过推理得到的结果或然正确，人们称这样的推理为**归纳推理**②。在本质上，逻辑推理只有这两种形式，关于这两种形式推理的讨论将是第二部分的重点。

第一类性质传递。令 A 是一个集合，P 是一个性质。

$A \rightarrow P$，如果 $x \in A$，则 $x \rightarrow P$。　(10.18)

第二类性质传递。这类性质传递情况比较复杂，主要分下面两种情况③：

(1)令 A 是一个集合，P 是一个性质。$\forall x \in A$，如果 $x \rightarrow P$，则 $A \rightarrow P$。　(10.19)

(2)令 A 和 B 是两个集合，Q 是一个属性，P 是一个性质。A 和 B 中的元素都具有属性 Q，如果 $A \rightarrow P$，则 $B \rightarrow P$。　(10.20)

数学推理的基本原则。数学推理作为一种逻辑推理，除了要明确数学推理的基本形式之外，还需要明晰判断一个命题正确与否的思维基础。这是一个非常难以回答的问题，现代的学者们给出了许多种逻辑形式，已经达到使人无法记忆的程度，甚至无法判断这些逻辑形式本身的合理性。为此，我们还是遵循形式逻辑中三个最古老的定律，把这三个定律批判性地运用于数学推理。这三个定律就是同一律、矛盾律和排

---

① 为了讨论问题的方便，我们把基于算理的运算也认为是一种演绎推理。

② 这里所说的归纳推理包括类比，因为在本质上，类比推理的范畴也是从小到大。详细讨论见本书第十五讲。

③ 对于第二类性质传递，无论是(1)还是(2)都存在两种情况，第一种情况结论本身的述说是确切的，第二种情况结论本身的述说是或然的。为了不引发不必要的歧义，上文中的表述只涉及第一种情况，我们将在第十四讲和第十五讲中分别讨论(1)和(2)的第二种情况。

中律。

同一律。同一律是指一个事物与自身同一，表示为$A=A$。在数学的论证过程中，一个定义或者一个命题不能同时是自身又是别的，也就是说，在论证过程中不能偷换概念。比如，在基于命题组(10.1)第一个命题“数是可以比较大小的”的论证，如果确定了这里所说的“数”是指“实数”，那么在整个论证过程中“数”就不能再包含“复数”或者“四元数”。在这里再次看到，命题中所指项的定义是非常重要的，必须把这个事物与不是这个事物分辨得清清楚楚。

但在现实世界中，事物总是相对的，事物也总是变化的，如果在历史发展的长河中认识问题，同一律就显得僵化了，正如恩格斯所批评的那样①：

> 旧形而上学意义下的同一律是旧世界观的基本原则：$a=a$。每一个事物和它自身同一。一切都是永久不变的，太阳系、星体、有机体都是如此。这个命题在每一个场合下都被自然科学一点一点驳倒了，但是在理论中它还继续存在着，而旧事物的拥护者仍然用它来抵抗新事物：一个事物不能同时是它又是别的。……抽象的同一性，与形而上学的一切范畴一样，对日常应用来说是足够的，在这里所考察的只是很小的范围或很短的时间。

在这里，恩格斯强调一切事物，甚至一切规律都不是永恒不变的，要学会辩证地分析问题。恩格斯的说法是有道理的，比如，我们在第一部分讨论过的几何学，最初人们认为欧几里得几何是永恒不变的真理，包括“过直线外一点能作并且只能作一条平行线”这个公理也是唯一正确的。但是，后来人们发现也可以建立一个有无数条平行线的几何学，这便是罗巴切夫斯基几何；再后来，人们发现还可以建立没有平行线的几何学，这便是黎曼几何。特别是这些几何学都有着明确的物理背景，因此这些几何学也都是真理。但是，在一般情况下，我们讨论的数学问题的范围和时间都是有限的，因此，数学的论证可以并且必须使用同一律。为了数学的严谨性，我们作如下修改：

> **数学同一律：**如果一个集合A是确定的，那么，一个元素x属于集合A或者不属于集合A，二者必居其一，并且在论证过程中这个关系是不变的。

① 参见：马克思恩格斯全集(第二十卷)．北京：人民出版社，1971：557.

虽然从表面上看，现代数学的某些研究似乎不符合这个要求，但在实质上是一致的。比如，在模糊数学中，集合 A 是模糊的，元素是否属于集合 A 依赖于非 0—1 结构的示性函数，但是，示性函数是模糊数学研究的基本属性，示性函数本身是清晰的、符合同一律的；在概率论与数理统计中，集合 A 本身是确定的，随机变量 x 可以以不同的概率取值于集合中的元素，虽然取值不确定，但随机变量取值的概率是随机事件的基本属性，随机变量取值概率本身是不变的、符合同一律的。

矛盾律。无论是在数学中还是在现实生活中，矛盾律都是论证的基本原则：一个命题 P 不能同时为真又为假。如果用 P^c 表示 P 的否命题，那么这个定律意味着：P 与 P^c 不能同时成立。现有资料表明，矛盾律最初是亚里士多德提出的，他在《形而上学》中写道①：

> 但我们明确主张，事物不可能同时存在又不存在，由此我们证明了它是所有原本中最为确实的。有些人由于学养不足认为需要对此加以证明，但是他们不知道哪些应当证明哪些不应当证明，这正是学养不足的表现。

于是，人们遵循亚里士多德的建议，把矛盾律作为不证自明的推理原则。众所周知，“矛盾”一词出自古代中国春秋战国时期的一个寓言②。矛盾律的基本原则与人们的生活常识是一致的，就像那个寓言所述说的那样。也是为了数学的严谨性，我们用数学符号表示矛盾律：

> **数学矛盾律：**如果 P 是一个数学命题，那么，不存在集合 A，使得 $a \in A$，$a \rightarrow P$ 和 $a \rightarrow P^c$ 同时成立。

矛盾律对数学推理非常重要，在下面的讨论中将会看到，这个原则是反证法、数学归纳法的依据，没有这个原则数学推理将寸步难行。

排中律。排中律也是数学论证的基本定律：一个命题 P 不是真的就是假的。如果用 P^c 表示 P 的否命题，那么这个定律意味着：P 与 P^c 必有一个成立。这个原则对命题的要求是非常严格的，在日常生活中，排中律不一定是合适的。就中国的传统文化而言，很难接受“非此即彼”的思维模式，比如，很难接受非“福”即“祸”、非“强”即“弱”这样的二分法。排中律也是亚里士多德在《形而上学》中提出的，他提出的时候就

① 参见：苗力田．亚里士多德全集(第七卷)[M]．北京：中国人民大学出版社，1997：91.

② 出自《韩非子・难一》。

犹豫不决[①]：

> 在对立的陈述之间不允许有任何的居间者，对于一事物必须要么肯定要么否定其某一方面。……如果不是为理论而理论的话，在所有对立物之间，应当存在居间者，故一个人可能既以其为真又以其为不真。在存在与不存在之外它也将存在，因此，在生成和消灭之外有另外某种变化。

数学是为了理论而理论的一种学问，因此，正如亚里士多德所说，为了理论而理论的学问还是需要排中律的。我们把数学论证过程的排中律描述如下。

数学排中律：如果 P 是一个数学命题，那么，必然存在一个集合 A，使得 $a\in A$，$a\to P$ 或者 $a\to P^c$，二者必居其一。

在此需要强调，对于统计学中的许多问题，不能直接套用数学排中律。比如，在估计问题中，一个估计量往往会满足这样的条件：随着样本量的增加，这个估计量将以较大的概率收敛到真值，但并不意味着这个估计量要么就收敛到真值，要么就不收敛到真值；在检验问题中，一个检验统计量否定了原假设，并不意味必须接受对立假设。第十四讲归纳推理的讨论中，还会论及到这个问题。即便如此，数学推理没有数学排中律是不行的，分析下面的例子。

反证法是一种演绎推理。反证法是一种常用的数学证明方法，那么，这种证明方法本身是不是正确呢？我们通过两个例子分析反证法的合理性，第一个例子是欧几里得给出的，用反证法证明了素数有无数多个；第二个例子据说也是欧几里得给出的，用反证法证明$\sqrt{2}$是一个无理数。这两个例子都是最经典的数学证明，从中可以体会出矛盾律和排中律在数学证明中的作用。

命题一　素数有无数多个。

证明：先假设素数是有限个。那么，可以假设有 n 个素数，表示为 p_1，…，p_n。令 p 为这样的数：这 n 个素数的乘积再加 1，即 $p=p_1\cdots p_n+1$，这是一个自然数。因为 p 不能被上述 n 个素数中的任何一个整除，那么 p 也应当是一个与上述 n 个素数不同的素数，这与假设不符。根据排中律，假设的

① 参见：苗力田. 亚里士多德全集(第七卷)[M]. 北京：中国人民大学出版社，1997：196-197.

否命题成立，即有无数多个素数。

命题二　$\sqrt{2}$是无理数。

证明：先假设$\sqrt{2}$不是无理数，那么，$\sqrt{2}$就是有理数。根据有理数的定义，$\sqrt{2}$能够表示为两个整数的比，比如，$\sqrt{2}=\frac{a}{b}$，其中a和b为整数，不失一般性假定a和b没有公因数。

可以得到$a^2=2b^2$，于是a^2为偶数。因为只有偶数的平方才能为偶数，所以a为偶数。因为a和b没有公因数，a为偶数，所以b必为奇数。因为a为偶数，可设$a=2c$，其中c为整数，则$a^2=4c^2$，于是有$4c^2=2b^2$即$2c^2=b^2$，则b^2为偶数，即b为偶数。根据矛盾律，b不可能又是奇数又是偶数，故假设不成立。根据排中律，假设的否命题成立，$\sqrt{2}$是无理数。

可以看到，反证法是一种演绎推理的方法，因为矛盾律和排中律是一般性成立的，因此反证法是一种从一般到特殊的论证方法，属于性质传递的第一种情况，得到的结论是必然正确的。以后，我们把凡是能够被证明方法本身正确的推理方法**都称为演绎推理**。

第十一讲　演绎推理的典范：三段论及其扩充

除了证明的前提之外，亚里士多德还规定了证明的形式，最重要的是关于三段论的学说。这个学说在中世纪的欧洲是至高无上的，在今天的逻辑学中也仍然保持重要地位。在这一讲，我们将结合数学的论证实例讨论其中的方法和道理，并适当地加以扩充。亚里士多德认为三段论是包括证明在内的、更为广泛的论证形式，他在《工具论（上）》中说①：

> 我们之所以要在讨论证明前先讨论三段论，是因为三段论更加普遍些。证明是一种三段论，但并非一切三段论都是证明。

亚里士多德对证明的认识是不全面的，因为就论证形式而言，证明与三段论有共

① 参见：亚里士多德．工具论(上)[M]．余纪元，徐开来，秦华典，译．北京：中国人民大学出版社，2003：88．

同的部分，但三段论不能包含所有的证明形式，比如，亚里士多德意义下的三段论就不能包含“a 大于 b，b 大于 c，则 a 大于 c”这样的递推关系。即便如此，亚里士多德的思路是非常重要的：在证明问题时，必须规定证明的前提，并且规定证明的形式。因为只有这样，人们才可能对讨论的问题达成共识。

经典三段论。经典三段论是一个包括大前提、小前提和结论三个部分的论证形式。因为其中涉及三个性质命题，因此属于简单推理。通过下面的讨论可以看到，三段论保持了逻辑推理的特征：三个命题的所指项，或者所指项的等价物始终出现在这些命题之中。三段论有不同的类型，亚里士多德称之为格，最初亚里士多德定义了三种格，后来经院学者又增加了第四格。但现在人们已经证明，后三种格都可以归结为第一格[①]。第一格又分为四种型，对于这四种型，亚里士多德举例如下：

> 全称肯定型：凡人都有死，苏格拉底是人，所以苏格拉底有死。
>
> 全称否定型：没有一条鱼是有理性的，所有的鲨鱼都是鱼，所以没有一条鲨鱼是有理性的。
>
> 特称肯定型：凡人都有理性，有些动物是人，所以有些动物是有理性的。
>
> 特称否定型：没有一个希腊人是黑色的，有些人是希腊人，所以有些人不是黑色的。

从上面的阐述中看到，虽然亚里士多德讨论的不是数学问题，但已经搭建了数学证明的形式框架，这个框架可以保证推导出的结论与前提一样可靠。也就是说，基于这样的论证形式，如果前提为真，那么结论也为真。下面，我们逐一讨论这四种形式的三段论与数学推理的关系。

全称肯定型。专业术语是 AAA 型[②]。亚里士多德给出的例子是：

> 凡人都有死，苏格拉底是人，所以苏格拉底有死。

这个推理是由三个性质命题组成的，分别称为大前提、小前提、结论。如果用 A 表示所有人的集合，用 x 表示苏格拉底，用 P 表示死，则上面的推理形式可以写为

---

① 参见：罗素. 西方哲学史[M]. 何兆武，李约瑟，译. 北京：商务印书馆，1976：235.

② 三个命题的形式是全称肯定、全称肯定、全称肯定，这个型的拉丁文称谓是 Barbara，其中三个元音为 A，A，A。

$A \to P$，如果 $x \in A$，则 $x \to P$。 (11.1)

这个形式与(10.18)式所述第一类性质传递是一致的，是演绎推理的形式，这样推理得到的结论是必然成立的。从上面的语言论述过程也可以看到，这种形式推理的正确性是不言而喻的，甚至可以认为这个形式的推理是多此一举：所有人都会死，苏格拉底这个具体的人当然也会死。但是，这样的论证形式在日常生活中，特别是在数学证明中却是非常重要的。

在三段论中，结论反而不是最重要的，关键在于前两条 $A \to P$ 和 $x \in A$ 是否成立。第一条通常是一个已知事实，比如，公理或者假设，因此，数学证明的重点往往是第二条，即中间命题项。比如，在平面几何中，证明四点共圆的问题是比较困难的，但证明的思路却是简单的：

对角和为 180°的四边形的四个顶点共圆，如果能够证明这个四边形有一组对角和为 180°，那么这个四边形的四个顶点共圆。

在这个证明的过程中，最困难的地方是：证明小命题成立，即证明“这个四边形有一组对角和为 180°”。下面，通过三段论的两种省略形式进一步分析中间命题项的重要性。

省略大前提。之所以省略大前提，是因为人们往往认为大前提是人所共知的，所以可以省略。这样推理形式为

苏格拉底是人. 所以苏格拉底有死。

省略小前提。省略小前提往往是为了叙述的便捷，把小前提与结论一起阐述了。推理形式为

凡人都有死，所以苏格拉底有死。

上面的推理形式在日常生活中是可以的，但在数学的证明过程中却一定要慎重使用，也就是说，在数学的证明过程中一定要对大前提和小前提进行明确说明，否则可能会引发错误的结论。比如，关于省略大前提的例子：

矩阵的乘法是乘法，所以矩阵的乘法满足是交换律。

这个结论是不正确的，因为矩阵的乘法不满足交换律。那么，上述推理的问题出在哪里呢？问题就在于省略的大前提：乘法满足交换律。因为这个大前提中所说的乘法是指四则运算中的乘法，而不是一般泛指的乘法。再比如，关于省略小前提的例子：

凡数都可以比较大小，所以复数可以比较大小。

这个结论也是不对的，因为复数不可以比较大小。推理的错误在于省略了小前提：复数是数。回忆自然数的定义，是通过后继的概念，由 0 开始逐一得到的，因此，自然数可以比较大小。有理数是通过四则运算，由自然数扩张得到的，实数是通过极限运算，由有理数扩张得到的，这些运算均不改变可以比较大小的特性。而复数是通过解方程得到的，因此，复数并不是通常意义的数，不可以比较大小。

全称否定型。专业术语为 EAE 型[①]。亚里士多德给出的例子是：

没有一条鱼是有理性的，所有的鲨鱼都是鱼，所以没有一条鲨鱼是有理性的。

这个推断在本质上与全称肯定型是一致的，只不过是否定的形式。如果用 A 表示所有的鱼，用 x 表示鲨鱼，用 P 表示理性，则 $A \sim P$ 是大前提，$x \in A$ 是小前提，$x \sim P$ 是结论，三段论形式为

$$A \sim P，如果\ x \in A，则\ x \sim P。 \tag{11.2}$$

与全称肯定型一样，这种推理得到的结论也是必然正确的。给出一个数学的例子：

有理数系数方程的根不可能是 π，所有整数是有理数，所以整数系数方

① 三个命题的形式是全称否定、全称肯定、全称否定，这个型的拉丁文称谓是 Celarent，其中三个元音为 E，A，E。

程的根不可能是 π。

与全称肯定型比较，有一个问题是应当注意的，那就是在全称肯定型中的小前提所关注的事物往往是一个元素，而全称否定型中的小前提的事物是一个子集合。比如，所有的鲨鱼是一个集合，是鱼集合的一个子集合；所有整数也是一个集合，是自然数集的一个子集合。

显然，子集合的推论形式也可以用于全称肯定型，也就是说，可以在(11.1)式中把元素 x 变换为子集合 B。亚里士多德没有注意到其中的区别，但现代逻辑学家认为分辨这个区别是重要的，比如，罗素就认为这个变换可能会出现问题①，尝试变换亚里士多德最初的例子：

凡人都有死，所有希腊人都是人，所以所有希腊人都有死。

针对这个形式，罗素认为有两个问题是需要注意的，其中一个关键问题是判断“苏格拉底有死”与判断“所有希腊人都有死”是不一样的，因为前者是具体的存在，而后者是一般的存在，要判断一般存在的属性是非常困难的。于是罗素认为：“这种纯形式的错误，是形而上学与认识论中许多错误的一个根源。”事实上，是罗素在逻辑上出现了混乱，在三段论中，只需要判断小前提命题的真假，而不需要直接判断结论，结论是推理的结果。也就是说，只需要判断“所有希腊人是人”这个小命题的真伪，而不需要直接判断“所有希腊人都有死”这个命题。特别是在数学中，一个元素也是子集。

判断一般存在的属性要比判断具体存在的属性困难，这是千真万确的，我们很容易判断苏格拉底是否会死，但很难判断所有的人是否会死。这正是三段论问题的本质：把判断困难的、具有一般性的命题作为前提，把判断不困难的、具有特殊性的命题作为结论。但是，只有这样，才能保证推理得到的结果必然正确。统观亚里士多德《工具论》可以知道，亚里士多德提出的前提是有根基的，甚至可以追溯到公理和假设，也就是说，“凡人都有死”这个命题是由许许多多个苏格拉底死去这个事实中总结出来的，而利用三段论推断的是“这个”苏格拉底有死。也正是因为判断具体存在的属性要比判断一般存在的属性容易，因此在日常生活和生产实践中，人们通常由具体存在的属性推断一般存在的属性，这就是(10.18)式所述性质传递的第二种形式，这种

① 参见：罗素．西方哲学史[M]．何兆武，李约瑟，译．北京：商务印书馆，2003.

推理的方法被称为归纳推理，我们将在后面详细讨论这个问题。

三段论第一格的后两种形式是特称的，我们一并讨论如下。

特称肯定型。专业术语为 AII 型①。亚里士多德给出的例子是：

凡人都有理性，有些动物是人，所以有些动物是有理性的。 (11.3)

特称否定型。专业术语为 EIO 型②。亚里士多德给出的例子是：

没有一个希腊人是黑色的，有些人是希腊人，所以有些人不是黑色的。 (11.4)

与全称型不同，特称型的推断中使用了“有些”这样的词语，因此，这样的推断与全称型有本质的不同：全称型的小前提是在集合 A 的内部，特称型的小前提是在集合 A 的外部。比如，对于上面两类特称型，“动物”是在“人”这个集合的外部，“人”是在“希腊人”这个集合的外部，所以，在结论中才必须用“有些”这样的限制词。特称肯定型和特称否定型可以分别用符号描述为

$$\begin{aligned} &A \to P，如果 A \subseteq B，则 A \cap B \to P。\\ &A \sim P，如果 A \subseteq B，则 A \cap B \sim P。\end{aligned} \quad (11.5)$$

其中符号 $A \cap B$ 表示集合 A 和 B 的交集合，即集合 A 和 B 的共同部分。显然，如果 $A \subseteq B$，那么必然有 $A \cap B = A$。因此，就形式而言，(11.5)式的推理一点意义也没有；就实质而言，论证中的两个特称换了称谓：命题(11.3)的结论中 $A \cap B$ 指的仍然是人，但是指动物集合 B 中的那部分人；命题(11.4)的结论中 $A \cap B$ 指的仍然是希腊人，但是指人集合 B 中的那部分希腊人。

就数学而言，如果是为了得到肯定的结论，这种论证是没有用处的，因为对于数学，一个结论在“有些”情况下成立是没有意义的。比如，关于哥德巴赫猜想，容易验证小于 100 的偶数都可以表示为两个素数和的形式，于是得到推理：

所有 100 以下的偶数都可以表示为两个素数的和，有些偶数是 100 以下

---

① 三个命题是全称肯定、特称肯定、特称否定，这个型的拉丁文称谓是 Darii，其中三个元音为 A，I，I。

② 三个命题是全称否定、特称肯定、特称否定，这个型的拉丁文称谓是 Ferio，其中三个元音为 E，I，O。

的，所以有些偶数可以表示为两个素数的和。

显然，这样推理得到的结论是没有意义的。但是，为了得到数学的否定结果，这样的论证形式却是强有力的，因为对于科学而言，为了驳倒一个论断只需要举出一个反例就可以了。比如，关于三等分角的问题，虽然只讨论了60°角这一种情况[①]，但基于这种情况可以得到下面的推论：

60°角是不能三等分的，有些角是60°角，所以有些角是不能三等分的。(11.6)

进而得到一般的结论：三等分角是不可能的。虽然在上述三段论的大前提中，涉及的只是一个元素，而不是一个集合，但这种形式在数学中反而是更加有效的。

这样就可以得到关于经典三段论的结论：对于数学的推理，全称肯定、全称否定、特称否定这三种形式是有效的，也是经常被使用的。

复合三段论。三段论的推理原则可以推广到更多命题的推理，这在数学推理中是常见的。比如，下面的推理：

一个三角形内角和为180°，一个钝角或者直角大于或者等于90°，两个钝角或者直角和大于或者等于180°，所以一个三角形不能有两个钝角或者直角。因为等腰三角形两个底角相等，所以等腰三角形的底角不能为钝角或者直角。因为小于直角的角为锐角，所以等腰三角形的底角为锐角。

这个推理是由三个三段论组成的。因为上述论证过程是连续的，所以在后续的三段论中可以省略大前提。可以看到，经典三段论还是最为基础的推理。对于涉及命题较多的连续性推理，必须注意每个三段论推理的连接，否则会出现命题中所指项与所指项的等价物的混乱。鲁迅曾经在《论辩的魂灵》一文中对某些顽固派的诡辩方法描述如下：

你说甲生疮，甲是中国人，就是说中国人生疮了。既然中国人生疮，你是中国人，就是你也生疮了。你既然也生疮，你就和甲一样。而你只说甲生

① 关于60°角不能三等分的讨论，参见：史宁中著《数学思想概论(第2辑)——图形与图形关系的抽象》第五讲。

疮，则竟无自知之明，你的话还有什么价值？倘你没有生疮，是说诳也。

这个推理显然是荒谬的，那么，错误出在哪里呢？一般来说，诡辩最常用的方法就是在推理的过程中模糊概念、偷换命题，更确切地说就是：混乱命题中所指项与所指项的等价物。我们分析上面的论述是如何偷换命题的。为了表述方便，称上文开始到第一个句号为第一个三段论，之后到第二个句号为第二个三段论。第一个三段论的表现形式是特称肯定型，结论只能是："有些"中国人生疮，而不能是"所有"中国人生疮。第二个三段论的表现形式是全称肯定型，推理原则要求大前提必须是："所有"中国人生疮。可以看到，第二个三段论的大前提并没有承接第一个三段论的结论，这样就混淆了命题中的所指项和所指项的等价物。

假言三段论。所谓假言三段论，是指三段论中的命题都是(10.6)式所示关系命题，并且与三段论一样，中间命题是连接第一个命题和第三个命题的桥梁，是命题中的所指项或者所指项的等价物。假言三段论可以分"三个命题"和"两个命题"两种情况。

三个命题的假言三段论。假言三段论最基本形式为三个命题的：如果 A 则 B，如果 B 则 C，那么，如果 A 则 C。把这种形式的假言三段论称为**简单假言三段论**，符号形式为

$$\begin{aligned}&\text{如果 } x\to Q\text{，那么 } x\to P\text{；如果 } x\to P\text{，那么 } x\to S\text{；}\\&\text{所以，如果 } x\to Q\text{，那么 } x\to S\text{。}\end{aligned}\tag{11.7}$$

这与(10.18)式所示关系传递是一致的，并且是从一般到特殊的传递，或者说，是从大的范围到小的范围的传递，因此这样的推理属于**演绎推理**，得到的结论是必然成立的。简单假言三段论可以用于几何作图的推理，比如，作平行线是一个难点，但作垂直平分线比较容易，根据"如果两条直线垂直于同一条直线，那么这两条直线平行"的原理，可以通过作垂直平分线得到平行线。具体推理如下：

对于任意给定的一条直线段，如果能够作出直线段的垂直平分线，那么可以得到直线段的垂线；如果把一条直线段分为两段，分别作这两段直线段的垂直平分线，可以得到直线段的两条垂线，那么这两条垂线平行。

两个命题的假言三段论。两个命题的假言三段论只涉及 A 和 B 两个命题，这两

个命题形成一个关系命题作为推理的条件，然后假设 A 和 B 两个命题中的一个成立推出结论。因为是由 A 和 B 两个命题形成组合，可以有四种形式：

如果 A 则 B。现在 A 成立，所以 B 成立。
如果 A 则 B。现在 A 不成立，所以 B?
如果 A 则 B。现在 B 成立，所以 A?　　(11.8)
如果 A 则 B。现在 B 不成立，所以 A 不成立。

很明显，当两个命题 A 和 B 不是充分必要条件时，上述(11.8)式中间两种形式的推理不能得到确切结论，因此对数学论证没有意义。比如，对于现实生活中的推理，第二种形式：如果今天是春节，则不上班。今天不是春节，结论是什么呢？第三种形式：如果今天是春节，则不上班。今天不上班，结论又是什么呢？当然，如果 A 和 B 两个命题是充分必要的，中间两种形式的推理还是能够得到确切结论的，读者可以尝试给出例子。

第一种形式的推理的正确性是显而易见的，第四种形式的推理是十分有效的，比如，仍然讨论上面生活中的例子，第四种形式：如果今天是春节，则不上班。今天上班了，所以今天不是春节。这样的推理形式在数学证明中是屡见不鲜的，这样的推理形式可以用于反证法的论述。回忆前面讨论的关于$\sqrt{2}$是无理数的证明：

如果$\sqrt{2}$是有理数，则可以写成分数的形式。现在$\sqrt{2}$不能写成分数的形式，所以不是有理数。

可以看到，这样的论证是强有力的，甚至比命题(11.6)所示特称否定型的三段论更为一般，这种形式还可以变化为**归谬三段论**。论证形式可以表述如下。

如果 A 则 B。现在 A 却非 B，那么非 A。　　(11.9)

这是由同一律与矛盾律同时得到的：从一个条件 A 出发，不能使 B 与非 B 同时成立。下面的思考据说是伽利略的，是为了驳斥亚里士多德关于自由落体的理论，这个理论述说：物体下落的速度与物体的重量成正比。姑且不论这个故事可否可靠①，重要的是故事本身述说了极有说服力的论证方法，这就是归谬三段论的论证方法。

① 关于这个问题的详细讨论，可以参见本书第三部分。

设有两个下落物体C和D，C重D轻。那么，如果根据亚里士多德的理论，物体C的下落速度一定快于物体D的下落速度。现在，把两个物体捆绑在一起，得到新的物体$C+D$，会出现两种情况：

物体$C+D$比物体C重，则下落速度比物体C快。

物体$C+D$是两个物体合成，则合成速度应当慢于C的速度，快于D的速度。

根据推理原则(11.9)，得到结论：亚里士多德的理论不成立。其中，上述第二个命题用到了加权平均的思想，如果用$v(C)$和$v(B)$分别表示物体C和D的下落速度，那么，物体$C+D$的速度可以表示为加权平均的形式：$v(C+D)=\alpha v(C)+(1-\alpha)v(D)$，其中$\alpha\in(0,1)$。加权平均满足关系：

$$\min\{v(C), v(D)\}\leqslant v(C+D)\leqslant\max\{v(C), v(D)\},$$

因此得到上述第二个命题。事实上，这个想法也是直观的，比如，一个大人拉着一个孩子跑，那么，合成速度要慢于大人奔跑的速度，快于孩子奔跑的速度。

第十二讲　演绎推理的表达：数学证明的方法

经过几千年的发展，除却基于三段论的一般形式的演绎推理之外，数学还逐渐形成了一些独特的证明方法。在这一讲，我们将讨论一些最常用的证明方法。这些证明方法都属于演绎推理的范畴，我们不仅讨论证明的述说模式，还将论证这些证明方法本身的正确性，这些方法包括：完全归纳法、数学归纳法、计算逻辑、符号推理、反证法等。其中反证法在第九讲已经讨论，此处不再重复。通过讨论可以看到，这些证明方法的论证依据就是第十讲中讨论过的数学推理的基本形式和基本原则。

一、完全归纳法与数学归纳法

完全归纳法或者数学归纳法都是演绎推理的方法，是针对有限个命题或者无限有序个命题进行证明的方法，得到的结论是必然正确的。归纳法最初也是由亚里士多德提出的，但他对于这种论证的方法并不重视。后来，为了区别两千年后由培根所创立的、得到的结论是或然正确的归纳法，人们把亚里士多德所论述的方法称为完全归纳法。

完全归纳法。中学数学的课程内容中，完全归纳法是一种经常被使用的证明方法，核心思想是：问题分类，逐类研究。推理过程可以描述如下：令 A 是一个包含有限元素的集合，如果验证了每一个元素都具有性质 P，则认为这个集合中的所有元素都具有性质 P。显然，这样推理得到结论的正确性是不言而喻的。

完全归纳法虽然简单，却是一种有效的推理方法。推理的关键在于合理地构建集合 A 和集合 A 中的元素，然后再逐项验证 A 中的元素是否满足性质 P。推理形式可以用符号表示为

$$A\text{ 是一个有限集合。如果所有 } x\in A,\ x\rightarrow P,\text{ 则 } A\rightarrow P。\qquad (12.1)$$

虽然这个推理形式与(10.18)中关系传递的第二种形式类似，但要苛刻得多，因为这里的条件是集合 A 中的“所有”元素，而关系传递的第二种形式仅要求部分元素，正因为如此，完全归纳法属于演绎推理。作为这种论证方法的说明，考虑下面的大多数的初中数学教科书中都涉及的几何命题。

性质 P：圆周角的大小等于对应圆心角的一半。

集合 A：在一个圆心为 O 的圆中，对于给定弧 AC 和圆上的点 B，分别用 $\angle ABC$ 和 $\angle AOC$ 表示对应弧的圆周角和圆心角。

从图 12-1 可以看到，由于角的顶点 B 所在位置不同，圆周角 $\angle ABC$ 和圆心 O 之间的位置关系可以分为三种情况，分别用 $P(1)$，$P(2)$ 和 $P(3)$ 表示对应这三种情况的命题，即

$P(1)$：圆心 O 在圆周角的一条边上，如图 12-1(1)。

$P(2)$：圆心 O 在圆周角的内部，如图 12-1(2)。

$P(3)$：圆心 O 在圆周角的外部，如图 12-1(3)。

这样，集合 A 中只包含三个元素：$P(1)$，$P(2)$，$P(3)$。

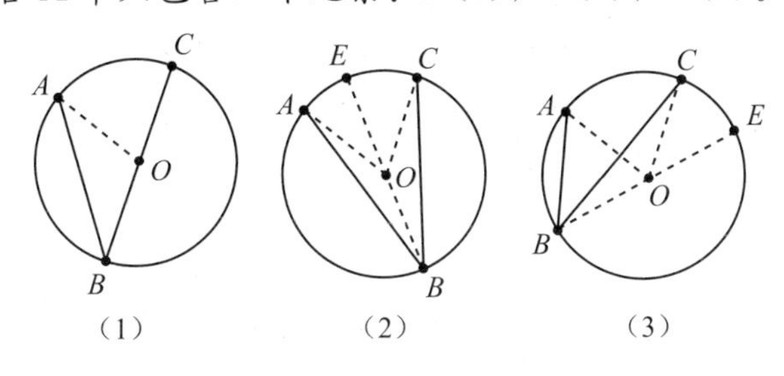

图 12-1　圆周角与圆心角

证明：根据完全归纳法的原则，只要验证 $P(1)$，$P(2)$ 和 $P(3)$ 正确，就可以推断命题 P 成立。

$P(1)$：当圆心 O 在 $\angle ABC$ 的一条边上时，连接 AO，如图 12-1(1)。这样 $\angle AOC$ 是等腰三角形 ABO 的一个外角，于是有 $\angle AOC=\angle ABC+\angle BAO=2\angle ABC$。

$P(2)$：当圆心 O 在 $\angle ABC$ 的内部时，过 B 作直径 BE，并连接 AO 和 CO，如图 12-1(2)。此时 $\angle ABE$ 和 $\angle AOE$ 分别是弧 AE 所对应的圆周角和圆心角；$\angle EBC$ 和 $\angle EOC$ 分别是弧 EC 所对应的圆周角和圆心角。这都可以转化为第一种情况，得到 $2\angle ABC=2\angle ABE+2\angle EBC=\angle AOE+\angle EOC=\angle AOC$，其中第二个等号用到了命题 $P(1)$ 的结论。

$P(3)$：当圆心 O 在 $\angle ABC$ 的外部时，过 B 作直径 BE，并连接 AO 和 CO，如图 12-1(3)。类似 $P(2)$ 的情况，可以得到 $2\angle ABC=2\angle ABE-2\angle CBE=\angle AOE-\angle EOC=\angle AOC$。

这样，我们就完成了命题的证明。

容易看到，完全归纳法虽然简单，却非常有用。利用完全归纳法最经典的例子，是对“四色定理”的证明。在证明过程中，把平面图形中相邻区域的可能分成 1 400 多类情况，然后利用计算机逐类验证，最终把“四色猜想”变为“四色定理”。这是计算机“证明”最成功的案例①。

在完全归纳法的实施过程中，最为重要的工作是对集合中的所有元素进行验证，否则得到的结果将可能是不正确的。这方面的许多问题出现在数论的研究中。

比如，令 A 是一个自然数的集合，考虑命题：对于 $n\in A$，算式

$$n^2+n+41$$

得到的数值是素数。可以验证，当 $n=1$，…，39 时，命题的结论都是正确的，但 $n=40$ 时，得到的数值不是素数，因此命题不成立。

在数学的论证过程中，一个反例就足以敲响恪守严谨的警钟。因此，上面的例子可以说明，人们为什么对于数学命题要如此谨慎。至今为止，人们用计算机进行了大量的计算，验证哥德巴赫猜想都是正确的，但由于上面那样的反例，哥德巴赫猜想依然是猜想。

数学归纳法。虽然数学归纳法是一种验证部分元素得到整体结论的论证方法，但

---

① 详细讨论参见：史宁中著《数学思想概论(第2辑)——图形与图形关系的抽象》第九讲。

不同的是：集合中的元素是“有序”的，验证的程序也是“有序”进行的。数学归纳法有多种变化形式，比如，跳步数学归纳法、辗转数学归纳法、倒序数学归纳法等，但“有序”这个本质是不变的。

假设集合 A 是从 1 开始的自然数集合，集合上的“序”是自然数的大小关系，假设命题 P 可以构成“有序”命题。标准数学归纳法的推理过程是这样的：

基于有序命题 $P(1)$，$P(2)$，…，$P(n)$，…

(1)验证命题 $P(1)$。如果成立，则进行第(2)步。

(2)假设命题 $P(k)$成立，验证命题 $P(k+1)$。如果成立，则进行第(3)步。

(3)集合 A 中所有元素对于命题 P 成立。

(12.2)

比如，验证自然数前 n 个元素和的公式，即验证算式

$$1+2+\cdots+n=\frac{n(n+1)}{2}$$

对一切自然数 n 成立。用 $P(k)$表示有序命题：当 $n=k$ 时上面的算式成立。数学归纳法证明如下。

验证命题 $P(1)$。因为等式的两边均为 1，所以成立。

假设命题 $P(k)$成立，验证 $P(k+1)$成立。由 $P(k)$成立出发，得到等式：

$$1+2+\cdots+k=\frac{k(k+1)}{2}。$$

在上边的等式两边都加上 $k+1$，可以得到

$$\begin{aligned}1+2+\cdots+k+(k+1)&=\frac{k(k+1)}{2}+(k+1)\\&=\frac{(k+1)(k+2)}{2}。\end{aligned}$$

最后的代数式正是 $P(k+1)$的表达式，这样就完成了数学归纳法证明。现在的问题是，通过这种论证形式得到的结果是必然正确的吗？为此，我们来验证数学归纳法本身的正确性。

在一般情况下，通过正面述说的角度验证一个方法的正确性是困难的，因为基于完全归纳原则，需要考虑到所有情况。因此，一个简捷的方法是利用反证法。

假定(12.2)所述数学归纳法不正确，那么，必然存在一些自然数，使相应有序命

题不成立。令 m 是使得有序命题 $P(m)$ 不成立的最小自然数。因为我们验证了 $P(1)$ 成立，所以 $m\geqslant 2$，即 $m-1$ 是一个大于或等于 1 的自然数。因为 m 是使有序命题不成立的最小自然数，那么有序命题 $P(m-1)$ 成立。这与(12.2)所示证明程序矛盾，因为证明程序表明：在有序命题中，某一项成立，那么下一项也成立。因此假定不成立。根据排中律，假设的反命题成立，这就证明了数学归纳法得到的结论是必然成立的。因为论证方法本身的正确性得到了证明，所以，**数学归纳法属于演绎推理**。

通常称(12.2)中第二步中的假设为归纳假设，在一般情况下，数学归纳法的核心和难点都集中在第二步，即验证 $P(k)\rightarrow P(k+1)$ 的正确性。但是，在论证过程中，第一步命题 $P(1)$ 的验证是不能忽略的，为了说明这个问题，我们分析下面的例子。

令 A 是一个从 1 开始的自然数集，验证算式

$$(n+1)-n=2。$$

这个算式显然是错误的，但可以尝试论证，如果忽略了数学归纳法的第一步将会出现什么情况。

论证开始于归纳假设：当 $n=k$ 时算式成立，即 $(k+1)-k=2$。因为在式子的右边先 $+1$ 再 -1 等式不变，所以有 $(k+1)+1-k-1=2$。这样就得到 $(k+2)-(k+1)=2$，即当 $n=k+1$ 时算式正确，于是就用“数学归纳法”证明了一个完全错误的算式。显然，问题出在论证过程的第一步，即命题 $P(1)$：$2-1=2$ 不成立。

因此，在用数学归纳法时，一定要验证命题 $P(1)$，甚至在许多问题中，还应当尝试地从 $P(1)$ 推导出 $P(2)$，这不仅能够进一步核实结论的正确性，还可以直观建立 $P(k)\rightarrow P(k+1)$ 的论证方法。

用数学归纳法证明问题当然是重要的，但更为本质的问题是：如何得到需要证明的结论。事实上，数学归纳法要证明的结论，不是通过数学归纳法推演出来的、而是通过归纳推理得到的。在下一讲，我们将讨论这个问题。

辗转数学归纳法。所谓辗转数学归纳法，是指数学归纳法(12.2)的第二步不是完全按照“序”的顺序递推，而是按照几个有规律的基于“序”的子顺序递推，比如，首先假设奇数命题成立，验证偶数命题成立；然后假设偶数命题成立，验证奇数命题成立。其中，奇数命题与偶数命题可以有不同的形式，但最终得到统一的结论。如果用 $P(2k-1)$ 和 $Q(2k)$ 分别表示基于奇数和偶数有序命题序列，**辗转数学归纳法**的推理模式可以写为

基于有序命题 $P(1)$，$Q(2)$，…，$P(2n-1)$，$Q(2n)$，…

(1)验证命题 $P(1)$。如果成立，则进行第(2a)步。

(2a)假设命题 $P(2k-1)$成立，验证命题 $Q(2k)$。如果成立，则进行第(2b)步。　(12.3)

(2b)假设命题 $Q(2k)$成立，验证命题 $P(2k+1)$。如果成立，则进行第(3)步。

(3)集合 A 上所有元素对于命题 P 和 Q 成立。

之所以要讨论辗转数学归纳法，不仅是因为这个方法重要，还是为了介绍中国元代数学家朱世杰于1303年左右完成的数学著作《四元玉鉴》，有的学者评价这部著作是宋元数学的绝唱①。这部著作述说了许多高维、立体的数学问题，比如，书中提出的“招差术”是一种高次内插法，“四元术”是一种解多元高次联立方程组的方法。比较当时的世界数学，这些工作遥遥领先。

我们介绍《四元玉鉴》下卷“果垛叠藏”这一章中的第七问，从中可以体会到中国元代数学已经发展到了什么程度。第七问为②

今有圆锥垛，果子积九百三十二个，问高几层？答曰：十五层。

术曰：立天元一为层数。如积求之，得七千四百五十五为益实，二为从方，三为从廉，二为正隅。立方开之，合问。

这个问题是在说，把圆的果实(如橘子、苹果)堆垒成圆锥垛，如图12-2③。现在堆垒了932个果实，问堆垒了多少层。答案是15层。计算的解释如下：

图 12-2　圆锥垛示意图

设天元一(未知数)为圆锥垛的层数，利用积(总数)列方程求之，可以得到一个常数项(益实)为－7 455，一次项系数(从方)为2，二次项系数(从廉)为3，三次项系数(正隅)为2的三次方程。开立方就可以得到层数。也就是说，设层数为 x，那么所求层数为下面的三次方程④：

① 参见：李文林. 数学史概论[M]. 第2版. 北京：高等教育出版社，2002：104.

② 参见：[元]朱世杰. 四元玉鉴校正[M]. 李兆华，校. 北京：科学出版社，2007：116.

③ 这个图是东北师范大学学校办公室的樊春运利用台球堆垒后照相而成。

④ 参见：[元]朱世杰. 四元玉鉴校正[M]. 李兆华，校. 北京：科学出版社，2007：208-209.

$$2x^3+3x^2+2x-7\,455=0$$

的解。事实上，如果我们把 15 代入这个方程，可以验证 15 确实是这个三次方程的解。

进行了多么复杂的方程计算！解决了多么重要的数学问题！我们还应当注意到，朱世杰的工作比韦达关于方程的研究整整早 300 年。非常可惜的是，朱世杰没有创造出合适的数学符号，无法对计算过程给出清晰的数学表达，以至于元代以后的人就理解不了朱世杰的工作了。正如第一部分所讨论的，抽象出合适的数学符号，无论是对数学本身的深入研究、还是对数学知识的传播都是极为重要的。下面，用现代数学的符号讨论这个问题，可以看到，朱世杰的寥寥数语，蕴含的数学思想是多么深刻。

首先，先分析每一层的个数。如图 12-3，圆锥垛的特点是：下一层果实之间的缝隙所构成的行数要等于上一层果实的行数，使得上一层的果实恰好放到下一层果实的缝隙上。这样，最上面一层有 1 个，第二层有 3 个，第三层有 7 个，第四层有 12 个，第五层有 19 个，第六层有 27 个，如此类推可以得到一个数列：

1，3，7，12，19，27，37，48，61，75，91，108，127，147，169，192，…

把数列的前 15 项加起来，可以得到：

$$1+3+7+12+19+27+37+48+61+75+91+108+127+147+169=932。$$

这个和正好等于问题中果实的数量，而且层数也正好是答案所示。

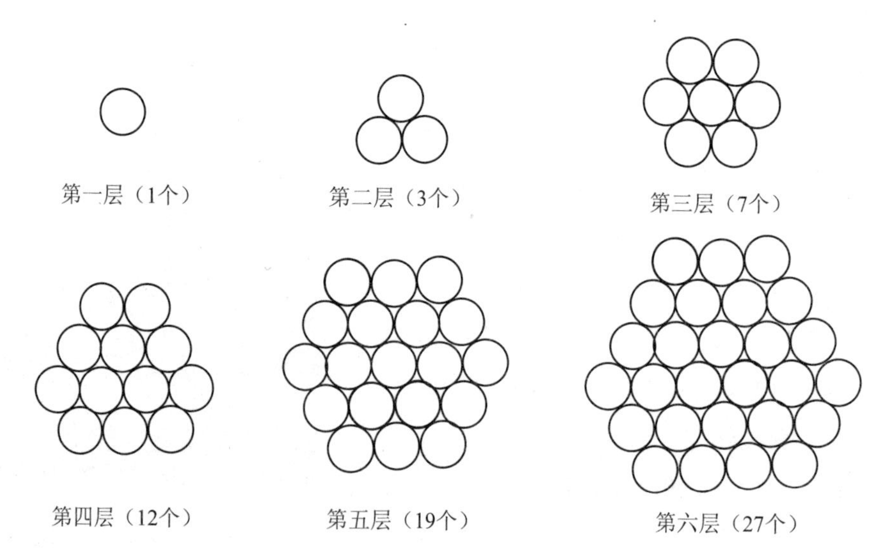

图 12-3　圆锥垛的平面示意图

《四元玉鉴》没有讨论一般的情况，也没有给出一般的结果。不讨论一般的情况也是中国古代数学最大的缺憾，分析原因，一方面是因为中国古代没有一般性思考问题的习惯，但更主要的还是因为没有建立合适的数学符号表达系统。这或许与中国古代的思维方法有关系，中国古代推崇感悟，推崇学习者的举一反三，因此，许多问题讨论得不尽透彻①。

为了得到一般的结果，我们需要得到数列的通项公式。通过对图 12-3 所示圆锥垛的排列特点分析可以看到，这个数列的奇数项与偶数项的数字规律是不一样的，如果用 a_n 表示第 n 项，这个规律似乎可以用下面的公式表示：

$$\begin{cases} a_{2k-1}=3k(k-1)+1, & n=2k-1; \\ a_{2k}=3k^2, & n=2k. \end{cases} \tag{12.4}$$

下面分 n 为奇数和偶数讨论。用 A_n 表示圆锥垛的层数为 $n=2k-1$ 时果实总数，用 B_n 表示圆锥垛层数为 $n=2k$ 时果实总数，把(12.4)式代入计算，可以得到：

$$\begin{aligned} A_n &=1+3+\cdots+a_{2(k-1)}+a_{2k-1} \\ &=\frac{1}{2}k(4k^2-3k+1), \qquad n=2k-1; \end{aligned} \tag{12.5}$$

$$\begin{aligned} B_n &=1+3+\cdots+a_{2k-1}+a_{2k} \\ &=\frac{1}{2}k(4k^2+3k+1), \qquad n=2k. \end{aligned} \tag{12.6}$$

现在用《四元玉鉴》中的结果验证上面的公式。由(12.4)式可以得到 $n=15(k=8)$ 时，果实数为 $a_{15}=169$ 个；把 $k=8$ 代入(12.5)式，可以得到 $A_{15}=932$，与具体计算的结果一致。由此可以推断，公式(12.5)和(12.6)很可能是正确的。这就是得到数学公式的思维过程，这个思维过程依赖的是归纳推理而不是演绎推理。下面，我们用辗转数学归纳法证明公式的正确性。

当 $n=1$ 时，$A_1=1$，公式成立显然。

假设当 $n=2k-1$ 时，公式(12.5)成立。验证当 $n+1=2k$ 时，公式(12.6)是否成立。

$$\begin{aligned} B_n &=A_n+a_{2k} \\ &=\frac{1}{2}k(4k^2-3k+1)+3k^2 \\ &=\frac{1}{2}k(4k^2+3k+1). \end{aligned}$$

所以，公式(12.6)成立。证明到这里并没有结束，还需要假设当 $n=2k$ 时，公式

① 参见：史宁中．中国古代哲学中的命题、定义和推理(上)(下)[J]．哲学研究，2009(3)(4)．

(12.5)成立。也就是，验证当$n+1=2k+1=2(k+1)-1$时，公式(12.5)成立。

$$\begin{aligned}A_n &= B_n + a_{2k+1}\\ &= \frac{1}{2}k(4k^2+3k+1)+3k(k+1)+1\\ &= \frac{1}{2}(k+1)[4(k+1)^2-3(k+1)+1]。\end{aligned}$$

所以，公式(12.5)成立。这样，我们就完成了公式的证明。

当层数为奇数时，把$k=\frac{n+1}{2}$代入(12.5)式，就可以得到朱世杰给出的三次方程。可惜，我们无法知道朱世杰当时是如何得到那个三次方程的，或许朱世杰会有更加直观的方法。

因为上面的证明符合(12.3)的形式，所以证明的结果是必然正确的。可以把这个方法推广到多个命题序列的辗转数学归纳法，只需要注意：序列的总和必须覆盖集合A，论述过程必须是递增的。为什么论述过程必须递增呢？下面，讨论一个论述过程递减的数学归纳法，分析这样的方法将会如何导致谬误的结论。

倒序数学归纳法。数学归纳法的论证过程必须是递增的吗？答案是肯定的。作为一个反例，我们考虑下面的命题：

n次多项式至多有一个根。 (12.7)

这个命题显然是错误的，这个命题与代数基本定理矛盾①。可是，如果使用论证过程递减的数学归纳法，能够“证明”上面的命题是正确的。下面是证明的过程。

一个n次多项式可以写为

$$f(x;\ n)=a_nx^n+\cdots+a_1x+a_0,$$

其中x是未知数，系数为任意实数或者复数。如果存在一个数b使得$f(b;\ n)=0$，即

$$f(b;\ n)=a_nb^n+\cdots+a_1b+a_0=0,$$

称这个数b为多项式$f(x;\ n)$的一个根。容易验证，一次多项式$f(x;\ 1)$只有一个根。下面，尝试使用论证过程递减的数学归纳法进行“证明”。

假定k次多项式$f(x;\ k)$只有一个根，其中$k>1$，下面验证$(k-1)$次多项式$f(x;\ k-1)$也只有一个根。根据归纳假设，令数b为k次多项式$f(x;\ k)$的根，即$f(b;\ k)=0$，于是有

① 代数基本定理是高斯在他的博士论文中给出的，参见：史宁中著《数学思想概论(第1辑)——数量与数量关系的抽象》第十讲。

$$f(x;\ k)=f(x;\ k)-f(b;\ k)$$
$$=a_n(x^n-b^n)+\cdots+a_1(x-b)。$$

因为上式的每一项都含有因子$(x-b)$，提取公因子可以得到

$$f(x;\ k)=(x-b)g(x;\ k-1),$$

其中$g(x;\ k-1)$是一个$(k-1)$次多项式。显然，b是上述方程的一个根；根据归纳假设，k次方程只有一个根，因此$(k-1)$次多项式$g(x;\ k-1)$只能有一个根，并且这个根就是b。这样就完成了证明。

这个例子说明，利用证明过程递减的数学归纳法证明问题是不可以的。事实上，只要再附加一个论证步骤，论证过程递减的数学归纳法也是正确的。作为一个例子，我们讨论下面的命题。

对于任意给定的n个正数a_1，a_2，…，a_n，恒有

$$\sqrt[n]{a_1\cdot a_2\cdot\cdots\cdot a_n}\leqslant\frac{a_1+a_2+\cdots+a_n}{n},$$

等号成立当且仅当这n个正数相等。　　(12.8)

这个就是著名的"算数平均大于等于几何平均"不等式。关于这个不等式的证明，借助论证过程递减的数学归纳法是方便的。通过下面的证明可以看到，必须附加的一个论证步骤是什么，称附加的一个论证步骤的证明方法为**倒序数学归纳法**，也属于演绎推理的范畴。

当$n=1$时，命题成立显然。

假定$n=k$时命题成立，其中$k>1$，验证$n=k-1$时命题是否成立。对于任意给定的$(k-1)$个实数a_1，a_2，…，a_{k-1}，令$a_k=\frac{a_1+a_2+\cdots+a_{k-1}}{k-1}$，则

$$a_k=\frac{a_1+a_2+\cdots+a_{k-1}}{k-1}$$
$$=\frac{a_1+a_2+\cdots+a_k}{k}$$
$$\geqslant\sqrt[k]{a_1\cdot a_2\cdot\cdots\cdot a_k}。$$

上述最后的不等式是根据归纳假设。因此，$(a_k)^k\geqslant a_1\cdot a_2\cdot\cdots\cdot a_k$，有$(a_k)^{k-1}\geqslant a_1\cdot a_2\cdot\cdots\cdot a_{k-1}$，即

$$\sqrt[k-1]{a_1 \cdot a_2 \cdot \cdots \cdot a_{k-1}} \leqslant \frac{a_1 + a_2 + \cdots + a_{k-1}}{k-1},$$

这就是希望得到的结果。

可是，有命题(12.7)这样的反例，我们不能认定上述证明正确的。那么，对于这样的论证有补救措施吗？事实上，只需要再附加一个条件：

验证对于任何正数 m，都存在 $n>m$，使得命题 $P(n)$ 正确。　　(12.9)

因此，在论证过程递减的基础上，需要进一步验证条件(12.9)是否被满足。比如，对于上面证明的命题(12.8)，可以补充证明这样的命题：对于任意大的 2 的 k 次方 $n=2^k$，(12.8)式所示的不等式正确。所以，可以补充证明如下。

从 $(x-y)^2 \geqslant 0$ 出发，对于任何正数 a 和 b，令 $x=\sqrt{a}$ 和 $y=\sqrt{b}$，可验证当 $n=2$ 时(12.8)式是正确的。对于任意正整数 m，假设不等式在 $n=2^m$ 时是正确的，验证当 $n=2^{m+1}$ 时不等式是否正确。为了符号的简化和推理的清晰，讨论 $m=1$ 的情况，一般的结果可以类似得到。即证明，假设不等式在 $n=2$ 时是正确的，验证当 $n=4$ 时不等式的正确性。

对于任意给定的四个正数 a_1，a_2，a_3，a_4，令 $b_1=\frac{a_1+a_2}{2}$，$b_2=\frac{a_3+a_4}{2}$。

由归纳假设：

$$\sqrt{a_1 \cdot a_2} \leqslant \frac{a_1+a_2}{2}=b_1,\quad \sqrt{a_3 \cdot a_4} \leqslant \frac{a_3+a_4}{2}=b_2。$$

又因为 $\frac{a_1+a_2+a_3+a_4}{4}=\frac{b_1+b_2}{2}$，则

$$\begin{aligned}\sqrt[4]{a_1 \cdot a_2 \cdot a_3 \cdot a_4} &= \sqrt{\sqrt{a_1 \cdot a_2} \cdot \sqrt{a_3 \cdot a_4}} \\ &\leqslant \sqrt{b_1 \cdot b_2} \\ &\leqslant \frac{b_1+b_2}{2}=\frac{a_1+a_2+a_3+a_4}{4}。\end{aligned}$$

这就完成了证明。

事实上，附加条件(12.9)是容易理解的，因此，对于任何大的序数，都存在更大的序数使得命题成立，那么，论证过程递减数学归纳法就与标准数学归纳法等价。这

样的推理模式表述如下。

基于有序命题 $P(1)$，$P(2)$，…，$P(n)$，…
(1)验证命题 $P(1)$。如果成立，则进行第(2)步。
(2)假设命题 $P(k)$成立，验证命题 $P(k-1)$。如果成立，则进行第(3)步。
(3)验证对于任意正整数 m，都存在 $n>m$，使得命题 $P(n)$成立。如果成立，则进行第(4)步。
(4)集合 A 上所有元素对于命题 P 成立。

(12.10)

这样，我们就讨论了用数学归纳法进行数学证明的正确性，并讨论了基于数学归纳法衍生出来的几种证明方法。可以看到，数学归纳法所要证明的数学对象是一系列有序命题，这一点是非常重要的。可是，第四讲最后的注中曾经谈到，实数集合是不可列的，那么，建立在实数集合上的系列命题是否可以用数学归纳法进行证明呢？事实上，对于数学归纳法，最本质的限制不是“可列”而是“有序”。如果下标集合 A 是一个良序集[①]，就可以把数学归纳法拓展到良序集，人们称这样的方法为**超限归纳法**：

令 A 是一个关于序$\leqslant$的良序集，令 P 是定义在 A 上的系列命题。如果对于任意 $a\in A$，存在蕴含关系：对于一切 $b<a$，$P(b)$成立必有 $P(a)$成立。那么，对于集合 A 命题 P 成立。

上面的形式似乎与数学归纳法有些不同：没有强调从 $P(1)$开始。事实上，这里所说的条件“一切 $b<a$”就包括了从第一个元素开始，而第一个元素的存在是由“良序集”保证的。

超限归纳法把数学归纳法推广到最为一般的情况，突破了自然数“一个接续一个”的限制，但超限归纳法并没有突破数学归纳法最为核心的思想：如果能够通过“过去”成立论证“现在”成立，那么就可以通过“现在”成立论证“未来”成立。

罗素对数理逻辑学的发展起到过重要作用，他与怀特海合著三卷本的巨著《数学原理》，就是后来哥德尔在那篇划时代的论文——《论数学原理和关于系统Ⅰ中的形式不可判定命题》中提到过的著作。这本巨著实在不好理解，以至于罗素在他晚年的著

① 良序集是指这个集合上定义了一个序，使得集合的任意子集都存在第一个元素，详细讨论参见：史宁中著《数学思想概论(第3辑)——数学中的演绎推理》第五讲。

作《我的哲学的发展》中抱怨道[①]："大家只从哲学的观点看《数学原理》，怀特海和我都表示失望。"他举例说，超限归纳法这个问题，是在《数学原理》的第三卷充分讨论过的，但人们都没有注意到。

二、计算逻辑

基于我们在第十讲所讨论的关系传递，数学计算属于演绎推理，通过数学计算得到的结果是必然成立的。但就具体的计算而言，似乎是一题一解、变化万千，几乎无法清晰描述计算过程中所蕴含的推理模式。因此，数学计算要强调计算的通性通法[②]，因为就计算的通性通法而言，数学计算的规律性是相当明显的，特别是可以供计算机使用的那些计算方法。

下面，我们分析计算机通常使用的计算方法的逻辑模式。这个逻辑模式对于理解数学计算，甚至理解数学推理都是非常重要的，正如冯·诺依曼所说[③]：

> 除了进行基本运算的能力外，一个计算机必须能够按照一定的序列，或者不如说按照逻辑模式来进行计算，以便取得数学问题的解答和我们进行笔算达到的目的相同。

我们称计算方法的逻辑模式为**计算逻辑**。这是一种人们可以想到的、通过手工操作无法实现的、重复而枯燥的逻辑过程，但是这种逻辑过程是最为规范和系统的，这种逻辑方法恰恰适用于具有快速计算功能的计算机。

二分法。我们举例说明二分法的计算逻辑。对于给定的函数 $f(x)$，如果知道 $f(x)=0$ 在区间$[a, b]$上有解，那么，不通过求解公式，只通过数值计算是否能找到这个解或者近似解呢？答案是肯定的。这个问题非常有意义，因为在大多数实际问题中，往往得不到求解公式。

假设真解为 x_0，如果找到一个近似解 x^*，使得 $|x^*-x_0|\leqslant 10^{-n}$，称 x^* 是精确到 10^{-n}的近似解。计算一个具体的例子，得到求近似解的一般方法，并且分析其中的计算逻辑。

设函数 $f(x)=x^2+x-1$，容易验证 $f(0)=-1<0$，$f(1)=1>0$，因此 $f(x)=0$

---

① 参见：罗素．我的哲学的发展[M]．温锡增，译．北京：商务印书馆，1995：76.

② 这里所说的运算不仅包括数学计算，还包括算理以及运算法则。

③ 参见：冯·诺依曼．计算机和人脑[M]．甘子玉，译．北京：商务印书馆，1979：9.

在区间$[a, b]=[0, 1]$上有解，设这个解为x_0，求精确到10^{-2}的近似解。求数值解的方法如下。

每一步的近似解：

$x(1)=\frac{1-0}{2}=\frac{1}{2}$。因为$f\left(\frac{1}{2}\right)=-\frac{1}{4}<0$，所以解在$\left[\frac{1}{2}, 1\right]$之间；

$x(2)=\frac{1}{2}+\frac{1-\frac{1}{2}}{2}=\frac{3}{4}$。因为$f\left(\frac{3}{4}\right)=\frac{5}{16}>0$，所以解在$\left[\frac{1}{2}, \frac{3}{4}\right]$之间；

$x(3)=\frac{1}{2}+\frac{\frac{3}{4}-\frac{1}{2}}{2}=\frac{5}{8}$。因为$f\left(\frac{5}{8}\right)=\frac{1}{64}>0$，所以解在$\left[\frac{1}{2}, \frac{5}{8}\right]$之间；

$x(4)=\frac{1}{2}+\frac{\frac{5}{8}-\frac{1}{2}}{2}=\frac{9}{16}$。因为$f\left(\frac{9}{16}\right)=-\frac{31}{256}<0$，所以解在$\left[\frac{9}{16}, \frac{5}{8}\right]$之间；

$x(5)=\frac{9}{16}+\frac{\frac{5}{8}-\frac{9}{16}}{2}=\frac{19}{32}$。因为$f\left(\frac{19}{32}\right)=-\frac{55}{1\,024}<0$，所以解在$\left[\frac{19}{32}, \frac{5}{8}\right]$之间；

$x(6)=\frac{19}{32}+\frac{\frac{5}{8}-\frac{19}{32}}{2}=\frac{39}{64}$。因为$f\left(\frac{39}{64}\right)=-\frac{79}{4\,096}<0$，所以解在$\left[\frac{39}{64}, \frac{5}{8}\right]$之间；

$x(7)=\frac{39}{64}+\frac{\frac{5}{8}-\frac{39}{64}}{2}=\frac{79}{128}$。因为$f\left(\frac{79}{128}\right)=-\frac{31}{16\,384}<0$，所以解在$\left[\frac{79}{128}, \frac{5}{8}\right]$之间。

虽然并不知道真实的解是多少，但因为$|x(7)-x_0|\leqslant\frac{5}{8}-\frac{79}{128}=\frac{1}{128}<10^{-2}$，已经满足了精度的要求，可以停止计算，并且令近似解为

$$\lambda=x(7)=\frac{79}{128}\approx0.617。$$

容易从上面的计算过程中抽象出计算规律：每次的近似解都是前一个区间的中

点，人们称这种求解的方法为二分法。二分法看似笨拙，但行之有效，特别是求解规律简洁，可以任意接近真解，并且计算近似精度非常简单，是一种常用的方法。但二分法也有一个致命的弱点，那就是不知道前一步的计算结果无法进行下一步的运算。那么，对于这样一种计算方法，是否能给出一个既符合运算规则，又能让计算机进行智能运算的计算逻辑呢？我们来讨论这个问题。

不失一般性，假设定义在区间$[a, b]$上的连续函数$f(x)$满足：$f(a)<0$，$f(b)>0$。这意味着在这个区间上至少存在一点x_0，使得$f(x_0)=0$。为了简单起见，假设只有一个解。下面的计算程序给出了二分法的计算逻辑。

输入$f(x)$，a，b，n。

(1)计算$c=a+\dfrac{a+b}{2}$。

(2)如果$|c-a|\leqslant 10^{-n}$，到指令(7)。否则，进行指令(3)。

(3)计算$f(c)$。

(4)如果$f(c)<0$，令$a=c$。否则，进行指令(5)。

(5)令$b=c$。

(6)回到指令(1)。

(7)令$\lambda=c$。停止。

输出λ。

我们没用使用计算机语言进行表述，这是因为计算机使用的语言可以不同，但所要遵循的计算逻辑是一样的。遵循上面的计算逻辑可以实现计算机的智能计算：借助固定的、有限步骤的指令，实现各种变化的、各种精度要求的运算。可以看到，计算逻辑不仅重视计算过程中的每一步推理，更要重视整个计算过程的系统推理，也就是说，要重视整个推理过程的语句顺序。比如：

上述计算逻辑中利用过渡符号c，更替每一次运算后区间的端点a或者b，这就解决了反复迭代的问题，也就解决了智能运算的问题；从系统推理的角度考虑，指令(2)接到停止运算的指令，然后用“否则”转到运算指令(3)。

一个好的算法是与计算次数有关的，在同样精度下，计算次数越少越好，或者说，计算时间越少越好。如果用 m 表示计算次数，那么在上面的计算逻辑中，把这个语句加在哪里就可以使得计算逻辑自动记录计算次数呢？我们可以做如下设计。

输入 $f(x)$，a，b，n。

(1)令 $m=0$。

(2)$m=m+1$。

(3)计算 $c=a+\frac{a+b}{2}$。

(4)如果 $|c-a|\leqslant 10^{-n}$，到指令(9)。否则，进行指令(5)。

(5)计算 $f(c)$。

(6)如果 $f(c)<0$，令 $a=c$。否则，进行指令(7)。

(7)令 $b=c$。

(8)回到指令(2)。

(9)令 $\lambda=c$。停止。

输出 λ，m。

请读者自己思考，为什么计算次数 m 要从 0 开始，这个语句要设置在指令(2)。

黄金分割。分析上面的计算逻辑可以知道，求解的核心是在区间[a，b]的内部取一个点，把这个点作为下一个计算目标。因此，可以一般地表示如下。

$$x_1=a+p(b-a),$$
$$x_2=a+b-x_1,$$

其中 p 为一个给定的常数，如果 p 取分数，比如 $p=\frac{1}{3}$，则称这样的计算方法为分数法。因为区间的中心点为 $x_0=a+\frac{b-a}{2}$，因此当 $p<\frac{1}{2}$时，容易得到：

$$a\leqslant x_1\leqslant x_0\leqslant x_2\leqslant b,$$
$$x_2-x_0=x_0-x_1。$$

所以，这两个点是关于中心点对称的，如图 12-4，其中区间为[0，1]，$p=\frac{1}{3}$。

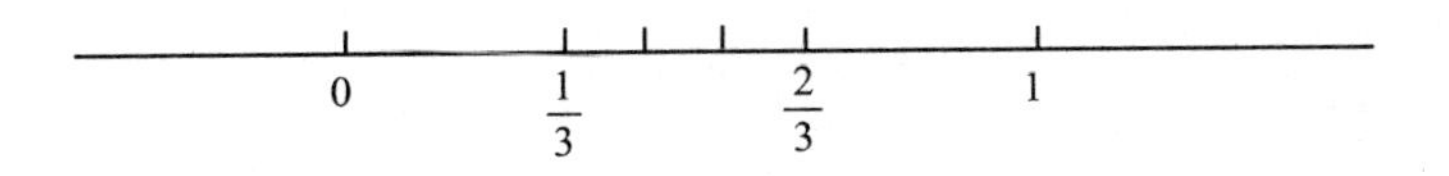

图 12-4　线段分割示意图

华罗庚曾经大力推荐这个常数取 $p=0.618$，并且称这样的方法为优选法[①]。事实上，0.618 是前面讨论过的方程

$$x^2+x-1=0 \tag{12.11}$$

的一个近似解。从求根公式知道，这个方程有正负两个解，正解为

$$\frac{\sqrt{5}-1}{2}。$$

这个解是一个无理数，可以表示为 0.618 033 988…因此近似值为 0.618。事实上，这个数就是大名鼎鼎的黄金分割数。我们来分析这个方程的意义。

考虑这样的问题，按一定的比例把一条线段分为两个部分。比如，线段的长度为 1，两部分中一部分为 x，那么另一部分就是 $1-x$。据说，古希腊柏拉图学派的欧多克斯研究过这个问题[②]。欧多克斯曾经深入地研究过线段的比例问题，许多研究专家分析，欧几里得《原理》中的第Ⅴ卷和第Ⅻ卷的主要内容就是欧多克斯的研究成果。欧多克斯认为，如果线段的长度之间满足下面的比例，那么得到的线段分割是最完美的，并称其为黄金分割(Golden Section)，这个比例为

$$x:1=(1-x):x。$$

通过这个比例关系容易得到方程(12.11)，因此，所谓的黄金分割的比例就是方程(12.11)的解。很容易验证下面的比例关系：

$$0.618:1=(1-0.618):0.618。$$

人们经常把黄金分割的原理用于造型艺术设计，比如，绘画中长与宽的比例，建筑物中相应线段的比例，等等。达·芬奇在绘画中不仅使用了投影方法，也较多地使用了黄金分割的方法，据说名画《蒙娜丽莎》中的脸就符合黄金分割的原理。

斐波那契数列。数值 0.618 还与一个重要的数列极限有关。意大利数学家斐波那契曾经周游地中海沿岸诸国，回国后于 1202 年出版《算经》一书，把印度十进制记数方法介绍到欧洲。1228 年，在《算经》的修订版中他又增加了下面的“兔子问题”。

某人在一处有围墙的地方养了一对兔子，假定每对兔子每月生一对小兔，出生后两个月就能生育。问从这对兔子开始，一年内能繁殖多少对兔子？

---

① 优选法在本质上是一种试验设计的方法，详细讨论参见：史宁中著《数学思想概论(第 3 辑)——数学中的演绎推理》第四讲。

② 参见：梁宗巨．世界数学通史(上册)[M]．沈阳：辽宁教育出版社，2001：276-280.

如果按月依次写出兔子的对数，那么，就得到了著名的斐波那契数列：

1，1，2，3，5，8，13，21，34，55，89，144，…

如果用 g_n 表示上述数列的第 n 项，那么这个数列的通项公式可以表示为

$$g_n = g_{n-1} + g_{n-2}。\tag{12.12}$$

有趣的是，这个数列前后两项比的极限近似为 0.618，即当 $n \to \infty$ 时，令极限

$$\lim_{n\to\infty} \frac{g_{n-1}}{g_n} = a,$$

那么，a 的近似值为 0.618。这是因为当 $n \to \infty$ 时，可以认为

$$\lim_{n\to\infty} \frac{g_{n-1}}{g_n} = \lim_{n\to\infty} \frac{g_{n-2}}{g_{n-1}} = a。$$

这样，在通项公式(12.12)中等号的两边同时除以 g_{n-1}，然后取极限，就可以得到：$\frac{1}{a} = 1 + a$，这正是方程(12.11)的形式，于是得到结论。

可以看到，无论是分数法，还是黄金分割法都是对称选点的方法，在同样的精度下，这样的方法可以比不对称方法减少计算次数，有兴趣的读者可以与二分法进行比较。事实上，对于方程 $f(x)=0$ 求解的问题，如果函数可以求导，那么在一般的情况下，牛顿法是最快的计算方法，这是一种利用函数切线求解的方法，因为函数在某一点的切线斜率可以用导数表示①。

三、符号推理

现代数学的特点之一就是符号化，在前面的讨论中已经使用了各种数学符号，现在，进一步把用符号表示的推理过程条理化。关于这方面的研究有一个专门的学科，被称为**数理逻辑**。

借助符号进行推理是从莱布尼茨开始的，莱布尼茨是一位数学家，但更重要的是一位哲学家。文艺复兴以后，英国哲学家培根为了科学的发展，毫不留情地批判了古希腊的思考原则，他说②：

> 古希腊人创造的方法可以用来讨论知识，却不能很好地利用知识；可以用来讨论真理，却不能用来发现真理。

---

① 详细讨论参见：史宁中著《数学思想概论(第 3 辑)——数学中的演绎推理》第四讲。

② 参见：培根．伟大的复兴·序[M]//北京大学哲学系外国哲学史教研室，编译．西方哲学原著选读(上卷)．北京：商务印书馆，1981：340-345.

培根在名著《新工具》中，批评亚里士多德的三段论不能用于发现新的科学。英国哲学家洛克与培根一样重视经验，建立了一个关于经验的学说，提出了有名的白版论，著书《人类理智论》。洛克强调了经验的重要性，但忽视了人的主观能动性。莱布尼茨是一个充满活力的人，他不同意洛克的观点，为了表示对立，著书《人类理智新论》。在这本书中，莱布尼茨高度赞扬亚里士多德的三段论①：

> 三段论形式的发明是人类心灵最美好、甚至也是最值得重视的东西之一。……一种代数的演算，一种无穷小的分析，在我看来差不多都是形式的论证，因为它们的推理的形式都是已经预先经过验证了的，使得我们在使用时不会犯错误。

莱布尼茨上面的论述是重要的，因为这段论述说出了演绎推理的本质。莱布尼茨用符号解释了三段论，开创了符号逻辑推理的先河。关于全称肯定型和全称否定型，莱布尼茨的符号表示分别是：

所有 B 是 C，所有 A 是 B，因此所有 A 是 C；
没有 B 是 C，所有 A 是 B，因此没有 A 是 C。 (12.13)

虽然在那个时代还没有集合的概念，但与(10.18)和(11.1)比较可以看到，莱布尼茨已经利用符号充分地表现了集合的思想。更重要的是，莱布尼茨提出了理性演算的思想，这就是说，理性思维也可以借助符号进行演算。1678年，莱布尼茨在给朋友的信中谈道②：

> 演算不是别的，就是用符号作运算，这不只是在数量方面，而是在所有其他的推理中都起作用。
>
> 并非所有的表达式都是关于量的，人们能够想出无穷的演算方式来。……一般演算与代数的差别很大，因为确实存在着某种演算与普通习惯的演算完全不同，在这里符号不代表量，也不代表数，而完全是其他一些东西，例如点、性质、关系。

---

① 参见：莱布尼茨．人类理智新论[M]．陈修斋，译．北京：商务印书馆，2006.
② 参见：亨利希·肖尔兹．简明逻辑史[M]．张家龙，译，北京：商务印书馆，1977：100.

这样，莱布尼茨就形成了构建“一般逻辑”的思路①。他还建议，可以称这种一般逻辑为“数学家的逻辑”或者“数理逻辑”，后者被人们采纳沿用至今。此外，莱布尼茨还是发明符号的专家，现在计算机科学通用的二进制数学就是他发明的。

使逻辑运算走向成熟的是英国数学家、数理逻辑学家布尔。因为布尔创造的逻辑运算非常类似代数运算，人们称这种运算逻辑为**逻辑代数**，或者为**布尔代数**。现在，布尔代数是大学计算机专业的一门必修课。布尔的主要工作总结在1847年的著作《逻辑的数学分析》和1854年的著作《思维规律的研究》中。布尔强调：**借助符号的推理是具有一般性的**，他在《逻辑的数学分析》中谈道②：

> 符号代数分析过程的有效性，并不依赖对符号所做的解释，而依赖于符号的组合规律。……同一个过程，在一种解释下可以是关于数量问题的解法；在另一种解释下可以是关于几何问题的解法；在第三种解释下可以是关于光学或者力学问题的解法。……我的目的是要建立逻辑演算，在公认的数学分析中得到认可。

正因为如此，布尔所创造的借助符号的推理才具有普适性，才可能成为现代计算机的通用语言。关于基于数学的人类的思维活动，我们似乎可以得到这样的结论：**由亚里士多德开创的借助语言的逻辑学是对人类思维活动的第一次抽象，由布尔开创的借助符号的逻辑学是在第一次抽象基础上的第二次抽象。**必须强调的是：与数学的发展不同，逻辑的第二次抽象不仅很好地解释了第一次抽象，并且因为信息科学和计算机技术的应用，逻辑的第二次抽象本身也发挥着越来越重要的作用。分析其原因，我想，数学的重大发展在本质上是依赖于新的计算方法和新的分析方法的发明，这种发明更多的是依靠人们的直观，这是数学的第一次抽象，因此对于数学的发展，第二次抽象的功效并不明显；与此相反，逻辑学的重大发展在本质上是依赖于如何更好地模拟人们的思维过程，模拟的前提是如何合理地解释人们的思维过程，因此，第二次抽象功效明显。下面，我们分析逻辑的第二次抽象是如何实现的。

仍然用大写字母 A，B，C 表示集合，用小写字母 a，b，c 表示元素，用 P，Q 表

---

① “一般逻辑”是莱布尼茨一篇文章的题目，文中他明确表述这种逻辑是关于质的一般科学，而不是关于量的一般科学，即不是普通数学。

② 参见：Boole，G. The Mathematical Analysis of Logic[M]. Oxford：B. Blackwell，1951：3-4. 中译本参见：张家龙. 数理逻辑发展史[M]. 北京：社会科学文献出版社，1993：59-60.

示命题。布尔用$\varnothing$表示空集，也表示一个命题不成立；用 1 表示所研究问题的全体。如果用 A 表示与研究问题有关的集合，用 $A^c=1-A$ 表示所有与研究问题有关但不在集合 A 中的元素，称之为集合 A 的**补集**。可以推广补集的概念：如果 $A\subseteq B$，那么 $B-A$ 表示集合 A 相对于集合 B 的补集。

布尔定义了集合的两种运算：加法和乘法，直观解释可以参见图 12-5。对于集合 A 和 B，可定义：

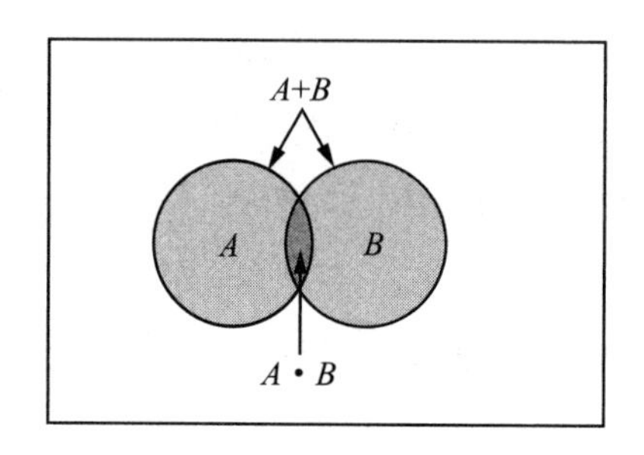

图 12-5 集合的加法与乘法

加法：集合的并，表示为 $A+B$，在现代数学中也表示为 $A\cup B$。对于两个元素 a 和 b，用 $a\vee b$ 表示 a 和 b 中大的一个，相当于 $\max\{a, b\}$。

乘法：集合的交，表示为 $A\cdot B$，在现代数学中也表示为 $A\cap B$。对于两个元素 a 和 b，用 $a\wedge b$ 表示 a 和 b 中小的一个，相当于 $\min\{a, b\}$。

在数的运算中，加法运算是最为基本的，上面所定义的$\vee$和$\wedge$运算分别相当于加法运算和乘法运算，是数理逻辑中最基本的运算。容易验证，运算满足下面的性质：

1. **交换律**。$A+B=B+A$；$A\cdot B=B\cdot A$。
2. **结合律**。$A+(B+C)=(A+B)+C$；$A\cdot(B\cdot C)=(A\cdot B)\cdot C$。
3. **分配律**。$A+(B\cdot C)=(A+B)\cdot(A+C)$；$A\cdot(B+C)=(A\cdot B)+(A\cdot C)$。

分配律中的第一个式子与数的运算法则是不一样的，但这样的法则对于集合运算是正确的。有兴趣的读者可以利用元素的包含关系直接验证这个结果。注意到：$A\cdot A=A$，如果 $B\subseteq A$，则 $A+B=A$，把分配律中的第一式的右边按照通常数的运算展开，可以得到：

$$(A+B)\cdot(A+C)=A\cdot A+A\cdot C+B\cdot A+B\cdot C$$

$$=A+A\cdot C+A\cdot B+B\cdot C$$
$$=A+A\cdot(C+B)+B\cdot C$$
$$=A+B\cdot C。$$

第三个等号利用了分配律的另一个关系式；第四个等号是因为包含关系 $A\cdot(C+B)\subseteq A$ 成立，并且 $A+A=A$。可见，对于集合或者命题的演算，可以模仿通常数的运算。上面提到的注意事项，可以总结成为下面的性质：

4. **吸收律**。$A+(A\cdot B)=A$；$A\cdot(A+B)=A$。
5. **等幂律**。$A+A=A$；$A\cdot A=A$。

在上述运算中，1 是最大的，对任何集合 A 都有 $1+A=1$；$\varnothing$是最小的，对任何集合 A 都有 $A\cdot\varnothing=\varnothing$。据此，可以得到下面的性质：

6. **0—1 律**。$A\cdot\varnothing=\varnothing$；$1+A=1$。
7. **德摩根律**。$(A+B)^c=A^c\cdot B^c$；$(A\cdot B)^c=A^c+B^c$。

在讨论逻辑推理的合理性时，曾经反复利用了集合的包含关系，并且强调包含关系具有传递性，现在，我们讨论包含关系与符号运算之间的关系。首先，容易验证下面的结果：

$$A\subseteq A+B，B\subseteq A+B，A\cdot B\subseteq A，A\cdot B\subseteq B。\tag{12.14}$$

利用上面的结果，可以证明下面的三个关系是等价的：

$$\begin{aligned}&A\subseteq B;\\&A+B=B;\\&A\cdot B=A。\end{aligned}\tag{12.15}$$

也就是说，上述一个关系成立，其他两个也都成立，这就意味着：**集合的包含关系可以通过集合的运算进行表述**。下面，我们尝试利用符号运算证明：**包含关系具有传递性**。即 $A\subseteq B$，$B\subseteq C$，则 $A\subseteq C$。证明如下。

由(12.15)可知，证明上述命题可以等价证明：

$$A\cdot B=A，B\cdot C=B，则 A\cdot C=A。$$

因为 $A\cdot C=(A\cdot B)\cdot C=A\cdot(B\cdot C)=A\cdot B=A$，这就完成了证明，其中第二个等号用到了乘法结合律。

这样，我们就利用符号运算解释了亚里士多德的三段论，进一步，可以用这样的方法解释所有借助传递关系的逻辑推理。比如，对于莱布尼茨用符号表示的亚里士多德三段论(12.13)式，可以通过符号运算进行逻辑推理，下面是关于全称肯定型的推理：

输入 A，B，C。
(1)计算 $B\cdot C$。
(2)如果 $B\cdot C=B$，到指令(3)。否则进行指令(5)。
(3)计算 $A\cdot B$。
(4)如果 $A\cdot B=A$，到指令(6)。否则进行指令(5)。
(5)停止，输出“否”。
(6)停止。
输出“可”。

显然，通过上面的计算过程可以知道，如果输出的是“否”，则命题不成立；如果输出的是“可”，则命题成立。在上面的程序中，人们会认为验证集合运算 $B\cdot C=B$ 是很难操作的，因为如果集合中包含很多元素，就很难对每一个元素都进行验证。事实并非如此，因为有非常简捷的验证方法，只需要验证 $\varnothing$ 和 1 的情况就可以了，因为有下面的命题作为保障①：

对于集合运算函数 $f(A, B)$ 和 $g(A, B)$，如果 $f(\varnothing, \varnothing)=g(\varnothing, \varnothing)$，$f(\varnothing, 1)=g(\varnothing, 1)$，$f(1, \varnothing)=g(1, \varnothing)$ 和 $f(1, 1)=g(1, 1)$，那么，$f(A, B)=g(A, B)$。 (12.16)

只需要验证四种情况，对于集合运算的验证就比较容易了，利用符号的逻辑运算也就可能了。也可以把上面的集合运算转换成为命题运算。如果用 P 和 Q 表示两个命题，那么，$1-P$ 和 $1-Q$ 就分别表示它们的否命题。这样，两个命题的组合就是四种情况：

P 真 Q 真：$P\cdot Q$；
P 真 Q 假：$P\cdot(1-Q)$；

① 详细讨论参见：史宁中．论定义中的殊相与共相——公孙龙子《指物论》评析[J]．古代文明，2009(1)．

P 假 Q 真：$(1-P)\cdot Q$；

P 假 Q 假：$(1-P)\cdot(1-Q)$。

如果用 P 表示“马”这种动物，用 Q 表示“白颜色的”动物，那么“白颜色的马”是指两个命题都为真，用 $P\cdot Q$ 表示，由(12.14)式可以得到：$P\cdot Q\subseteq P$，因此公孙龙子说“白马非马”是不符合逻辑运算的。那么，公孙龙子为什么要强调如此不符合逻辑的命题呢？我想，公孙龙子在本质上是强调定义中“所指项”与“命题项”之间的差异，即强调“具体”与“一般”之间的差异①。

由等幂律 $A\cdot A=A$，容易得到 $A\cdot(1-A)=\varnothing$。根据这个原则，布尔给出了亚里士多德三段论的有趣的符号运算模式②。考虑全称肯定型：

所有的 A 是 P：$A\cdot(1-P)=\varnothing$。

所有的 B 是 A：$B\cdot(1-A)=\varnothing$。

所有的 B 是 P：$B\cdot(1-P)=\varnothing$。

下面，我们看一下布尔是如何通过符号运算证明上面的结论的。

首先，把上面前两个条件式的左边相加，用符号 $f(A)$表示，即 $f(A)=A\cdot(1-P)+B\cdot(1-A)$。由条件可以得到 $f(A)=\varnothing$。容易验证 $f(1)=1-P$，$f(\varnothing)=B$。因此，

$$f(A)=f(1)\cdot A+f(\varnothing)\cdot(1-A)=\varnothing。$$

解上面的方程可以得到：

$$A=\frac{f(\varnothing)}{f(\varnothing)-f(1)},$$

$$1-A=-\frac{f(1)}{f(\varnothing)-f(1)}。$$

两式相乘可以得到：

$$A\cdot(1-A)=-\frac{f(\varnothing)\cdot f(1)}{[f(\varnothing)-f(1)]^2}。$$

由等幂律，上面等式的左边为$\varnothing$。由此可以得到：

$$f(\varnothing)\cdot f(1)=\varnothing。\tag{12.17}$$

最后，根据 $f(\varnothing)$和 $f(1)$的定义得到：

$$B\cdot(1-P)=\varnothing。$$

① 参见：亨利希·肖尔兹．简明逻辑史[M]．张家龙，译．北京：商务印书馆，1977：100.

② 参见：Boole，G. An Investigation of the Laws of Thought[M]. London：Dover Publications，1854：75-77.

这样，就完成了三段论的符号逻辑证明。

布尔称(12.17)式为“消去律”，是三段论符号论证的重要公式。最后，特别需要强调的是，借助布尔代数，我们曾经讨论过的**逻辑推理的三个基本原则可以用符号运算表示：**

同一律：$P=P$。

排中律：$P+(1-P)=1$。

矛盾律：$P\cdot(1-P)=\varnothing$。

后来又有许多逻辑学家们对于逻辑的符号运算作出重要的贡献。比如，英国逻辑学家德摩根强调关系逻辑；美国哲学家皮尔斯发展了关系逻辑；德国逻辑学家弗雷格也对数理逻辑的发展起到了关键作用，他从逻辑前提出发，也给出了自然数“直接后继”的概念。事实上，正是因为有了这些符号逻辑的研究，才使得算术公理体系和集合论公理体系得以建立，分别参见附录1和附录2。

第十三讲　归纳推理的思维模式

归纳推理是一种比演绎推理更为“自然”的推理，是人们在日常生活中经常使用的推理形式，只是人们并没有意识到这种推理的重要性，没有很好地总结这种推理的思维模型。对于归纳推理的重视始于文艺复兴，这与文艺复兴的宗旨是不谋而合的，这个宗旨就是：回归人在自然界的地位与作用。在那个时代，人们对大自然的认识过于贫乏，于是英国哲学家培根疾呼需要科学地认识世界，在他的那部书名本身就非常振奋人心的著作的序中说[①]：

当前知识的状况并非繁荣昌盛，也没有重大的进展。必须给人类的理智开辟一条与以往完全不同的道路，提供一些别的帮助，使心灵在认识事物的本性方面可以发挥它本来具有的权威作用。

这样，培根就说出那句名言：知识就是力量。那么，培根要给人类的理智开辟的

① 参见：培根．伟大的复兴·序[M]//北京大学哲学系外国哲学史教研室，编译．西方哲学原著选读(上卷)．北京：商务印书馆，1981：340-361.

那条与以往完全不同的道路是什么呢？培根在《新工具》中谈道：

> 寻求和发展真理的道路只有两条，也只能有两条。一条是从感觉和特殊事物飞到最普遍的公理，把这些原理看成固定和不变的真理，然后从这些原理出发，来进行判断和发现中间的公理。这条道路是现在流行的。另一条道路是从感觉与特殊事物把公理引申出来，然后不断地逐渐上升，最后才达到最普遍的公理。这是真正的道路，但是还没有试过。

培根所说的前者就是古希腊学者所提倡的、我们在前面讨论过的演绎推理，所说的后者就是他所提倡的、我们将要讨论的归纳推理。对于归纳推理，他进一步解释道：

> 在确立公理的时候，必须制定一种与一向所用的不同的归纳形式；这种形式不仅是要用来证明和发现(所谓)第一原理，并且也要用来证明和发现较低的公理、中间的公理，也就是说，要用来证明和发现一切公理。……这种归纳法不只是要用来发现公理，并且还要用来形成概念。而我们的希望也就主要寄托在这种归纳法上面。

我想，很好地理解培根的上述论述，对把握归纳推理的本质是有好处的。上面的论述至少说明了三个问题，这三个问题是那个时代的人们未曾思考清楚的。

第一，我们前面所讨论过的、亚里士多德所说的最普遍公理也是来源于感觉和特殊事物，只不过这些公理是从人的大脑中“飞出来”的，而不是循序渐进得到的。

第二，传统的推理即演绎推理，是从那些“飞出来”的最普遍公理出发，判断和发现一些特殊的中间公理。比如，我们分析过的亚里士多德三段论的著名推理模式：

> 凡人都有死，苏格拉底是人，所以苏格拉底有死。

在这个推理模式中，最普遍公理是“凡人都有死”，这是从亚里士多德的大脑中“飞出来”的东西。然后借助这个最普遍的公理，判断“苏格拉底有死”这个特殊的中间公理，判断的依据是“苏格拉底是人”。这样得到的结论必然正确，可是，我们都知道这样一个最基本的事实：判断“飞出来”的大前提(最普遍公理)“凡人都有死”要比判断“苏格拉底有死”这个具体结论要困难得多。平心而论，亚里士多德的推理对于人们认识世界有什么意义呢？于是，为了启迪人类的理智，培根提出了另外一条道路：从感觉和特殊事物出发，逐渐提升，最后归纳出最普遍的公理。比如，进行下面(13.1)第一式那样的推理，这与亚里士多德所创建的推理形式完全相反，这是从具体到一般的推理。

> 苏格拉底是人，苏格拉底有死；柏拉图是人，柏拉图有死；
> 所以凡人都有死。
> 苏格拉底不到100岁死去；柏拉图不到100岁死去；
> 所以凡人不到100岁死去。
>
> (13.1)

第三，也是最重要的。培根告诫我们，不仅要关心那些最普遍公理，而且还要关心那些对认识世界有意义的命题，包括那些较低的中间公理，甚至包括一些概念。而这些东西的获取，不应当用演绎推理的方法，而应当用归纳的方法(抽象出来)，比如(13.1)所实施的推理模式。当然，这样的推理得到的结论不是必然成立，而是或然成立的，就像(13.1)第二式所述说的命题那样。但无论如何，这样的推理比亚里士多德的推理要现实得多，也重要得多。这样的推理是发现“真理”的必然途径，因为“真理”本身就是或然成立的，只是人们还没有“找到”足以推翻“真理”的反例。

综上所述，演绎推理是基于“理念”的推理，归纳推理是基于“经验”的推理；演绎推理是追求“形式”的推理，归纳推理是追求“事实”的推理。在数学的证明过程中我们知道，演绎推理必须建立推理的前提，这就是数学的公理或者假设，在这个意义上，通过演绎推理验证的结论只不过是前提下的一种存在。据此可以认为：归纳推理是“发现”知识的推理，演绎推理是“验证”知识的推理。为了进一步说明这个问题，我们回顾一段爱因斯坦的有关论述，这段论述是为了评价伽利略①：

> 纯粹的逻辑思维不能给我们任何关于经验世界的知识；一切关于实在的知识，都是从经验开始，又终结于经验。用纯粹逻辑方法得到的所有命题，对于实在来说是完全空洞的。由于伽利略看到了这一点，尤其是由于他向科学界谆谆不倦地教导这一点，他才成为近代物理学之父，事实上，也成为整个近代科学之父。

---

① 参见：爱因斯坦．爱因斯坦文集(第一卷)[M]．许良英，范岱年，编译．北京：商务印书馆，1976：313.

演绎推理是纯粹的逻辑思维，是从人为制造的公理出发，归纳推理虽然也是一种逻辑推理，但是从经验出发，这就是二者区别之所在，而且这个区别是本质的。对于数学论证而言，归纳推理是为了得到结论的推理，演绎推理是为了证明结论的推理，如果把这两种推理模式结合起来，就得到了数学推理的全部过程。正如我们在绪言中所说的那样，这两种推理的有机结合构建了数学的严谨性。

比较上述两种推理可以知道，就人对世界的认识而言，归纳推理是一种比演绎推理更为“自然”的思维模式①。归纳推理的本质是从经验过的东西推断未曾经验过的东西，从事物的过去和现在推断事物的未来，既能够从条件推断结果，也能从结果探究成因，这是一种创造性思维模式。因此，在数学教育教学的过程中，无论是从时间上还是从内容上，都应当对归纳推理给予足够的重视，应当在学习的过程中，让学生感悟这种推理模式的“自然性”，让学生逐渐积累“正常”思维的经验，不仅要学会“分析和解决”问题，也要学会“发现和提出”问题。

在具体讨论基于归纳推理的数学方法之前，遵从前面论述的惯例，我们先进行一些哲学层面的思考，这是为了更好地刻画归纳推理的思维模式。主要关注三个问题：第一，如何理解归纳推理结论的或然性；第二，如何把握归纳推理的思维基础；第三，如何理解归纳推理思维过程的动态性。在这三个问题中，第一个问题最为重要，因为许多研究形式逻辑的学者往往不能很好理解归纳推理所得到结论的或然性，造成许多认识论的混乱。

一、归纳推理结论的或然性

我在这里想强调的是，归纳推理结论的或然性，必须包括两种情况。第一种情况：命题结论本身是确切的，结论正确与否是或然的，纯粹数学的所有猜想都属于这种情况，称这种情况为**结论确切的归纳推理**。第二种情况：命题结论本身就是以或然形式表达的，称这种情况为**结论或然的归纳推理**。

特别需要强调的是上述第二种情况，这是因为在日常生活和生产实践中，大量的事情发生与否、发生到什么程度是不确定的，因此命题结论本身必然要表现出某种或然性。比如，

在日常生活中：孩子上学的表现，老人的健康状况，蔬菜的价格，房屋

① 详细讨论参见：史宁中著《数学思想概论(第4辑)——数学中的归纳推理》绪论。

的价格；

在农业生产中：春天播种时的墒情，水果成熟时的台风，霜期的早晚，谷物成熟时的收购价格；

在工业生产中：原材料价格，新产品的认可度，新工艺对质量的影响，产品的销售量；

在国防科技中：发射火箭成功，卫星制导准确，卫星回收状况，导弹拦截无误；

在医疗卫生中：流行病传播，疾病确诊，手术成功，药物检验，遗传规律；

在经济金融中：GDP 变化，原材料供应，股票价格，进出口贸易。

经验告诉我们，对于上面所说的事情，某种结果可能发生，也可能不发生；可能以这样的程度发生，也可能以那样的程度发生，称这样的事情为**随机事件**。经验也告诉我们，即便某一个事件是随机的，但只要了解事件的**背景**，或者了解事件的历史，对事件发生可能性的大小还是可以进行预测的。但与传统数学命题不同，预测结论本身是以或然的形式表述的。比如，这样的命题：

下个月蔬菜八成会涨价(80％的可能性)；

孩子期末考试成绩取得优秀的可能性很大(90％的可能性)。

可以看到，与结论确切的归纳推理的或然性完全不同，这时所说的随机事件的或然性，不仅包括结论“正确与否”的或然性，还包括命题结论“如何发生”的或然性。正因为如此，我们称第一种情况为“结论确切的归纳推理”；第二种情况为“结论或然的归纳推理”。第二种情况的命题表述是关于随机事件发生“可能性的大小”，称这种“可能性的大小”为随机事件发生的**概率**。

通过下面的讨论可以看到，上述两种不同情况的思维模式是完全不同的，思维模式合理性的解释也是完全不同的。那么，归纳推理的思维基础是什么呢？

二、归纳推理的思维基础

正如第一部分所讨论过的，抽象和想象是人类最为基础、最为本质的思维①。但

① 参见：史宁中．试论教育的本原[J]．教育研究，2009(8)：3-10.

是，人不能凭空抽象，也不可能凭空想象，必须有思维的基础。这个思维基础就是类，类是人们在观察事物的过程中在头脑中逐渐形成的东西。比如，我们看到一个新动物，如果这个动物有四条腿，就会联想起马、牛等曾经经历过的与这个新动物类似的动物，这些类似的动物就在我们的头脑中形成了一个类。

第十讲谈到，演绎推理的思维基础是定义和命题，而我们所说的类是构建定义和命题的前提。在这个意义上，类是构建概念的前提。这就进一步说明，归纳推理可以用于构建概念，用于发现知识，正如培根所论述的那样。现在，我们分析人们头脑中的类是如何形成的，类的基本特征是什么。

通过共相得到类。什么是类呢？就日常生活的话语系统而言，类就是我们感兴趣的那些对象所组成的群体；更确切地说，类就是那些具有某种特性的事物构成的群体。能否得到一个合理的类，将直接影响思维的有效性。对于现代科学研究，这种有效性表现的是如此强烈，以至于现代科学有些学科，包括现代数学的某些分支研究问题的核心就是分类。那么，如何才能合理地得到一个类呢？金岳霖在《形式逻辑》中谈道[①]：

根据实物的共同性和差异性，就可把实物分类。具有相同属性的事物归入一类，具有不同属性的事物，各归入不同的类。……分类的逻辑规则与划分是相同的。

金岳霖的论述是清晰的，但这种关于分类的论述实在太笼统，仅仅停留在一个非常初级的阶段。我们考虑一个例子，比如几何学中多边形的分类。按照上面的论述，首先需要认定什么是多边形，其中边的多少就构成了多边形这个属的属性，然后根据这个属性把有三条边的多边形归为一类，称为三角形；把有四条边的多边形归为一类，称为四边形。可以看到，这种分类的方法是一种就事论事、完全无目的的思维过程，依赖这种思维过程无法得到新的知识。在本质上，这样的论述模式依然是基于演绎的，这样的论述很难作为归纳推断的指导原则。

我们已经说过，培根是现代科学思维的先驱，他强调了经验的重要性，进而强调了科学实验的重要性。培根下面的这段话有一定道理[②]。

---

① 参见：金岳霖．形式逻辑[M]．北京：人民出版社，2005：220.

② 参见《西方哲学原著选读(上卷)》，北京大学哲学系外国哲学史教研室，编译．北京：商务印书馆，2007：348.

> 可见，一个真正完善的操作规则需要的指导必须是确实的，自由的，并且是可以导致行动的。这和真正的形式的发现是一回事。因为一种性质的形式就是这样：有了一定的形式，一定的性质就必然跟着出现。因此，当这个性质存在的时候，这个形式总是存在着，它普遍地蕴含这个性质，而且经常是这个性质固有的。同样，这种形式也是这样：如果被取走了，这个性质也就必然跟着消失，因此，如果这个性质不存在，它总是不存在的，总是蕴含这个性质的不存在，并且决不为别的东西所固有。最后，真正的形式乃是这样的：它把所有的性质从更多的性质所固有的某种存在的源泉里面推导出来，这种存在的源泉在事物的自然秩序上是比这个形式本身更容易认识的。这样，要在知识上求得真正完善的原理，其指导条规就应当是：发现可以与一定的性质相互转换的另一种性质，同时这另一类性质是一种更普遍的性质的限制，是真实的类的一种限制。

培根的这段话非常难理解。我想，培根大概在说，许多事物都可以分为形式和性质，形式与性质之间相互依存、密不可分；同一形式往往含有同样性质，而获取知识就是通过形式认识性质；因为性质依赖于事物发展的自然法则，因此就反映事物的本质而言，性质必然比形式更为确切；要获取知识的完善的原理，还应当认识事物各种性质之间的相互转换，得到与事物有关的类的一般性质。

这样，培根就为我们确定了认识问题的一个基本原则：如果事物具有相同的形式，则推断事物具有相同的性质。这个基本原则是相当粗糙的，因为具有相同形式的事物并不一定具有相同的性质。比如，鲸鱼的生活形式与鱼一样，也是生活在水中，但鲸鱼是用肺进行呼吸，鲸鱼不是鱼。这个例子促使我们从相反的角度理解这个基本原则：不具有相同形式的事物，必然不具有相同的性质。就是说，针对一个具体的类，形式不一定是性质的充分条件，但是，形式一定是性质的必要条件。比如，鲸鱼的例子表明生活在水中的动物不一定是鱼，但是，不生活在水中的动物必然不是鱼。事实上，对于绝大多数事物的判断，必要条件已经足够。下面，我们分析一些数学的例子。

自然数分类。最初，以相隔一个数为原则，从形式上把自然数分为两组：

$$\begin{aligned}&A：1，3，5，7，9，\cdots\\&B：2，4，6，8，10，\cdots\end{aligned}\qquad(13.2)$$

基于上述形式划分，容易发现一个基本性质：A组的数不能被2整除，B组的数都能被2整除。这个性质是简洁的，于是人们称A组中的数为奇数，B组中的数为偶数。这样，在形式划分的基础上，又通过性质把自然数划分为两类。我想，用奇偶性划分自然数的思维过程大致如此，在这个基础上，人们得到了奇数与偶数的概念和知识。

应当注意，并不是所有性质都可以作为分类的原则。与性质定义的要求一样，可以用来作为分类原则的性质，必须是那些与性质分类具有充分必要关系的性质。

事实上，即便从形式的角度构建类，在构建的过程也必然会关注类中事物的性质。比如，要把一个班级的学生分为两类，分类原则可以是各种各样的：如果希望知道学生对体育项目的参与情况，就可以把男学生分为一类，把女学生分为一类；如果希望知道学生参加课外学习活动的情况，就可以把善于思考的学生分为一类，把善于动手的学生分为一类。在上述分类过程中，男生与女生、思考与动手是学生的表现形式，体育活动、课外学习是学生的内在性质。因此，形式与性质是相互依存的，分类的最初阶段之所以侧重形式，是因为表象的东西比内在的东西更便于把握。

方程解的分类。先讨论简单的一元二次方程的情况，这样的方程可以一般表示为

$$ax^2+bx+c=0(a\neq0)。$$

对于一般形式的方程，人们关心的是解的存在以及存在方式。当人们还不能很好地理解虚数时，如果方程的解是虚数，则认为方程无解，比如，笛卡儿就称带有虚数的根为假根。在那个年代，人们把方程是否有解作为分类原则。无论如何，这样的分类引发了数学家对虚数和复数的研究，后来人们接纳了虚数。基于对一元二次方程解的深入研究，人们发现方程的解与下面的代数式

$$b^2-4ac$$

关系密切，称这个代数式为判别式。判别式的值为0，方程有两个相同的实数根；判别式的值为正，方程有两个不同的实数根；判别式的值为负，方程有两个共轭的复数根。于是，判别式就可以作为一元二次方程解的分类原则。

如果用x_1和x_2分别表示方程的两个根，由求根公式容易得到韦达定理：

$$x_1+x_2=-\frac{b}{a}，x_1x_2=\frac{c}{a}，$$

这个定理表达了方程的根与系数之间的关系。根与系数的关系表述了方程的本质：系数可以唯一决定方程的根；方程的根可以唯一决定方程的系数。

在研究五次以及五次以上方程的公式解的过程中，基于一般形式的韦达定理，伽罗华有了一个更为本质的发现：如果方程有公式解，公式解是对称的。在圣佩拉吉监

狱中写成的研究报告中，伽罗华阐明了这个发现的意义，并提出了一个全新的分类方法：

> 把数学运算归类，学会按照难易程度，而不是按照它们的外部特征加以分类，这就是我所理解的未来数学家的任务，这就是我所要走的道路。

可以看到，在分类的过程中，伽罗华抓住了刻画数学抽象结构的本质：运算对象与运算方法。为了用数学语言刻画这样的分类，伽罗华创造出表达对称关系的置换群的概念。比如，下标集合(1，2，3)的一个置换就是(1，3，2)，这样的置换还有(2，1，3)和(2，3，1)以及(3，1，2)和(3，2，1)。利用这样的数学工具，伽罗华就一般性地解决了高次方程是否存在公式解的问题。现在“群”这个概念已经成为现代数学的基本概念，并且成为现代物理学和现代化学有力的分析工具。

通过异相划分类。在分类的过程中，单纯考虑一类事物的共相(如形式、性质)是不够的，如金岳霖所说，还应当考虑类与类之间事物的差异，也就是经常所说的：没有比较就没有鉴别。比如，要比较锐角三角形和钝角三角形，仅考虑“三角形中有两个锐角”这个共相是不可以的，因为这个共相二者兼而有之，单纯依赖这个共相是很难进行分类的。

因此，在进行分类的思维过程中有一个环节是必不可少的，那就是给出区别类的准则，在这个准则下，此类中的事物与彼类中的事物是不同的。不得不令我们惊叹的是，古代中国的先哲对这个问题的认识非常深刻，《墨经》经下68就明确地谈道[①]：

> 牛和马是有差异的，但以牛有齿、马有尾来述说这个差异是不行的，因为齿和尾是双方俱有的，而不是一个有另一个没有的。要说明牛和马属于不同的类，应当说牛有角而马没有，因此不是同类。

有角的动物未必就是牛，因此，不能用有角的动物来定义牛，但用是否有角来区别牛和马却是恰到好处，这便是把握住了分类的特征，构建了分类的准则。因此，在分类的过程中，把握分类的特征是非常重要的，我们称能够明显区分类与类不同的特性为异相。与共相分类同样的道理，在最初阶段，异相的确定可能是形式的，但通过对类基于形式的分析，就可能得到异相的本质特征，可以更加准确清晰地得到分类准

---

① 原文为：牛与马惧异，以牛有齿马有尾，说牛之非马也，不可。是俱有，不偏有偏无有。曰牛之与马不类，用牛有角马无角，是类不同也。

则。准则是一个分水岭，这个分水岭本身可能属于其中的某一个类，也可能不属于任何一个类，人们以此区别“闭集”与“开集”。

三角形的分类。仍然考虑锐角三角形和钝角三角形的分类问题。如图 13-1，直角三角形是分类的分水岭，直角三角形并不属于任何一个类，因此，锐角三角形的类和钝角三角形的类，或者说锐角三角形的集合和钝角三角形的集合都是开集，直角三角形是这两个集合的边界。据此，人们通常把不包括边界的集合称为开集。

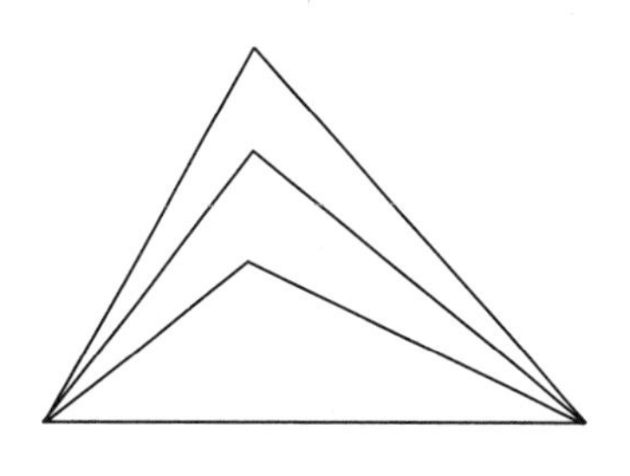

图 13-1 三角形的分类：直角三角形是分水岭

在现代数学中，分类的问题变得越来越重要，主要是因为人们要研究的问题越来越复杂，很难对所要研究的问题给出一个一般性的准则，因此必须分类研究，针对不同的类探讨不同的性质。比如，进一步深入思考伽罗华所创建的理论，就引发了有限单群的分类问题。

有限单群分类。对称现象广泛地存在于人们的日常生活和生产实践中，“对称”这个词已经成为科学与艺术的核心概念之一。如前所述，“群”是研究事物对称性质的数学语言，这个研究是从传奇数学家伽罗华的两篇遗作开始的。伽罗华所处的时代正值法国大革命，他因为参加政治活动被巴黎高等师范学校开除。他的政敌利用爱情纠葛挑起一场决斗，在 1832 年 5 月 30 日，也就是决斗的前夜，伽罗华通宵达旦地整理自己的数学手稿，并在遗书中写道：“最终会有人发现，将这些对象解释清楚对他们是有益的。”在第二天的决斗中伽罗华去世，年仅 21 岁。14 年后，法国数学家柳维尔在他主编的《纯粹与应用数学杂志》上发表了伽罗华的两篇遗作，伽罗华的工作才逐渐被人们理解和重视。

1848 年，法国物理学家布拉维在研究晶体学问题中引入了对称群的概念，对称群可以用来刻画一个正方形在平面上的旋转变换，或者一个正方体在空间中的旋转变换。进一步，对于平面上圆或者空间中球可以进行无限多次旋转变换，刻画这种连续变换的对称群被称为李群，这是为了纪念挪威数学家索菲斯·李 1874 年的有关工作。1849 年，英国数学家凯莱引入抽象群的概念，讨论集合以及集合上的运算，这样的运算存在单位元、逆运算、满足结合律。如果运算还满足交换律，就像加法或者乘法那样，则称这样的抽象群为阿贝尔群，这是为了纪念另一位英年早逝的挪威数学家阿贝尔。

现代群论的一个重要工作是有限单群分类。所谓单群是指集合上的一种置换，如前所述，置换是伽罗华用以证明五次以及五次方程没有公式解的关键。1972 年，美国数学家高林斯坦提出一个分类纲领，把所有可能情况大约归为 100 种[①]，然后证明每一种情况都对应一个被称为“限制分类定理”的特殊性质，这个工作被称为世纪大定理。1985 年，经过几十个国家几百位学者的共同努力，这个数学史上最复杂的证明终于完成，长达 15 000 多页，分散在 500 多篇文章中。为了表彰这个杰出工作，其中多位数学家被授予菲尔兹奖或沃尔夫奖[②]。挪威政府于 2002 年创设阿贝尔奖奖金高达 80 万美元，这个奖被誉为数学界的诺贝尔奖。2008 年的阿贝尔奖授予了美国数学家汤普森和法国数学家梯茨，以表彰他们在有限单群分类工作中作出的杰出贡献。

综上所述，无论是从思维方法的角度还是从科学研究的角度，分类都是非常重要的。为此，《标准(2011 年版)》强调了分类，并且给出了一些具体的例子阐述分类的重要性和分类的方法。就数学教育而言，至少需要重视两个问题：一是分类是构建定义的基础，也是学生形成概念的基础；二是分类的原则不仅要把握一个类的共相，还要把握这个类与其他类的异相。

三、推理过程的动态性

虽然说归纳推理是通过经验过的东西推断没有经验过的东西的思维过程，但在事实上，归纳推理也是一种按照某些法则进行的、前提与结论之间有逻辑联系的推理。英国哲学家穆勒被认为是古典归纳逻辑的集大成者，他在《逻辑学体系》一书中谈道[③]：

> 出于研究的目的，可以把归纳定义为发现和验证一般命题的过程。如上文所述，通过间接地判明个别事例而对那一类事例建立普遍原理，便是确切的归纳。

这样，正如上一个话题所讨论的，归纳推理思维基础是一个类。如果发现这个类中的元素具有某个性质或者符合某种规律，那么，就推断这个类中的所有元素都具有这个性质或者符合某种规律。如果用 x 表示元素，用 A 表示一个类或集合，用 P 表

① 这类似于“四色定理”的证明：把所有可能情况分为 1 400 多种，分类研究。不同的是，“四色定理”的分类研究是通过计算机完成的。详细讨论参见：史宁中著《数学思想概论(第 2 辑)——图形与图形关系的抽象》第九讲。

② 参见：奥迪弗雷迪. 数学世纪——过去 100 年间 30 个重大问题[M]. 胡作玄，胡俊美，于金青，译. 上海：上海科学技术出版社，2012：52-56.

③ 译自 Mill，J S. A System of Logic：Ratiocinative and Inductive[M]. 8th ed. New York：Harper & Brothers，Publishers，1882：208. 严复曾经部分地翻译了这部书，参见《穆勒名学》，北京：商务印书馆，1981。《穆勒名学》原出版于 1905 年，金陵金粟斋木刻；1931 年，商务印书馆再版，汇入《严译名著丛刊》。

示一个性质或某种规律，那么，归纳推理的思维过程就如(10.19)式所表述的第二类性质传递(1)：

$$x \in A，如果\ x \to P，则\ A \to P。 \tag{13.3}$$

因为这样的思维过程是具有传递性的，因此，归纳推理也是一种逻辑推理。但是，归纳推理远不像演绎推理那样简单，比如，如果发现集合 A 中绝大多数的元素 x 都满足性质 P，但也有个别的元素 y 不满足性质 P，应当得到什么结论呢？我们曾经在演绎推理的论证中强调，对于一个命题的判断，只要有一个反例存在，就可以否定这个命题。那么，这个原则是否也适用于归纳推理呢？通过下面的讨论可以看到，在本质上，这个原则不适用于归纳推理。

归纳推理是基于经验发现知识的思维过程，发现并确立知识不是一蹴而就的事情，往往需要经过反复验证，因此，归纳推理本身必然是一个动态的、不断调整的过程，这个动态性主要表现在上述推理过程中命题"$A \to P$"的确定。为了得到合理结论，很可能要适当调整集合 A 的大小(通常是缩小)，或者适当调整性质 P 的表述(通常是弱化)。这种推理过程的动态性，是归纳推理结论或然正确的重要原因。下面举两个例子说明这个问题，一个例子是生活的，一个例子是数学的。

(1)**天鹅的颜色**

欧洲人喜欢天鹅，最初，他们看到的天鹅都是白颜色的，于是得到结论：天鹅是白色的。如果用(13.3)式进行表达：看到一些天鹅($x \in A$)是白颜色($x \to P$)的，于是推断所有天鹅都是白颜色的($A \to P$)。

后来，欧洲人发现澳大利亚有黑颜色的天鹅，于是原来的结论就不正确了。那么，问题出在什么地方了呢？显然，问题并不在于白颜色(P)这个性质，而是在于最初认定的天鹅集合(A)不确切，为了使得结论依然成立，就需要缩小这个集合。比如，用集合 A 表示"欧洲的或者北半球的天鹅"。因此，当人们发现了有黑颜色的天鹅之后，并不一定必须改变原有的"白颜色"的性质 P，而可以适当地调整类①，使得结论依然成立。

(2)**孪生数素数猜想**

在第八讲，我们讨论了欧几里得如何用反证法证明素数有无数多个。后来人们发现还存在一种成对出现的素数：相邻两个素数的差为 2。把这样的素数对表示为(p,

---

① 当然也可以不改变类(依然是天鹅)而改变性质(白颜色或者黑颜色)，但这样的命题是不确切的，特别是，既然有了黑颜色的天鹅，那么就可能还有其他颜色的天鹅存在。

$p+2$)，称这样的素数对为孪生素数，比如，(5，7)，(11，13)，(17，19)，等等。随着数的增大，孪生素数的分布越来越稀：在100以内有8对，501到600之间只有两对，即(521，523)和(569，571)。但是，人们总是能发现越来越大的孪生素数，于是猜想：有无数多个孪生素数。这就是孪生素数猜想。2009年，人们发现了迄今为止最大的孪生素数为 $2\,003\,663\,613\times2^{195\,000}\pm1$，这是10万多位的数。希尔伯特的23个问题中的第8个问题是关于素数的，其中提到了黎曼猜想、哥德巴赫猜想，也提到了孪生素数猜想①。这三个猜想的解决是非常困难的，至今仍然吸引着许多数学家为之努力。

1849年，法国数学家波利尼亚克提出了一个更一般的猜想：存在无数多个素数对(p，$p+2k$)，其中k可以为任意自然数。虽然当$k=1$时，这个猜想就是孪生素数猜想，但可以看到，这个猜想很大程度上弱化了孪生素数猜想。在这个问题中，素数这个集合没有变，但孪生素数这个性质变了，这个例子很好地述说了：为什么说归纳推理往往是一个动态的过程。2013年，华人数学家张益唐发表了一篇与此关联的论文引起全世界的轰动。这篇论文证明：存在无数个素数对(p，q)，其中p和q的最大距离不超过七千万。虽然七千万这个距离实在太大，但无数多个素数对的存在性问题终于有了确切的结果，这个结果为数学家们树立了信心，剩下的问题只是如何缩短这个距离。时隔几年，经过许多数学家的努力，这距离已经大大缩小了。

我们讨论了归纳推理最本质的三个特征。第一，归纳推理结论的或然性包括两种情况：结论本身是确切的，结论本身是或然的。第二，归纳推理的思维基础是分类，在分类过程中既要重视共相，也要重视异相。第三，归纳推理的思维过程是动态的，动态的形式往往是缩小类，或者弱化性质。下面，我们分别讨论基于一个类的归纳推理和基于两个类的归纳推理。

第十四讲　基于一个类的归纳推理：归纳方法

在上一讲我们强调，就归纳推理结论的表述而言，可以分为结论本身确切和结论本身或然两种情况。在这一讲，我们将分别讨论这两种情况的归纳推理。我们将会看到，这两种情况的思维模式有很大区别。这一讲的最后部分，我们还将讨论归纳推理，特别是结论本身是或然的归纳推理本身的合理性，其中涉及推理模式的数学表达以及必然与偶然的关系。

---

① 参见：希尔伯特. 数学问题[M]. 李文林，袁向东，译. 大连：大连理工大学出版社，2009：63-65.

一、结论确切的归纳推理

这是数学家，特别是研究纯粹数学的数学家更关心的情况，甚至许多数学家认为，只需要关心结论确切的情况。比如，数学教育家波利亚在著作《数学与猜想》中写道①：

> 一位名副其实的科学家应致力于从已知的经验中引出最正确的信念来，并为了建立关于某个问题的正确信念而积累最正确的经验。科学家处理经验的方法，通常称为归纳法。

波利亚显然是受到了欧拉的影响，因为在这本著作的开篇，波利亚大段引用了欧拉的有关述说，我们摘录其中的一部分：

> 今天人们知道的数学的性质，几乎都是由观察发现的，早在严格论证其真实性之前就被发现了。甚至到现在，还有许多关于数的性质是我们熟悉而不能证明的，只是通过观察使我们知道这些性质……这类知识就是通常所说的用归纳获得的。然而，我们已经看到过单纯的归纳曾导致的错误，因此，不要轻易地把观察所发现的和仅以归纳为旁证的关于数的一些性质信以为真。我们应当把这样的发现当作一种机会，然后精确的研究那些发现，证明或者推翻，在这两种情况中我们都会学到一些有用的东西。

欧拉的这段话说得非常明确，数学家要学会两方面的工作：一方面，通过归纳推理在经验中发现数学性质，但不要完全相信；另一方面，通过演绎推理论证那些发现了的性质。显然，欧拉在这里所说的性质都是确定性命题。下面，我们讨论归纳推理的思维模式。

假定已经得到了一个类，归纳推理思维过程的基本形式是：观察类中的元素都具有某一性质，推断这个类中的所有元素都具有这个性质。比如，我们拓展(13.1)中第一式的推理形式，这是亚里士多德经典三段论推理模式的逆转：

---

① 参见：波利亚．数学与猜想[M]．李心灿，王日爽，李志尧，译．北京：科学出版社，2001.

苏格拉底是人，苏格拉底有死。

柏拉图是人，柏拉图有死。

亚里士多德是人，亚里士多德有死。

……

所以，凡人都有死。

在这个基本模式中，所有的人构成类，苏格拉底、柏拉图、亚里士多德是被观察类中的元素，死是一个性质。基本模式可以用符号表示，如果用 A 表示集合，用 P 表示性质元素所具有的性质，上述推理模式可以用符号表述为

$$\begin{aligned}&a_1\in A，a_1\to P；\\&a_2\in A，a_2\to P；\\&\cdots\cdots\\&a_n\in A，a_n\to P；\\&a\in A，a\to P。\end{aligned}\tag{14.1}$$

显然，这是(10.19)或者(13.3)的一般化，这个一般化意味着，观察类中的元素越多则推断越可靠。与(12.1)所表示的完全归纳法不同，现在集合 A 中的元素可以是无限多个，因此，对集合中的所有元素都进行验证是不可能的，这就导致了结论的正确性是或然的，不是必然的。

对于一般的归纳推理，推理模式(14.1)中字母下标的序号是没有意义的，下标只是为了区别不同的元素，但对于数学问题的归纳推理，特别是与自然数有关的数学问题的归纳推理，下标序号是有实际意义的。因为可以实施基于序的、有计划的归纳推理，就像数学归纳法所实施的那样。

顺序验证：前 n 项和公式。在第十二讲，关于数学归纳法的讨论可以看到，整个工作都是在验证一个给定的数学公式。我们曾经谈到，比验证更重要的问题是，如何得到那个数学公式。探寻数学公式的过程蕴含着发现知识，蕴含着创造，这个思维过程依赖的是归纳推理。

下面，讨论如何通过归纳推理得到自然数前 n 项和、自然数平方前 n 项和、自然数立方前 n 项和的公式，把这些公式分别表示为 $A(n)$，$B(n)$，$C(n)$。这个探寻过程必须是循序渐进的，先考虑自然数前 n 项和公式。作为一种尝试，首先考虑 $n=10$ 的情况。如下把10个自然数分成两组：

$$\begin{matrix} 1 & 2 & 3 & 4 & 5 \\ 10 & 9 & 8 & 7 & 6 \end{matrix}$$

这样，每一列的和均为 11：$1+10=11$，$2+9=11$，…一共有 5 列：$5=\frac{10}{2}$，因此，依据这个经验，可以把自然数前 10 项和的公式写成

$$A(10)=\frac{10\times(10+1)}{2}=55。$$

然后，通过经验过的东西推断没有经验的东西：用 n 替换上面的 10，可以得到一般性的自然数前 n 项和公式：$A(n)=\frac{n(n+1)}{2}$。现在，我们必须遵从欧拉的教诲，这样的结论不一定是正确的，必须通过演绎推理予以证明，就像在第十二讲，我们用数学归纳法证明了这个结论。

下面，我们从自然数前 n 项和公式出发，用归纳的方法推断其他两个公式。还是先对较小的 n 进行数值计算，从中摸索数值规律，借助规律构建公式，这就是归纳推理的本质。具体计算如下。

n	1	2	3	4	5	6
$A(n)$	1	3	6	10	15	21
$B(n)$	1	5	14	30	55	91
$C(n)$	1	9	36	100	225	441

从计算结果容易看到：对于每一个 n，$C(n)$恰好为 $A(n)$的平方，于是可以推测

$$C(n)=[A(n)]^2=\frac{n^2(n+1)^2}{4}。$$

上面的公式也说明了 $C(n)$与 $A(n)$的比值为 $A(n)$，受这个比值的启发，为了得到 $B(n)$的公式，可以先计算 $B(n)$与 $A(n)$的比值：

n	1	2	3	4	5	6
$\frac{B(n)}{A(n)}$	1	$\frac{5}{3}$	$\frac{7}{3}$	$\frac{9}{3}$	$\frac{11}{3}$	$\frac{13}{3}$

通过上面的计算结果，可以推测$\frac{B(n)}{A(n)}=\frac{2n+1}{3}$，于是就可以得到一般公式

$$B(n)=\frac{n(n+1)(2n+1)}{6}。$$

这样，我们就通过归纳的方法得到了自然数平方、立方的前 n 项和公式。虽然公式的最终确立还是需要演绎证明，但上面的讨论已经表明，通过归纳方法“看出”结论往往比通过演绎方法“证明”结论还要困难，需要更多的想象。

虽然通过归纳推理得到的结论不一定正确，但对于获取新的数学知识而言，这是一种非常有效的方法，甚至可以认为，通过归纳推理得到结论是数学创新的根本。因此，在数学教育的过程中，应当重视这种推理模式的教学，同时也应当看到，这种推理模式的把握是基于个体经验的，需要通过学生自己的操作和内心的感悟。更严格地说，这样的教学活动是帮助学生积累数学基本活动经验，逐渐建立数学直观的必由之路。

随机验证：哥德巴赫猜想。仍然用 B 表示(13.2)中所示的偶数集合。哥德巴赫猜想是说：任意大于等于 4 的偶数都可以表示为两个素数的和。可以把这个命题简写为

偶数＝素数＋素数，

俗称 1＋1。因为集合 B 中的数是有序的，因此先采用顺序验证的方法：

4＝2＋2，6＝3＋3，8＝3＋5，10＝3＋7，12＝5＋7，…，100＝3＋97。

逐项验证到一定程度之后，依据(14.1)所示思维模式，可以初步判定命题可能是正确的。遵循"验证的个数越多，命题为真的可能性越大"的原则，还需要更多地验证集合 B 中的元素，为了节省时间与精力，在逐项验证的基础上可以采用随机验证的方法，就是在序的基础上随机取项验证。比如，在逐项验证到 100 的基础上，对 B 中的大于 100 的有序元素分段：

100～200，200～300，300～400，…，900～1 000，…

在这些段中分别随机取一个偶数进行验证，可以查随机数表，或者采用更便捷的方法。比如，把圆周率 π＝3.141 592 6…中小数点以后的数字看作随机数，在

100 到 200 之间取 100＋14＝114，

200 到 300 之间取 200＋16＝216，

300 到 400 之间取 300＋92＝392，

……

通过这样的方法得到需要验证的元素，然后对这些元素验证哥德巴赫猜想是否成立，其中第二项用 16 是因为这是最接近 15 的偶数。

如果随机验证的结果均表明命题正确，那么就可以把这个命题称为猜想。至 2012 年，数学家已经验证了 3.5×10^{18} 以内的所有偶数，均证明哥德巴赫猜想是正确的。现在为止，证明哥德巴赫猜想的最好结果是中国数学家陈景润给出的，他证明了

偶数＝素数＋素数×素数，

俗称 1＋2。即便如此，猜想依然是猜想。有时候猜想比定理更为重要，猜想是数学发展的不竭动力，猜想能够激发人们研究数学的兴趣。此外，在解决猜想的过程中，能够使人们明白更多的事情，可以更好地理解数学各个分支之间的一致性，比如著名的

费马大定理。

交融检验：费马大定理。费马是一位最伟大的业余数学家，因为费马的本职工作是一名律师，研究数学是他的业余爱好。费马大定理与勾股数有关，比如，勾 3 股 4 弦 5：$3^2+4^2=5^2$。或许费马最初希望把这个结果推到更高维的情况：求出正整数 a，b，c，使得

$$a^n+b^n=c^n, \tag{14.2}$$

其中 $n\geqslant 3$。费马很可能尝试过 $n=3$ 和 $n=4$，但没有成功。于是反其道而行之，猜想(14.2)式没有正整数解，这便是著名的费马大定理。显然，这个定理是通过归纳推理得到的。

之所以把这个命题称为定理而不称为猜想，是因为费马声称他已经给出了证明。费马曾经认真研究古希腊数学家丢番图的著作《算术》的拉丁文译本。这个译本于 1621 年出版，书中讨论了 100 多个关于方程整数解的问题。费马有一个习惯，就是把自己思考的结果以评注的形式写在页边的空白处，他一共写了 48 个评注，其中在第 8 个问题的页边的空白处写道[①]：

> 不可能将一个立方数写成两个立方数之和；或者将一个 4 次幂写成两个 4 次幂之和；或者，总的来说，不可能将一个高于 2 次的幂写成两个同样次幂的和。

这便是费马大定理的最初形式。因为费马是一位业余数学家，他为自己能够得到有趣的结论，并且能够给出十分美妙的证明而感到愉快，从来不介意发表这些结论，也从未与人谈到过他的证明。他在评注的后面又附加道：

> 我有一个对这个命题的十分完美的证明，这里空白太小，写不下。

正是这个附加的评注苦恼了一代又一代数学家。费马说过，他的每一个评注都被证明过，因此在费马的眼中，这些评注涉及的命题都是定理。但因为费马的证明实在太不详尽，因此在数学家的眼中这些命题只不过是猜想而已，这些猜想要成为真正的定理还需要给出确切的证明。300 多年过去，数学家得到了费马提出的其他 47 个命题的完整证明，因此，人们确信费马的这个命题也一定是正确的，因此称这个命题为费

---

① 参见：西蒙·辛格．费马大定理：一个困惑了世间智者 358 年的谜[M]．薛密，译．上海：上海译文出版社，2005.

马最后定理。

需要说明的是，费马的许多评注是相当深刻的，证明也是非常困难的。比如，被称为费马素数定理的命题述说的是：形如 $4n+1$ 的素数都可以写成两个整数平方之和，而形如 $4n-1$ 的素数都不能写成两个整数平方之和。欧拉用 7 年的时间证明了这个命题，最后完成是在 1749 年，几乎是在费马去世一个世纪以后。

欧拉也研究了费马大定理，他知道给出一般性的证明并不是一件容易的事情，于是采用了个别尝试的归纳方法。欧拉发现采用费马发明的无穷递降法可以证明 $n=4$ 时的费马大定理。无穷递降法是一种反证法，类似欧几里得用来证明不存在最大素数的方法。1753 年，欧拉又给出了 $n=3$ 时费马大定理的证明；1825 年，法国数学家勒让德和狄利克雷证明了 $n=5$ 时费马大定理成立；1839 年，法国数学家拉梅证明了 $n=7$ 时费马大定理成立。

为了进一步激发数学家的热情，法国科学院设立了一项奖项，包括金质奖章和 3 000 法郎的奖金，希望最终解决费马大定理的证明。拉梅和柯西都声明自己基本证明了费马大定理，只是差一些细节。但德国数学家库默尔指出他们说的细节在逻辑上是不可调和的，因为他们所说的细节将导致“因子分解唯一性”，这个结论在复数域是不成立的，因此，当 $n=37$，59，67 时，他们的方法对费马大定理的证明不成立。在研究证明的过程中，库默尔发明了“理想数”，创建了“理想”理论，得到了高度赞扬。库默尔指出，用当时已经成型的数学方法不可能给出费马大定理的完整证明。1856 年，法国科学院决定把奖项授予库默尔。从此，费马大定理的证明也陷入了一个非常渺茫和尴尬的境地。

德国实业家沃尔夫凯尔再一次为费马大定理的证明注入了活力，这与一个生动的故事有关。因为恋情的失败，年轻的沃尔夫凯尔决定自杀，自杀时间定在午夜 12 时整。夜幕降临后，为了稳定自己的情绪，沃尔夫凯尔又拿出他曾经阅读过的库默尔的那篇指出拉梅和柯西证明错误的经典文章，分析这篇文章本身是否存在逻辑上的漏洞。那一夜他确实发现并且严格证明了一个漏洞的存在，但完成证明的同时也迎来了黎明，他错过了自杀时间。这一夜数学证明的成功激发了沃尔夫凯尔生活的勇气，从此以后他的事业顺利，业绩斐然。为了感谢费马大定理的唤醒，1908 年沃尔夫凯尔去世前，他决定重新建立遗嘱，委托哥廷根皇家科学协会管理他设立的 10 万马克的奖金，用于奖励费马大定理的证明，时间限制到 100 年后的 2007 年 9 月 13 日。当时的 10 万马克近乎现在的 200 万美元。

20 世纪 80 年代，美国伊利诺伊大学的瓦格斯塔夫利用计算机验证 $n\leqslant 2\,500$ 时费马大定理都是正确的。更让数学家高兴的是，费马大定理的最终解决将充分体现数学的完整性，因为 1984 年由德国数学家弗赖提出、美国数学家里贝特验证，如果费马大定理不成立，即方程(14.2)有解，那么可以将方程转换为一类非常特殊的椭圆方程

$$y^2=x^3+dx^2+f, \tag{14.3}$$

其中系数 d 和 f 都与假设存在的解有关。这样，问题又与日本数学家谷山丰和志村五郎于 1955 年提出的一个猜想有关。这个猜想是说，每一个椭圆方程必然与一个模型式有关，而模型式又与复数空间几何图形的对称性有关。这样，费马大定理的完整证明可以遵循这样的逻辑路线：如果谷山-志村猜想正确，那么每一个椭圆方程都可以模型式化；如果每一个椭圆方程都可以模型式化，那么方程(14.3)不成立；如果方程(14.3)不成立，那么方程(14.2)无解，即费马大定理成立。

1993 年，美籍英国数学家怀尔斯证明了谷山-志村猜想。1995 年，他整理了长达 130 页的两篇论文发表在《数学年刊》第 5 期上。这样，费马大定理的证明宣告完成。这个证明过程经历几代数学家的努力，历时 358 年。从这个证明过程可以看到，一个好的猜想是如何引发人们深入思考的。所有的猜想都是归纳推理的结果，凭借的是人们对于数学本质的理解，凭借的是人们基于经验的直观，凭借的是人们的抽象能力和想象能力。

虽然哥德尔论证了数学公理体系的相容性是不可证明的，但是，费马大定理的证明再次向人们展示了数学的整体相容性。近 100 年多年来，数学各个分支的研究是相对独立进行的，各个分支又产生了错综复杂的研究方向，创造了名目繁多的研究手法，可是，最终的研究结果之间是和谐一致的，是可以相互借鉴的。事实上，有一只无形的手在控制着这一切，这便是逻辑和法则。数学家们用相同的逻辑思维和相同的运算法则控制着自己的思维过程。

二、结论或然的归纳推理

数学家关心那些结果确切命题的推理，但在现实生活中，人们使用更多的是结果或然的推理，正如上一讲中讨论过的那样。这是因为在现实生活中，大部分事物是否发生、发生到什么程度并不具有必然性，而是以某种可能性发生。

基于可能性的思维方式似乎背离了传统数学，因为在传统数学中，习惯的思维方式是：命题的结果不是对就是错。排中律也明确地述说了这一点：一个命题要么成立要么不成立，二者必居其一。但在现实生活中，结果或然的推理却更加实用：虽然不知道结果是否必然发生，但事先知道结果发生可能性的大小就可以进行决策。比如，虽然知道交通事故会损坏汽车，但人们依然要买汽车，因为人们都相信自己发生交通

事故的可能性很小；反之，如果某一个地方正在发生骚乱或者战争，人们就不会去那个地方旅游，因为人们相信自己被伤害的可能性很大。对于这样的问题，关键并不在于事件是否发生，而在于事件发生可能性的大小。现在这个话题，将讨论如何利用归纳推理方法推断事件发生可能性的大小。

仍然用 A 表示集合，用 P 表示集合中事物的性质。对于 A 中的一个元素 a，用 $a \to P$ 表示这个元素具有性质 P；用 $a \sim P$ 表示这个元素不具有性质 P。那么，结论或然的归纳方法的思维模式可以用符号表示为

$a_1 \in A$，验证 $a_1 \to P$ 或者 $a_1 \sim P$；

$a_2 \in A$，验证 $a_2 \to P$ 或者 $a_2 \sim P$；

……

$a_n \in A$，验证 $a_n \to P$ 或者 $a_n \sim P$； (14.4)

有 m 个元素满足性质 P；

$\forall a \in A$，有 $\frac{m}{n}$ 的可能性 $a \to P$。

显然，当 $m=n$ 或 $m=0$ 时，上述推理模式与结论确定推理模式是一致的，因此，是比(14.1)更为一般的推理模式。在这个意义上，上面的推理模式比(10.19)和(13.3)所示第二类性质传递更一般化，传递性的本质没有改变，因此，这种形式的推理属于逻辑推理。更确切地，属于归纳推理。称这种形式的归纳推理为统计归纳法，称其中的比值 $\frac{m}{n}$ 为**频率**。为了更好地把握这个推理模式，我们分析几个例子，从中体会结论或然归纳推理的思维过程，体会其中的合理性。

废品率的推断。如果一个箱子有 n 个产品，有 m 个废品，那么废品率 $p=\frac{m}{n}$；反过来，用 p 表示废品率，那么有 n 个产品的箱子中就可能有 $m=np$ 个废品。废品率 p 是如何得到的呢？

有一点不辨自明，那就是不能对箱子中所有产品都进行检验。通常情况，人们是通过(14.4)的模式来推断废品率的。比如，考虑灯泡的废品率。一般来说，所谓合格的灯泡并不是指那些能够点亮的灯泡，而是指灯泡的寿命要超过一个规定时间。但是，为了认定一批灯泡的寿命，总不能把这批灯泡都试验到不亮为止。人们通常采用的验证方法是：对流水线上的产品进行随机抽样，然后对这些样品进行破坏性试验，通过试验的结果估计这种产品的寿命。比如，抽取了 n 个样品进行试验，如果有 m 个

样品的寿命没有达到规定时间，可以认为这批产品的废品率是$\frac{m}{n}$。这种推断的方法就是用废品频率估计废品率：$p=\frac{m}{n}$。如果一个箱子有n个灯泡，可以求出废品的平均个数：总数×废品率$=np$。

这种方法思路简洁，容易操作，但也存在一些需要深入思考的问题。如果废品率很低，为了得到废品率就必须破坏性地试验很多产品，势必造成浪费。那么，是不是可以改变(14.4)的模式，得到更经济有效的方法呢？解决这样问题的根本思路是：充分利用样品提供的信息。既然对每一个样品都进行了破坏性试验，是不是可以利用每个样品的寿命来推断产品的寿命，从而推断废品率呢？特别是诸如火箭发动机那样昂贵的东西，人们自然希望不进行破坏性试验就能够推断产品的寿命，这正是现代统计学所要研究的问题，有兴趣的读者可以查看这方面的专著①。

动物数量的推断。估计鱼塘中鱼的数量。同样道理，不可能把鱼塘中的所有鱼都打捞出来清点，那么，怎么才能推断鱼塘中鱼的数量呢？也可以用(14.4)提示的方法，我们先用具体的数据说明估计的方法，然后再分析一般的估计方法。

先在鱼塘中打一网鱼，清点鱼的数量，比如，有100条鱼，把这些鱼都做上记号放回鱼塘。过一段时间后再打一网鱼进行清点，比如，有80条鱼。假如80条鱼中有2条是有记号的，也就是说，有2条鱼是在第一次被打捞过的，那么，这个鱼塘中大概会有多少条鱼呢？可以这样思考，因为$\frac{2}{80}=\frac{1}{40}$，这说明鱼塘中大概平均每40条鱼就有一条是有记号的。现在有记号的鱼是100条，那么鱼塘中大约有鱼$40\times100=4\,000$(条)。虽然这个推断不一定非常准确，但通过这样分析得到的结论还是有一定道理的。下面，我们一般性地讨论这个问题。

假设这个鱼塘里有鱼N条，其中有记号的n条；打捞M条，有记号的m条。按照(14.4)所提供的归纳的思想方法：大范围有记号的比例应当等于小范围有记号的比例。因此，可以得到关系式

$$\frac{n}{N}=\frac{m}{M}。$$

其中n，M和m这三个数是已知的，于是鱼塘中鱼的数量大约为② $N=\frac{nM}{m}$。把上面

① 参见：茆诗松，王玲玲. 可靠性统计[M]. 上海：华东师范大学出版社，1984.

② 在概率论与数理统计的教科书中，这个结果是由超几何分布推导出来的，可以参见：Feller，W. An Introduction to Probability Theory and Its Applications[M]. New York：John Wiley，1957：43.

具体的数据代入这个公式，可以得到 $100\times\frac{80}{2}=4\ 000$(条)。这与上面计算的结果是一致的。

上述方法被用来解决许多实际问题，比如，野生动物考察，生态资源合理开发，环境监测，等等。通过这些事例可以看到，对于日常生活或者生产实践中的许多需要推断的问题，可以有计划地、灵活地利用(14.4)所提供的归纳推理的思想方法。

社会问题的推断。通过上面的两个例子可以知道，归纳推理的核心思想就是：通过类中部分事物的属性推断类中所有事物的属性。因此，如何选取部分事物是非常重要的，选取的好坏将很大程度地影响推断的准确性。我们分析两个例子，其中第一个例子是非常著名的。

竞选结果预测。美国1936年总统选举有两位候选人：民主党的罗斯福和共和党的兰登。当时，大多数政治观察家和新闻机构都预测罗斯福会获胜，但《文学文摘》这本杂志的判断与众不同，预言兰登将会以57∶43的优势战胜罗斯福，这个判断产生了很大的反响。而实际情况是罗斯福以62∶38的优势当选。由于这个重大失误，这家杂志不久宣告破产。

事实上，《文学文摘》作出这个预测并非主观臆断，而是基于240万份调查报告的统计结果。为什么会出现如此大的偏差呢？问题就在于这240万份调查的样本。因为《文学文摘》的访问对象是从电话号码簿和俱乐部会员名册上选取的，但在1936年，美国家庭的电话尚未普及，特别是有条件参加俱乐部的人，大多是经济上富有、政治上保守、倾向于共和党的选民，在这个样本下得到的频率就造成了明显的误差。总结了这次民意调查的教训，美国社会学家盖洛普提出了一个有效的调查方法，基于这种调查方法，不仅结果预测几乎无误，而且调查的人数只需要几千。

考试作弊调查。对于答案难于启口的社会问题的调查是非常棘手的，例如，在学校里调查学生考试是否作弊。如果直接问询这个问题，大概百分之百的学生会回答“否”。对于这样的调查问题，人们需要“设计”调查方案，也就是说，需要变通(14.4)的思维模式。一个简单可行的方法是同时询问两个问题，其中一个问题与调查毫不相干，比如：

问题1　考试是否作弊？

问题2　手机尾号是否偶数？

调查的过程中，让学生抛掷硬币，要求学生：硬币出现正面回答问题1；出现背面回答问题2。因为调查者不知道学生抛掷硬币的结果，学生就可以如实回答问题了。假如调查100名学生，回答“是”的30名，那么，能知道考试作弊的频率吗？我们来分析这个问题。

假设硬币是均匀的，那么回答这两个问题的学生大约各占一半，大约为50名；假设回答问题2的学生中，手机尾号偶数的占一半，那么有25名回答“是”。因为30－25＝5(名)，也就是说，回答问题1的50名学生中有5名学生回答“是”，可以得到结论：考试作弊的频率大概为：$\frac{5}{50}=\frac{1}{10}$。

模式(14.4)构成了结论或然的归纳推理基本形式，在这个基本形式下，针对研究问题的不同可以衍生出许多推断方法。但是，我们似乎感觉到，使用这种基本形式是需要条件的，那么，这些条件是什么呢？在下一个话题，我们将从数学角度，讨论这种思维模式的合理性。

三、结论或然归纳推理的合理性：最大可能性原理

正如在上一讲中说明的那样，在日常生活和生产实践中，结果或然的归纳推理是被广泛运用的，并且是行之有效的。一个广泛运用的、行之有效的思维过程必然有其合理性。任何事情合理性的成立都需要条件，合理性的判断都需要原则，归纳推理也不例外。我们讨论其中的条件和原则。

我们曾经反复使用了“频率”这个词，在统计学中，与“频率”关联密切的概念是“概率”。对于不确定性事情推理的研究，现代逻辑学广泛借助概率，称其为归纳逻辑。这种研究是从英国经济学家、现代归纳逻辑的创立者凯恩斯开始的。他在《论概率》的开篇中谈道①：

> 我们的一部分知识是直接得到的，还有一部分知识是通过论证得到的。……但是，还有许多其他类型的论证看起来是合理的并且是重要的，却不是确定的。在形而上学、科学以及行为学中，大部分论证允许或多或少的不确定性，而我们又习惯于把合理的信念建立在这些论证之上。为了这类知识的哲学考察，概率的研究是必要的。

创建归纳逻辑公理体系的代表人物是德国逻辑学家卡尔纳普，他的整个逻辑体系

① 本文译自Keynes，J M. A Treatise on Probability[M]. London：Macmillan and Co.，Limited，1921：3.

就是以概率论为基础的。他在著作《概率的逻辑基础》的序言中，对这种思想进行了明确的表述①：

1. 一切归纳推理(一切非演绎或非证明的推理)都是借助于概率的推理；

2. 归纳逻辑即归纳推理原则的理论也就是概率逻辑；

3. 概率概念表述的是两个陈述或命题之间的逻辑关系，是对基于证据(或前提)的假说(或结论)的证实度；

4. 统计研究中关于概率的所谓频率概念本身是一个重要的科学概念，但不适于作为归纳逻辑的基本概念；

5. 归纳逻辑的一切原则与定理都是分析的；

6. 归纳推理的有效性并不依赖于诸如自然齐一性原理这样颇有争议的综合性预设。

近100多年，随着人们对数学概念理解的加深，特别是对概率论和统计学理解的加深，逐渐明晰了统计学与数学的共性和区别，特别是明晰了统计学与概率论的共性和区别。基于现代科学的角度思考归纳逻辑，可以看到，卡尔纳普的想法并不正确：对于归纳逻辑的研究仅仅借助概率是不够的，需要借助概率与统计的有机结合。在人们的思维过程中，这个结合大概是这样的：**根据背景创设模型更多地借助概率，利用证据结果验证模型更多地借助统计。**也就是说，用概率的概念"表述"卡尔纳普所说的证实度(见上述引文的第3条)是可能的，但用概率的概念"确认"这个证实度却是不可能的；确认借助概率的概念表述的证实度必须依赖统计学中频率的概念；并且，对于这种"确认"的合理性分析必须依赖自然齐一性原理这样的原则，尽管人们对于这个原则存在很多争议。下面，我们论证这个问题。

对于集合 A 和性质 P，假定集合 A 中元素 x 都可能有两个结果：$x \rightarrow P$ 或者 $x \sim P$。正如我们在第五讲中所讨论过的那样，称这样结果不确定的事件为**随机事件**，可以用概率刻画随机事件发生可能性的大小。比如，用 p 表示随机事件 $\{x \rightarrow P\}$ 发生的概率，那么，随机事件 $\{x \sim P\}$ 发生的概率就是 $q=1-p$。下面，我们讨论概率在结果或然归纳推理中的作用。

回忆第五讲所讨论的拉普拉斯关于概率的定义，其中有两个条件必须成立：一个条件是等同地对待所有不确定性的存在，因此，拉普拉斯所说的随机事件是那些**等可**

① 参见：Carnap，R. Logical Foundations of Probability[M]. 2nd ed. Chicago：The University of Chicago Press，1962：5. 中译文参见：邓生庆，任晓明. 归纳逻辑百年历程[M]. 北京：中央编译出版社，2006：175.

能事件；另一个条件是类中所有事件的数目是有限的，因此，拉普拉斯所说的集合中**元素的个数是有限的**。显然，利用拉普拉斯定义的概率无法解释(14.4)所示推理形式，因为不可能假定集合 A 中元素的个数是有限的。但是，拉普拉斯所说的第一个条件"等同地对待所有不确定的可能情况"却有其非常合理的内核，被穆勒称为归纳法原理，并称这个原理为**自然齐一性原理**，也就是卡尔纳普否定的那个原理(见上述引文第 6 条)。穆勒在《逻辑学体系》这本书中写道①：

> 我们必须看到，在关于什么是归纳的论述中，隐含着一个原理，这是一个关于自然进程和宇宙秩序的假设，这个原理就是：自然中存在着平行的情况，曾经发生过的东西，在足够相似的情况下将会再次发生；不仅如此，在同样的情况下将会永远发生。
>
> ……
>
> 不管我们如何表述，自然进程是齐一的这个命题都是归纳的根本原理或总的原理。

我想，穆勒所说的原理是正确的，因为事实确实如此。对于单一的、纯粹偶然发生的事件，人们是无法作出任何推断的(参见下一讲有关内容的讨论)；但是，如果在同样的条件下，一个事件还可能再次或者多次发生，我们就有可能对这个事物的性质得到一些推断。必须注意到，穆勒所说的原理有两个非常重要的限制词：一个是平行的情况，这意味着事件是独立发生的，也就是说，这次事件的发生并没有受到上次事件发生的影响，至少没有受到直接影响；另一个是相似的情况，这意味事件等同发生，也就是说，这次事件的发生所提供的信息与上次事件发生所提供的信息在本质上是等同的。

对于结果或然的归纳推理，我们称第一个限制词为事件的发生具有独立性；第二个限制词为事件的发生具有等同性。在统计学中，把这两个限制统称为**独立同分布**。这样，如果一个集合中的事物是独立同分布发生的，就可以对事物的性质或规律进行推断。通常称集合中事物的性质或规律为**总体**，称那些观察了的事物为**样本**。这样，推断的基本思维过程就是**通过样本推断总体**。

为了进行推断，我们必须确定认识论中的一个重要命题：**概率是集合中事物的固有属性**。虽然集合 A 中元素 x 可能具有性质 P，也可能不具有性质 P，结果是不确定

---

① 本文译自 Mill，J S. A System of Logic：Ratiocinative and Inductive[M]. 8th ed. New York：Harper & Brothers，Publishers，1882：223.

的，但元素 x 具有性质 P 的可能性的大小是一个固有属性，这个固有属性是确定的，这就是从数学角度述说的自然齐一性原理。如果随机事件符合这个原理，那么，结论或然归纳推理的任务就是：对未知概率进行推断。

回忆第五讲中讨论过的最大似然原理，对于上述有两个可能结果的随机事件，我们推断未知概率的真值是$\frac{m}{n}$。也就是说，对集合 A 和性质 P，我们观察了 n 个样品，其中有 m 个样品具有性质 P，那么，对于任意元素 $x\in A$，推断随机事件$\{x\rightarrow P\}$发生的概率为$\frac{m}{n}$。可以看到，这正是(14.4)的推理形式。为了一般论证的需要，我们称最大似然原理为**最大可能性原理**①。这样，我们就利用最大可能性原理论证了(14.4)所示推理形式的合理性。必须看到，最大可能性原理是建立在自然齐一性原理基础上的，因此，为了结论或然归纳推理的需要，自然齐一性原理是必不可少的。

下面，进一步用演绎的方法论证：用最大可能性原理进行推断的方法是"好"的。为此，先建立判断好坏的标准。现在最大的问题是，虽然依据自然齐一性原理，概率是随机事件的固有属性，但这个固有属性是完全未知的，那么，我们有可能对完全未知的东西定义出合理的评价标准吗？下面，借助统计学的知识，讨论两个基本评价标准。讨论过程涉及的符号可能会比较复杂，那只是为了述说严谨，不影响制订标准的思维逻辑。

平均相等标准。这个标准的基本思路是这样的：虽然我们不能期望每一次得到的估计值都恰好等于未知概率 p，但可以期望估计值的总体平均等于未知概率 p。

针对上述问题，回顾第五讲中讨论过的方法。对于观察样本：如果 $x\rightarrow P$，记 $x=1$；如果 $x\sim P$，记 $x=0$。如果进行了 n 次观察，得到样本 x_1，x_2，…，x_n，令

$$Y=x_1+x_2+\cdots+x_n, \tag{14.5}$$

这样，Y 就表示了事件$\{x\rightarrow P\}$发生的次数。在观察之前，不知道 Y 的具体取值是多少，是一个随机变量；观察之后可以知道 Y 的具体取值，比如是 k，可以取$\{0, 1, \cdots, n\}$中任何一个数值。如(5.1)式所示，随机事件$\{Y=k\}$的概率为

$$\Pr\{Y=k\}=c(n, k)p^kq^{n-k}, \tag{14.6}$$

其中 $c(n, k)$为二项系数。如果把这个概率表示为 p_k，那么，随机变量 Y 的总体平均状态可以表示为

$$EY=0\cdot p_0+1\cdot p_1+\cdots+n\cdot p_n。$$

也就是说，随机变量的总体平均状态是：所有可能取值与对应概率乘积之和。因

① 最大似然的英文为 Maximum Likelihood，其中 Likelihood 也可以直接翻译为可能性。

为概率不为负，和为 1，所以随机变量 Y 的平均 EY 就是数值 0，1，…，n 的一个加权平均，权是随机变量取值概率。称 EY 为随机变量 Y 的**均值**。把(14.6)式代入 EY，可以得到①：$EY=np$，因此$\frac{EY}{n}=p$，这说明最大可能性估计的均值等于概率的真值 p。由此可以看到，虽然真值是未知的，但通过统计的方法可以判断估计与真值之间的关系。对于一般的情况，如果用 $P(X)$表示未知概率 p 的一个估计，可以建立判断估计好坏的第一个标准：

$$\text{无偏性：} EP(X)=p。\tag{14.7}$$

这个标准告诉我们，虽然一个好的估计不能保证每次得到的估计值恰好等于概率真值，但能够满足这个估计的均值等于真值。因此，人们也称随机变量的均值为**数学期望**，意味着这个结果是可以被期望的，或许就是因为这个原因，穆勒认为概率是一种期望。

极限相等标准。这个标准的基本思路是这样的：虽然不能期望每次得到的估计恰好等于未知概率的真值，但可以期望样本数量很多时，估计能够非常接近未知概率。这个想法非常自然，因为生活经验告诉我们，对于一个可以反复验证的事情，重复的次数越多，得到的结果就越可靠。可是，应当如何用数学的符号和逻辑表达这种思想呢?

需要稍微改变一下思考问题的方法，现在考虑验证次数，即样本数量 n 也是变化的。这样，事件发生的次数就与样本数量 n 有关，用 $Y(n)$表示 n 个样品中随机事件发生的次数，最大可能性估计就可以表示为$\frac{Y(n)}{n}$。回想第三讲中关于极限的讨论，上面的思想似乎可以这样表达：

对于任意 $c>0$，都存在一个正整数 N，当 $n>N$ 时，有

$$\left|\frac{Y(n)}{n}-p\right|\leqslant c。\tag{14.8}$$

可惜，对于现在的问题，这样的符号表达是不可以的，因为极限运算只能针对取值确定的数列，而不能针对取值不确定的随机变量。对于随机变量，只能研究随机变

---

① 还可以用简单的方法求得均值。把(14.5)式中的 n 个 X 看作随机变量，那么每一个均值 $EX=p$，因为 n 个 X 是相互独立的随机变量，因此和的均值等于均值的和，所以 $EY=np$。

量取值的概率。比如，可以考虑随机变量$\frac{Y(n)}{n}$取真值 p 的概率，虽然我们并不知道这个真值是什么。现在，用 $\Pr\{S\}$表示随机事件 S 发生的概率，那么，可以得到下面基于概率的极限表达。

大数定律：对于任意 $c>0$，有

$$\lim_{n\to\infty}\Pr\left\{\left|\frac{Y(n)}{n}-p\right|\leqslant c\right\}=1,$$

或者等价地有

$$\lim_{n\to\infty}\Pr\left\{\left|\frac{Y(n)}{n}-p\right|>c\right\}=0。\tag{14.9}$$

这个结果是瑞士数学家雅各布·伯努利得到的，人们称这个结果为伯努利大数定律。伯努利大数定律表明，最大可能性估计$\frac{Y(n)}{n}$以概率 1 收敛到真值 p。

需要说明的是，虽然用概率 1 表示随机事件必然发生，但以概率 1 发生并不等价于必然发生。如果用数学的语言表述这个结论，那就是：以概率 1 发生只能认为几乎处处发生，也就是说，数学表达式(14.9)与(14.8)是有本质区别的：由(14.8)式可以得到(14.9)式，但由(14.9)式得不到(14.8)式。许多学者混淆了这个区别，提出利用频率的极限来定义概率，并称这样的定义为概率的频率定义①。通过上面的讨论可以看到，这样定义是不可以的，因为无法保证频率必然会以(14.8)式的形式收敛到概率，因此，只能用频率估计概率，而不能用频率定义概率。

关于样本数量的一个猜想。考虑一个更为仔细的问题：对于最大可能性估计，在平均意义下是不是样本数量多就好呢？特别的，是不是多一个样本就好呢？基于生活的经验和数学的直观，这个结论很可能是正确的。可以用数学语言这样表述这个思想：对于未知参数 θ，令 $\theta(n)$表示样本数量为 n 时 θ 的最大可能性估计，命题“在平均意义下样本多一个好”可以用符号表示为

$$E[\theta(n+1)-\theta]^2\leqslant E[\theta(n)-\theta]^2,$$

其中 E 表示均值。虽然只证明了一些特殊情况②，相信这个结果是普遍成立的，这个结果曾作为猜想发表在国际数理统计学会的会刊上③，虽然也有学者举例说明这个猜

① 比如，德籍美国哲学家莱欣巴赫就是用频率定义概率，参见：邓生庆，任晓明. 归纳逻辑百年历程[M]. 北京：中央编译出版社，2006 年：138. 在我国的一些教材中也有这样定义的。

② 参见：史宁中. 统计检验的理论与方法[M]. 北京：科学出版社，2008：88.

③ 参见：Shi N-Z. A conjecture of maximum likelihood estimator[J]. IMS Bulletin，2008(4)：4.

想的正确性，但至今没有得到一般性的数学证明。

无论如何，我们又得到了(14.9)式所示的判断估计好坏的第二个标准，这个标准意味着，一个好的估计，虽然不能保证验证次数 n 增大时估计值必然等于概率的真值，但在极限状态下，这个结果以概率 1 成立。在现实生活中，只要能够得到这样的估计就应当心满意足了：**虽然结果不是必然的，但在极限状态下几乎处处是必然的。**

归纳推理的宗旨就是最大限度地信赖经验，对于结论或然的归纳推理，最大可能性原理就是对这个宗旨的数学表达，并且为这个宗旨提供了合理的推断方法。几千年来，人们在日常生活和生产实践中广泛地使用了这种方法，事实证明这种方法是行之有效的。几百年来，人们通过哲学研究，抽象概括了其中的思维方法；人们通过数学研究，合理表达了其中的思想方法。

第十五讲 基于两个类的归纳推理：类比方法

关于牛顿的一个伟大传说：一个苹果掉到了坐在苹果树下的牛顿的脑袋上，于是这个脑袋悟出了万有引力。如果这个故事是真的，那么牛顿的思维模式显然是一种联想。如果说牛顿的故事只是一个传说，不足为凭，那么下面的一段话是爱因斯坦的亲口述说[①]：

> 一个无法令人满意的事情是，尽管惯性与能量的关系在狭义相对论中得到解决，但是，惯性与重量之间的关系始终不清楚。这个难题的突破点突然在一天找到了，那天我突然闪现出一个想法：如果一个人正在自由下落，他决不会感到他有重量。……我决定把相对论扩展到加速参照系中。

爱因斯坦是在电梯中产生这个想法的。大概就是因为这个原因，爱因斯坦总是通过电梯来讲述他的广义相对论，被人们亲切地誉为爱因斯坦的电梯[②]。爱因斯坦相对论的核心是构建合理的参照系，广义相对论的核心是构建一个合理的惯性系。显然，爱因斯坦的思维模式也是一种联想，这样的联想不仅需要知识的积累，这样的联想更需要丰富的想象力。毋庸置疑，这样的想象力是发明创造所需要的基本思维能力，爱

① 参见爱因斯坦 1922 年秋在日本的讲学，日本东北大学石原纯教授整理，刊登在日本《改造》杂志 1923 年 2 月号上。

② 参见：史宁中著《数学思想概论(第 5 辑)——自然界中的数学模型》第四讲。

因斯坦下面这段名言就是他思维经验的结晶①：

想象力比知识更重要，因为知识是有限的，而想象力概括着世界上的一切，推动着进步，并且是知识进化的源泉。严格地说，想象力是科学研究中的实在因素。

虽然就一般情况，联想是一种形象思维，因为人总可以漫无边际地联想，而联想的东西往往是现实的而不是抽象的。但是，对于发明创造而言，泛泛的联想是毫无意义的，只有一种被称为“接近律”的联想才是有意义的，这种联想的思维形式借助了类比的方法②：如果两类事物具有许多相同的属性，那么可以通过一类事物具有的性质，联想另一类事物也具有相同的性质。无论是牛顿通过苹果的坠落联想到万有引力定律，还是爱因斯坦在电梯中联想到广义相对论，其思维模式都是这种被称为“接近律”的联想形式。钱学森也非常强调这种类型的联想，他明确地说③：

科学上的创新光靠严密的逻辑思维不行，创新的思想往往开始于形象思维，从大跨度的联想中得到启迪，然后再用严密的逻辑加以验证。

那么，这种基于联想的思维形式是怎样的呢？这种思维形式在数学中的作用是怎样的呢？在数学教育活动中，应当如何让学生感悟这样的思维形式，进而逐渐积累思维的经验呢？这就是这一讲所要讨论的类比方法。类比方法是基于两个类的推理，正如一些教科书所定义的④：

观察到两个或两类事物在许多属性上都相同，便推出它们在其他属性上也相同，这就是类比法。

我想强调，上面的述说在一个关键问题上是模糊的：“类比”不是对两类事物的“其他属性”同时进行推断，而是参照一类事物的已知属性推断另一类事物也具有相同的属性，因此，通过这样推断得到的命题具有主观性。可以进行这样推断的理由是：

---

① 参见：爱因斯坦．爱因斯坦文集(第一卷)[M]．许良英，范岱年，译．北京：商务印书馆，1976：284.

② 详细讨论参见：史宁中著《数学思想概论(第4辑)——数学中的归纳推理》第二讲。

③ 参见《钱学森的最后一次系统谈话》，涂元季整理，《人民日报》2009年11月5日。

④ 参见：金岳霖．形式逻辑[M]．北京：人民出版社，2005：224.

两类事物在其他方面具有相同属性。这样，类比方法在本质上也是通过经验过的东西推断未曾经验的东西，类比方法方属于归纳推理。

与基于一个类的归纳推理一样，基于两个类的归纳推理得到的结论也是或然成立的，并且，就得到的结论本身而言，也可以分为两种情况：一种情况是结论确切的，另一种情况是结论或然的。我们仍然分别讨论这两种情况，然后论述这种推理的合理性。

一、结论确切类比方法

如果用 A 和 B 分别表示两个集合或者两个类，可以这样描述结论确切类比方法的思维过程：已知集合 A 和 B 中的元素具有某些共同的属性，如果发现集合 A 中的元素具有性质 P，则推断集合 B 中的元素也具有性质 P。也就是说，希望推断集合 B 中元素的性质，但参照了集合 A 中元素已有的性质，可以参照的前提是这两个集合类似，至少在形式上是类似的。比如，乒乓球和网球是两种球类运动，在形式上有很多类似之处：都是单人或者双人进行比赛；比赛场地都是用网相隔，并且规定球要直接打到对方的领域。于是就可以从乒乓球比赛"交换发球"这个规则，类比规定网球比赛也要"交换发球"。人们还会联想到羽毛球、排球的比赛，但很少会联想到篮球、足球的比赛，因为后者在形式上就不类似，不存在联想的基础。基于两类事物属性的类似，通过一类事物具有的性质推断另一类事物也具有相同性质的推理方法被称为类比，可以看到，这就是我们在第十讲中讨论过的第二类性质传递(2)，并且利用(10.20)式给出了符号表达：

令 A 和 B 是两个集合，Q 是一个属性，P 是一个性质。A 和 B 中的元素都具有属性 Q，如果 $A \to P$，则 $B \to P$。　　(15.1)

在上述表达中，把两个集合共有的东西称为"属性"，把要推断的东西称为"性质"，是为了使类比方法的适用范围更广泛。比如，上面讨论的乒乓球和网球，运动形式的类似只能称为属性类似，而交换发球的规则可以称为相同性质。因为上面的推理形式具有性质传递性，属于逻辑推理，更确切地，属于归纳推理。需要说明的是，虽然基于"通过经验过的东西推断未曾经验的东西"这个原则，认为类比方法也属于归纳推理，但是，类比方法依然有着其特殊的魅力，因为在推理的过程中，可以借助类比使得思维在两类事物中跳跃，这样就极大地丰富了数学推理过程的想象力。与归纳方法类似，类比方法也分为结论确切和结论或然两种情况。(15.1)所示的思维模式就是**结论确切类比方法**，是这个话题所要讨论的内容。我们还是分析几个例子。

开普勒的类比方法。开普勒对科学的贡献是巨大的，一方面，开普勒通过他的老师第谷积累30年的观测数据，发现火星的运动轨迹是一个椭圆，修补了哥白尼日心说的理论；另一方面，开普勒提出了三大定律，为牛顿力学，特别是万有引力定律奠定了基础。克莱因曾经这样描述开普勒①：

> 这个德国人将奇妙的想象力、洋溢的热情与在获取观测资料时无穷的耐心以及对事实细节的极度服从结合起来。

开普勒虽然重视权威的理论，但更重视观测的结果，他的一切结论都是以事实为准绳的。就推理的思维方法而言，开普勒非常重视类比方法，他在《折光的测量》第四节"论圆锥截面"中说②：

> 其实，我们应当运用几何的类比方法。我珍视类比胜于任何别的东西，我这最可信赖的老师能揭示自然的所有奥秘。它在几何学中更应当得到重视，因为即使对于极不合理的逻辑的述说，类比方法仍然能够沟通两个极端情况中间的诸多情况，将事物的本质明晰地呈现在眼前。

开普勒说得非常正确，在数学中，类比的方法更多地适用于几何学。比如，我们在第一部分曾经讨论过，人们在日常生活和生产实践中，遇到的物体形状都是三维的，只是为了表述和研究的方便，才把三维的物体进行抽象，定义了一维的线和二维的面。反过来，人们又用一维线和二维面上的研究成果推断三维物体的性质。特别是，现代几何学更关注高维空间，甚至无穷维空间的情况，对于这样的空间人们是不可能经验的，人们的思维只能凭想象，想象的基础就是一维直线、二维平面与三维空间的关系，这种想象的思维模式就是类比方法。

点的表示与两点间距离。回顾第八讲的讨论，假设已经定义了数轴、平面直角坐标系和三维空间直角坐标系，我们分析人们是如何借助类比方法，把点的表达与两点

---

① 参见：克莱因. 数学与知识的探求[M]. 刘志勇，译. 上海：复旦大学出版社，2007：78.

② 原书已经失传，后由阿拉伯文翻译为拉丁文，参见 Johannes Kepler：Gesammelte Werke，Vol. Ⅱ，trans. E. Knobloch，rev. G. Shrimpton，Munich：C. H. Beck，1604/1939，p92。这段译文是东北师范大学历史系张强教授直接由拉丁文翻译的。英语翻译可以参见：Jan Zwicky. Mathematical Analogy and Metaphorical Insight，The Mathematical Intelligencer[M]. Springer Science，Business Media，Inc.，2006：4-9.

间距离的刻画从低维空间扩展到高维空间，甚至扩展到无穷维空间的。

对于一维空间，为了便于高维空间与一维空间进行类比，用数轴上的长度标记表达两个点 x 和 y：$x=x_1$，$y=y_1$，其中 x_1 和 y_1 分别为两个点的坐标。因为这两点的距离恰是这两个坐标差的绝对值，为了便于类比，可以形式地定义为

$$d(x, y)=\sqrt{(y_1-x_1)^2}。$$

对于二维空间，利用平面直角坐标系，类比一维空间借助坐标的表示方法，可以把两个点分别表示为：$\boldsymbol{x}=(x_1, x_2)^{\mathrm{T}}$，$\boldsymbol{y}=(y_1, y_2)^{\mathrm{T}}$，其中“T”表示向量或者矩阵的转置，这意味着讨论的向量都是纵向表示的。这完全是一种表达习惯，可以回顾第九讲的讨论。下面，类比一维空间，再根据勾股定理，定义两点间的距离为

$$d(\boldsymbol{x}, \boldsymbol{y})=\sqrt{(y_1-x_1)^2+(y_2-x_2)^2}。$$

对于三维空间以及一般的 n 维空间，可以类似地构建相应的直角坐标系，并且用坐标表示空间中的两个点，比如，$\boldsymbol{x}=(x_1, x_2, \cdots, x_n)^{\mathrm{T}}$，$\boldsymbol{y}=(y_1, y_2, \cdots, y_n)^{\mathrm{T}}$。这种表示完全是借助类比的形式化，因为我们根本没有高维空间的直观经验。同样，可以通过类比可以定义两点间的距离为

$$d(\boldsymbol{x}, \boldsymbol{y})=\sqrt{(y_1-x_1)^2+(y_2-x_2)^2+\cdots+(y_n-x_n)^2}。$$

虽然这种形式化的定义凭借的是想象，但有了这个定义之后，就可以一般性地讨论那个看不见摸不到的 n 维空间中的几何问题了。比如，讨论 n 维空间向量之间的关系、n 维空间的子空间以及 n 维空间向量在子空间上的投影，讨论 n 维空间上的曲面，等等。

基于类比得到的 n 维空间，表达 n 维空间向量的核心是建立一组基底，比如，n 维空间的直角坐标系的基底就可以由下面 n 个向量组成的：

$\boldsymbol{i}_1=(1, 0, \cdots, 0, 0)^{\mathrm{T}}$，$\cdots$，$\boldsymbol{i}_k=(0, 0, \cdots, 0, 1, 0\cdots, 0)^{\mathrm{T}}$，$\cdots$，$\boldsymbol{i}_n=(0, 0, \cdots, 0, 1)^{\mathrm{T}}$。

这组基底的第 k 个向量是一个第 k 个元素为 1，其余元素为 0 的 n 维向量。这样，每一个向量都可以用这组基底表示，比如，用这组基底表示向量 $\boldsymbol{x}=(x_1, x_2, \cdots, x_n)^{\mathrm{T}}$ 的形式就是

$$\boldsymbol{x}=x_1\boldsymbol{i}_1+x_2\boldsymbol{i}_2+\cdots+x_n\boldsymbol{i}_n,$$

也就是说，一个向量可以由这组基底的线性组合表示，称之为线性表出。事实上，我们还可以进一步抽象地表示上面的表达式

$$\boldsymbol{x}=\boldsymbol{I}\boldsymbol{x}, \ \boldsymbol{I}=(\boldsymbol{i}_1, \boldsymbol{i}_2, \cdots, \boldsymbol{i}_n)。$$

显然，基底也可以由其他向量组成，只是要求 n 个向量之间是线性无关的。比如，用 $\boldsymbol{a}_1$，$\boldsymbol{a}_2$，$\cdots$，$\boldsymbol{a}_n$ 表示另一组基底，这些列向量构成矩阵 $\boldsymbol{A}$。那么，向量 $\boldsymbol{x}$ 在这

组基底下的表达就是

$$y=Ax,\ x=A^{-1}y。$$

这样，在这组基底下向量 x 的长度又可以表示为

$$x^{T}x=y^{T}\Lambda^{-1}y。\tag{15.2}$$

其中 $\Lambda=AA^{T}$ 是一个满秩的对称矩阵，称这样的矩阵为正定矩阵。

可以看到，对于任意 n 维空间，可以一般性地定义出一组基底，这个空间的向量的表达、向量的长度、两点间距离都与这组基底有关。这样，无穷维空间也可以类比有限维空间得到，关键是合适地定义出一组包括无穷元素的基底，然后利用基底表出向量、定义距离。

对于数学来说，这种单凭类比想象得到定义是不确切的，为了严谨性的需要，还必须更加规范基本概念。比如，明确“距离”的含义是什么，进而给出“距离”的确切定义。但是，在规范距离概念的时候，必须注意到这些概念是如何产生的。比如，我们先构造了形如(15.2)式的距离，因此要“有的放矢”地分析这样的“距离”应当满足的条件，最后得到基于这些条件规范定义。这便是从“归纳推理”到“演绎推理”的认知过程，正如培根所说，这个认知不是“飞出来”的。

在现代数学中，距离被定义为：集合上的二值非负函数，满足自反性、对称性、三角不等式和唯一性四个条件。可以看到，由(15.2)式所定义的距离满足这些条件，或者更确切地说，这些条件就是从(15.2)式抽象出来的本质特征。可以看到，在上述非常严谨的、关于距离的定义中，已经完全掩盖了概念的产生过程，为此，再次强调：在数学教学中，一定要让学生体验到上面的思维过程，让学生感悟数学知识的本质，帮助学生积累数学思维的经验。我们确信，数学家把关于“距离”的思考上升到理念的那个时刻，他们头脑中思维的基础依然是最基本的算式。如果把概念的创造过程比作肖像绘画，那么，模特就是(15.2)式的基本表达式。因此，在数学教学中可以建立这样的信心：数学概念的确立是为了研究问题的需要，新的数学概念必须适用于最平凡的情况。

从彭加勒猜想到彭加勒定理。彭加勒猜想是人们使用类比方法进行归纳推理的典范，猜想的解决过程使得低维拓扑的研究得到长足发展，这个发展展示了人们对空间的想象力和理解力。

问题还是从二维空间开始。在二维平面上，如果构建了直角坐标系，定义了形如(15.2)式所示的距离，那么就可以定义圆：一个圆是指由那些到一个定点距离相等的点构成的集合。如果假设定点就是坐标原点 O，距离为 r，所谓的圆是指图形上的点 x 满足方程

$$r^2=\|\boldsymbol{x}\|^2=x_1^2+x_2^2。$$

通过上面的表达式可以看到，虽然是在二维空间讨论问题，但圆上的点构成的空间却是一维的，因为点的两个坐标中只有一个坐标是自由的。同理，三维空间的球面是二维的。也就是说，无论是圆还是球面，图形的维数都要比所在空间的维数低一维。类比二维空间和三维空间的情况，在 n 维空间中，可以定义半径为 r 的球面：

$$r^2=\|\boldsymbol{x}\|^2=x_1^2+x_2^2+\cdots+x_n^2。$$

并且，类比二维空间和三维空间的情况推断：n 维空间的球面是 $n-1$ 维的。

在三维空间中，二维闭曲面不仅有球面，还有很多其他形式的图形。彭加勒发现，球面上任意的闭曲线都可以不离开球面地逐渐收缩为一个点，如图 15-1(a)，但这个性质对圆环面就不成立，比如图 15-1(b)的圆环面就不具有这个性质。对于拓扑学，这个性质非常重要，人们称具有这样性质的闭曲面为单连通。虽然没有高维空间的直觉经验，但基于类比的思想，彭加勒猜想对于四维空间的三维的闭曲面也是成立的，即三维单连通闭流形必然与三维球面同胚。彭加勒于 1904 年提出这个猜想，后来又把这个猜想推广到任意 n 维闭曲面。

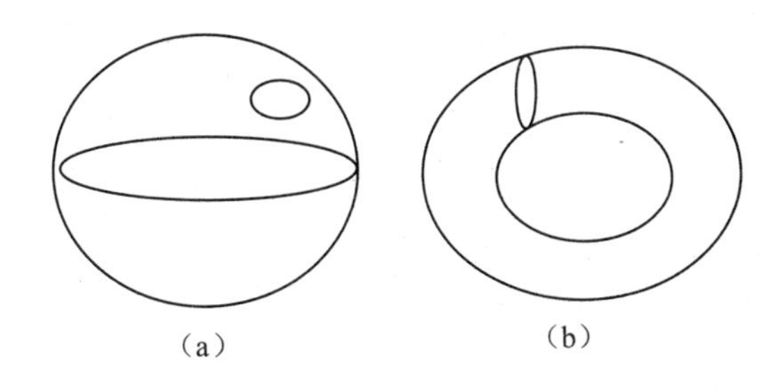

图 15-1　三维空间的二维闭曲面

问题表述是简单的，但证明却非常困难。关于彭加勒猜想的证明，突破性的进展是美国数学家斯梅尔的工作。在斯梅尔以前，人们的注意力集中于证明彭加勒最初的猜想，即三维曲面的情况，因为按照人们通常的思维惯例，低维空间的证明要比高维空间简单一些。但斯梅尔打破了传统的思路，决定先研究高维情况下的彭加勒猜想，这个思路使得他的研究得到了重大进展。1961 年，在基辅的非线性振动会议上，斯梅尔宣布了自己的研究成果：对于大于等于五维的曲面，彭加勒猜想正确。为此，斯梅尔获得 1966 年菲尔兹奖。1981 年，美国数学家弗里德曼证明了四维曲面彭加勒猜想的正确性，为此，他获得 1986 年菲尔兹奖。

与此同时，人们还尝试利用非传统拓扑学的方法来探寻彭加勒猜想的证明。比如，美国数学家瑟斯顿引入了几何结构的方法对三维流形进行切割，这项工作极大地促进了低维拓扑学的发展，并且为解决彭加勒猜想提供了新的思路，为此，他获得

1983年菲尔兹奖①。俄罗斯数学家佩雷尔曼利用8年的时间潜心研究彭加勒猜想，他借用美国数学家汉密尔顿提出的方法②，于2002年11月到2003年7月，把相继完成的三篇论文粘贴到一个刊登数学和物理论文的网站上③，并称自己解决了瑟斯顿几何化的猜想，因为彭加勒猜想只是瑟斯顿几何化猜想的一个推论，这就意味着佩雷尔曼完成了对彭加勒猜想的证明。2005年10月，几位数学专家验证了佩雷尔曼的文章，宣布证明是正确的④。为此，佩雷尔曼被授予2006年菲尔兹奖，但他拒绝接受，理由是因为他证明彭加勒猜想完全是出于兴趣。彭加勒的基于类比方法的思考，由于数学家近百年坚持不懈的努力，终于由猜想变成定理。

二、结论或然类比方法

在日常生活和生产实践中，如果要操作一项涉及范围广、涉及人数多的事情，往往需要事先考察一下历史上是否做过类似的事情，然后再决定是否做、如何做；或者在小范围先做尝试，通过结果判断利弊，然后再考虑是否推广、如何推广。显然，无论是历史上的发生，还是小范围内的试验，其结果都具有一定的偶然性，或者说，其结果都是或然的，那么，应当如何表述这样推断的合理性呢?

事实上，人们普遍相信，无论是历史还是现实，无论是小范围还是大范围，关系是“类同”的，因此事物发生的结果也很可能是“类似”的，这便是人们通常所说的“八九不离十”。这是一种基于经验的、通过一类事物的发生状况推断相似类事物的发生状况，推断结果本身就是或然的。

这种思维过程大致可以这样描述：对于A和B两类事物，B类事物与A类事物有一些共性，如果A类事物有较大的可能性得到某种结果，于是推测B类事物也有较大的可能性得到这个结果。借助(15.1)式，把这样的思维过程表述为下面的模式。

令A和B是两个集合，Q是一个属性，P是一个性质。A和B中的元素都具有属性Q，如果$a\in A$有$\frac{m}{n}$的可能性$a\rightarrow P$，则$b\in B$有$\frac{m}{n}$的可能性$b\rightarrow P$。

(15.3)

① 同一年，在美国工作的中国香港数学家丘成桐，因为微分几何和偏微分方程的突出贡献也获得菲尔兹奖。

② 参见：Hamilton. Three-manifolds with positive Ricci curvature[J]. J. Differential Geom.，17：695-729.

③ 参见 http://arxiv.org/abs/math.DG/0211159，2002.11.11(0303109，2003.3.10)(0307245，2003.7.17)。

④ 参见 Kleiner and Lott，Noteson Perelman's pepers，http://arxiv.org/abs/math.DG/0605667，2006.5.25。

可以看到，上述推理模式比(10.20)式和(15.1)式更一般化，并且保留了性质传递这个本质特征，因此这种推理模式属于逻辑推理，或者更确切地说，这种推理模式也是一种类比方法。称这样的推理为**结论或然类比方法**。

上述思维模式广泛运用于具有规律性的日常生活以及具有规范性的生产实践。比如，在夏日，人们看到阴天就预测可能要下雨，如果还伴有凉风，就会预测这场雨可能会很大，之所以这样预测，是因为人们经历过类似的过程。再比如，一个对班级学生了解的有经验的教师，他在设计考试题的时候就可以预测学生考试的大概结果，凭借这样的预测，这位教师可以调整考试题目的难易程度。

购买彩票也是这样，如果一个销售点售出的彩票中了大奖，人们会认为这个销售点售出的彩票还可能出大奖，于是这个销售点很可能红火起来。事实上，如果彩票的分配完全是随机的话，一个销售点售出的彩票连续出现大奖的概率是很小的，但是，人们宁可相信已经发生过的事情仍然还会发生。在哲学上，这种思维方法涉及偶然与必然的关系。下面，我们先分析两个类似的、与数学有关的例子，然后再讨论偶然与必然的关系。

股票价格的推断。发行股票是吸引社会资金的有效方法。一般来说，对于需要资金的企业，可以采取两种方法筹措资金：一种方法是银行贷款，另一种方法是发行股票。采用后一种方法往往比前一种方法更加稳妥，因为后一种方法吸引了更多的股东参与企业的发展，虽然要利益均摊，但也分散了风险。与此对应，社会上的闲散资金也有两种使用方法：一种方法是银行储蓄，另一种方法是风险投资。采用后一种方法比前一种方法回报会更大一些，但要承担相应的风险。

在各种风险投资的项目中，最为简捷的方法就是购买股票。根据这种需求，股份有限公司和股票交易市场应运而生。世界上第一家股份有限公司是荷兰的东印度公司，成立于1602年。世界上第一家证券交易所成立于1773年，是在伦敦的约那森咖啡馆，是伦敦证券交易所的前身。

股票交易市场是一种金融服务机构，在金融的交易过程中收取回报。为了便于投资者更好地决定投资取向，更好地了解自己的投资效果，金融服务机构编制出股票价格指数，用以描述股票价格的变动情况。当今社会，股票价格的变动不仅受到股民关注，并且是预测经济发展的重要参考。可是，各类股票繁多，价格变幻莫测，如何才能给出简单明了、相对客观的股票指数呢？这就需要采用类比的方法。就是选出一些代表性企业，用这些企业的股票价格变化来代替整个股票交易市场的价格变化。虽然这个代替不是非常准确，但这个代替能够提供大量的信息，提供给决策者参考。我们借助著名的道·琼斯指数的形成过程来分析这个问题。

道·琼斯指数是道·琼斯公司创始人查理斯·道于1884年开始编制的，是世界上历史最为悠久的股票指数。现今的纽约股票市场，依然用道·琼斯指数的变化说明当天股票价格的变化。道·琼斯指数在本质上是计算一部分有代表性上市企业的股票价格平均数①，最初选用11种运输企业的股票；1897年起选用20种工业和运输企业的股票；以后逐渐扩大到65种，延续至今。道·琼斯指数的编制思想就是结论或然类比方法，用一部分有代表性的企业的股票情况类比整个股票交易市场的股票情况。

彩票中奖推断。彩票获奖的形式是五花八门的，这是为了吸引更多的彩民。事实上，无论彩票的获奖形式如何，都要事先确定获奖的可能性。如果认定获奖的可能性是千分之一，是不是买1 000张彩票就必然获奖呢？事实并不这样简单，这与彩票的发行数量有关。如果只发行1 000张彩票，那么，买1 000张等于全部收购，当然会获奖。但在一般情况下，彩票会发行很多，买1 000张彩票可能出现：不中奖、中1张奖、中2张奖……对于每张彩票，都可能出现中奖和不中奖两种情况，在随机的情况下，每一张彩票中奖的概率是：$p=\frac{1}{1\ 000}$。这样，如计算公式(14.6)所示，购买1 000张彩票中有k张中奖的概率为

$$p_k=c(n,\ k)\cdot p^k(1-p)^{n-k},$$

其中$k=0,\ 1,\ 2,\ 3,\ \cdots,\ 1\ 000$；$n=1\ 000$。如果$p=\frac{1}{1\ 000}$，具体计算可以得到

k	0	1	2	3
p_k	0.37	0.38	0.18	0.06

可以看到，即便是买了1 000张彩票，不中奖($k=0$)的概率依然有37%。有1张以上彩票中奖的概率为1−37%=63%，其中恰好有1张彩票中奖的概率为38%。

虽然不可能事先知道中奖情况，但借助上面的分析结果，通过结论或然类比方法可以预测中奖的可能性，进而对如何购买彩票进行判断。当然，在许多情况下，彩票发行者是不会透露中奖概率的，这样就需要借助已经发生了的数据进行估计，比如，采用第十四讲中讨论过的最大可能性方法进行估计。

通过上面两个例子可以看到，世界上有许多事情，其结果的发生似乎是偶然的，但人们又隐隐约约地感觉到，在这种偶然发生的背后蕴含着一种必然规律。正因为如此，人们才可能进行结论或然的归纳推理。那么，这样的推理是否合理呢？如果合理，如何论证这种合理性呢？

---

① 参见道·琼斯官方网站 www.djindexes.com。

三、归纳推理中的偶然与必然

第十四讲中，我们借助最大可能性原则，从数学角度探讨了归纳推理的合理性，现在讨论一个更为哲学的问题：归纳推理中偶然与必然的关系。

归纳推理的本质是通过经验过的事情来推断未曾经验过的事情：一方面，经验的事情不能建立公理前提进行推理，因此，归纳推理的合理性不可能通过演绎推理进行解释；另一方面，经验本身是不可靠的，具有许多偶然因素，因此，归纳推理的合理性又不可能通过经验本身进行解释。基于这样的分析，英国哲学家休谟就陷入了两难的境地，于是提出了著名的不可知论，导致英国古典经验主义的终结。也正是因为休谟的分析，才使得康德从“教条主义的昏睡”中被唤醒，写出他的鸿篇巨制[①]。休谟的问题涉及原因和结果的关系，也涉及偶然与必然的关系。我们讨论偶然与必然之间的关系[②]。

偶然和必然是描述事物发生形态的术语，人们普遍认定，事物的发生在本质上只有这两种形态。这样就可以得到三种可能的论断：偶然和必然是对立的，事物的发生要么是偶然的，要么是必然的；事物的发生既是必然的又是偶然的，可以通过必然解释偶然；事物的发生既是偶然的又是必然的，可以通过偶然认识必然。恩格斯曾经有力地批驳了第一种情况，他在《自然辩证法》中说[③]：

> 这就是说：凡是可以纳入普遍规律的东西都是必然的，否则都是偶然的。任何人都可以看出：这等同于这样一种科学，它把它能解释的东西自称为自然的东西，而把它解释不了的东西归之于超自然的原因；把解释不了的东西产生的原因，叫作偶然性或者叫作上帝，对事情本身来说是完全无关紧要的。……在必然的联系失效的地方，科学便完结了。

古代西方哲学重视的是第二种情况。哲学界普遍认为，关于偶然和必然的论述是从古希腊的哲学家留基伯开始的，因为他说过[④]：“没有什么是可以无端发生的，万物

---

① 参见：杜兰特．探索的思想[M]．朱安，武国强，周兴亚，译．北京：文化艺术出版社，1991：269．

② 关于原因与结果的讨论，参见：史宁中著《数学思想概论(第4辑)——数学中的归纳推理》第五讲。

③ 参见：恩格斯．自然辩证法[M]．于光远，等译编．北京：人民出版社，1984：92．

④ 参见：罗素．西方哲学史[M]．何兆武，李约瑟，译．北京：商务印书馆，1997：99．

都是有理由的，而且都是必然的。”他的学生德谟克里特论述得更加充分，他举例说明①，某些看来是偶然的事件，像种橄榄时挖地发现了宝藏，秃鹰从高空猛扑乌龟而碰破了脑袋等，都有必然的原因。西方的这种认识很大程度上影响了当代社会，因为现今的人们仍然普遍认为②：

> 必然性产生于本质因素，即事物内部的主要原因，决定着事物总体的发展前途和方向。偶然性产生于非本质因素，即事物次要的外部的原因，在发展中一般居于从属地位，使总体上确定不移的过程在具体环节上又表现出非确定性的特点，任何事物的发展都是必然性与偶然性的辩证统一。必然性要通过大量的偶然性表现出来。偶然性作为必然性的表现形式和补充，又包含着必然性。

上面的论述是非常清晰的，也是非常确切的。但是，在讨论偶然产生的原因时，用“非本质因素”这个词是不确切的，一方面我们很难判断什么因素是本质的，什么因素是非本质的；另一方面，即便是已经被认定的非本质因素，如果事物的每次发生都含有这个因素，就应当把这个因素归类于必然。为了避免陷入循环思辨的怪圈，这个词的确切表述应当是“随机因素”，也就是，影响事物发生的那些可能出现也可能不出现、可以这样出现也可以那样出现的因素。

虽然我并不认为所有偶然的背后一定有必然作为支撑，但我确信所有必然都是通过偶然表现的，正是因为必然是通过偶然表现的，人们才可能认识必然。因此，我认为只有把上述第二种情况与第三种情况有机结合，才可能真正理解偶然和必然：**通过偶然认识必然，通过必然解释偶然。**与我们讨论的问题有关，在此必须强调，通过偶然认识必然的过程中，思维形式主要是归纳推理。

为了讨论问题的方便，我们借助数学符号、用模型描述偶然与必然的关系。用 x 表示偶然表象，用 a 表示必然规律，这个关系可以表示为

$$x=a+\varepsilon, \tag{15.4}$$

其中希腊字母 ε 表示随机因素引起的变化，加号并不表示多了一些东西，因为随机因素也可能产生负面影响。这个模型表现了偶然与必然的关系，x 的偶然性是因为由随机变量 ε 引发的。

---

① 参见：第尔斯克兰茨．苏格拉底以前哲学家残篇[M]．柏林：魏德曼出版社，1974；也参见：姚介厚．西方哲学史(第二卷)[M]．南京：江苏人民出版社，2005：353.

② 参见：李淮春．马克思主义哲学全书[M]．北京：中国人民大学出版社，1996：23.

这里所说的必然是指那些高于单纯依赖感官的认识。比如，生活的经验告诉我们，位居高处的物体失去了束缚必然会下落，这是必然的，但这仅仅是单纯凭借感官认知的必然。可以想象，动物也能感知到这种必然，因为动物绝对不会无端地从悬崖上坠落。在单纯感官的基础上，能够进行逻辑思维的人至少还要关心两个问题：一是为什么会有这种现象；二是这种现象如何表现。第一个问题涉及必然产生的原因；第二个问题涉及必然产生的形式。如果要深入讨论偶然与必然的关系，这两个问题是具有一般性的。第一个问题实在难以回答，比如上面所说的自由落体的问题，虽然牛顿总结出了万有引力，但至今人们依然很难回答为什么会有引力：太阳为什么会拉着地球而不让地球离开呢？因此，我们只能含糊其词地说，引力是物质的固有属性。因此，我们只能把认知限定在第二个问题，即限定于研究必然产生的形式，我们称这样的形式为**必然规律**。

必然规律是一种假说，可以用偶然验证假说。如果把必然限定为必然规律，那么，这里的必然就是未知的，就像我们曾经讨论过的概率那样。事实上，(15.4)式中有两个未知参数 a 和 ε，因此这个模型是不可推断的[①]，模型只是一个理念。为了把理念转换为可以推断的现实，需要再一次分析人们认识世界的思维过程。我们曾经讨论过，人们认识问题是从联想开始的，大体需要经历这样三个过程：依据事物的形式构建类，推断类中事物的性质或者规律；建立概念、借助符号描述事物的规律；通过实践判断描述的合理性。

基于上述原则，为了认识(15.4)式中未知的 a 就必须描述这个 a，称这样的描述为**假说**。如果用大写字母 A 表示 a 的假说，在验证的过程中就可以用假说的 A 代替未知的 a，可以写成

$$x=A+\varepsilon。\tag{15.5}$$

虽然假说不一定是正确的，但假说是已知的。这样，上式中有两个因素是已知的：x 是基于观测得到的，A 是基于假设得到的。现在，可以给出一个认识必然规律的流程：**通过对事物背景的理解提出假说，通过对事物现实的观测验证假说，通过验证后的假说解释必然规律。**下面，通过一个实例来具体地分析这个认识必然规律的流程，这个实例可能复杂一些，但借助这个实例的分析是深刻的。

一个遗传学的启示。遗传学家孟德尔于1865年发表了重要论文《植物杂交试验》，在这篇论文中提出了遗传因子的概念，并且提出了遗传学中两个最基本的定律：分离定律和自由组合定律。更加难能可贵的是，孟德尔用豌豆的试验验证了他的定律。

---

① 比如，考虑收甲、乙两家电费的问题，用 a 表示甲家的电费，ε 表示乙家的电费，x 表示两家共同的电费。很显然，如果仅知道 x 的数值，无法推断 a 和 ε 的具体数值。

孟德尔研究豌豆的两个性状：颜色和外表。颜色分黄和绿两种，外表分圆和皱两种。孟德尔研究的起因基于这样的事实：如果把纯合子黄颜色的豌豆与纯合子绿颜色的豌豆杂交，收获的豌豆都是黄颜色的；但是，如果把收获到的豌豆再进行一次杂交，第二次杂交后收获到的豌豆既有黄色也有绿色。为什么会出现这样的结果呢？孟德尔给出了一个大胆的假设：有一种东西存在，这种东西可以在豌豆的体内世代相传，称这种东西为遗传因子。孟德尔进一步设想，遗传因子分两种：显性和隐性。显性遗传因子在下一代中性状表现，隐性遗传因子在下一代中性状不表现，比如，豌豆关于颜色的遗传因子，黄色是显性的，绿色是隐性的。这个假说的思路可以用图解释，如图 15-2。

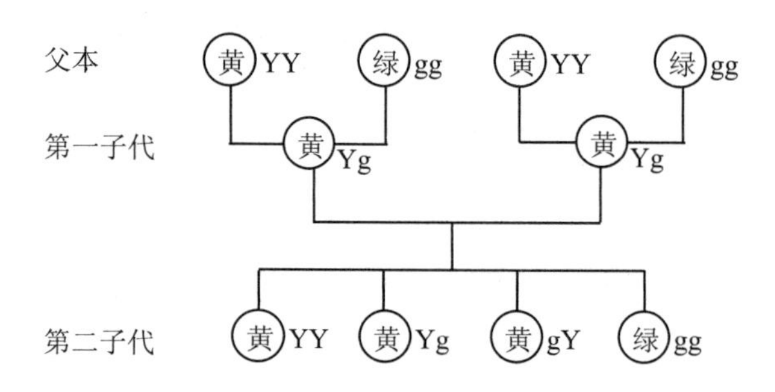

图 15-2　豌豆颜色遗传图谱说明

图 15-2 中，圆圈中的黄或者绿表示性状，圆圈外的英文字母表示遗传因子：Y 为黄色，g 为绿色。根据拉普拉斯关于概率的定义，容易推算，第二子代出现黄色的概率为$\frac{3}{4}$，出现绿色的概率为$\frac{1}{4}$。分别用符号表示为 $P(\mathrm{Y})=\frac{3}{4}$和 $P(\mathrm{g})=\frac{1}{4}$。对于外表性状圆和皱，可以类似地考虑。根据经验，孟德尔假设圆的遗传因子为显性，皱的遗传因子为隐性。如果用 R 表示圆，用 w 表示皱，同理，第二子代出现圆和皱的概率分别为 $P(\mathrm{R})=\frac{3}{4}$和 $P(\mathrm{w})=\frac{1}{4}$。

现在，综合考虑颜色和外表这两种性状，父本豌豆分别选用两个纯合子：黄圆和绿皱，那么，第二代杂交豌豆的性状可能出现四种结果：黄圆、黄皱、绿圆、绿皱，即 YR，Yw，gR，gw。根据自由组合定律，出现“黄圆”概率等于出现“黄”概率乘出现“圆”的概率，即$\frac{3}{4}\times\frac{3}{4}=\frac{9}{16}$。这样，根据自由组合定律，可以计算出各自出现的概率为①

① 参见：史宁中．统计检验的理论与方法[M]．北京：科学出版社，2008：73-74.

$$
\begin{aligned}
&P(\mathrm{YR})=P(\mathrm{Y})P(\mathrm{R})=\frac{3}{4}\times\frac{3}{4}=\frac{9}{16},\\
&P(\mathrm{Yw})=P(\mathrm{Y})P(\mathrm{w})=\frac{3}{4}\times\frac{1}{4}=\frac{3}{16},\\
&P(\mathrm{gR})=P(\mathrm{g})P(\mathrm{R})=\frac{1}{4}\times\frac{3}{4}=\frac{3}{16},\\
&P(\mathrm{gw})=P(\mathrm{g})P(\mathrm{w})=\frac{1}{4}\times\frac{1}{4}=\frac{1}{16}。
\end{aligned}
\tag{15.6}
$$

上式意味着，如果孟德尔所假设遗传因子存在并且遵循两个定律，那么，第二代杂交豌豆的颜色和外表出现黄圆、黄皱、绿圆、绿皱的比例为 9∶3∶3∶1。

这就是根据孟德尔假说得到的必然结论，结论是从假设出发通过计算得到。这样得到的结论不一定是正确的，通过假说得到的结论必须要通过现实进行验证。于是，孟德尔进行了著名的豌豆试验。孟德尔依据假设要求安排了豌豆的试验，通过试验得到第二代杂交豌豆 556 粒。试验表明，第二代豌豆确实出现了四种结果，表明孟德尔关于遗传因子存在的假说以及分离定律可能是正确的。我们曾经在上一讲中定义随机变量的均值为数学期望。如果孟德尔的自由组合定律也正确，根据(15.6)式可以计算出四种结果豌豆粒数的期望分别为

$$
\begin{aligned}
&E(\mathrm{YR})=556\times\frac{9}{16}=312.75,\\
&E(\mathrm{Yw})=556\times\frac{3}{16}=104.25,\\
&E(\mathrm{gR})=556\times\frac{3}{16}=104.25,\\
&E(\mathrm{gw})=556\times\frac{1}{16}=34.75。
\end{aligned}
\tag{15.7}
$$

而孟德尔豌豆试验的结果分别是

$$
\mathrm{YR}：315；\mathrm{Yw}：101；\mathrm{gR}：108；\mathrm{gw}：32。\tag{15.8}
$$

现在要做的工作是，通过试验数据(15.8)与期望数据(15.7)的比较，检验假设模型(15.5)替代理念模型(15.4)的合理性，进而检验孟德尔假说的正确性。在验证之前，必须注意到这样的事实，即使孟德尔的假说完全正确，即(15.7)式给出的期望数据完全正确，也不可能通过试验得到完全一样的数据，因为在试验的过程中，存在日照、通风、授粉等随机因素的影响，这就是模型(15.4)中随机变量 ε 的影响。正因为如此，每一次试验结果都是偶然的，是不可确切预测的。如果这样的分析是正确的，那么，应当如何进行验证呢？

验证原则。生活经验告诉我们，如果关于必然的假说是正确的，那么每一次偶然

得到的试验数据都不会距离期望数据很远；反之，如果试验数据与期望数据相差很大，那么关于必然的假说就很可能是错误的。根据这个基本经验，建立如下**否定假说原则**：

> 如果试验数据与期望数据相差很大，则认为假说不成立；否则，不能否定假说的正确性。

上述原则是来自统计学的，可以看到，用这个原则判定假说的正确性是恰到好处的。这个原则似乎不符合数学推理的思维习惯，因为这个原则只涉及了假说的否定判断，而没有涉及假说的肯定判断；而数学推理的思维习惯是基于排中律的，即或者肯定假说，或者否定假说，二者必选其一。但是，上述否定假说原则是基于现实的，因为在现实生活和生产实践中，对于许多问题很难给出肯定的结论，却可以给出与此相关的不能否定的结论。比如爱因斯坦四维时空的假说，因为至今为止所有事实支持这个假说，因此不能否定这个假说，即便如此，我们也很难断定这个假说就是真理。在本质上，所有通过归纳推理得到的推断，都只能采用这样的判定原则。在这个意义上，真理永远是被动的，正如罗素所说①：

> 科学在任何时候都不会是十分正确的，但也很少是十分错误的，并且常常比非科学家的学说有更多的机会是正确的。因此，以假定的态度来承认它，是合乎理智的。

为了应用上述基本原则，必须构造出一个具体的准则，使得人们可以利用这个准则判断观察到的偶然 x 与假说 A 之间的差异，通常称这样的准则为**距离**。也就是说，人们需要构建一种距离，通过距离度量假说与观察的远近关系。比如，对于孟德尔的试验结果，我们需要定义一种距离，借助距离判断试验数据与期望数据差异的大小，比如下面的距离。

用 O 表示观察数据(Observation)，用 E 表示期望数据(Expectation)，一种观察数据和期望数据之间的距离可以定义为

$$\chi^2 = \sum \frac{(O_k - E_k)^2}{E_k}, \tag{15.9}$$

其中求和号 $\sum$ 表示对所有可能结果 $k=1, 2, \cdots, n$ 求和。孟德尔试验数据的 $n=4$，

① 参见：罗素. 我的哲学的发展[M]. 温锡增，译. 北京：商务印书馆，1995：12.

对应的试验数据和期望数据分别为

$$
\begin{aligned}
&O_1=315,\ E_1=312.75;\\
&O_2=101,\ E_2=104.25;\\
&O_3=108,\ E_3=104.25;\\
&O_4=32,\ E_4=34.75。
\end{aligned}
\tag{15.10}
$$

就一般的情况，用差的平方定义距离是合适的，那么，为什么上面的式子还要除以期望数据呢？这是为了去掉量纲对距离的影响，人们通常称去掉量纲影响的方法为标准化。

上述公式是英国统计学家皮尔逊给出的。如果期望假设正确，随机变量 χ^2 的取值规律服从自由度为 $n-1$ 的卡方分布，人们称这个量为**皮尔逊卡方统计量**。这个统计量是人类第一次从定量的角度刻画观测数据与期望假设之间的关系，无论在思想上，还是在实际应用中都非常重要，以此被誉为 20 世纪科学技术 20 个重大发明之一(重大发明包括相对论、电视机、计算机、抗生素等①)。

计算孟德尔试验结果。把试验数据和期望数据(15.10)代入(15.9)式可以得到 $\chi^2=0.47$，根据自由度为 3 的卡方分布，如果孟德尔假说正确，统计量大于等于这个实验数据的概率为

$$p=\Pr\{\chi^2\geqslant 0.47\}=0.39。$$

那么，应当如何利用这个概率对实验结果进行分析呢？

利用否定假说原则：如果试验数据与理论数据相差很大，则认为理论是不成立的；否则，则不能否定理论假设的正确性。上面的计算数据说明，如果孟德尔假说是正确的，那么试验数据有 39%的可能大于等于这次的实验数据。经验告诉我们 39%这个概率是很大的，根据这个概率不能认为试验数据与理论数据有很大差异，因此，不能否定孟德尔假说，只能认为试验数据支持了孟德尔假说。事实上，这个支持是强有力的，这个支持为以后遗传学的发展建立奠定了坚实的基础。

在上面的分析中，概率 p 是至关重要的，通常称这个值为 p 值。到现在为止，人们已经利用这样的方法解决了成千上万的实际问题，并且在应用的过程中逐渐形成了共识：当 $p\leqslant 0.05$ 时，认为试验数据与理论数据之间有差异；当 $p\leqslant 0.01$ 时，认为试验数据与理论数据之间有显著差异。这样判断的思想基础是：**小概率事件在一次试验中不可能发生。**这种思想也是符合常理的，正如人们不会因为有地震而不建高楼、有交通事故而不购买汽车一样，这是因为地震与交通事故都是小概率事件。

① 参见：Hacking Ian. Trial by Numbers[J]. Science，1984：69-70.

第三部分

数学的模型：从数学回归现实

通过前面两部分的讨论可以看到，人们通过抽象和推理，逐渐形成了数学研究的对象与概念，创建了数学运算的方法与法则，得到了数学命题的假设与结论。这样的过程历经数千年，一个庞大的数学王国就建立起来了。与此同时，人们不断地把数学创建的方法和结论应用到现实生活和生产实践中，这就是数学的应用。数学的应用相当广泛，从日常生活购物的斤斤两两，到浩瀚宇宙星座间距离的度量，几乎涉及现实生活的各个方面，涉及生产实践的各个领域。我们在这一部分将要讨论数学模型。数学模型属于数学的应用，但与通常所说的数学应用有着非常本质的区别，这个区别导致数学模型的思想与数学应用的思想也不尽相同。

我们之所以把模型称为一种数学思想，这与数学模型的功能有关。虽然数学模型属于数学应用的范畴，但主要是指：用数学所创造出来的概念、原理和方法，来理解、描述和解决现实世界中的一类问题。这样的一类问题往往蕴含着某种事物发生的规律性，或者说，蕴含着某种事物发展的必然性，这就是第十五讲最后一节用较大篇幅讨论过的必然规律。因此，**模型思想是指**：能够有意识地用数学的概念、原理和方法，理解、描述以及解决现实世界中一类问题的那种思想。进一步，**掌握模型思想就是**：把握现实世界中一类问题的本质与规律，用恰当的数学语言描述问题的本质与规律，用合适的数学符号表达问题的本质与规律，最后得到刻画一类事物的数学模型。简而言之，模型思想就是用数学的语言讲述现实世界的故事；数学模型构建了数学与现实世界的桥梁，借助数学模型使数学回归于现实世界。

数学对于现实世界的回归是极为重要的，也就是说，数学模型对数学的发展是极为重要的，因为数学家必然会从数学的角度审视模型中的数学表达，汲取“创造数学”的灵感，促进数学自身的发展。比如，我们在第三讲中曾经讨论过的微积分，就是在讲述现实世界的故事中产生与发展起来的。甚至可以认为，数学模型的构建与应用，是现代数学得以健康发展的重要源泉，正如冯·诺伊曼的教诲[①]：

> 数学思想来源于经验，我想这一点是比较接近真理的。真理实在太复杂，对之只能说接近，别的都不能说。……数学思想一旦被构思出来，这门学科就开始经历它本身所特有的生命。事实上，认为数学是一门创造性的、受审美因素支配的学科，比认为数学是一门别的，特别是经验的学科要更确切一些。……换句话说，在距离经验本源很远很远的地方，或者在多次“抽象的”近亲繁殖之后，一门数学学科就有退化的危险。

在上述论述中，关于“数学经过多次抽象之后可能出现近亲繁殖、退化的危险”的警告是值得充分重视的，很显然，避免数学退化最简单的办法就是注重数学与现实世界的联系，而联系的最重要途径就是数学模型。正如在前面两部分讨论过的那样，合理的思维过程具有理性加工的功能，而现实世界的那些东西一旦经过理性的加工，或者说，现实世界的那些东西一旦经过数学的描述，不仅具有了一般性，而且具有了真实性[②]。而数学模型就是这种理性加工的范例，**数学对于解释现实世界是无能为力的，但利用数学能够更好地描述现实世界。**

正因为如此，数学模型的价值取向往往不是数学本身，而是数学模型在描述现实世界中所起到的作用；数学模型的研究手法也不是单向的，需要从数学的角度思考，更需要从现实问题的角度思考。也只有这样，才可能启发数学家的灵感，创造出新的数学。

不难想象，除却对所要研究的现实世界的那一类事物本身的了解之外，模型思想也是建立在抽象和推理之上的，这是因为，无论是从数学的角度把握事物的本质与规律，还是用数学的语言描述事物的本质与规律，知识基础是对数学内容的把握，思维基础就是抽象和推理。

综上所述，在数学教学活动中，让学生了解数学模型，特别是了解数学模型的构

---

① 参见：刘金顺，何绍庚，译．数学史译文集[M]．上海：上海科学技术出版社，1981：123.

② 这个想法更像是柏拉图的，因为他认为经验是不可靠的，只有理念才是永恒的，因而是真实的。详细的讨论参见：史宁中著《数学思想概论(第2辑)——图形与图形关系的抽象》第十讲。

建过程是非常重要的。因为在这个过程中，可以让学生体会：如何用数学的“眼睛”观察现实世界，如何用数学的“思维”思考现实世界，如何用数学的“语言”描述现实世界。

近些年来，在数学界还流行了一个与“模型”意思非常接近的词“模式”，或许可以这样理解两者之间的区别：模式的宗旨是解决一类“数学”中的问题，模型的宗旨是解决一类“现实”中的问题。我们将在这一部分的最后一讲，也就是本书的最后一讲，讨论什么是数学的模式以及模式与模型之间的共性与差异。在此之前，先讨论自然界的数学模型，然后讨论生活中的数学模型。

第十六讲　时间与空间的数学模型

我们在这一讲和下一讲，将讨论自然界的数学模型。所谓“自然界的”是指现实世界原本存在、与人的行为无关的那些东西，这些东西是人类认识世界的对象，也是认识世界的基础。在众多的基础中，有三个最为基本的概念，这就是：时间、空间和力（包括引力）。通过下面的讨论将会看到，这些基本概念的确立与描述必须借用数学的语言，甚至可以说，确立与描述这三个基本概念的过程，是构建数学模型的典范。先讨论时间与空间的数学模型，然后再讨论力与引力的数学模型。

一、时间的模型

在上一讲的最后部分我们谈到，因为休谟的不可知论，康德从“教条主义的昏睡”中被唤醒，写出了他的巨著《纯粹理性批判》。虽然这本巨著书名为批判，实质却是在论证纯粹理性的可能性，因为康德在这本巨著的第一版序中说①：

> 主要问题仍然是：知性和理性脱离一切经验能够认识什么，认识多少？

为此，康德先讨论了空间，然后讨论了时间（在下面论述中将会看到，我们为什么要先讨论时间，然后讨论空间），康德认为空间和时间是一种纯粹直观②，是一般感性直观的纯粹形式，能够先天地在内心中被找到，而人们的经验直观就是借助纯粹直

① 1781年，这个序在第二版中被康德删去了。

② 在古代中国，很早就用“宇宙”一词把空间和时间联系在一起：上下四方曰宇，往古来今曰宙。

观得到的。关于时间，康德论述到①：

> 时间不是独立存在的东西，也不是附属于物的客观规定，因而不是抽掉物的直观的一切主观条件仍然还会留存下来的东西；因为在前一种情况下，时间将会是某种没有现实对象却仍然现实存在的东西。至于第二种情况，那么时间作为一个依附于物自身的规定或秩序就会不可能先行于对象作为其他条件，也不可能通过综合命题而被先天地认识和直观到了。相反，这种事很有可能发生，如果时间无非是一切直观得以在我们心中产生的主观条件的话。因为这样一来，这一内直观的形式就能先于对象、因而先天地得到表象了。

康德关于空间和时间的论述影响了许多哲学家和科学家，甚至影响到许多近代物理学家。但康德的论述实在让人费解，康德似乎想说明：时间是一种主观条件，这种主观条件产生于先天直觉，并且这种主观条件既不附属于物，也不独立存在。康德的这种说法非常含糊不清，以至于令许多现代物理学家感到困惑，热力学的奠基人、奥地利物理学家玻尔兹曼就曾经抱怨说②：

> 哲学以无上的技巧建造了空间和时间的概念，然后又发现这样的空间里不可能有物体，这样的时间里不可能有过程。……就是在康德那里，也有不少话，让我莫名其妙，以致令我怀疑，像他这样脑筋灵敏的人，是否在跟读者开玩笑，还是在存心欺骗读者。

我们不想对时间进行形而上学的讨论，只希望能够清晰地描述时间到底是什么。首先，必须确定一个前提：**事物发生与发展具有先后关系这个事实本身是客观存在的。**我想，即便是在远古时代，人们也能感知这种存在。比如，打雷使森林着火了，具有思维能力的人一定能够感知到：打雷在前，森林着火在后。再比如，一个人由年轻走向老年，具有思维能力的人也必然能够感知：这是岁月的痕迹。正是长久的、无数个这样的感知，使得人类逐渐建立起时间的概念，并且能够借助时间的概念来描述事物的发生过程。因此，**时间是关于过程的度量，如何刻画时间的概念完全依赖人的**

---

① 参见：康德．纯粹理性批判[M]．邓晓芒，译．杨祖陶，校．北京：人民出版社，2004：36．

② 参见：柯文尼，海菲尔德．第一次推动丛书·时间之箭[M]．江涛，向守平，译．长沙：湖南科学技术出版社，1995：7-8．

想象。进一步，为了精确地刻画时间的概念，人们就必须构建关于时间的数学模型。似乎可以说，**刻画时间是人类迄今为止构建的最为重要的数学模型，**效能几乎可以与火的使用、文字的发明、自然数的发明媲美。

仅仅凭借我们生活的地球，无法准确建立关于时间的概念，至少在远古时代是这样的。因为时间涉及过程，要建立与时间有关的概念就必须要有参照物。对于生活在地球上的人类，最好的参照物便是太阳、月球和浩瀚星空。为了准确表达时间概念，就必须清晰地描述地球与参照物之间、参照物与参照物之间的关系，清晰描述的途径就是借助数学的语言。这便是用数学的语言讲述现实世界中的故事，这将是一个完整的构建模型的思维过程。

关于年、月、日的模型。最初，人们构建时间模型的基本目的是确定年、月、日；构建模型的基本依据是地球围绕太阳的运转周期、月球围绕地球运转的周期、地球自转的周期；构建模型的关键是保证年、月、日之间的协调，而实现协调的方法是考虑上述三个周期之间的比例。构建时间模型是一件十分复杂的事情，原因就在于上述三个周期之间的比例都不是整数，也就是说，无论哪个周期都不能整除其他的周期：地球围绕太阳运转一周的时间是地球自转一周的365倍多一点，月球围绕地球运转一周的时间是地球自转一周的29倍多一点；地球围绕太阳运转一周的时间相当于月球围绕地球运转一周的12倍多一点。其中，所谓的“多一点”是一个无法精确表达的数。在认识世界最基本的问题上，大自然就是用这样复杂的结构来考验人类的智慧，来启迪人类如何构造模型。

在远古时代，人们还不知道太阳、地球、月球的运转规律，应当如何计算运转周期呢？人们还不知道太阳、地球、月球之间的运动关系，应当如何刻画年、月、日呢？

如何刻画“日”。人们不仅需要知道今天，还需要知道昨天和明天。显然，一个最为简单的确定日的方法，是把昨天日出和今天日出之间的间隔定为一日。但是，远古的人们就已经发现，日出的时间是不同的，这表现于日照时间的不同：夏季日照的时间长一些，冬季日照的时间短一些。

在很早以前，北半球的人们就知道夏至日照时间最长，冬至日照时间最短。位于英国威尔特郡索尔兹伯里平原有一个巨石阵，建造于公元前2300年左右，那是旧石器时代的晚期。凭借当时的生产力要把如此多的巨石搬运、竖立在那里，是不可思议的。虽然各种疑惑困扰着人们，但有一点是肯定的，那就是巨石阵的设计考虑了时间的因素，因为人们发现：巨石阵的主轴线和夏至那一天早晨初升的太阳在同一条线上；有两块石头的连线指向冬至那一天日落的方向。这显然是当时人们的有意之为，说明当时的人们已经理解了“夏至”和“冬至”的含义。

与每天日照的时间不同相对应，太阳每天升起的位置也不同，人们很早就发现了这个事实。大约距今4 500～6 000年前的中国大汶口文化发现了表示日、云、山的符号。在山东日照附近的日月山，每年春分、秋分两个节气时，早晨太阳正好从东方的峰顶冉冉升起，符号表现的就是这个意境。春分位于冬至、夏至之间，秋分位于夏至、冬至之间，在这两个节气，白昼与夜晚的时间一样长。

综上所述，至少在新石器时代的初期，人们就知道了春分、夏至、秋分、冬至四个节气。这样，人们就通过日照时间的变化，或者说，根据地球自转与地球围绕太阳公转之间的关系以及地球自转轴与公转平面倾斜角构建了模型，利用这个模型清晰地描述出了春夏秋冬四季的变化规律。把握一年四季这个变化规律与人们的日常生活和生产实践的关系太密切了，几乎所有民族的历法，都明确标出这四个节气。可以看到：**模型的最初建立是基于观察和想象的，而不是基于推理的；判断模型正确与否的标准是基于经验的，而不是基于理性的。**

刻画“日”依赖于刻画“时”。“时”是比“日”更小的时间单位，所谓确定“时”是指再把日划分为若干个间隔，给这些间隔命名，用这些名来度量过程。虽然“时”是在“日”的基础上确定的，但确定了“时”反过来又可以判断“日”。比如，现代的人们普遍认为过了午夜12时就是第二天。基于时的概念，每天日出的时间可以不同：夏季早一些，冬季晚一些。那么，“时”是如何确定的呢？

确定时间更为准确的参照物是恒星。仰望星空，你会发现随着时间的推移，整个星空发生旋转，但大多数星辰在星空中的相对位置是不变的，这些星辰便是恒星。特别是其中的北极星，绝对位置也是不变的，是人们辨别方位的最佳参照物，因此，几乎所有的古老文明都注意到了北极星。这样，如果在夜空中划出一个坐标，那么就可以根据某个恒星移动到坐标的位置来确定时间。确定星空坐标的一个切实可行的办法就是把夜晚与白昼连接起来，连接的桥梁就是黄道。古代的人们普遍认为太阳是围绕地球旋转的，黄道就是指太阳在天空的运行轨迹。大约是公元前5世纪，古巴比伦人发明了黄道十二宫，后来传播到古希腊、古埃及、罗马和印度①。

在古代中国，人们设定的坐标是二十八个星宿，东南西北各七个，如《史记·天官书》说：“天则有列宿，地则有州域”。古代中国把黄道由西向东划分为十二等分，称之为十二次，并用二十八星宿中最近的星宿与之对应，古代中国对于“时”的确认与这十二次关系密切②。

---

① 参见：Hungei and Pingree. Astral Sciences in Mesopotamia[J]. Leiden，1999.

② 参照《汉书·律历志》和《淮南子·天文训》，王力在《古汉语(第三册)》中给出了十二次与星宿的对应表。

据甲骨文记载[①]，殷人已经把一日明确地分为四个时，分别为旦、午、昏、夜。几乎在同时，人们已经把一日划分为十二时辰，《诗经·小雅·大东》中有"跂彼织女，终日七襄。虽则七襄，不成报章"这样的诗句。襄表示的是时辰，七襄表示七个时辰，这表明至少在西周时代，就已经把一日划分为十二个时辰[②]。到了宋代，进一步把每个时辰一分为二，分别称之为小时，这便是"小时"这个词的由来。这样，一日就被划分为二十四小时，延续至今。

明确了"时"就明确了"日"，那么如何记录"日"呢？在古代中国是用天干地支的方法纪日。天干有十个，地支有十二；天干单数配地支单数，天干双数配地支双数。组合数正好是10与12的最小公倍数$2\times5\times6=60$，从甲子开始到癸亥结束，六十天为一周，循环记录。

我们不知道这样的纪日方法是从什么时候开始的。史书《世本》中说，"容成作历，大桡作甲子，……二人皆黄帝之臣，盖自黄帝以来，始用甲子纪日，每六十日而甲子一周"，可以认为纪日方法从黄帝时代就开始了。我想，这种纪日方法至少可以确认到商代，因为殷墟甲骨的卜辞中已经明确有干支纪日的记载[③]；并且，在《诗经·小雅·车攻》中有"吉日庚午，既差我马"的诗句。至少从鲁隐公三年(公元前722年)二月的"己巳"日开始直到今日，干支纪日从未间断，这是人类迄今最长的纪日纪录，长达2 737年，约10万日。

干支纪日法的好处是周而复始，可以日复一日不间断的记录；这种纪日法的缺点是不便于记忆和推算。现在采用的纪日法分年、月、日三个层次，这就必须确定年和月。

如何刻画"年"。古代中国也用天干地支的方法来纪年，即六十年一个甲子，从东汉至今六十甲子周而复始，天干地支纪年法一直没有中断[④]。古代中国还使用一种纪年方法，就是年号，是从公元前841年开始的，第一个年号的名称是"共和"。周厉王是西周第十位国王，执政时间从公元前878年到公元前841年。周厉王横征暴敛，酷刑止谤，终于引起了国人暴动，将他放逐到彘(今山西霍县东北)。厉王被放逐后，召穆公和周定公共同管理朝政，或许与此有关，定国号为共和[⑤]。共和元年即公元前

---

① 甲骨文主要是指殷墟甲骨文，殷墟在现今河南安阳小屯村一带，商王盘庚于公元前14世纪左右将商王朝迁都于此，至纣亡国，历8代12王273年。

② 参见：张闻玉．古代天文历法讲座[M]．桂林：广西师范大学出版社，2008：60-61；同书第39页还谈到，应当把星辰区别，其中星是指行星，辰是指恒星，如果是这样，那么时辰一词就可以理解为由恒星确定的时间。

③ 参见：《甲骨文精粹释译》"释文及译读"中的第598条，王宇信，杨升南，聂玉海，主编，昆明：云南人民出版社，2004。

④ 参见：王力．古代汉语(第三册)[M]．北京：中华书局，1995.

⑤ 参见《史记·周本纪》中记载：召公、周公二相行政，号曰共和。

841 年，从这一年开始，中国就有了明确的年号纪年，直到中华人民共和国的建立，历时 2 790 年。那么，确定一年长短的参照物应当是什么呢？

最初的参照物是月球。几乎所有古老民族的文明中都制定了历法，而且，都在历法中规定一年是十二个月，可以想象，确定月的依据是月球围绕地球的运转周期。人们通常把朔月，也就是夜空无月的那一天作为一个月的开始。月球本身不发光，月光是因为阳光的反射，每逢朔月，月球正好运行到地球和太阳之间，与太阳同时出没，于是被阳光照亮的那一半背向地球，而面向地球的是黑暗的一半，所以在这一天地球上看不到月球。过了朔日，黄昏后在西方天际可以看到弯弯的月亮，称之为新月；十五天后圆月在中天，称之为望月；过了望月，黄昏后的月亮逐渐移向东方，直到下一个朔月，周而复始。依据这样的运转规律，人们称**月球运行周期为朔望月**。一个朔望月应当是 30(29.53)日，但结束恰好是新周期的开始，这样就必须以两个月为单位计算周期，共有 59 日，于是人们就用大月 30 日、小月 29 日进行调整。即便如此，两个月还有 0.06 日的盈余，因此过一段时间还要增加一个大月，才能保证月初必朔、月中必望，但真正的麻烦并不在此。

基于月的历法很难判别一年的四季，这是因为阴历一年 12 个月共 354 日，与地球公转一周 365 日相差 11 日多，三年将积累 34 日。这就意味着第一年的春分和第二年的春分相差 11 天，三年之后春分相差一个月，这个差实在是太大了，四季变化将涉及春种秋收，这是一个大问题。因此，许多古老民族在阴历的基础上又用阳历加以补充，被称为**阴阳合历**。

为了使阴历与阳历协调，或者说，为了协调月球围绕地球运转周期与地球围绕太阳运转周期，所有古老民族都用闰月的形式进行调整。在古巴比伦，根据出土的乌尔第三王朝(公元前 2010 年～前 2003 年)的行政管理文件，在历法中规定每 25 年加入 10 个闰月①。古巴比伦还规定了 7 日为周期的星期，分别用太阳、月球和行星命名，这个规定一直影响到今天。

在古代中国，人们则关注二十四节气，二十四节气的基础是阳历，中国古代先民的春种秋收完全依赖二十四节气，通过闰月调整历法，使其与自然季节吻合，如《尚书·尧典》中说②：“以闰月定四时成岁”。比较古巴比伦，古代中国采用的添加闰月的方法更加准确：每 19 年加 7 个闰月。如《淮南子·天文训》中说：“故十九岁而七闰”。

---

① 参见：Wu，Y H. The Calendars Synchronization and Intercalary Months in Umma，Puzriš-Dagan，Nippur，Lagash and Ur During Ur III Period[J]. Journal of Ancient Civilizations，17：113-134.

② 在古汉语中“岁”与“年”的含义不同。岁是指某一气节，比如春分，到第二年这个气节这段时间，因此岁是指阳历的一年；年是正月初一到下一个正月初一这段时间，因此年是指阴历的一年。参见：王力. 古代汉语(第三册)[M]. 北京：中华书局，1999.

把一月初一定为一年的开始似乎是天经地义的事情，据说远在五千年前的夏朝就是这样制定的。但后来商朝定在十二月初一，周朝定在十一月初一，秦朝定在十月初一。西汉太初元年(公元前 104 年)，汉武帝责令制定《太初历》，恢复了夏历，即现在所说的农历，以正月初一为岁首。后来历朝虽有修改，但基本上都是以《太初历》为蓝本。民国元年(公元 1912 年)规定使用阳历，称阳历的一月一日为新年，称农历的正月初一为春节。

古埃及创造了阳历。在最初的时候，古埃及也使用阴历，但很快就发现了使用阴历的局限性，于是限定阴历只使用于宗教仪式。古埃及制定阳历不是参照太阳而是参照天狼星。在北半球看，天狼星是南部夜空中最明亮的星，在猎户星座腰带三星的东南方。古代中国也注意到了天狼星，屈原《九歌·少司命》中有“举长矢兮射天狼”的诗句，更有苏东坡的《江城子·密州出猎》中“会挽雕弓如满月，西北望，射天狼”的诗句。天狼是指天狼星，长矢和雕弓都是指弧矢星座，共有九颗，如《史记·天官书》中所记载：“弧九星，在狼东南，天之弓也。”

古埃及文明的兴盛得益于尼罗河每年的泛滥。尼罗河泛滥之时，天狼星就要比太阳更早地出现在东方的天空，这样，天狼星就得到了古埃及人们的崇拜，并且规定一年从天狼星的偕日升这一天开始，即透特月(Thot)第一天(7 月 16 日)。古埃及人发现天狼星偕日升周期为 365 日，误差$\frac{1}{4}$日，于是规定一年 12 个月，一个月 30 日，外加 5 日的假期，共 365 日，每 4 年加 1 日调整误差。或许这样的历法是最合适的，因为每个月的日数是一定的。据说，古埃及天狼历的起始可以追溯到公前 4226 年左右①，距今 6 242 年，可见历史之久远。

现代历法的确定。在希腊数学家索西琴尼斯的帮助下，儒略·恺撒把古埃及的天狼历引入罗马，于公元前 46 年 1 月 1 日开始实施。规定回归年 365 又$\frac{1}{4}$日：四年中的前三年为平年 365 日，后一年为闰年 366 日；一年 12 个月：单为大月 31 日，双为小月 30 日。这就是儒略历。

君士坦丁时代罗马教会获得自由后，于公元 325 年的尼策阿教会会议决定，基督教国家共同采用儒略历，并且把传说中的基督耶稣诞生之年定为纪年的开始，称为公元。但是，现在的回归年应当是一年有 365.242 2 日，儒略历与其相差 11 分 14 秒，128 年相差 1 日。这样，到了公元 1582 年，人们发现春分竟是在 3 月 11 日，与 1 258 年前比相差 10 日，近乎每 400 年相差 3 日。于是，罗马教皇格里高利十三世召集学者

① 参见：乔治·萨顿. 希腊黄金时代的古代科学[M]. 鲁旭东，译，郑州：大象出版社，2010：35-36.

开会，改革儒略历：把 1582 年 10 月 4 日后的一天定为 1582 年 10 月 15 日，中间跳过 10 天；同时规定：能被 4 除尽的年是闰年，能被 100 除得尽而不能被 400 除尽的那一年不是闰年，人们称这个历法为格里历。与儒略历相比，格里历在 400 年中减少 3 个闰年，这个方法可以保证到公元 5000 年前误差不超过 1 天。

古代中国的阳历。中国传统使用的历法被称为农历，因为表现形式是阴历，因此普遍认为古代中国不很清楚阳历，甚至认为阳历是西方传教士带到中国来的。这是一个天大的误解。

中国使用的阴历之所以又被称为农历，是因为中国历来以农业为本。正如上面讨论过的那样，仅仅凭借阴历是无法指导农业生产的，那么，为什么阴历在中国能够使用如此长久呢？事实上，在古代中国的历法中，真正指导农业生产的是基于阳历制定的二十四节气，这些节气在历代历法中都被放置在非常突出的位置，因此中国的农历实质上是阴阳合历。在古代中国，人们很早就知道阳历一年的周期。

远在商周，人们就测定阳历周期为 366 日，如《尚书·尧典》中说："期三百有六旬有六日，以闰月定四时成岁"。当时测算周期的方法被称为土圭之法，《周礼·夏官司马》中说："土方氏掌土圭之法，以致日景"。在平台中央竖立一根杆子，正午时测杆子的影长。在一年中，夏至时日影最短，冬至时日影最长，如果把冬至这一天的日影长度记下，下一次同样日影长度出现时，间隔的天数就是阳历一年的周期。取夏至和冬至日影长度的平均，用这个平均长度来定春分和秋分时日影长度，这样就决定了一年中最重要的四个节气。

至少到汉代，中国就测定阳历一年的周期是 365 又$\frac{1}{4}$日，《后汉书·律历》说："日发其端，周而为岁，然其景不复，四周千四百六十一日，而景复初，是则日行之终。以周除日，得三百六十五度四分度之一，为岁之日数。"这就是说，观察冬至（或夏至）那一天的日影长度，一岁过去后，日影长度不能重合，四岁即 1 461 日过去之后日影长度才重合，说明是周期的结束，所以用 4 除 1 461 得到岁的日数为 365 又$\frac{1}{4}$日。

尽管参照系不同，古代中国关于一年周期的结论与古埃及是一致的，都是因为农耕的需要，这也是那个时代最为精准的结果。也正因为如此，古代中国才可能在很远古的时候就制定出相当准确的二十四节气，这对指导农业生产至关重要。

关于分和秒的模型。"分"是比"时"更精细的时间单位，"秒"又是比"分"更精细的时间单位。在人们的日常生活和生产实践中，时间单位精细到秒是必要的，并且，精确到秒也就足够了。

如果说确定年、月、日必须参照自然界的一些东西的话，那么，确定分和秒就必须依赖人的发明和创造，因为利用肉眼观察，无论是测量日影的长度还是观察星体的移动，都不可能精确到分，更不可能精确到秒。因此，确定分和秒的参照物则必须是人为制造出来的那些东西。经历了水流钟和机械钟，现代人们迎来了石英钟和原子钟。

石英钟。石英钟的基本原理与机械钟是一样的，主要由蓄能装置、守时装置、报时装置这三个部分组成。蓄能装置使用的是电池，守时装置中的振荡器利用的是石英晶体①的压电效应，报时装置有传统的指针式，也有液晶数字显示。因为石英钟的蓄能装置是电池，人们也称这样的钟为电子钟。人们通常使用的电子表的构造与电子钟相同。石英钟刻画时间的精度相当高。目前最好的石英钟，日计时能精准到十万分之一秒，270 年才差 1 秒。

原子钟。现代科学研究对时间精度的要求非常苛刻，这就要求把时间的划分更加精细，人们制造出了比石英钟更为精准的原子钟。原子钟的振荡器利用电磁辐射振荡周期，不同原子的电磁辐射振荡周期是不同的。美籍奥地利物理学家拉比发明了一种磁共振技术，能够精确地测量出原子的自然共振频率，为此他获得了 1944 年诺贝尔物理学奖。1967 年第 13 届国际度量衡大会，利用原子钟的原理对“秒”给出了严格的定义：铯 133 辐射 9 192 631 770 个周期的时间间隔。

我们已经用很长的篇幅讨论了时间。可以看到，时间完全是一个人为的概念，这个概念是人类对事物发展过程的抽象度量。为了实现这种抽象度量，就必须寻找合适的参照物，比如太阳、月球、星辰、水流、机械震荡、晶体振荡、电磁波，等等；对于这些参照物，人们关注的是变化周期；**为了借助参照物变化周期刻画时间，就必须使用数学的语言，为了精细刻画时间，就必须构建数学模型。**虽然这些数学模型完全是人们在实践中想象出来的，但事实证明，利用数学模型刻画时间的方法是行之有效的。世间的所有故事都是经人们演绎加工过的东西，数学模型就是人们用数学语言讲述世间的故事。

在上面的论述中，讲故事的人似乎是一个局外人，讲故事的人并没有进入到参照系之中。如果讲故事的人也在参照系中，就必须对时间进行更加深入的思考，这将涉及相对论。

相对于运动物体的时间模型。通过上面的讨论，我们似乎感觉时间就像一条长河，这条长河承载了所有发生过的事情，静静地、以同样的速度流淌着。时间是永恒的，时间也是绝对的。牛顿的所有研究就是建立在这种绝对时间之上的，他强调时间

---

① 石英是一类矿物的统称，化学成分为二氧化硅，常见的有硅石、水晶、玛瑙等。

流逝的不变性①：

> 所有运动都可能加速或减速，但绝对时间的流逝并不迁就任何变化。事物的存在顽强地延续维持不变，无论运动是快是慢抑或停止。

按照牛顿的说法，过去、现在、将来这三个刻画时间最重要的概念本身是绝对的：一个事件，无论是发生在同一地点，还是发生在相距遥远的地方，这三个概念的意义都是一样的。但仔细思考，我们会发现这个说法是有问题的，比如，遥远的天边打雷的时候，既有闪电又有雷声，是应当通过闪电来确定打雷的“现在”呢，还是应当通过雷声来确定打雷的“现在”呢？进一步，在更加遥远的地方发生的事情也会这样吗？比如，在天狼星附近有一个超新星发生了爆炸，在地球上能够同时知道这个事件的发生吗？按照牛顿的说法，“现在”这个概念是绝对的，因此，“时间绝对”这个说法就必然要求那个超新星爆炸的信息“即刻”被送达地球，这是可能的吗？输送超新星爆炸信息的载体是光，那么，光能够实现信息的即刻到达吗？光是不是也有速度呢？是否还有比光速更快的速度呢？

光速是绝对的。对于地球而言，光速确实是无穷大，那么，对于浩瀚无涯的宇宙空间是不是也是这样呢？为了明确这个问题，人们开始尝试测定光的速度。在伽利略用自己制作的望远镜观察到木星也有卫星之后，人们发现一个奇怪的现象，当地球与木星的距离发生变化时，木卫一进入木星阴影的时间也会发生变化：距离远时时间长一些，距离近时时间短一些，最多相差 22 分。如图 16-1，其中 A 和 B 是地球轨道上的两个不同点。丹麦天文学家勒默尔认为引起时间差异的原因是光的速度，光的速度是有限的：穿越地球轨道直径大约需要 22 分，据此勒默尔计算出光速为 214 000 千米/秒。

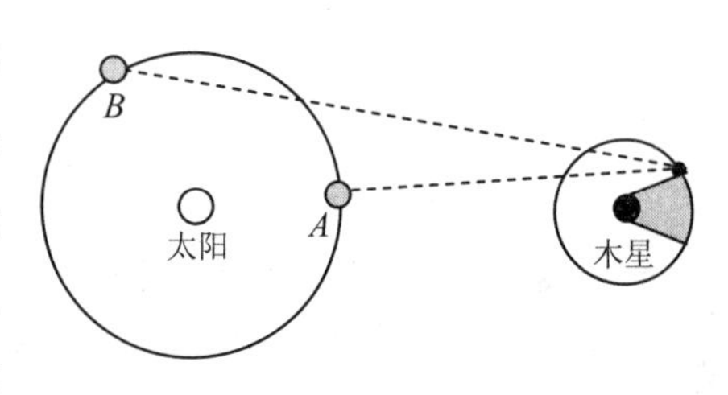

图 16-1 地球上观察木卫一的时间差异

美国实验物理学家迈克尔逊于 1931 年给出了光速精密的测定：299 910 千米/秒。迈克尔逊发明了一种用以测定微小长度、折射率和光波波长的干涉仪。1887 年，迈克尔逊与化学家莫雷利用这种干涉仪，作出了著名的迈克尔逊-莫雷实验。这个实验不仅否定了以太的存在，并且为狭义相对论奠定了实验基础。迈克尔逊获得 1907 年诺贝尔物理学奖，为美国获得诺贝尔物理学奖的第一人。现在，人们利用原子钟测定时

① 参见：牛顿. 自然哲学之数学原理[M]. 王克迪，译. 北京：北京大学出版社，2006：5.

间，得到光速为 299 792.458 千米/秒①。

迈克尔逊-莫雷实验结果还表明：无论是加上地球自转的速度，还是减去地球自转的速度，对光速都是没有影响的。光速不变原理正是爱因斯坦狭义相对论的基础，但是，1905 年爱因斯坦发表狭义相对论时，提出光速不变原理只是基于他头脑中想象的思维实验，没有参考这个实验结果。

时间是相对的。有了时间，可以反过来度量物体的运动。下面讨论最简单的匀速直线运动，涉及三个最基本的概念：时间、速度、距离，分别表示为 t，v，x。有关系式

$$x=vt。\tag{16.1}$$

这个式子是典型的数学模型，表述的是距离与时间和速度的故事。由此可以得到时间的表达

$$t=\frac{x}{v}。\tag{16.2}$$

这个模型是一种静态描述。那么，应当如何考虑动态的情况呢？我们可以提出这样的问题：如果考虑运动者与观测者之间的相对运动，这个结果也成立吗？因为运动者与观测者处于不同的惯性系②，可以把问题化简为下面的例子，或者说，可以述说下面的故事。

如图 16-2，一个人在飞驰的列车上，一个人站在地面上，因此，列车上的人和地面上的人处在两个不同的惯性系。在列车的天棚设置一个发光源，在列车的地板上设置一个反光镜，如果从发光源向地板直射一束光，两个惯性系的人看到的光行走路线将是不同的：在列车上看，光是垂直向下然后向上；在地面上看，光走了一个 V 形。如何解释这两种情况呢？为了回答这个问题，我们先建立两个类似(16.1)式的距离表达式：一个是为列车中的人建立的，另一个是为地面上的人建立的。因为考察的是光行走的距离，因此两个式子中的速度均

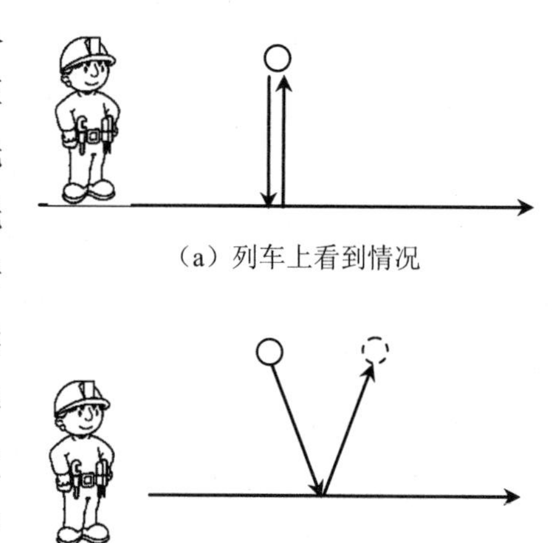
（a）列车上看到情况

（b）地面上看到情况

图 16-2 列车与地面看到光行走的路线

---

① 参见：伊戈尔·诺维科夫. 时间之河[M]. 吴王杰，陆雪莹，闵锐，译. 上海：上海科学技术出版社，2001：37-38.

② 这个名称来源于牛顿力学三大定律第一定律，即惯性定律：在不受外力的作用下，物体保持静止或者匀速直线运动。

为光速。

我们已经知道光速是绝对的，也就是说，在两个式中“光速”是相同的，是一个常量。如果仍然坚持牛顿的说法，认为时间也是绝对的，那么，在两个式中“时间”也是相同的。因为两个式子中的量都相等，因此，两个惯性系看到的情况应当是完全一样的。但图 16-2 可知事实并非如此，因此两个量中必须有一个量不相等：如果认定光速是绝对的，那么时间就不可能是绝对的。这也就是说，时间将随着惯性系的不同而不同，时间是相对的。这是可能的吗？

我们谈到，最精准的度量时间的仪器是原子钟。如果时间是相对的，那么，同一台原子钟，在不同的惯性系中得到的时间将是不同的。这虽然是一件不可思议的事情，但近代实验结果表明，事实确实如此。比如，带电 π 介子的半衰期是一亿分之十七秒，即在通常情况下，带电 π 介子每隔一亿分之十七秒，粒子就要衰变一半；但是，如果把这种粒子加速到光速的 90%，则半衰期将会增加两倍多，达到一亿分之三十九秒。这意味着，在更快的，比如接近光速的惯性系中，原子钟将会变慢。原因就是：在不同的惯性系中，物体的存在形式不同。为此，爱因斯坦给出了著名的质能变换公式：

$$E=mc^2, \tag{16.3}$$

其中 E 表示能量，m 表示质量，c 表示光速。质能变换公式表明，任何物质都蕴含着大量的能量，通过公式可以得到：1 克物质中蕴含着 9×10^{13} 焦耳能量，足以把约 21 万吨水从 0℃ 加热到沸腾。这个公式也为制造原子弹奠定了理论基础。

现在，重新考虑如何建立数学模型描述图 16-2 所示的两种情况，首先需要建立两个惯性系相互转换的模型，这个转换模型涉及伽利略变换和洛伦兹变换。在具体讨论这个问题之前，需要认可物理学最为基本的公理，这个公理就是：

宇宙中所有各处的物理规律都是一样的。　(16.4)

这个公理意味着，无论在哪一个惯性系，所使用的物理学公式都应当是一样的，变化的只能是其中的参数，就像我们曾经讨论过的伽利略自由落体公式，无论在地球惯性系，还是在月球惯性系，公式表达的关系都是一样的，变化的只是其中的参数，即重力加速度：在不同的惯性系，重力加速度 g 可以不同。因此，无论是从哲学的角度思考，还是从现实的角度思考，这个公理都是无可非议的，否则我们生活的这个宇宙就太杂乱无章了。

伽利略变换与洛伦兹变换。把两个惯性系表示为 A 和 B，原点为 O_A 和 O_B，时间

$t=0$时两个原点重合。惯性系 A 相对惯性系 B 沿直线方向移动，速度为 v，时间 t 后到达Q，如图 16-3。我们现在分析，对于位置 Q，两个惯性系是如何度量的。

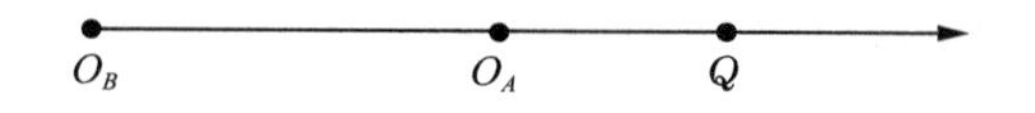

图 16-3　伽利略变换与洛伦兹变换

对这样的两个惯性系，原点是唯一的参照物。在惯性系 A 看，Q 距离原点为 x_A；在惯性系 B 看，Q 距离原点为 x_B，所用时间分别为 t_A和 t_B。如果假设时间是绝对的，则 $t_A=t_B=t$。容易得到

$$x_A=O_AQ,\ x_B=O_BQ=O_BO_A+O_AQ,\ O_BO_A=vt。$$

据此可以得到**伽利略变换**：

$$\begin{aligned} x_A&=x_B-vt,\\ t_A&=t_B=t。\end{aligned} \tag{16.5}$$

现在考虑，如果在伽利略变换中去掉关于时间绝对的假设，情况将会是什么样。去掉假设最简洁的表示办法，就是在两个惯性系中加上时间坐标。荷兰数学家洛伦兹在研究麦克斯韦方程时发现，如果用伽利略变换从一个惯性系到另一个惯性系，会导致麦克斯韦方程表达不同，也就是说，会导致电磁效应表达不同，这有悖于(16.4)所述物理学基本公理。于是，洛伦兹提出了一种新的变换公式，引进了著名的洛伦兹因子，即 $\gamma=(1-v^2/c^2)^{-\frac{1}{2}}$，其中 c 为光速。1904 年，洛伦兹正式发表了他的研究成果①。几乎就是在同时，法国数学家彭加勒从数学的角度也研究了类似的问题，第一次提出了“洛伦兹变换”这个词，并讨论了基于洛伦兹变换的变换群的性质。1905 年，爱因斯坦把洛伦兹变换用于时空变换，提出了著名的狭义相对论。

现在，我们简约推导洛伦兹变化，目的是为了把握洛伦兹变换的精髓②。在洛伦兹变换中，需要假设时间是相对的，光速是绝对的，这就需要在两个惯性系分别加入时间坐标，比如，令惯性系 A 中的坐标为$(x_A,\ t_A)$，惯性系 B 中坐标为$(x_B,\ t_B)$。仍然参见图 16-3，设想从原点 $O_B(O_A)$向前发出一束光，因为光速是绝对的，因此由(16.1)式有

$$x_A=ct_A,\ x_B=ct_B。 \tag{16.6}$$

现在，由(16.5)式出发构建一个新的坐标变化模型，构建模型的基本思路是对伽利略空间进行压缩或者膨胀。这样，我们就可以得到

---

① 洛伦兹和他的学生塞曼共同获得 1902 年诺贝尔物理学奖。

② 参见：福克. 空间、时间和引力的理论[M]. 周培源，朱家珍，蔡树棠，译. 北京：科学出版社，1965：32-35.

$$x_A=a(x_B-vt_B), \quad x_B=a(x_A+vt_A),$$

其中 a 为待定系数。把上式中的 x_A 代入 x_B 的式子中可以得到

$$t_A=at_B+(1-a^2)x_B/(av),$$

再用 x_A 乘 x_B 可以得到

$$x_Ax_B=a^2(x_Ax_B+x_Bvt_A-x_Avt_B-v^2t_At_B)。$$

把(16.6)式代入上式，可以求得待定系数 a 恰为洛伦兹因子 γ。这样，我们就得到了**洛伦兹变换**：

$$x_A=\gamma(x_B-vt_B), \tag{16.7}$$
$$t_A=\gamma(t_B-x_Bv/c^2)。$$

虽然洛伦兹变换的表达与推导都不复杂，但其中蕴含了深刻的物理背景。这就说明，我们不能仅从数学的角度理解数学模型，因为数学模型的本质在于讲述现实世界的故事，数学的公式和符号只是讲述故事所使用的语言。正如洛伦兹在评价爱因斯坦的工作时所说的那样①：

> 我没有成功的主要原因是我墨守只有变量 t 可被看作真正的时间，我的局部时间 t' 最多只被认为是一个辅助的数学量。

其中，洛伦兹所说的真正的时间是 t_B，局部时间是 t_A，在(16.7)式中，我们可以看到这两个坐标的实际意义。即便洛伦兹如是说，爱因斯坦仍然实事求是地评价了洛伦兹的贡献②：

> 可以说，没有洛伦兹变换公式也就没有狭义相对论。……虽然洛伦兹本人从来不认为自己的理论与狭义相对论的发现有密切的关系，而且他一生都不肯放弃绝对空间和绝对时间的时空观念，但是他的方法确实成为狭义相对论的基本数学方法。

还有一个事实可以进一步说明数学模型现实意义的重要性。"洛伦兹变换""相对论"这些名词都是彭加勒提出来的，但彭加勒是从哲学的角度提出的，并没有理解这些词背后的物理意义，始终对爱因斯坦提出的相对论表示怀疑。

---

① 参见：Abraham Pais. SUBTLE is the LORD：The science and the life of Albert Einstein[M]. Oxford：Oxford University Press，1982：167.

② 参见：爱因斯坦. 相对论[M]. 周学政，徐有智，编译. 北京：北京出版社，2007：24.

理解数学模型的基础不是数学，也不是哲学，而是对现实故事的理解。正如美籍华人物理学家、诺贝尔奖获得者杨振宁所说①："洛伦兹懂了相对论的数学，可是没有懂其中的物理学；彭加勒则是懂了相对论的哲学，但也没有懂其中的物理学。"那么，狭义相对论中的时间到底是什么呢?

狭义相对论中的时间。容易看到，当相对速度 v 很小时，洛伦兹因子几乎为 1，因此，当相对速度很小时，洛伦兹变换等价于伽利略变换，爱因斯坦时空等价于牛顿时空。正如《时间之箭》这本书中写到的那样②：

> 尽管爱因斯坦对时间作了重新评价，牛顿学说的大部分，经过 300 年的考验仍然卓有成效。所以，一位宇航员 1968 年在第一次绕月航行返回途中说道："我想，现在主要是伊萨克·牛顿在驾驶飞船了。"这句话突出表明，当年阿波罗计划是如何依赖于牛顿定律来计算飞船的轨道的。只有当物体运动速度接近光速时，牛顿定律才会失效。这种高速运动的情况，与我们的日常经验迥然不同，除非是涉及光和电磁作用的场合。

下面，我们借助狭义相对论的时间观念计算一下，如果宇宙飞船的速度接近光速会出现什么样的情况。比如，假设宇宙飞船的速度 $v=0.995c$，对应洛伦兹因子 $\gamma\approx 10$。在图 16-3 中，用原点 O_A 表示宇宙飞船，相对以 O_A 为原点的宇宙飞船惯性系，坐标 $x_A=0$。由(16.7)式中第一式得到 $x_B=vt_B$，带到第二式得到 $t_A=t_B\gamma/\gamma^2$。这样就可以得到

$$t_B=\gamma t_A=10t_A。\tag{16.8}$$

就是说，即便使用同样的钟，在宇宙飞船上过了一年，在地球上已经过了十年。事实证明这是可能的，比如，人们在宇宙射线中发现，氢原子的原子核的速度与光速相差无几，如果按照地球时间计算，这种质子穿过银河系的时间需要 10 万年，但按质子所在惯性系的时间，只需要 5 分。同样的道理，如果一个人在这种质子所在的惯性系中生活，地球上已经过了 10 万年，对于这个人时间才过了 5 分。结论似乎不可思议，但事实就是如此。

① 参见：杨振宁著《爱因斯坦对二十一世纪理论物理学的影响》，源于杨振宁 2004 年 3 月 14 日在德国爱因斯坦诞辰 125 周年纪念会上的讲话稿，原文为英文。

② 参见：彼得·柯文尼，罗杰·海菲尔德. 第一次推动丛书·时间之箭[M]. 江涛，向守平，译. 长沙：湖南科学技术出版社，1995：63.

二、空间的模型

与时间的概念一样，空间的概念也是人类认识世界的最基本概念。康德甚至认为空间比时间更为基础，因此在巨著《纯粹理性批判》中康德先讨论空间，然后借助空间来认识时间①：

> ……用一条延伸至无限的线来表象时间序列，在其中，杂多构成了一个只具有一维的系列，我们从这条线的属性推想到时间的一切属性，只除了一个属性，即这条线的各个部分是同时存在的，而时间的各部分却总是前后相继的。

无论多么伟大的哲学家，许多观念的形成依然凭借的是头脑中的想象。康德用直线来想象时间，于是用空间概念来描述时间概念。这样思考问题是正常的，因为空间的许多事物是看得见摸得着的，容易建立直观。但是，越是简单明了的东西往往越难给出确切的定义，越难刻画事物的本质，正如我们在第一部分所讨论的那样，定义“点线面”比定义“数”更加困难。

康德用空间概念描述了时间概念，那么，又应当如何描述空间概念呢？康德只能给出了一个非常含糊的说法②：“空间是一个作为一切外部直观之基础的必然的先天表象”。康德通过想象构造出来的关于空间和时间的概念实在令人费解，引发许多哲学家抱怨③：这些论述是“全部《批判》中最难懂而最引起争议的教义”。我们依然不对空间进行形而上学的讨论，只是希望能够比较客观地描述空间到底是什么。那么，在人们的头脑中空间是如何存在的呢？

距离是认识空间的关键。上一个话题谈到，时间可以用来度量事物的过程，度量事物发展的先后关系，那么，空间可以用来度量事物的差异，度量事物存在的位置关系。度量事物位置关系的关键，是认识事物之间的方位与距离。

当代人类学家相当一致地认为，分布在世界各地的人都是远古时代从东部非洲走出的④。如果事实确实如此，我们就不能不对中国河姆渡文化、北美印第安文化、中

---

① 参见：康德. 纯粹理性批判[M]. 邓晓芒，译. 杨祖陶，校. 北京：人民出版社，2004：36-37.

② 参见：康德. 纯粹理性批判[M]. 邓晓芒，译. 杨祖陶，校. 北京：人民出版社，2004：28.

③ 参见：康浦·斯密. 康德《纯粹理性批判》解义[M]. 韦卓民，译. 北京：华中师范大学出版社，2000：169.

④ 传统说法是200万年前，现代说法是10多万年前，参见：史宁中著《数学思想概论(第4辑)——数学中的归纳推理》第一讲。

美雅玛文化表示震惊和敬仰，因为要完成这样的伟业，当时的人们需要跨越万水千山，需要攀登崇山峻岭，需要相当长的时间，甚至要几代人坚持不懈的跋涉。或许，当时的人们还没有建立距离的概念。

无论如何，对于从事狩猎、放牧和航海这样周而复始活动的人们，必须要建立距离的概念，这个概念与时间的概念是紧密相连的。我想，这个相连与康德的思考恰恰相反：**不是通过空间来描述时间，而是通过时间来描述空间，**这也是我们先讨论时间后讨论空间的缘由。

人们在道路上行走，是一维空间的事情，关心的是道路上两点之间的距离。我们在第八讲中曾经谈到，如果两点之间有几条道路可以走，那么最直的道路对应的距离就最短。很难说清，人们作出这样判断依赖的是先天直觉，还是后天经验。如果是后天经验，判断基准就是行走需要时间[①]：同样速度，时间少则距离近。可是，我没有见过，也没有听说有人为了这个判断进行经验尝试。或许就是因为与此类似的原因，康德才说[②]："空间不是什么从外部经验中抽引出来的经验性的概念"；这或许是本能：猎豹阻击猎物，一定是最近路线。我们再看一下大自然是如何表现、如何启迪人类的。

光行走的路线。在自然界中光是奇特的，光走的路径必然是捷径。如图 16-4，从光源 A 出发的一束光，经过平面点 O 的反射到达 B。那么，所有由 A 出发、经过平面点 O 到达 B 的线路中，光走过的路线必然是最短的。事实上，由$\angle 1$ 与$\angle 2$ 相等，容易证明点 A，O，C 在一条直线上，也这就证明了光走过的距离是最短的。

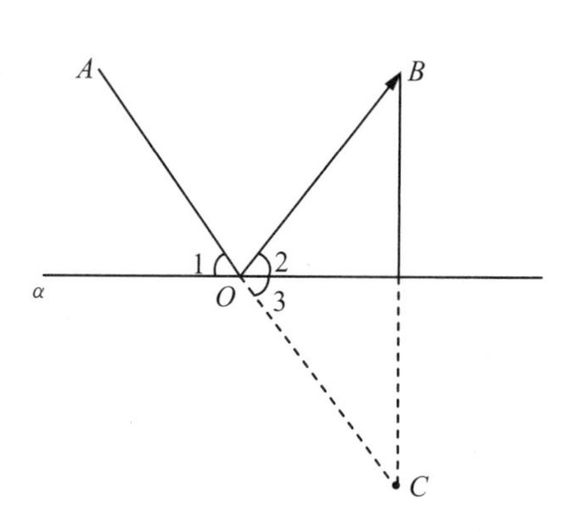

图 16-4　光反射的路径是最短路径

人类总是要从直觉判断走向理性判断，为了判断位置关系就需要构建空间模型。在第六讲中讨论了如何定义距离；在第八讲中讨论了一维空间的本质是线，刻画一维空间的数学模型是数轴。因为只有在二维空间才可能判断一条线的直曲，因此建立直线数轴需要借助二维空间。

二维空间的几何模型：极坐标和直角坐标系。在一个面上，如果没有一条给定的线路，那么描述点的位置以及点的位置之间的关系，就必须构建二维几何模型。以北

---

① 这是伽利略的一条公理，参见：伽利略. 关于两门新科学的对话[M]. 武际可，译. 北京：北京大学出版社，2006：142.

② 参见：康德. 纯粹理性批判[M]. 邓晓芒，译. 杨祖陶，校. 北京：人民出版社，2004：28.

极星为北，古代中国把人们生活的平面分为“四面八方”，即东、南、西、北形成四面；外加东北、东南、西南、西北形成八方，并且发明了八卦来表示这些方位。

只要定义了方向和距离，就可以在平面图表明点的位置，这就是极坐标。因为极坐标自然便捷，几乎所有古老民族最初采用的都是这样的几何模型。如图 16-5，点 A 到原点 O 的距离为 $a=d(O, A)$；线段 OA 与正北方向的夹角为 α。这样，二维坐标 (a, α) 就清晰地刻画了点 A 在平面上的位置。

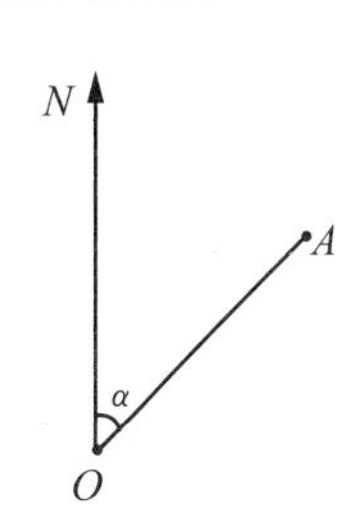

图 16-5　用极坐标表示点的位置

用极坐标表示平面上的点与原点之间的关系是方便的，但不便于表达与平面上其他点的关系。后来，人们构建了用经线和纬线来表示点的位置的方法，称南北向的线为经线、东西向的线为纬线，用经线和纬线在地球上画出网格，并且设定刻度，即经度和纬度。这样，地球上的每一点都可以用经度、纬度这二维坐标表示。这是平面直角坐标系的雏形。

西方普遍认为，是亚里士多德发明了纬度。亚里士多德发现越接近赤道越热，越靠近北极越冷，于是他构想把圆形的大地划分五个平行的气候带：广阔的赤道地区是热带，两个寒冷的极地是寒带，在热带和寒带之间是温带，并称这样划分的线为纬线[①]。后来，古希腊学者托勒密在八卷本的《地理学》中提出，绘制地图不仅需要纬度也需要经度，他设计了扇形的经纬线，绘制出著名的“托勒密地图”，虽然这个地图并没有实用，但托勒密仍然被西方称为“地图学之父”[②]。

古代中国，经纬的表达方式可以上溯到周代，西汉学者戴德选编的《大戴礼记》记载：“凡地东西为纬，南北为经”，注释的解释：“马注《周礼》云：东西为广，南北为轮”，说明在汉代被称为经和纬的概念在周代就已经有了，称之为广和轮。到了晋代，利用经纬绘制地图的方法已经成熟，裴秀主持编绘的《禹贡地域图》共 18 篇，序中提出制图六条原则，论及比例尺，也论及用经纬构建矩形网格坐标。李约瑟称裴秀为中国科学制图学之父[③]。图 16-6 是宋人根据裴秀理论绘制的中国区域地图，李约瑟称赞此图[④]：“是当时世界上最杰出的地图，是宋代制图学家的一项最大成就。”

---

① 参见：乔治·萨顿．希腊黄金时代的古代科学[M]．鲁旭东，译．郑州：大象出版社，2010：653.

② 参见：中国大百科全书编辑委员会．中国大百科全书·地理卷[M]．北京：中国大百科全书出版社，1990：109，431.

③ 参见：李约瑟．中国科学技术史·第五卷地学·第一分册[M]．北京：科学出版社，1976：108-117.

④ 参见：李约瑟．中国科学技术史·第五卷地学·第一分册[M]．北京：科学出版社，1976：133-134．关于《禹迹图》的详细讨论，参见：史宁中著《数学思想概论(第 5 辑)——自然界中的数学模型》。

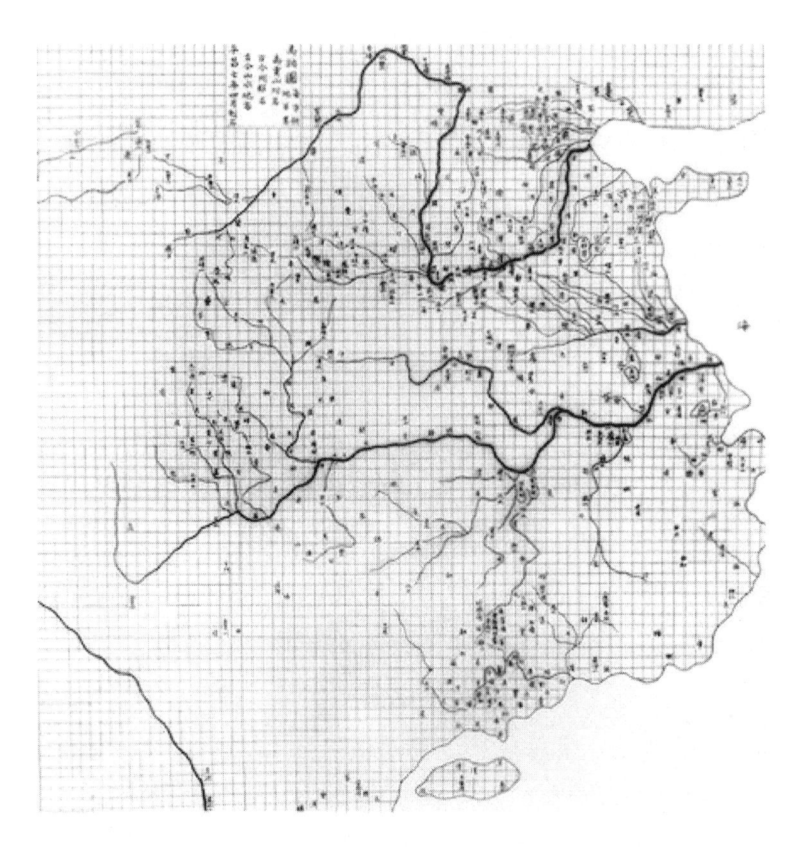

图 16-6 《禹迹图》石刻拓本

从图 16-6 中可以看到，经线和纬线的表述方法就是现在通常使用的平面直角坐标系。在第八讲，我们曾经用较大的篇幅讨论了二维直角坐标系，并且讨论了三维直角坐标系，不再累述。那么，如何构建我们生活空间的模型呢？

人们生活在球面上：黎曼几何模型。在第八讲，我们讨论过几种类型的曲面，其中最为重要的一类曲面是球面，因为人们生活在球面上。虽然人们在很早的时候就研究了球面上的几何学，但依然会感觉到生活在平面上，正如第八讲所谈到的，因为在小范围内欧几里得空间模型是适用的。人们是如此深信欧几里得几何空间模型，甚至到了伽利略的时代、牛顿的时代，人们依然认为：不仅时间是绝对的，并且空间也是绝对的。

我们在第九讲中曾经谈到，实现几何模型重大突破的是德国数学家黎曼。黎曼建立了曲线坐标来描述曲面，创造了描述曲面简洁而清晰的工具，使得曲面摆脱了欧几里得几何“平坦”的束缚。黎曼的研究基础依然是两点间的距离，只是用曲线坐标来刻画这个距离。比如，可以用曲线坐标表示直角坐标系上的点：$x_1=f(u,v)$，$x_2=q(u,v)$，两点之间的距离可以写成

$$\mathrm{d}s^2=g_{11}\mathrm{d}u^2+g_{12}\mathrm{d}u\mathrm{d}v+g_{21}\mathrm{d}v\mathrm{d}u+g_{22}\mathrm{d}v^2, \tag{16.9}$$

其中，系数 g_{11}，g_{12}，g_{21} 和 g_{22} 均为函数 f 和 q 对 u 和 v 的偏微商，参见(9.18)式。从偏微商运算法则知道，系数 g_{12} 和 g_{21} 相等，因此**系数是对称的。**

综上所述，一维空间的数学模型是数轴，需要借助二维空间的概念；二维空间的数学模型是平面直角坐标系，需要借助三维空间的概念；如我们在第八讲所讨论的，人们对三维空间直角坐标系的感知凭借的是直觉。那么，对三维空间的理解是否需要借助四维空间呢？四维空间有现实意义吗？

四维空间的几何模型：爱因斯坦时空。在时间模型的讨论中可以看到，爱因斯坦已经把时间与空间有机地结合在一起，这样，洛伦兹变换就是建立在四维抽象空间。在(16.7)式中，把一维直线运动改为一般的三维空间运动，把时间坐标写为一般坐标 x_0，基于(16.9)式的表达，爱因斯坦的四维时空就可以表示为

$$ds^2 = g_{00}dx_0^2 + 2g_{0j}dx_0dx_j + g_{jk}dx_jdx_k, \tag{16.10}$$

其中 j，$k=1$，2，3。如果上面距离的微小变化满足 $ds^2=dx_0^2-dx_1^2-dx_2^2-dx_3^2$，就可以认为系数之间是相互独立的，也就是通常所说的欧几里得空间①。如果微小变化中的 dx_0^2 不仅含有时间变量，也含有光速，则称 ds^2 为闵科夫斯基距离。闵科夫斯基四维空间距离是构建爱因斯坦四维时空的核心，具体内容参见下一讲关于力和引力的讨论，因为空间与力是不可分割的。

爱因斯坦所设想的四维时空模型如图 16-7，空间中的每一个点都可以用四个坐标表示。因为两个坐标形成一个平面，因此可以形成 3+2+1=6 个平面，在图中分别用 p_k 表示，$k=1$，2，…，6。这真是一个大胆的想象，如果仅仅从数学的角度思考，高维空间是不足为奇的，因为数学并不寻求概念本身的存在性，可是物理学就不同了，物理学的空间是现实的，物理学的定律必须能够解释现实世界中事物性质、关系或者规律。爱因斯坦这样解释他所创立的四维时空模型②：

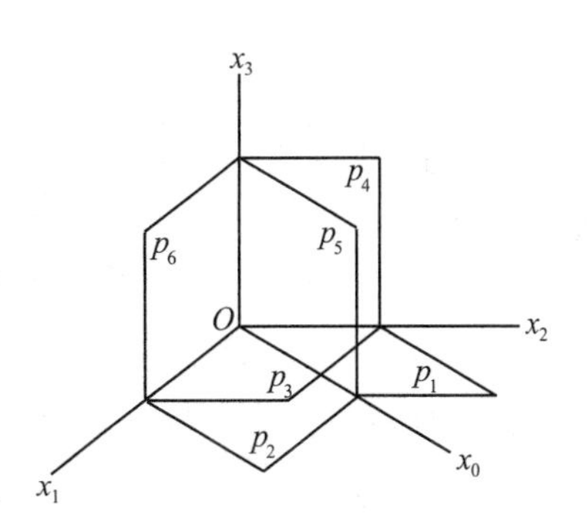

图 16-7　爱因斯坦设想的四维空间

> 我们的宇宙是由时间和空间构成的，时空的关系，是在空间的架构上比普通三维空间的长、宽、高这三条轴之外又加了一条时间轴，而这条时间的

① 参见：福克．空间、时间和引力的理论[M]．周培源，朱家珍，蔡树棠，译．北京：科学出版社，1965：156.

② 参见：爱因斯坦．相对论[M]．周学政，徐有智，译．北京：北京出版社，2007：45.

轴是一条虚数值的轴。

在这个基础上，爱因斯坦利用类比的方法，进一步分析了四维空间与三维空间的差异：

> 对于四维空间，一般人可能只是认为在长、宽、高的轴上，再加上一根时间轴，但对于其具体情况知道甚少。让我们先假设一些生活在二维空间的扁片人，他们只有平面概念。假如要将一个二维扁片人关起来，只需要用线在他四周画一个圈，这样，在二维空间他无论如何也走不出这个圈。如果我们这些生活在三维空间的人对其进行“干涉”的话，只需要在与平面垂直的第三维把这个二维人取出，再放在二维平面的圈外，就帮这个二维人“逃出”牢笼了。

爱因斯坦述说的故事是可以经验的，是可以直观想象的。如果真的存在四维空间的话，那么在第四维的方向上就可解脱三维牢笼的束缚，现在许多关于时间穿越、空间穿越的电影和电视剧依据的就是这种想法，但无论如何，这样情景人类是无法直接经验的。但有一件事情是可以思考的，就是镜面反射，你照镜子看到了镜子中的你，你可以感悟到这个你与真实的你是完全相反的，无论在三维空间中进行怎样的移动，你永远不可能变换成镜子中的你。这种现象的出现是否是四维空间的效能呢？事实上，爱因斯坦是用弯曲空间来解释四维空间的。

四维时空是弯曲的。爱因斯坦通过光速把时间和空间联系在一起，构成了四维空间，无论是狭义相对论还是广义相对论，都要求光速是绝对的。光速绝对这个命题包括两个含义：一个是光速是最快的，另一个是光的速度与发光物体的速度无关。

因为光速作为系数出现在(16.10)式中，导致爱因斯坦四维时空不可能简单地划归为欧几里得几何模型，这就意味着四维时空不是平坦的而是弯曲的，这个空间服从黎曼几何模型。那么，如何从物理学的角度解释这个结论呢？这个空间是如何弯曲的呢？爱因斯坦经常用思维的实验来分析问题，这实质上是一种想象。爱因斯坦是这样解释空间弯曲的：

> 下面再做一个试验：将一些橡皮绳按经纬编成一个网，拉直可以近似看作一个二维平面。如果在这个网上放一个小球，由于重力的作用橡皮网会出现塌陷，形成了三维空间。但是，二维空间的扁片人是不会意识到他们生活

的空间已经发生了扭曲，即便是这个凹陷已经深到了一定程度，或者说空间扭曲到了一定程度，二维扁平人可能已经在这个凹陷处自由来往于三维空间。

引起空间扭曲的小球在我们三维世界的例子就是黑洞。黑洞事实上是存在于四维空间的一种现象，或者说，黑洞是连接三维世界和四维空间的通道。

在第八讲中曾经谈到，大自然似乎告诉我们这样的事实：只有三维空间是现实的，其他维数空间的几何概念都是人想出来的。即便如此，爱因斯坦上述说法也实在是让人难以相信，这些述说都是非经验的，是不可经验的，凭借的完全是基于类比的想象。我们可以接受地球表面是弯曲的论断，因为“生活在球面上”已经成为现代人的常识，有坚实的大地支撑着这个常识。可是，几乎空无一物的宇宙空间也是弯曲的吗？如何验证空间是弯曲的呢？空间为什么会是弯曲的呢？

要回答这些问题，就必须明确地解释四维时空的现实背景而不是数学背景，就必须合理地解释四维时空的物理意义而不是数学意义。这个问题将涉及力，特别是引力和物体运动模型，我们将在下一讲中讨论这个问题。

十维空间的可能性。十维空间是指我们生活的宇宙空间是十维的，或者说，希望用十维空间更好地解释众多物理现象，特别是用统一的物理定律解释引力场与量子场，就像公理(16.4)所要求的那样。

人们最初思考十维空间是基于对四维时空模型中系数的分析，我们曾经说过，一个模型一旦被确定下来，那么这个模型的计算结果就只依赖系数。爱因斯坦时空是四维空间，(16.10)式中有16个系数，因为系数是对称的，即 $g_{jk}=g_{kj}$，j，$k=0$，1，2，3，因此这些系数中只有10个是自由变量，这样就数学而言，爱因斯坦四维时空模型的基础是10个数字的数组①。根据高维空间的定义，数组等价于空间的点，这样，这些数组就决定了一个具有10个维度的空间。基于这个理由，有些学者认为，爱因斯坦所描绘的几何空间应当是10维的。这个理由完全是基于数学的，如果仅仅凭借这个理由就对现实世界的空间下结论，必然是苍白无力的。事实上，人们构建数学模型只是为了更好地描述现实现象。

---

① 参见：加来道雄．超越时空：通过平行宇宙、时间卷曲和第十维度的科学之旅[M]．刘玉玺，曹志良，译．上海：上海科技教育出版社，2009：107.

三、时空模型小结

通过前面的讨论可以看到，人们无论是构建时间模型，还是构建空间模型，都是为了建立描述日常生活和生产实践中必不可少的概念，这些概念是认识与表达现实世界的基础。进一步，构建模型必须借助数学语言，不仅需要数学的概念、符号、算法和公式，还需要数学的思维。

时间模型的构建经历了从粗糙到精细、从特殊到一般、从静态到动态的过程，充分展示了构建数学模型的思维过程。构建空间模型比构建时间模型更为困难，迄今为止，人们所构建的空间模型还显得那样粗糙，还显得那样杂乱无章。无论如何，认真分析构建时间和空间模型的思维过程，对理解和掌握数学模型的本质是有益的。下面，我们做一些尝试性的分析。

构建数学模型要抽象事物本质：形成概念。数学模型是用数学的语言讲述现实世界的故事，无论是构建时间模型，还是空间模型，都是为了更好地认识和刻画现实世界。无论是形成数学概念，还是构建数学模型，都需要抽象，但两者有本质的差异：形成数学概念的抽象，是为了使数学的研究对象脱离现实世界，是为了便于一般化研究，有利于进行数学的逻辑推理；构建数学模型的抽象，是对现实背景本身进行抽象，是为了使现实背景更加清晰，有利于进行数学语言的表达。甚至可以认为，如果一个学科的基本概念和基本规律能够用数学的语言予以表达，那么这个学科就走向了成熟。能够用数学语言表达的前提是对事物本身进行了高度抽象。

一个明显的事实是，与第一部分讨论过的数学抽象非常类似，人们对现实背景本身的抽象也经历了两个过程：一个过程是基于对应的，一个过程是基于理念的。这两个思维过程或许具有一般性，就认识论而言：第一个过程基于现实世界，从感性具体上升到理性具体；第二个过程基于内心世界，从理性具体上升到理性一般。下面，基于模型的构建说明这两个思维过程。

基于对应的抽象。因为人们感知时间如流水，逝而不返，因此，为了构建时间模型，人们自然而然地要去寻找现实世界的参照物。在最初阶段，这些参照物必然是非常具体的，比如太阳、月球、星辰、流水，等等。因为只有从这些具体的参照物出发，才可能发现并刻画事物的运动周期，进而借助数学的语言抽象出时间概念。基于这样的抽象，人们似乎可以感觉到，时间这个概念既是高度抽象的，又是非常现实的，这就是对应的功效。

空间模型也是如此，最初的参照物也是非常具体的，比如人手拇指与中指展开的距离、脚的平均长度、规定的尺或者米尺，等等。只有从这些具体的参照物出发，才可能借助数学的语言抽象出空间距离的概念，这也充分体现了对应的功效。空间模型的对应抽象比时间模型粗糙得多，这主要是因为空间模型比时间模型复杂得多。在这个阶段，人们还没有把空间与时间有机地结合起来：空间概念的精确刻画必须借助时间的概念；更重要的，还没有把空间概念的刻画与力和引力有机地结合①。

虽然这个层次的数学模型不够精确，但这样的模型有着深厚的物理背景，特别是，借助背景表达的概念非常形象，这对把握数学模型的本质是很重要的。在数学教育的过程中，重视这样的物理背景，不仅对基础教育是重要的，对大学教育，甚至对研究生的教育也是重要的。

基于理念的抽象。在对应抽象的基础上，人们才可能明确所要研究的东西到底是什么，才可能建立起构建数学模型的直观，才可能更加深刻地思考问题的本质是什么。比如时间模型，只有在对应抽象的基础上，人们才可能抽象出一些更加深刻的、基于理念的概念，诸如周期、速度、距离、惯性系、绝对时间、相对时间、绝对速度，等等，并且用数学的语言精确地表达这些概念。

周期的精确刻画是从惠更斯开始的，惠更斯的单摆周期公式第一次精确地表述了时间与运动周期之间的关系。后来，人们利用电磁辐射的振荡周期精确地刻画了时间；借助定义了的时间和光速精确地刻画了距离。惯性系的概念是牛顿给出的，牛顿惯性系基于绝对时间和无限光速；与此不同，爱因斯坦建立了相对时间和绝对光速的概念，据此构建了时空模型。

可以看到，无论是牛顿的模型，还是爱因斯坦的模型，这个层次的抽象凭借的是人的想象，是理念层次的表达。这个层次的数学模型不仅需要借助数学的运算法则，还需要借助数学的推理原则：假设前提和演绎推理。正因为如此，这个层次的数学模型才具有了类似数学结论那样的真理属性，才可能借助这样的数学模型更加深刻地认识和描述现实世界。

基于数学模型的现实特征，理念抽象的价值取向必须是现实的，比如，洛伦兹、彭加勒、爱因斯坦这三位科学家因为价值取向的不同，导致了对狭义相对论理解的不同。在现代社会，这个价值取向变得格外重要，这是因为大数据的出现。大数据的整理、表达和分析都对数学的一般性、严谨性和简约性提出了前所未有的挑战，也为数学的发展提供了千载难逢的机遇。既然大数据的出现是现实的，那么，解决问题的关键就是要建立以现实为基准的价值取向。

---

① 参见下一讲的讨论。

构建数学模型是一个动态过程：描述规律。我们反复谈到，数学模型是用数学的语言讲述现实世界的故事。形成概念只是明晰了故事的主人公，更重要的事情是如何讲述故事的情节，讲述情节就是描述主人公之间关系和事物发展的必然性。

人们通常会认为，既然事物的规律是一种客观存在，那么数学模型也应当是一种客观存在。甚至会认为，通过数学模型的构建最终可以发现客观规律。但是，事实并非如此，正如我们在上一讲的最后部分对孟德尔遗传规律所讨论的那样，事物的客观规律是未知的，虽然数学模型的构建有观察和推理作为基础，但就实质而言，人们构建出来的数学模型在本质上还是一种想象、一种假设，不能永恒地替代事物的客观规律。我们再一次引用、曾经在绪言中引用过的爱因斯坦的论述，这是爱因斯坦在提出相对论不久后的论述①：

> 数学既然是一种同经验无关的人类思维的产物，它怎么能够这样美妙地适合实在客体呢？那么，是不是不要经验而只靠思维，人类的理性就能够推测到实在事物的性质呢？
>
> 照我的见解，问题的答案扼要说来是：只要数学的命题是涉及实在的，它们就是不可靠的；只要它们是可靠的，它们就不涉及实在。

我们说过，数学的研究源于对现实世界的抽象，通过基于抽象结构的符号运算、形式推理、一般结论，理解和表达现实世界中事物的本质、关系与规律。正因为一般意义上的数学不涉及实在，因此得到的结论是可靠的，是一成不变的，比如1＋1＝2。但是，数学模型有所不同，数学模型是对现实背景本身的抽象，研究的问题是实在的，因此得到的结论是不可靠的，是动态变化的。

如果构建出来的数学模型与人们在那个时代的观察、实验和试验保持一致，那么就姑且认为这个数学模型是正确的，是能够刻画规律的；随着科学技术的发展，随着人们对概念理解的深刻，人们可能会发现原有的数学模型并不那样准确，于是人们会不断地修改原有数学模型，或者构建新的数学模型，进而更好地描述现实世界。比如时间模型，人们一开始接受牛顿模型的绝对时间，是因为那个时代还不能测量光的速度，还没有发现与牛顿模型相悖的事实；后来人们接受绝对光速和相对时间的概念，接受爱因斯坦模型，是因为爱因斯坦模型能够比牛顿模型更精确地描述现实世界，至今为止，还没有发现与爱因斯坦模型相悖的事实。再比如空间模型，人们两千多年来

---

① 参见：爱因斯坦．爱因斯坦文集(第一卷)[M]．许良英，范岱年，译．北京：商务印书馆，1976：136-148.

对欧几里得几何模型深信不疑，是因为在那个时代，几乎可以用欧几里得几何模型解释日常生活的所有关于空间的事情，直到爱因斯坦四维时空的出现，人们才逐渐理解了黎曼曲面几何模型。因此，构建数学模型是一个动态的过程，是一个逐渐接近客观规律的过程。

即便如此，在人们生活的地球上，在人们的日常生活中，欧几里得几何模型和基于欧几里得几何的牛顿力学模型还是适用的。因此，数学模型既是动态的，又是相对稳定的。所谓的稳定是相对于现实背景的：在小范围适用的数学模型不一定适用于大范围，但小范围适用的数学模型必须是大范围数学模型的一个特例，小范围适用的数学模型必然比大范围数学模型简洁、便于理解。我想，这就是自然界数学模型的特征所在。

第十七讲　力与引力的数学模型

力概念的背景与时间概念、空间概念的背景大相径庭：关于时间和空间的背景，我们能够意识到但感觉不到实体的存在，是不可直接经验的；关于力的背景，我们不仅能够意识到，并且都能够感觉到实体的存在，是可以直接经验的。

春秋时代的墨子以及他的门生们不仅精于机械制造，而且对力本身有很好的感悟。《墨经》经上 21 中说："[经]力，刑之所以奋也。[说]力，重之谓。下举踵，奋也。"意思是说，力是物体发生运动的原因[①]，由物体的重量可以知道力的存在，物体下落、举起、平移都是运动。虽然这个定义只是对现象的一种描述，并没有具体说明力本身到底是什么，但这个定义却相当深刻。在下面的讨论中我们将会看到，这个定义与牛顿力学第二定律是一致的。但是，物体处于静止状态时，力就不存在吗?

一、静态平衡状态下力的模型

如果一些物体相对位置不变，称这些物体处于静态平衡状态，其中静态是指物体的相对位置不变，平衡是指各种力对物体的作用相互抵消。为了描述静态平衡状态，必须对物体本身提出假设：在力的作用下，物体不改变形状，即第九讲中曾经讨论过的刚体。可以看到，从问题的假设开始，力的模型就自然而然地与几何模型联系在一

① 需要说明的是，无论是古代中国还是古希腊，对于运动的理解都要比现代更为宽泛，他们所说的运动包括变化，甚至包括一些化学变化，相关的内容可以参见《墨经》和亚里士多德的《物理学》。

起了。后面的讨论将进一步表明，没有数学的语言作为工具，力的表达将会寸步难行。

杠杆模型。在古代中国，杠杆的模型可以从扁担谈起，因为挑扁担需要保持力的平衡。挑扁担是祖先从远古时代就流传下来的一种劳作方法，存于中国历史博物馆的、1975 年安徽省寿县出土的青铜《鄂君启节》上就出现了古“担”字，那个字是“木”字偏旁的，这大概意味着是用木制或竹制的东西进行“担”的活动。铭文记载铸造时间是楚怀王 6 年，即公元前 323 年。

古人不仅知道保持力的平衡就可以使物体处于相对静止的状态，并且还很清楚地知道这个命题的逆命题：如果物体处于相对静止状态，那么力就是平衡的。依据这个原理，古代中国发明了天平、秤等被称为“衡”的度量工具，其中的砝码和秤砣被称为“权”。至少战国时期就出现了天平①，秦始皇 26 年即公元前 212 年，中国统一了“权”的大小。在现代汉语中，权衡一词使用广泛，这大概与西汉《淮南子》中关于权衡这个词的形象比喻有关：

> 今夫权衡规矩，一定而不易。不为秦楚变节，不为胡越改容。常一而不邪，方行而不流。一日刑之，万世传之。

上面这段话的联想是富有哲理的，即便是两千年后的今天，这段话也应当成为理解“权”以及“权衡”含义的基准，也就是说，应当成为制定法律和执行法律的基准。

秤比天平要更复杂一些：天平的支撑点到权和重物的距离是相等的，因此只需要关注权与重物之间的平衡关系；秤的提纽到权和重物的距离是不相等的，需要关注重量和距离之间的比例关系。正因为如此，秤能用一个权度量不同的重量。

把秤杆的原理推广到一般的杠杆。为了保持杠杆的平衡，杠杆的一边不能同时长和重，或者，不能同时短和轻。这是一个二者不可得兼的问题，在数学上通常用除法处理这类问题。因此，为了使杠杆处于静态平衡，建立的数学模型需要满足**平衡关系**：长/重=短/轻，或者，长/短=重/轻，这是一种反比例关系。如果用 OM 表示“长”的长度，ON 表示“短”的长度，A 表示施加于“长”的重量，B 表示施加于“短”的重量，根据上面的平衡关系得到**数学表达式**：

$$OM : ON = B : A。$$

为了证明这个表达式，阿基米德用欧几里得几何的方法研究了静态平衡下的力

---

① 参见：高至善．湖南楚墓中出土的天平与砝码[J]．考古，1972(4)：42-45.

学，他在《论平面图形的平衡》一书开宗明义地给出了静力学的基本假设①：

> 1. 相等距离上相等重物平衡，不相等距离上相等重物不平衡，向距离较远一方倾斜。
>
> 2. 如果相隔一定距离的两个重物平衡，在一方增加重量将打破平衡，向增加重量一方倾斜。
>
> 3. 类似地，在一方减掉重量也将打破平衡，向未减掉重量一方倾斜。
>
> 4. 如果相隔一定距离的两个重物平衡，则在两方相等距离加上同样重量的重物依然保持平衡。

上述公设抽象出了表达力的两个基本要素：距离和重量，推演出**平衡基本命题**：重量不等的物体在不相等的距离上处于平衡状态，较重者的物体距离支点较近。依据这个命题，阿基米德用演绎的方法推导出上述杠杆模型的数学表达式。更为重要的是，阿基米德提出了**重心**的概念，这是对物体重量的高度抽象：为了研究物体的重量与位置之间的关系，必须把物体的重量集中于一点，这就是重心。事实上，重心是不存在的，只是为了进行数学语言表达创造出来的概念。

力的向量表示。如果几个力同时作用于一个物体，称为合力；如果物体受到合力保持静止状态，称这个合力是平衡的。保持力的平衡是房屋设计、道路设计、桥梁设计等建筑设计的关键。

通过杠杆模型可以看到，**力在本质上涉及三个量**：力的大小、力的方向、力的作用点。能够同时表示这三个量的数学符号恰好是向量，用长度表示大小，用箭头表示方向，用起点表示作用点。如果受力物体是一个刚体，则可以假设向量的起点处在受力物体的重心位置。由此也可以看到，阿基米德抽象出重心这个概念的重要性。

借助图 17-1，可以直观地讨论三个力的合力处于平衡状态时三个力之间的关系，这些关系既包含力的大小，也包括力的方向。如图 17-1，用黑体字母 $\boldsymbol{a}$，$\boldsymbol{b}$，$\boldsymbol{c}$ 分别表示这三个力，可以得到表示**静力平衡的平行四边形法则**：

$$\boldsymbol{a}+\boldsymbol{b}=\boldsymbol{c}。\qquad (17.1)$$

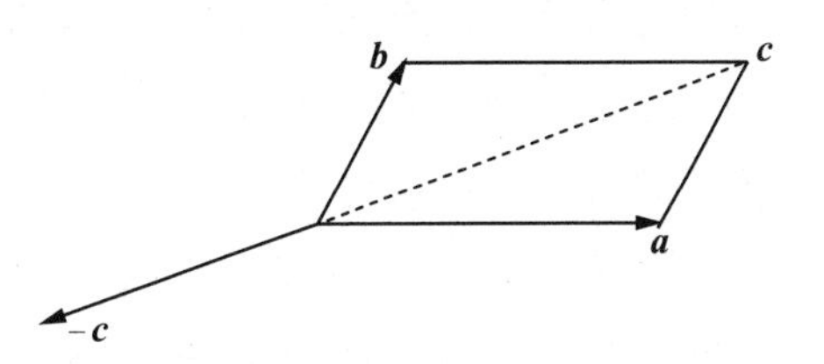

图 17-1　合力以及三个力的平衡

在最初的时候，平行四边形法则很可能只是一种直观想象。这个法则意味着：如

① 参见：希思. 阿基米德全集[M]. 朱恩宽，李文铭，等译. 西安：陕西科学技术出版社，1998：189.

果把两个力 $\boldsymbol{a}$ 和 $\boldsymbol{b}$ 同时施加到一个物体上，这个物体得到一个合力；如果用向量 $\boldsymbol{c}$ 表示这个合力，这个向量的方向恰好为这两个向量的和：$\boldsymbol{c}=\boldsymbol{a}+\boldsymbol{b}$。因此，为了使这个物体处于平衡状态，必然要有第三个力存在，第三个力与 $\boldsymbol{c}$ 大小相等、方向相反，记这个力为 $-\boldsymbol{c}$，于是有(17.1)式。事实上，第三个力 $\boldsymbol{c}$ 不存在，是为了合理解释模型虚构的。力的平行四边形法则是构建静力学模型的基础，为了数学的严谨性，人们需要通过演绎推理论证这个法则的合理性。

平行四边形法则的数学证明是简单的。如图 17-2，线段 ad 在 ac 上的投影为 ap，线段 ab 在 ac 上的投影为 aq，由平行四边形的性质容易证明 $ap=qc$，因此两个投影的和恰为 ac，这就证明了向量加法运算的合理性：$\boldsymbol{c}=\boldsymbol{a}+\boldsymbol{b}$，进而论证了力的平行四边形法则的合理性。因为数学证明的结果与实际经验保持的结果一致，这就促使古代的人们把数学的结果视为真理：一方面，人们在日常生活和生产实践中可以放心大胆地使用这些结果；另一方面，也更加坚定了人们使用数学模型描述力、使用数学模型描述自然现象的信心。

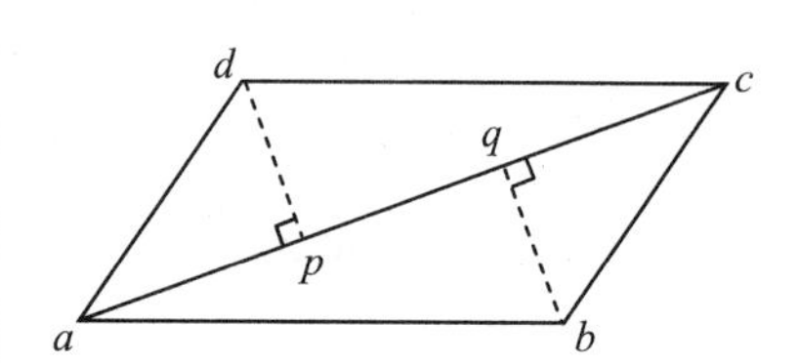

图 17-2　平行四边形法则的证明

力的研究在日常生活和生产实践中是如此重要，以至于出现了一门介于数学与物理学之间的、专门研究力的学科：力学。人们普遍认为，阿基米德奠定了静力学的基础，伽利略和牛顿分别奠定了运动学和动力学的基础。

二、重力和引力的数学模型

古代西方认为，导致物体下落的原因是因为物体的重量，而重量则是物体自身固有的属性。亚里士多德在《物理学》中说①：“一切感觉到的物体都或重或轻，并且，如果是重物体，自然就移向中心，如果是轻物体，自然就移向上面。”亚里士多德所说的“中心”是指“地心”。他又不无遗憾地说：“轻的朝上，重的朝下，但是，它们被何物所运动现在还不清楚。”

之所以不清楚，是因为古代人们普遍认为，要对物体施加力必须通过物体之间的接触，并且使物体得到运动：“运动的发生是通过运动者与被运动者的接触，所以，运动者同时也在承受。”基于这种认识，很难想象物体下落这样的运动也是力作用的结果。可是，应当如何解释：石头被抛掷以后依然向前运动呢？对此，亚里士多德进一

① 参见：苗力田．亚里士多德全集(第二卷)[M]．北京：中国人民大学出版社，1991：74，223.

步解释道[①]：

> 虽然抛掷者不再与之接触了，但被抛掷物仍然被运动着，这或者是由于互换地点，或者是由于已被推动起来的气在推动，它的运动比被抛掷物移入自己特有地点的移动更快。

这样的解释非常富有想象力，以至于在后来的两千多年里，西方的人们对亚里士多德的这种解释深信不疑，一直到伟大的意大利科学家伽利略的出现。

针对亚里士多德的论述，伽利略并没有直接提出自己的想法，事实上，他认为讨论这种问题本身是没有意义的。伽利略给出了一个全新的认识世界的方法，这种认识世界的方法引导了近代科学的发展。这种认识问题的方法表述在伽利略的《关于两门新科学的对话》这本划时代的著作之中[②]，伽利略借助萨尔维亚蒂(Salviati)之口说[③]：

> 看来现在不是研究自然运动加速度原因的合适时候，对这个问题不同的哲学家表达了各式各样的意见，有些人解释为向心的吸引力，另一些人解释为物体非常小的部分之间的斥力，而还有些人归诸于周围介质的某些压力，这些介质随后包围落体而驱赶它从一个位置到另一个位置。现在，所有这些和其他的离奇的想法都应当受到考察，但是实在不值得(为这种事情)花费时间。

伽利略说得非常正确，即便是科学发展到相当程度的今天，依然很难说清楚引力到底是什么，更说不清楚为什么会有引力。这样，伽利略就从根本上改变了研究的方向：研究和描述加速度的性质，而不研究和探寻产生加速度的原因。这就告诉人们一个基本的认识世界的方法：科学研究应当关心的是自然现象性质的探讨和规律的描述，而不是关心人对自然现象的兴趣和逻辑思考。关于这一点，爱因斯坦说得非常明确[④]：

---

① 参见：苗力田. 亚里士多德全集(第二卷)[M]. 北京：中国人民大学出版社，1991：61，105。

② 原著的名称是《关于力学和位置运动的两门新科学的对话》，因为教会的反对，这部书最初是在荷兰而不是在意大利出版的，参见：弗·卡约里. 物理学史[M]. 戴念祖，译. 范岱年，校. 北京：中国人民大学出版社，2010：30.

③ 参见：伽利略. 关于两门新科学的对话[M]. 武际可，译. 北京：北京大学出版社，2006：153.

④ 参见：爱因斯坦. 爱因斯坦文集(第一卷)[M]. 范岱年，译. 北京：商务印书馆，1976：313.

> 纯粹的逻辑思维不能给我们任何关于经验世界的知识；一切关于实在的知识，都是从经验开始，又终结于经验。纯粹逻辑方法得到的所有命题，对于实在来说是完全空洞的。由于伽利略看到了这一点，尤其是由于他向科学界谆谆不倦地教导这一点，他才成为近代物理学之父，事实上，也成为整个近代科学之父。

自由落体路程模型。如果物体下落的距离与物体的形状和质量无关，只与加速度有关①，称这样的物体为**自由落体**。用 g 表示加速度：下落 1 秒时速度为 g，下落 2 秒时速度为 $2g$，……，下落 t 秒时速度为 tg。那么，下落 t 秒后的平均速度为 $v=\frac{1}{2}tg$。因为路程＝速度×时间，得到距离模型为

$$s=vt=\frac{1}{2}gt^2。\tag{17.2}$$

为了证明这个模型，伽利略利用三角形的面积来表示自由落体下落的距离，如图 17-3。假设一个物体以匀加速从静止状态下落到某点，线段 AB 表示下落的时间 t；所有横线段均表示某一时刻的速度：线段 BC 表示时刻 B 时物体下落的速度；D 为 BC 的中点，DB 为物体下落的平均速度 v。过 D 作 BC 的垂线，与过 A 的线段 BC 的平行线交于点 E，DE 与 AC 交于 F。

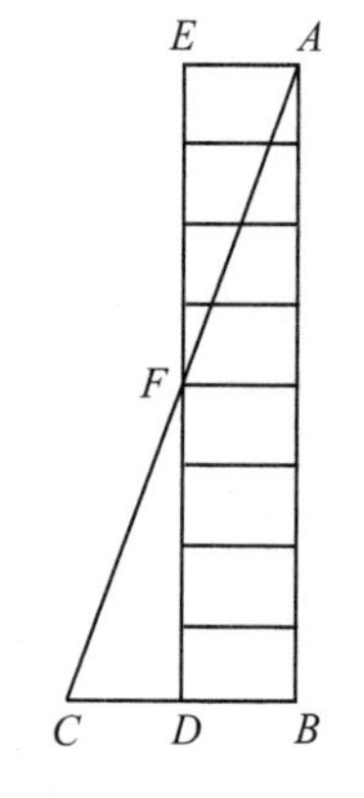

图 17-3　伽利略关于自由落体下落距离的解释

伽利略所给出的证明如下：

∵三角形 FCD 的面积＝三角形 FEA 的面积

∴矩形 $ABDE$ 的面积＝三角形 ABC 的面积

∵三角形 ABC 的面积＝物体下落的距离

∴矩形 $ABDE$ 的面积＝物体下落的距离

∴vt＝物体下落的距离

在上面的证明中，伽利略用了很大篇幅讨论了为什么"三角形 ABC 的面积"应当等于"物体下落的距离"，但总是让人感觉有些牵强附会。这个牵强附会是可以理解的，因为在伽利略的时代微积分还没有被发明出来，但在他的直观解释中已经说出了微积分思想的核心。由此可见，从伽利略的那个时代开始，微积分的出现是必然的，只是时间早晚的事情。

上面的所有述说仅仅是一些逻辑思考而已，结论正确与否都必须得到实践的验

① 详细讨论参见：史宁中著《数学思想概论(第 5 辑)——自然界的数学模型》第四讲。

证。许多书中都讲到伽利略利用比萨斜塔安排试验，这样的述说故事性很强但不可信：自由落体速度太快，在那个没有钟表的时代，不可能进行精确记录[①]。

事实上，伽利略的试验是在斜面上进行的。首先，伽利略那本巨著的定理 3 证明了这样的结论：同样的高度、同样的重物沿垂直和斜面下落，下落的时间之比等于垂直长度和斜面长度之比，这就说明可以利用斜面来进行自由落体的试验。然后，伽利略用一块 12 码长的木板，在中间划出 1 英寸宽的光滑的沟槽，让一个光滑的黄铜球沿着沟槽滚下。他试验了不同的斜度，又试验了不同长度的木板，先后一百多次的试验结果均显示：黄铜球下落的距离与下落时间的平方之比近似成正比例关系。在试验的过程中，为了解决时间度量的问题，伽利略利用水通过一根管子均匀流到杯中，然后对杯中的水的重量进行度量，因为物体下落的时间与杯中水的重量成正比。因此人们风趣地说[②]，伽利略自由落体实验的结论是用“秤”称出来的。

行星运动模型。在开普勒提出椭圆轨道之前，人们都认为行星运行轨道是圆形的。古希腊学者对这个问题的思考得非常深刻，他们认为行星在相同的时间应当行走相同的距离，因此行星的运行轨迹就必然是圆形的。另一方面，圆形是规则的，是可理解的，如托勒密所说[③]：“匀速圆周运动与神的意志是一致的，因此，不规则是不包括在内的。”

哥白尼提出日心说后不久，开普勒又给出了一个颠覆性的结果：“行星运行速度不是均匀的，运行轨道也不是圆的。”即便是在今天，我们依然很难说清楚为什么会是这样，但事实就是如此。

开普勒的老师是丹麦天文学家第谷。连续多年观测火星的运行状况，第谷记录了大量的观测数据，第谷去世以后，开普勒利用托勒密的公式，对这些观测数据经历三年的反复计算，发现计算结果与实际观测数据不符：相差 8 分。8 分是一个相当小的量，应当如何对待这个量呢？开普勒说[④]：

> 神赐给我们勤奋的观察家第谷，神对他的观测数据与我的托勒密公式的计算之间产生的 8 分之差做了公断，接受这样的公断，我们不能不感到非常幸运。……如果我相信这 8 分之差可以忽略的话，那么，只需要在我的假说上做一个补丁。但是，这 8 分之差是谁也不能忽略的，这 8 分之差给我们指

① 钟表是在伽利略发现单摆的等时性以后才由惠更斯发明的。

② 参见：Crew and De Salvio. Dialogues Concerning Two New Science[M]. New York：Macmillan Publishing Co.，1914：179.

③ 参见：邓可卉. 希腊数理天文学溯源[M]. 济南：山东教育出版社，2009：175.

④ 参见：塞根. 宇宙的奥秘[M]. 史宁中，杨述春，王忠山，等译. 长春：东北师范大学出版社，1992：75.

出了一条完全改变天文学的道路。

为了解释这8分之差，开普勒先后设想了19种可能轨道，但计算结果与观测数据或多或少都有些差距。最后他设想火星的运动轨道可能是一个椭圆，太阳在其中的一个焦点上，计算结果与观测数据完全吻合。开普勒的设想是大胆的，因为需要假设椭圆的另一个焦点是虚的。这便是开普勒三大定律中的第一定律。由此可以看到，**构建模型的核心是为了更好地刻画现实世界。**

现在，必须回答古希腊人提出的问题：如果行星的运动轨迹不是圆的，那么，行星的运动就必然不是匀速的；如果不是匀速的，那么，行星的运动速度应当遵从怎样的规律呢？经过对观测数据认真地分析，开普勒发现：火星靠近太阳的时候运动速度要快一些，远离太阳的时候运动速度要慢一些。通过基于椭圆轨道的认真计算，一个意想不到的结果出现了：如果以太阳为角的顶点，那么，火星在相同的时间扫过的面积是相等的，如图17-4。这便是开普勒第二定律。

如果按照开普勒第一定律，行星围绕太阳遵循椭圆轨道运行，那么，各个行星的运行速度之间，或者说，各个行星的运行周期之间是否存在规律呢？开普勒于1609年发表了第一定律和第二定律，于9年后的1618年发表了第三定律，解决了上面的问题：行星运动时间的平方比等于行星运动距离的立方比。这个结论可以用数学符号表示如下：令A和B分别表示两个行星，T表示行星运行一周所需要的时间，D表示行星到太阳的平均距离，则关系式

$$T_A^2 : T_B^2 = D_A^3 : D_B^3$$

成立。这个模型是不可思议的，行星的轨道之间怎么会有如此复杂的关系呢？我们将会看到，如果从另一个角度思考问题，这个关系又是顺理成章的，这个关系是牛顿得到万有引力模型的基础。

现在只剩下一个最为关键的也是最难回答的问题：行星为什么能够围绕太阳旋转？自然界是不是存在着一种普遍的规律，而行星围绕太阳旋转只是这个规律的一种具体表现？要回答这个问题，就必须构建一个更加抽象、更加一般的模型。

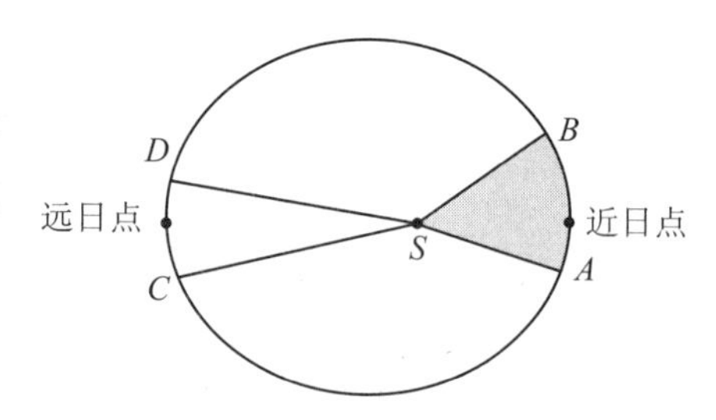

图17-4 开普勒第二定律

万有引力模型。有了伽利略和开普勒的工作，微积分的出现是必然的，正如前面曾经谈到过的，伽利略已经用三角形的面积表示自由落体下落的距离，开普勒第二定律中关于椭圆夹角面积的计算，都涉及了微积分的方法。不仅在数学上是这样，在物理学上也是这

样，开普勒的三大定律已经蕴含了万有引力的思想。于是在那个时代，一个基于数学和物理学的理论体系的出现是可以期待的，但要在如此错综复杂的结果中发现统一规律，并不是一件容易的事情。这个人需要非凡的想象能力、统筹的归纳能力和精准的计算能力，最终完成这个使命的人就是牛顿。

或许是一种历史的巧合，1642 年伽利略去世，牛顿诞生。牛顿最初对引力的思考非常朴素，他曾经说过："1666 年，我开始思考如何把重力推广到月球的轨道上去。"牛顿是这样思考的，地球上无论物体是处于平地还是处于高山，重力相差不大，那么，如果这个高度一直高到月球上的时候，物体的重力相差是不是也不会很大呢？牛顿进一步猜想①：如果开普勒第三定律是正确的，那么太阳对行星的吸引力的大小是否与距离的平方成反比呢？

与距离的平方成反比。我们分析牛顿猜想引力的大小与距离的平方成反比的理由。虽然地球的轨道是椭圆的，但远日点与近日点之间相差不大，根据开普勒第二定律可以近似地认为地球自转的角速度是一个常数，令这个常数：$\omega=2\pi/T$，其中 T 是运转周期。如果令地球的质量为 m，距离太阳的平均距离为 r，那么，地球受太阳引力的大小 W 应当为质量×距离×角速度的平方，即

$$W=mr\cdot\frac{4\pi^2}{T^2}。$$

根据开普勒第三定律，距离的立方与周期的平方之比为一个常数，即可以表示为

$$\frac{r^3}{T^2}=k。$$

把这个结果带入上面引力的式子中，可以得到

$$W=km\cdot\frac{4\pi^2}{r^2}。$$

因为作用力等于反作用力，于是太阳也应当受到相等的力，据此可以设想：地球和太阳之间的引力与太阳的质量以及地球的质量成正比，与地球和太阳之间距离的平方成反比。最后，用一个与引力有关的常数进行修正，这就是万有引力定律的雏形。

牛顿并没有急于发表这个结果，相隔二十年，在 1687 年出版的《自然哲学之数学原理》中才第一次提出万有引力定律：**任何两个物体之间都存在引力，引力的大小与这两个物体的质量成正比，与这两个物体距离的平方成反比。**如果用 m_1 和 m_2 分别表示两个物体的质量，r 表示两个物体的距离，这两个物体之间的引力 W 可以表示为

---

① 参见：弗·卡约里．物理学史[M]．戴念祖，译．范岱年，校．北京：中国人民大学出版社，2010：50．许多书中都谈到，牛顿在苹果树下读书时，一个苹果落到了他的头上，引发他思考出万有引力定律。关于这个名人逸事，许多学者认为可能是真实的，参见：Cohen，I B．Authenticity of Scientifc Anecdotes[J]．Nature，157：196-197．

$$W=G\cdot\frac{m_1m_2}{r^2},\tag{17.3}$$

其中G被称为引力常数，现在认定为6.672×10^{-11}。最初，这个数值是由英国物理学家、化学家卡文迪什通过扭秤实验结果计算得到的，当时的计算结果为6.754×10^{-11}。

用数学模型定义力。牛顿划时代的著作《自然哲学之数学原理》模仿欧几里得《原理》的写法，开篇就给出八个力学概念的定义，三个运动定律以及六个推论。这三个定律是这样表述的：

> 定律1　每个物体都保持静止或匀速直线运动状态，除非有外力作用于它迫使它改变那个状态。
>
> 定律2　运动变化正比于外力，变化的方向沿外力作用的直线方向。
>
> 定律3　每一种作用都有一个相等的反作用；或者，两个物体间的相互作用总是相等的，而且作用的指向相反。

第一定律：明确力与运动之间的关系。第一定律表达了力的本质：力对物体的作用等价于物体改变运动状态。也就是说，物体的运动并不一定必须有力的作用，只有当物体的运动状态发生变化时才需要力的作用。这就回答了亚里士多德曾经苦恼过的问题：抛出的物体为什么还能继续运动。按照牛顿的说法，这是惯性的作用。因此，牛顿第一定律又被称为惯性定律。

第二定律：通过加速度给出力的定义。如果力对物体的作用等价于物体改变运动状态，而物体运动状态改变等价于物体产生了加速度。凭借直观可以想象，物体受力大小应当与加速度的大小成正比，与物体质量的多少成反比。如果用F表示力，用a表示加速度，用m表示物体的质量，则第二定律可以用数学关系式表达如下：

$$F=ma。\tag{17.4}$$

这样，牛顿就用数学语言给出了力的定义：质量与加速度的乘积。因为质量的单位为千克，加速度的单位为米/秒^2，因此，力的单位为：千克·米/秒^2。为了纪念牛顿，人们把力的单位称为牛顿，用牛顿姓氏的第一个字母N表示。比如，1N表示1千克的物体产生每平方秒1米的加速度时所需要力的大小。

第三定律：通过想象刻画力的传递状态。这完全是一种想象，作用力等于反作用力，甚至不用顾忌物体之间是否直接接触：一方面太阳吸引地球，一方面地球也以同样大小的力吸引太阳。这是一种无法经验的东西，于是牛顿认为这是定律。这个定律是分析力传递模型的基本出发点，根据这个出发点，牛顿推导出著名的万有引力模型。

牛顿的上述三个定律也为爱因斯坦相对论模型作了很好的铺垫。爱因斯坦相对论包括狭义相对论和广义相对论：狭义相对论讨论惯性参照系中物理性质的等价关系，广义相对论讨论引力场或者说加速度参照系中物理性质的等价关系。我们已经讨论了狭义相对论，在讨论广义相对论之前，先总结一下牛顿构建模型的思维特征。

牛顿构建模型的思维特征：现实与演绎。纵观五千多年的人类文明史，出现过许多杰出人物，正是这些杰出人物的工作，不断地推动着科学技术的发展与进步，推动着社会的发展与进步。在科学技术领域，很少有人能够与牛顿的工作相比，这是因为牛顿构建了基于力学的时间和空间的模型，创造了刻画模型的数学语言，改变了人们对世界的认识。那么，牛顿构建模型的思维特征是什么呢?

牛顿之所以能够做出如此巨大贡献的主要原因是因为牛顿勤于思考。有人问牛顿是怎样发现万有引力定律的，他的回答很简单：靠的是对问题的不停思考(By thinking on it continually)。事实上，牛顿能够把问题思考得如此深入，就不仅仅是勤于思考了。除了深邃的洞察力和丰富的想象力以外，牛顿思考问题的思路也是非常清晰的。牛顿把自己思考问题的思路或者说思考问题的原则写在了他的巨著《自然哲学之数学原理》的最后部分，即"哲学中的推理规则"之中[①]：

> 规则 1　寻求自然事物的原因，不得超出真实和足以解释的现象。
>
> 规则 2　对相同的自然现象，必须尽可能地寻求相同的原因。
>
> 规则 3　物体的特性，如果其程度既不能增加也不能减少，并在实验所及范围为所有物体共有，则应视为一切物体的普遍属性。
>
> 规则 4　在实验哲学中，必须将由现象归纳出的命题视为完全正确的或基本正确的，而不管想象所得到的那些与之相反的假说，直到或可推翻这些命题，或可使命题变得更加精细的其他现象出现。

这就是一位科学家凭借自己的经验总结出来的思维原则。牛顿对数学的贡献是巨大的，但牛顿深入研究数学的目的是为了用数学的方法解释现实现象，而不是单纯研究数学。牛顿的演绎推理能力是极强的，但从上面的规则中可以看到，牛顿思考问题的基本原则是尊重现实现象，而不是单纯的假设；对结果的判断准则也是尊重现实现象，而不是单纯的逻辑证明。因此，虽然牛顿的著作是从定义和公理开始的，在叙述

---

① 参见：牛顿. 自然哲学之数学原理[M]. 王克迪，译，北京：北京大学出版社，2006：256-257.

过程中大量使用演绎的方法，但在本质上尊重的还是现实。

在出《自然哲学之数学原理》第二版时，牛顿委托他的学生、剑桥大学三一学院教授科茨编订并代写序言。科茨在这个序言中把研究自然哲学的人分为三类：第一类人醉心于对事物归结出若干形式和隐秘特质，而不探讨事物本身，比如亚里士多德；第二类人以假说为思辨的第一原则，虽然在以后的推理中极富精确性，但得到的只是一些幻想，大概指的是笛卡儿和莱布尼茨①；第三类人崇尚实验哲学。科茨认为牛顿就是第三类人②：

> 还有第三类人，他们崇尚实验科学。他们固然从最简单、合理的原理中寻找一切事物的原因，但他们决不把未得到现象证明的东西当作原理。他们不捏造假说，更不把它们引入哲学，除非是当作其可靠性尚有争议的问题。因此他们的研究使用两种方法，综合的和分析的。由某些遴选的现象运用分析推断出各种自然力以及这些力所遵循的较为简单的规律，由此再运用综合来揭示其他事物的结构。本书著名的作者恰恰采用了这种无与伦比的最佳方法来进行哲学推理，并认为唯此方法值得以他卓越的著作加以发扬光大，在此方面，他向我们给出了一个最光辉的范例。

牛顿之所以如此强调“现象”事出有因。牛顿秉承了伽利略的研究思路：只对现实世界进行描述而不过分地追究哲学上的或者说形而上学的原因和解释。但是，这种研究问题的方法并不适宜当时的学术风气，大概是受亚里士多德和笛卡儿的影响，当时欧洲大陆的学术风气是讨论问题必然要追及终极原因，就如科茨说的第一类人和第二类人那样。为此，如果牛顿要坚持伽利略所倡导的、先描述后解释的思维方法，就必须为这种思维方法据理力争。正是因为牛顿坚持了这种思维方法，才使得他作出了如此巨大的贡献。当然，考虑现代科学研究的思维方法，牛顿如此强烈地反对假说就显得有些过分了：虽然假说不能与现实相提并论，但在科学研究的过程中，对一些事情提出合理的假说是有必要的。比如，我们曾经讨论过的孟德尔对豌豆遗传的研究，整个研究的基础就是关于基因的假说。

综上所述，可以认为牛顿构建模型的思维特征是：现象和演绎。我想，即使是在

---

① 那个时代对世界的认识，英国与欧洲大陆有很大区别，法国大作家伏尔泰在《英国书简》中幽默地写道：一个法国人到了伦敦，发现哲学上的东西跟其他的事物一样变化很大；他去的时候还觉得宇宙是充实的，而现在发现宇宙空虚了。前者指的就是以笛卡儿为代表的旋涡说，后者指的就是以牛顿为代表的经典力学。参见：亚历山大·柯瓦雷. 牛顿研究[M]. 张卜天，译. 北京：北京大学出版社，2003：63-64.

② 参见：牛顿. 自然哲学之数学原理[M]. 王克迪，译. 北京：北京大学出版社，2006：3-4.

今天，这个思维特征也是构建数学模型所必须遵循的准则和路径：通过现象归纳模型，通过演绎描述模型，通过现象验证模型。就像牛顿曾经说过的那样①：**特定命题是由现象推导出来的，然后才用归纳方法作出推广。**就像上面论述过的那样，在这里还应当作一个补充，这就是在必要的时候加上一些合理的假说。孟德尔和孟德尔以后，特别是近代科学的研究方法表明，构建合理的假说能帮助人们理清研究思路，能够指引人们科学安排实验方向。

许多学者认为牛顿是幸运的，法国数学家拉普拉斯就曾经说过②："牛顿是最幸运的人，因为只有一个宇宙，而他成功地发现了它的定律。"但牛顿非凡的洞察力、良好的数学修养、缜密的思维方法，这些都是他成功的要素。更重要的是，牛顿永远像孩子那样具有好奇心，这促使他兴致勃勃地研究问题寻求答案。只有兴趣和好奇心才是学习和研究不竭动力，这一点在牛顿身上表现得最为明显。正如他在遗言中所说的那样③：

> 我不知道世上的人们怎样评价我，从我自己来说，我觉得自己就像一个在海边玩耍的孩子，常常为发现一些光滑的小石子或美丽的贝壳而感到欢乐。但在我的面前展现的那浩瀚的真理海洋仍然是一个未知世界。

三、基于场论的引力模型

虽然牛顿定义了力，给出了力的数学表达，给出了万有引力定律，但关于引力是如何传递的，他始终坚持亚里士多德的观点，即认为虚无中的力是不可思议的④：

> 物体的重力应当是生来就有的，是物体固有的一种属性。因此，一个物体可以通过真空、不需要任何媒介超距地作用在另一个物体上，在我看来这种观点是非常荒谬的，甚至可以认为，一个在哲学上有足够思考力的人都不会同意这种观点。

---

① 参见：牛顿. 自然哲学之数学原理·总释[M]. 王克迪，译，北京：北京大学出版社，2006：349.

② 参见：克莱因. 数学：确定性的丧失[M]. 李宏魁，译，长沙：湖南科学技术出版社，1997：50.

③ 参见：塞根. 宇宙的奥秘[M]. 史宁中，杨述春，王忠山，等译. 长春：东北师范大学出版社，1992：93.

④ 参见：Proc. Of Royal Soc. Of London，1893：54：381；也参见：弗·卡约里. 物理学史[M]. 戴念祖，译. 范岱年，校. 北京：中国人民大学出版社，2010：50.

牛顿所论述的这个问题确实非常重要：如果引力的传递不可能凭借真空的超距作用，那么就必然存在着一种媒介，或者说存在着一只无形的手在牵扯着太阳和地球。可是，我们能够通过观察或者实验来验证这只无形手的存在吗？这只无形手是如何在物体之间作用的呢？

文艺复兴以后很长一段时间，人们普遍认为宇宙中存在一种被称之为“以太”的媒介，这是一种不被人感知的物质，力的传递甚至光的传播借助的就是以太。以太这个词来自古希腊语，原来的意思为上层的空气，即天上的神呼吸的空气，笛卡儿把这个词引入科学，在《哲学原理》这本书中谈到。

当人们普遍接受了伽利略所提出的“实验验证”这个科学研究的基本原则后，就希望通过实验来验证以太的存在。但事与愿违，正如前面谈到的那样，1887年著名的迈克耳逊-莫雷实验否定了以太的存在。这样，对于引力传递的问题就出现了尴尬的局面：在哲学上人们不能接受超距作用，在现实上人们不能接受以太效应。那么，应当如何解释引力呢？

法拉第场与麦克斯韦方程。英国物理学家、化学家法拉第是一位自学成才的科学家，他最早提出了“场”的概念。后来这个概念被普遍采纳，已经成为今天物理学和数学的一个基本概念，成为研究力和几何问题的基础。

法拉第构建“场”的概念是为了解释电磁感应现象。人们很早就发现了磁现象的存在，但直到1831年左右，人们才真正认识电和磁的本质特征，这就是法拉第发现的电磁感应：当闭合的金属线圈经过磁铁时，线圈能够产生电流；反之，当电流通过线圈时，磁针会发生偏转。根据电磁感应原理，人们建立起许多水力、火力、风力、核力发电站，建起电网把电送到千家万户。在现代社会，电已经成为力量的源泉，如果突然没有了电，一切都将处于瘫痪。

可是，电磁感应的原理是什么呢？法拉第给出了一个非常直观的模型：在磁铁的南极和北极之间存在着磁力线，这些磁力线就组成了一个磁场，如图17-5。基于场，当线圈切割磁力线(线圈在磁场中运动)时就产生了电流；反之，当电流通过线圈时也会形成磁场。用场模型的解释简洁合理，法拉第就构建了场的模型用以解释电磁感应现象。法拉第是一位实验大师，他的直观能力是常人不可及的，但因为数学知识不够，法拉第一直不能利用数学语言表达他的模型。

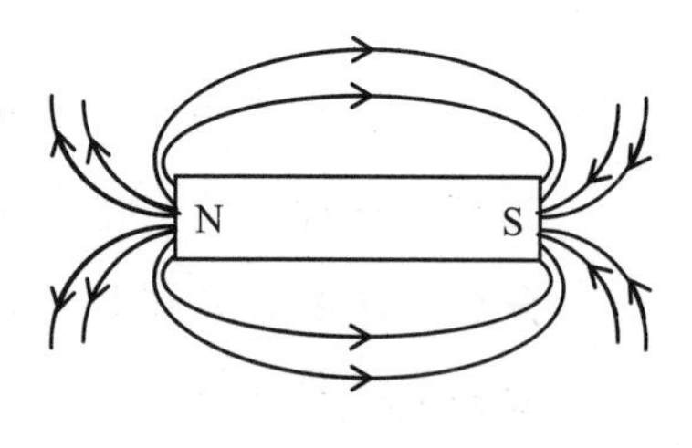

图17-5　磁场和磁力线

英国物理学家麦克斯韦被誉为从牛顿到爱因斯坦之间最伟大的物理学家。麦克斯韦英年早逝，逝世时年仅 48 岁。麦克斯韦逝世那一年爱因斯坦诞生，我们曾经说过，一个同样的巧合发生在伽利略和牛顿之间。麦克斯韦把法拉第的思想以清晰准确的数学形式表示出来，于 1865 年发表了著名的麦克斯韦方程。这个方程预言了电磁波的存在，预言了电磁波的传播速度等于光速，并且得到一个在当时是非常令人吃惊的结论：光是电磁波的一种形式。下面，我们用现代数学符号描绘麦克斯韦方程，体会麦克斯韦是如何用数学语言表达电磁场的，体会符号表达形式的数学之美。

麦克斯韦方程可以缩减为四个方程①。第一个方程和第二个方程是说，电力线(磁力线)是一种自然属性：既不能创造也不能消亡。把这种想法抽象成数学语言就是：在局部空间，进入的电力线(磁力线)数目等于离开的电力线(磁力线)数目。因为电力线(磁力线)数目等价于电场(磁场)强度，两个方程的数学表达分别是

$$\mathrm{div}\ E=0 \text{ 和 } \mathrm{div}\ H=0,$$

其中 E 表示电场强度，H 表示磁场强度，随着时间地点的变化而变化；div 是散度的记号，是一种表示变化率的数学运算②。

第三个方程和第四个方程描绘电场与磁场之间的变化过程。如图 17-5，做这样设想：电流驱动一个电荷围绕圆圈运动一周就会做功，称为这个圆的净电动势；用净电动势除以圆的面积，得到单位面积的净电动势；当圆逐渐缩小即圆圈半径趋于零时，得到单位面积净电动势的极限，称之为旋度。这样，电场与磁场之间的变化过程就可以用旋度表示如下：

$$\mathrm{curl}\ E=-\frac{\partial H}{c\ \partial t} \text{和 } \mathrm{curl} H=\frac{\partial E}{c\ \partial t},$$

其中 curl 表示旋度，是一种处理旋转问题的数学运算；两个等号右边的偏微分分别表示磁场和电场的时间变化率。上面两个方程几乎是对称的，其中的符号差异只是为了表示场的方向。上述两个方程就可以用语言表述为：变化电场产生的单位面积磁力，等于电场时间变化率乘一个很小的常数$\frac{1}{c}$，其中 c 代表电荷的静电单位与电磁单位的比值，是为了量纲的需要。因为 c 实际上就是光速，这样，麦克斯韦方程就把电磁现象与光速联系起来了。

在麦克斯韦生前，人们并没有发现电磁波，直到麦克斯韦去世约 10 年后的 1888 年，德国物理学家赫兹才通过实验证实了电磁波的存在。赫兹在给出实验结论时说："关于光与点之间的联系，……在麦克斯韦理论中有提示、有猜想，甚至有预言，现

---

① 参见：克莱因．现代世界中的数学[M]．齐民友，等译．上海：上海教育出版社，2007：128-155．

② 散度大于零时表示有散发的正源，小于零时表示有吸收的负源，为零则表示无源场。

在已经确定。”

上述麦克斯韦的四个方程简洁明快、寓意深刻，表达形式又是两两对称，充分体现了数学的美。特别是，麦克斯韦方程预言了电磁波的存在，进而预言了电磁场的存在，充分体现了数学模型的功效。正是基于这两点，数学家以此为荣，把麦克斯韦方程作为数学模型的典范、数学应用的典范。由此可以进一步想象，在自然界的数学模型中，通常会表现出这种数学的美。美的本质不是数学的功劳，而是因为大自然本身的和谐。可以推断，如果要描述自然界的本质问题，所构建的数学模型就必然是美的，否则构建的数学模型往往就不够深刻。

广义相对论的基础：惯性质量等于引力质量。爱因斯坦说，场的概念是法拉第最富独创性的思想，是牛顿以来最重要的发现。爱因斯坦把场的思想引入到力学，这便是爱因斯坦的引力场。根据牛顿万有引力定律，引力的作用表现于两个或者更多的物体之间的相互吸引，这就很难像图 17-5 所示，在引力场中画出引力线：从北极到南极或者从正极到负极。因此在本质上，引力场与电磁场的表达必然有所不同，爱因斯坦是这样论述的①：

> 与电场与磁场对比，引力场显出一种十分显著的性质，这种性质对于下面的论述具有很重要的意义。在一个引力场的唯一影响下运动着的物体得到了一个加速度，这个加速度与物体的材料和物理状态都毫无关系。……而且在同一个引力场强度下，加速度总是一样的。适当地选取单位，我们就可以使这个比等于一，因而我们就得出下述定律：物体的引力质量等于其惯性质量。

这样，爱因斯坦就在设计引力场进而建立广义相对论的时候，抓住了一个与引力有关的最为基本的概念：质量。在牛顿力学中，涉及两个不同的质量概念。在第二定律中，力被定义为 $F=ma$，其中 a 为加速度，而 m 被称为**惯性质量**，因为这个定律意味着：力一定时，质量越大，则物体越不容易改变运动状态，这是惯性的表现。在万有引力定律中，引力的大小与质量成正比，即质量越大，则物体的引力越大，称这种质量为**引力质量**。那么，这两个表现形态不同的质量之间的关系是什么呢？

在地球上，对于同一物体，用 m_F 表示惯性质量，m_W 表示引力质量。令 $g=GM/r^2$，其中 G 表示引力常数，M 表示地球质量，r 表示地球平均半径，万有引力定律(17.3)式

① 参见：爱因斯坦．相对论[M]．周学政，徐有智，编译．北京：北京大学出版社，2007：54.

可以写成 $W = m_W g$，那么，这个物体的惯性质量和引力质量可以分别表示为

$$m_F = \frac{F}{a} \text{和} m_W = \frac{W}{g}。$$

如果这个物体的运动受到引力场的唯一影响，这个物体所受的力是相等的，即 $W = F$。这样就得到下面的比例关系：

$$\frac{m_F}{m_W} = \frac{g}{a} = \text{常数}。$$

这就意味着，对于任何一个物体，惯性质量与引力质量成正比例关系。正如爱因斯坦所说的那样，如果适当选取单位，就可以使这个比值为 1，也就是：

$$m_W = m_F。$$

但是，上面的推理只是一种假设前提下的说明，能不能用实验来验证这个结论呢？匈牙利物理学家厄缶改进了一种被称为扭秤(torsion balance)的测量重力的仪器，经过长时间反复测量，实验结果表明：**惯性质量等于引力质量。**这个结果的测量精度可以达到 10^{-11}，即达到千亿分之一数量级。如爱因斯坦所说，这个定律不仅是基于推理的，也是基于实验的。事实上，许多物理学家都知道这个结论，认为这个结论是理所当然的。那么，爱因斯坦能够从这个结果推演出什么新的结论吗？

爱因斯坦电梯。伽利略在研究自由落体的时候，习惯用斜面来验证他的思考，爱因斯坦在研究引力场的时候，习惯用电梯来说明他的思考，人们诙谐地称之为爱因斯坦电梯，是指爱因斯坦所构想的、相对封闭的空间。当人们进入爱因斯坦电梯后，可能出现下面两种情况：

情况 1　电梯相对地球是静止的，这时电梯内一切物体都会落在电梯的地板上，电梯里的人们会知道这是地球引力作用的结果。

情况 2　电梯做自由落体运动，这时电梯内的物体将会漂浮在空中，出现这种“失重”状态的原因是因为电梯里的物体已经不受地球引力的作用了。

第二种情况与我们通过电视看到的宇宙飞船中的情景是一样的：人可以像游泳那样在宇宙飞船中漂动。这就说明：当电梯在地球引力场中做自由落体运动时，电梯里的人感觉不到地球引力的作用。这也就说明：在引力场中可以构建一个参照系，在这个参照系中引力作用消失，因此可以研究无引力情况下物体的物理性质，称这个原则为**弱等效原则**，宇宙飞船模拟仓验证了弱等效原则的正确性。

弱等效原则是引力的最重要特征，物理学中的其他力，例如，宏观世界的电磁力、微观世界粒子范围的强作用力和弱作用力，都不能选择一个参照系来消除力的影

响。爱因斯坦设想了强等效原则，使得等效原则不仅对引力适用，而且对其他力也都适用，这需要构建一个比引力场更为宽泛的模型。为此爱因斯坦耗尽了他的后半生，直至今日，这个模型依然是一个未解之谜①。

根据弱等效原则，爱因斯坦构建了广义相对论，即构建了引力场理论，用这个模型解释具有加速度的力学现象。从运动的角度考虑，牛顿力学以及狭义相对论的核心是描述物体运动的过程，并没有涉及运动物体之间力的关系，这样的学说属于**运动学**；广义相对论或者说引力场理论的核心是讨论引力作用下物体的运动，这样的学说属于**动力学**。从几何的角度考虑，牛顿力学以及狭义相对论考虑问题的基础是惯性系统，得到的空间是平直的，是**欧几里得几何模型**；广义相对论或者说引力场理论考虑的是加速度系统，得到的空间是弯曲的，是**黎曼几何模型**。

如图 17-6，爱因斯坦通过他的电梯来表述空间弯曲。在无引力场的情况下，有一束光由 A 点水平射入，这束光在电梯中行走的轨迹是一条水平直线，即图中的直线段 AB，这就是牛顿力学或者狭义相对论所描述的情景；如果给这个电梯一个向上的加速度，因为光的速度是有限的，那么在光经过电梯的一段时间，电梯运动了 BB' 这样一段距离，这时光将会到达点 B'，光走过的轨迹 AB' 是一条二次曲线。根据弱等效原则，在引力场中也将发生同样的物理规律，这样，可以认为引力场所形成的空间是弯曲的。又因为引力几乎无处不在，于是爱因斯坦就得到了一个令人吃惊的结论：**宇宙空间在本质上是弯曲的**。那么，应当如何通过数学的语言来描述这个弯曲的引力场模型呢？

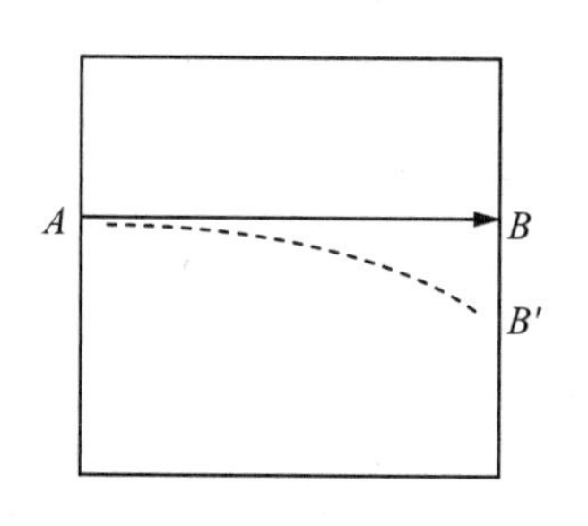

图 17-6　光在电梯中行走的路线

广义相对论的数学模型。牛顿为了清晰而准确地表达他的力学模型，创造了包括微积分在内的一系列实用的数学工具。与此不同，尽管爱因斯坦是一位天才的物理学家，但他在数学方面却没有创造，甚至为选择合适的数学工具而困扰。对于这个问题，爱因斯坦是这样说的②：

> 我在某种程度上忽视数学这一事实，其原因不仅在于我对自然科学的兴趣比对数学的兴趣更大，而且也由于下述特殊经验。我看到数学分为许多专业，每一个专业都很容易消耗一个人短暂的一生。因此，我认为自己就处在

---

① 详细讨论参见：史宁中著《数学思想概论(第 5 辑)——自然界中的数学模型》第四讲。

② 参见：约翰·施塔赫尔. 爱因斯坦奇迹年·导言[M]. 范岱年，许良英，译. 上海：上海科技教育出版社，2007：5.

一头比里当的驴子的地位[①]，不能决定吃哪一束具体的干草。这可能是因为我在数学领域的直觉不够强，不能把在根本上是重要的、真正处于基础性的领域同其余那些多多少少可有可无的知识区别开来。还有，我对研究自然科学的兴趣无疑更为强烈，但我作为一个青年学生不清楚要掌握物理学更基本的原理以及更深邃的知识有赖于复杂的数学方法。这些是我在几年的独立科学工作之后才渐渐明白的。

爱因斯坦的述说对今天的大学数学教育依然是富有启发的。在今天的大学，数学已经被分割为许多相对独立的学科，每一个学科的教师都希望把学生培养成这个学科的专家，于是，每一个学科的教学都形成了相对独立、表述详尽的体系。如爱因斯坦所说，一个学生的精力是有限的，面对这种情况，学生就成为了比里当的驴。因此对于学生而言，构建一个便于选择、详略得当的数学教学体系是必要的。

爱因斯坦是幸运的。1909 年，爱因斯坦离开伯尔尼专利局回到母校瑞士苏黎世联邦工业大学任教以后，发现数学家们已经为他的广义相对论准备好了非常合适的工具。这些工具包括我们讨论过的黎曼几何，以及他大学的数学老师闵科夫斯基提出的四维空间。闵科夫斯基空间是在通常的三维空间上再加上时间的坐标，在这个空间中两点间的间隔即“四维距离”被表示为

$$\mathrm{d}Q^2 = c^2\mathrm{d}t^2 - \mathrm{d}s^2, \tag{17.5}$$

其中 $\mathrm{d}Q$ 表示两点间的四维距离；c 表示光速；$\mathrm{d}t$ 表示时间间隔；$\mathrm{d}s$ 表示通常欧几里得几何两点间的三维距离，即 $\mathrm{d}s^2 = \mathrm{d}x_1^2 + \mathrm{d}x_2^2 + \mathrm{d}x_3^2$。特别地，当距离间隔 $\mathrm{d}Q=0$ 时，光速 $c=\frac{\mathrm{d}s}{\mathrm{d}t}$，这意味着光速是个常量，人们通常把这个式子看作光速不变原理的具体表达式。下面，我们讨论闵科夫斯基所定义的四维距离是洛伦兹变换的不变量。

不变量。运动状态的刻画依赖时间和空间，因此，需要构建一个时空模型描述物体的运动。当一个时空模型确定以后，如果有一种与运动有关的物理规律在任何时间、任何地点都是一样的，那么，这个物理规律就必然是本质的。如果用数学语言描述这个思想，可以把时间和地点的不同看作是一类变换在这个时空模型中的结果，而物理规律在任何时间、任何地点都一样，那么这个物理规律就是这一类变换下的**不变量**。我们已经讨论了两种与运动有关的时空变换，一种是伽利略变换，一种是洛伦兹

① 法国中世纪哲学家比里当(Jean Buridan，约 1300—1358)曾任巴黎大学校长，他描述过这样一个寓言，在一头饥渴的驴子的左边放一桶水，右边放上干草，这头驴子犹豫不决，因为不知是先喝水好还是先吃干草好，最终饥渴而死。

变换。下面，分析基于这两种变换下的不变量，从中可以感悟闵科夫斯基四维时空的重要性。

伽利略变换下的不变量。参见(16.5)式，把沿着一条直线运动的伽利略变换定义为 $x_A=x_B-vt$，$t_A=t_B=t$，其中 A 和 B 表示两个参照系，vt 表示参照系 A 相对于参照系 B 做匀速直线运动。假设对参照系 B，一个物体在时间段 $\mathrm{d}t_B=t_{B1}-t_{B2}$ 内，在直线上移动 $\mathrm{d}s_B=x_{B1}-x_{B2}$ 这样的距离。由伽利略变换可以知道，对于参照系 A，

$$t_{A1}=t_{B1},\ t_{A2}=t_{B2};\ x_{A1}=x_{B1}-vt,\ x_{A2}=x_{B2}-vt。$$

这样容易得到

$$\mathrm{d}t_A=t_{A1}-t_{A2}=t_{B1}-t_{B2}=\mathrm{d}t_B,\ \mathrm{d}s_A=x_{A1}-x_{A2}=(x_{B1}-vt)-(x_{B2}-vt)=\mathrm{d}s_B。$$

显然，对两个参照系而言，这个物体运动的时间段相等，走过的距离相等，因此这是一个不变的物理规律。或者用数学语言叙说，对伽利略变换而言，$\mathrm{d}t$ 和 $\mathrm{d}s$ 都是不变量。这就是牛顿所说的**绝对时间和绝对空间**。但是，对洛伦兹变换情况将发生变化。

洛伦兹变换下的不变量。我们在(16.7)式给出了洛伦兹变换：

$$x_A=\gamma(x_B-vt_B),\ t_A=\gamma\left(t_B-\frac{x_Bv}{c^2}\right),$$

其中 $\gamma=(1-v^2/c^2)^{-\frac{1}{2}}$ 被称为洛伦兹因子。很显然，$\mathrm{d}t_A\neq\mathrm{d}t_B$，并且 $\mathrm{d}s_A\neq\mathrm{d}s_B$，因此对于洛伦兹变换，时间间隔和距离间隔就不是不变量了，这就是爱因斯坦所说的**相对时间和相对空间**。现在考虑闵科夫斯基空间所给出的四维距离，容易得到下面的关系式：

$$\mathrm{d}s_A=\gamma(\mathrm{d}s_B-v\mathrm{d}t_B),\ \mathrm{d}t_A=\gamma(\mathrm{d}t_B-\mathrm{d}s_Bv/c^2),$$

这样，通过计算就可以得到

$$\mathrm{d}Q_A^2=c^2\mathrm{d}t_A^2-\mathrm{d}s_A^2=c^2\mathrm{d}t_B^2-\mathrm{d}s_B^2=\mathrm{d}Q_B^2。$$

这就意味着，对于洛伦兹变换，闵科夫斯基空间所给出的四维距离 $\mathrm{d}Q^2$ 是不变量。也就是说，闵科夫斯基四维距离对于洛伦兹时空变换是本质的。

爱因斯坦方程。年轻的爱因斯坦还遇到了一件非常幸运的事情，就是他 1909 年回到母校瑞士苏黎世联邦工业大学工作后，遇到了他的同学、数学家格罗斯曼。格罗斯曼向爱因斯坦介绍了黎曼几何以及基于黎曼几何的张量运算。1913 年两人合作完成了《广义相对论和引力理论纲要》，其中物理学部分由爱因斯坦执笔，数学部分由格罗

斯曼执笔①。1915 年爱因斯坦完成了广义相对论的创建，1916 年初在《物理年鉴》上发表了长达 50 页的总结性论文《广义相对论基础》，明确论证了：加速度系统的时空与惯性系统的时空是不同的。

后来，爱因斯坦使用张量分析就像牛顿使用微积分那样熟练。所谓的张量是一种数学运算工具，高斯和黎曼的工作都涉及了张量，后来意大利数学家、理论物理学家里奇和他的学生对张量分析进行了系统研究。下面，借助闵科夫斯基空间和黎曼空间的概念，对张量进行直观描述，从中体会爱因斯坦是如何利用数学的工具来表示引力场模型的。

令 $\boldsymbol{a}=(a_0, a_1, a_2, a_3)$是一个四维向量。因为在三维欧几里得空间中 $\mathrm{d}s^2=\mathrm{d}x_1^2+\mathrm{d}x_2^2+\mathrm{d}x_3^2$，我们只需要做适当的变量替换，闵科夫斯基空间四维距离(17.5)式就可以表示为

$$\begin{aligned}\mathrm{d}Q^2 &= a_0\mathrm{d}x_0^2+a_1\mathrm{d}x_1^2+a_2\mathrm{d}x_2^2+a_3\mathrm{d}x_3^2 \\ &= \sum a_u\mathrm{d}x_u^2 = a_u\mathrm{d}x_u^2,\end{aligned} \tag{17.6}$$

上面式子中的符号的意义为：$a_0=c^2$，$a_1=a_2=a_3=-1$，$\mathrm{d}x_0^2=\mathrm{d}t^2$，这是为了对应于闵科夫斯基四维距离；$\sum$ 是一个求和的符号，表示对所有下标 u 求和；最后的表示方法是爱因斯坦惯用的，省略了求和符号。人们称 a_u 为 **1 阶张量**，因此，这时的 1 阶张量就是一个四维向量。

我们在第九讲中曾经讨论，黎曼空间的核心是建立曲线坐标，在小范围内用直线代替曲线。因为直线距离是用勾股定理得到的，这样，黎曼曲面空间具有两个形式特征：一个是在距离的表示中必然会出现平方项；另一个是在很小的局部必然要用微分刻画。于是，在黎曼曲面空间距离的表达将对应于一个系数为导函数的齐次二项式。下面，借助闵科夫斯基空间和黎曼空间的概念进行直观表述。

令黎曼空间曲线坐标为 y_0，y_1，y_2，y_3，如(16.9)式所述，每一个坐标都是 x_0，x_1，x_2，x_3 的函数，把函数表示为：$x_u=f_u(y_0, y_1, y_2, y_3)$，$u=0, 1, 2, 3$。假定二次导数的反函数存在，通过微分得到

① 老年的爱因斯坦非常怀念格罗斯曼，在逝世前一个月(1955 年 3 月)，爱因斯坦在为纪念母校苏黎世联邦工业大学建校 100 周年而写的回忆录中，提到了这次合作：我需要在自己在世的时候，至少再有一次机会来表达我对格罗斯曼的感激之情，这种必要性给了我写出这篇杂乱无章的自述的勇气。参见：爱因斯坦. 狭义与广义相对论浅说·自述片段[M]. 杨润殷，译. 胡刚复，校. 北京：北京大学出版社，2006：168.

$$dx_0=\frac{\partial f_0}{\partial y_0}dy_0+\frac{\partial f_0}{\partial y_1}dy_1+\frac{\partial f_0}{\partial y_2}dy_2+\frac{\partial f_0}{\partial y_3}dy_3,$$

$$dx_1=\frac{\partial f_1}{\partial y_0}dy_0+\frac{\partial f_1}{\partial y_1}dy_1+\frac{\partial f_1}{\partial y_2}dy_2+\frac{\partial f_1}{\partial y_3}dy_3,$$

$$dx_2=\frac{\partial f_2}{\partial y_0}dy_0+\frac{\partial f_2}{\partial y_1}dy_1+\frac{\partial f_2}{\partial y_2}dy_2+\frac{\partial f_2}{\partial y_3}dy_3,$$

$$dx_3=\frac{\partial f_3}{\partial y_0}dy_0+\frac{\partial f_3}{\partial y_1}dy_1+\frac{\partial f_3}{\partial y_2}dy_2+\frac{\partial f_3}{\partial y_3}dy_3,$$

其中 $\partial f_u/\partial y_v$ 表示函数 $f_u(y_0, y_1, y_2, y_3)$ 对 y_v 的偏导函数。令 $g_{uv}=a_u(\partial f_u/\partial y_v)$，$u$，$v=0$，1，2，3，则闵科夫斯基空间中的四维距离(17.6)式又可以转换为

$$\begin{aligned}dQ^2&=\sum\sum g_{uv}dy_udy_v\\&=g_{uv}dy_udy_v,\end{aligned}\tag{17.7}$$

其中，双重求和符号 $\sum\sum$ 中的一个是对所有 u 求和，一个是对所有 v 求和。在这种情况下，人们称 g_{uv} 为**2 阶张量**，是一个 4×4 矩阵，有 16 个元素；注意到微分形式 $dy_udy_v=dy_vdy_u$，因此矩阵中元素满足 $g_{uv}=g_{vu}$，这样，2 阶张量就是一个 4×4 对称矩阵，有 10 个自由量，这便是**度规张量**。利用度规张量可以刻画曲面空间的弯曲程度，因而可以决定宇宙模型的时空结构。

显然，我们很容易用类比的方法得到 3 阶张量，甚至得到更加一般的 n 阶张量。在闵科夫斯基四维空间中，一个 3 阶张量是一个长、宽、高都是 4 个元素构成的立方体矩阵，这个矩阵共有 4×4×4=64 个元素，可以用类比方法，定义 3 阶张量的运算为

$$\sum\sum\sum h_{uvw}dz_udz_vdz_w=h_{uvw}dz_udz_vdz_w,$$

其中 u，v，$w=0$，1，2，3。爱因斯坦在推导引力场模型的过程中利用了 3 阶张量的运算。

虽然用张量以及张量的运算可以刻画时空模型的弯曲程度，但是我们必须清楚：**时空模型不是由数学运算方法所决定的，而是由宇宙物理现象决定的。**为此，在弱等效原理的基础上，爱因斯坦又给出了一个更为基本的假设：物质的分布及其运动决定时空结构。爱因斯坦称这个假设为“马赫”原理，关于这个原理爱因斯坦是这样解释的①：

在经典力学和狭义相对论中，找不到什么实在的东西能用来说明为什么

① 参见：爱因斯坦. 相对论[M]. 周学政，徐有智，译，北京：北京出版社，2007：67.

相对于K和K′来考虑物体会有不同的表现。牛顿看到了这个缺陷，并试图消除它，但没有成功。只有马赫对它看得最清楚，由于这个缺陷他宣称必须把力学放在一个新的基础上。只有借助于与广义相对性原理一致的物理学才能消除这个缺陷，因为这样的理论方程，对于一切参照物，不论其运动状态如何，都是成立的。

在这个原理之下，张量不仅仅是刻画曲面弯曲程度的数学表达，还能用来刻画物体的能量和动量等非常基础、因而也是非常重要的物理量。这样，爱因斯坦给出的引力场方程为

$$G_{uv}=\rho T_{uv},$$

其中 G_{uv} 表示的是时空结构，被称为**爱因斯坦张量**；ρ 为比例常数；T_{uv} 是表示能量—动量的张量。这个基本方程很好地体现了马赫原理①，这个方程描述的是：时空结构张量与能量—动量张量成正比。通过计算，爱因斯坦得到 $G_{uv}=R_{uv}-\frac{g_{uv}R}{2}$，其中 R_{uv} 是里奇曲率张量②；g_{uv} 是度规张量；R 为曲率标量。因为爱因斯坦张量 G_{uv} 的散度恒等于零，所以又被称为守恒张量。可以把**爱因斯坦引力场方程**写成

$$R_{uv}-\frac{g_{uv}R}{2}=-\kappa T_{uv}。\tag{17.8}$$

其中 κ 是一个常数。上式是一个非线性的偏微分方程，很难求出具有显示表达式的解。

1916年，就在广义相对论发表不久以后，德国天文学家史瓦西就得到上述方程的一个具有显示表达式解，这个解是在假设物质处于球对称均匀分布引力场的情况下得到的，人们称这个解为**史瓦西解**。求解过程假设了度规张量坐标与时间无关，并且 $g_{01}=g_{02}=g_{03}=0$。在这个假设下，令球面坐标的三个变量分别为 r，θ，φ，则空间位置坐标的球面变换为

$$y_1=r\sin\theta\cos\varphi,\quad y_2=r\sin\theta\sin\varphi,\quad y_3=r\cos\theta。$$

参照这个变换，可以通过爱因斯坦方程解出时间坐标与空间坐标的关系，得到四维距

---

① 爱因斯坦在《关于广义相对论的原理》一文中谈道，根据马赫原理，时空状态(G场)完全取决于物体的质量，根据狭义相对论，质量和能量是同一种东西，又因为能量在形式上可以由对称能量张量描述，所以G场由物质的能量张量所决定。参见：爱因斯坦. 爱因斯坦全集·第七卷[M]. 邹振隆，主译. 长沙：湖南科学技术出版社，2009：34.

② 里奇张量是一种对“体积扭曲”程度的量度，也就是说，对于一个给定的由黎曼度规所决定的几何，里奇张量刻画了 n—维流形中给定区域的体积与欧几里得与其相当区域的体积之间的差异程度。

离的表达①为

$$dQ^2 = -\left(1-\frac{2m}{r}\right)(c\mathrm{d}t)^2 + \frac{\mathrm{d}r^2}{1-\frac{2m}{r}} + r^2(\mathrm{d}\theta^2 + \sin^2\theta \mathrm{d}\varphi^2), \tag{17.9}$$

其中 m 表示积分常数。如果把 m 与牛顿万有引力联系起来，可以近似得到 $2m=2GM/c^2$，其中 G 为引力常数，M 为物体的中心质量，c 为光速。人们通常称 $2m$ 为引力半径。进一步，参照牛顿引力理论可以近似地得到(17.8)式中的比例常数 $\kappa=8\pi G/c^4$，这样爱因斯坦方程就可以写为

$$R_{uv}-\frac{g_{uv}R}{2}=-\frac{8\pi G}{c^4}T_{uv}。\tag{17.10}$$

这是一个非常明确的数学表达式，一些教科书把爱因斯坦方程写成(17.10)式的形式。

爱因斯坦根据弱等效原理和马赫原理构建了一个引力场模型，这个引力场模型向世人们描述了一个弯曲的时空：通过想象的爱因斯坦电梯解释了这个模型；借助黎曼几何和张量分析，用数学的语言刻画了这个模型。现在，只剩下最后一个也是最关键的一个环节，就是对这个模型的实践验证。

为了验证这个模型，无论是现象的观测还是实验的检测，都需要非常高的精度，这是因为在绝大多数情况下，爱因斯坦模型与牛顿模型得到的结果相差无几。比如(17.9)式所表示的史瓦西解，对于平直的欧几里得空间得到的结果是

$$dQ^2=-(c\mathrm{d}t)^2+\mathrm{d}r^2+r^2(\mathrm{d}\theta^2+\sin^2\theta \mathrm{d}\varphi^2)。\tag{17.11}$$

比较(17.9)式和(17.11)式可以看到，差别只在于系数 $2m/r$，其中引力半径 $2m$ 是一个非常小的值②，比如地球的引力半径为 0.89 厘米，太阳的引力半径也只有 2.96 公里。

至今为止，人们认为有三个典型现象验证了爱因斯坦引力场模型的正确性，这就是引力场的光线偏折、水星近日点的进动和引力红移现象。下面，我们简洁地讨论前两种情况。

引力场中的光线偏折。地球处于太阳系，而太阳拥有整个太阳系质量的 99.87%，这就构成了一个强大的引力场。因此，验证爱因斯坦引力场理论最便捷的方法，就是观察远处恒星发出的光经过太阳时是否会发生弯曲。

实际上，光线发生弯曲并不是广义相对论所独有的预言，早在 1704 年牛顿就从

① 参见：福克. 空间、时间和引力的理论[M]. 周培源，朱家珍，蔡树棠，等译. 北京：科学出版社，1965：第 5 章. 也可以参见：赵展岳. 相对论导引[M]. 北京：清华大学出版社，2002：第 6 章.

② 在牛顿万有引力定律中，引力大小与物体质量成正比，法国数学家拉普拉斯通过计算得出，当物体被极度压缩时质量将会变得很大，引力也将会变得极大，这就是人们所说的“黑洞”。比如，地球的半径约为 6370 公里，如果压缩到 1 厘米，引力将是原来的 4×10^{11} 倍，引力半径与这个压缩有关。

光粒子说的角度提出过这个预言，依据是万有引力定律：牛顿认为光是一种粒子，当光经过大质量物体的边缘时必然受到引力的作用。1804 年，德国天文学家索德纳根据牛顿力学计算了光经过太阳边缘时的偏折角

$$\theta=\frac{2GM}{c^2R}=0.875\text{ 秒},$$

其中，G 为万有引力常数 6.67×10^{-8} 厘米/(克·秒)；M 为太阳质量 1.98×10^{33} 克；R 为太阳半径，大约为 6.95×10^{10} 厘米。

上面的结论是通过经典力学得到的。如果用爱因斯坦的引力场来解释光经过太阳出现弯曲的现象，比如图 17-6 的爱因斯坦电梯，通过计算可以得到这个偏折角应当为

$$\theta=\frac{4GM}{c^2R}=1.75\text{ 秒},$$

正好是牛顿力学计算结果的 2 倍。因此，爱因斯坦后来说①：

> 当然要检验的不仅是光线有没有弯曲的问题，更重要的是光线弯曲的量到底是多大，并以此来判断哪种理论与观测数据符合得更好。这里非常关键的一个因素就是观测精度。即使观测结果否定了牛顿理论的预言，也不等于就支持了广义相对论的预言。只有观测值在容许的误差范围内与广义相对论预言符合，才能说观测结果支持广义相对论。

1919 年，在英国天文学家爱丁顿的领导下，英国组织两个考察队分赴两地观察日全食，证实光在太阳附近确实出现了 1.7 秒左右的偏折，英国皇家学会宣布了这个观察报告并且确认了爱因斯坦广义相对论的正确性。1974～1975 年，科学家利用精密光学仪器再次进行测量，测得偏差为 1.761±0.016 秒，以万分之一的精度证实了广义相对论对光线弯曲的预言。

水星近日点的进动。水星是太阳系中距离太阳最近的一颗行星，距太阳的距离是地球的$\frac{1}{3}$。水星的椭圆轨迹要更扁一些：近日点 4 600 万公里，远日点 7 000 万公里。19 世纪天文学家发现，水星的轨道并不是严格的椭圆，每转一周在近日点处长轴就会略有转动，称之为进动。用牛顿力学计算，结果表明水星近日点进动是每百年 5 557.62 秒，实际观测值是每百年 5 600.73 秒，其中有 43.11 秒的差在牛顿力学中得不到解释。根据广义相对论，行星公转一周后近日点的进动公式为

---

① 参见：爱因斯坦．相对论[M]．周学政，徐有智，编译．北京：北京出版社，2007：126-127.

$$\Delta\omega=\frac{24\pi^3a^2}{c^2T^2(1-e^2)},$$

其中T，a，e分别为轨道周期、半长轴和偏心率。人们利用这个公式对于水星的情况进行计算，得到的结果比用牛顿力学的原理计算结果多43.03秒，与实际观测结果相差无几，这就进一步证明了广义相对论的计算更符合实际。

根据上面的结果似乎还可以解释这样的现象：太阳的质量远远大于地球的质量，因此，即便在地球表面上太阳的引力也要大于地球的引力，但我们并没有感觉到太阳的引力，这是为什么呢？

可以做这样的设想，地球就是爱因斯坦电梯，这个电梯在太阳引力场中做自由落体运动，生活在地球上的人们就是这个电梯的乘客，根据弱等效原则，电梯的乘客感觉不到太阳的引力。甚至还可以进一步的设想，自由落体运动的路径就形成了地球围绕太阳旋转的椭圆轨迹。据此可以认为：加了时间坐标的太阳引力场构成了闵科夫斯基四维时空，地球以及其他行星围绕太阳运动形成的椭圆轨迹，包括行星近日点的进动都很可能是三维曲面上的最短路径，如图17-7①。

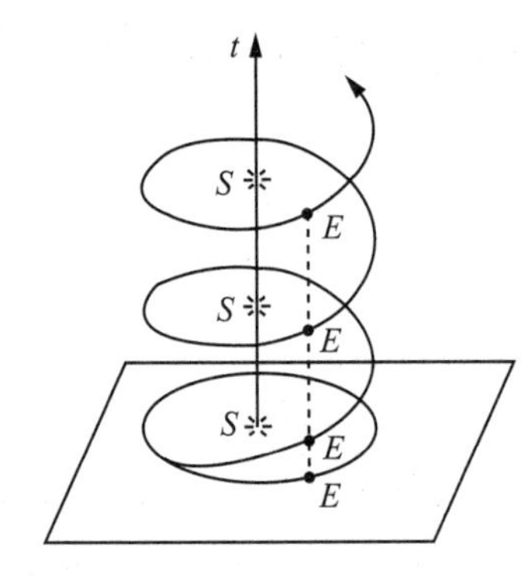

图17-7　四维时空中的最短路径

关于最短路径的说法，现代科学界享有特别声誉的、英国传奇物理学家霍金在著作《时间简史》中给出了一个生动的解释②：

> 在广义相对论中，物体总是沿着四维时空的直线走。尽管如此，在我们的三维空间看起来它是沿着弯曲的途径，这正如一架在山地上空飞行的飞机，虽然是沿着三维空间的直线飞行，但在二维地面上的影子却是沿着一条弯曲的路径。

人类无法经验四维空间的事情，因此无法通过经验直接验证我们生活的宇宙空间的维数。人们构建四维以及四维以上空间模型，是为了更好地解释自然界中的现象。如果能够很好地解释，就姑且认为这个模型是真理，比如爱因斯坦所构建的四维时空。既然爱因斯坦的四维时空模型不可能从实际观察结果中归纳出来，那么，爱因斯坦构建数学模型的思维特征是什么呢？

---

① 参见：赵展岳. 相对论导引[M]. 北京：清华大学出版社，2002：189-190.

② 参见：史提芬·霍金. 时间简史[M]. 许明贤，吴忠超，译. 长沙：湖南科学技术出版社，1994：39.

爱因斯坦构建模型的思维特征：简约和想象。曾经说过，牛顿构建模型的思维特征是现象和演绎，那么，爱因斯坦构建模型的思维特征就是简约和想象。为了更好地说明这一点，我们从思维特征的角度分析爱因斯坦与牛顿的不同。

如果说牛顿所得到的结果以及他的思维过程还是在人们的“意料之中”的话，那么，爱因斯坦所得到的结果以及他的思维过程就是让人们“恍然大悟”了。所谓“恍然大悟”意味着：最初接触时超乎意料，仔细思考后又在情理之中。在今天，人们对自然界的认识已经积累了大量的知识，因此，无论是认识事物本身，还是认识事物的规律，新的创造往往都是以这种“恍然大悟”的形式出现，而能够得到这种形式的思维前提就是：简约现象的背景。

生活的经验告诉我们：越是本质的东西越是朴素的，越是牵强的东西越是华丽的。爱因斯坦的天才就表现在思维的朴素，如英国科学家布罗诺夫斯基在著作《人的进化》中写道的那样①：

> 像牛顿和爱因斯坦这类人的天才在于，他们问出一些显而易见又很天真的问题，而这些问题最终会使科学产生巨大的变革。爱因斯坦是一个能问极其简单问题的人。

爱因斯坦在少年时代发现，如果站在地上看火车行走，会感觉到火车飞驰而过；如果坐一辆汽车与火车并驾齐驱，能从火车的车窗中看到火车里面发生的事情，会感觉到火车似乎是静止的。少年时代的爱因斯坦从火车的速度想到了光的速度：如果一个人能够与光速同行，他将看到什么呢？是不是光是停滞不前了呢？如果是这样，是不是整个世界都静止了呢？这个问题实在是朴素，朴素到近乎是孩子的异想天开。但是，就是这样的一个朴素问题促使爱因斯坦用后来50年的生命历程进行探索，这个探索使爱因斯坦达到了现代科学的顶峰。老年时的爱因斯坦回忆②：

> 经过10年的思考，我从一个错误的假想中引出了这个原理。这个错误的假想是我在16岁时无意中想到的：如果我以光速c追逐一束光，那么我观察到的这一束光应当是一个停滞不前的在空间中振荡的波。然而，无论是

① 参见：Jacob Bronowski. The Ascent of Man[M]. Boston：Brown Little，1974：247. 也参见：加来道雄. 超越时空[M]. 刘玉玺，曹志良，译. 上海：上海科技教育出版社，2009：92. 下一个注脚也参照这个中译本。

② 参见：Abraham Pais. Subtle Is the Lord：The Science and Life of Albert Einstein[M]. Oxford：Oxford University Press，1982：131.

基于经验还是根据麦克斯韦方程，都不支持这种现象的存在。

爱因斯坦没有停止在假想，他要寻求其中的缘由。后来，他知道了法拉第电磁场，知道了场中事物的变化规律可以用麦克斯韦方程解释，证明了自己少年时代的假想是不对的：无论如何追赶光，光总在我们的前面以同样的速度前进。这样，爱因斯坦得到了狭义相对论的基本原理：光速与发光物体的运动速度无关，光速是绝对的。那么，达到光速以后，世界将会变得如何呢？爱因斯坦通过计算的结果解释：在快速运动的系统中，时间历程变慢了，空间尺度缩小了。

事实上，简约现实背景是构建数学模型的要点，是构建数学模型的抽象思维的核心，正如我们在第十六讲的小结中所讨论的那样，这一点在爱因斯坦这里表现得如此淋漓尽致。比如引力场模型，爱因斯坦确信宇宙的空间结构是由引力确定的，因此，爱因斯坦方程只是描述了一个最为简单的关系：时空结构的弯曲程度与能量(动量)的大小成正比；数学表达也是极为简洁的：$G_{uv}=\rho T_{uv}$。但是，这个简洁的表达式却蕴含了整个宇宙的运动规律，或者反过来说，如此浩瀚庞杂、变化万千的宇宙，竟然被爱因斯坦浓缩为如此简单的关系，不能不使人吃惊，也不能不使人钦佩。

显然，要在人们习以为常的认识中得到“恍然大悟”的结果，除却简约现实背景之外，还需要非凡的想象力。如果说爱因斯坦孩提时代关于“追逐光速”的想象还是随意的幻想，那么，爱因斯坦关于“引力电梯”的想象就是基于逻辑的思维实验了。传统的科学研究，可以从观察结果中归纳出结论；现代的科学研究，往往需要先建立假说、想象出结论，然后再有目的地设计观察或者实验来验证这些结论。所谓思维实验就是建立假说的物理背景，虽然这样的物理背景是虚构的，但只有基于这样的背景，关于假说的思考才可能有根基，才可能有逻辑。我们几次谈到，孟德尔关于基因的假说以及他所安排的豌豆实验就是最好的例证。在这个意义上，爱因斯坦的思维实验，不仅是想象力的集中体现，也是**现代科学中构建模型的物理现实**，已经成为现代科学中构建模型必不可少的过程。

第十八讲　生活中的数学模型

在这一讲，我们将讨论生活中的数学模型。生活中的故事要比自然界的故事更加繁杂。造成繁杂的原因，不仅仅是因为这些故事涉及范围杂乱无章，也不仅仅是因为这些故事线索千头万绪，事实上，造成繁杂的原因往往是一些说不清、道不明的人为因素的干扰。因此，讨论生活中的数学模型要比讨论自然界的数学模型更为困难：就广度而言，不可能全面；就深度而言，不可能系统。即便如此，我们仍然希望讨论生活中的数学模型，因为这些模型与现实生活的联系是如此紧密，这些模型能够充分展示数学是如何成为人们生活中不可缺少的工具。

为了解决繁杂带来的困扰，我们将进行一些技术处理：讨论数学模式而不直接讨论数学模型。什么是数学模式呢？数学模式与数学模型的共性以及区别是什么呢？

随着计算机技术和信息技术的迅猛发展，近些年来，数学界逐渐形成了一个新的概念：模式。以至于有许多学者认为，数学模式就是数学本身：**数学是一门关于模式的科学**[①]。关于模式，美国数学家斯蒂恩给出了下面的论述[②]：

> 数学通常被定义为空间与数量的科学，就像扎根于几何与算术那样。虽然现代数学的广泛性已经远远超出了这个定义，但直到近年由于计算机与数学的协同发展，一个更加灵活的定义才逐渐明晰。
>
> 数学是模式的科学。数学家寻求数量、空间、科学、计算机以及想象中的模式。数学理论则解释了模式之间的关系，函数和映射、算子和同态把一类模式转化为另一类模式，产生了近来的一些数学结构。数学的应用就是用这些模式来解释和预测适合于这些模式的自然现象。模式又提出其他模式，产生模式的模式。数学以这样的方法遵循着自己的逻辑：起始于科学的模式，完成于那些累加起来的、由初始模式推导出来的所有模式。
>
> ……
>
> 因为计算机，我们可以比以往更加肯定数学发现类似于科学发现。它开始在数据中寻求模式：数据或许是数，但更经常是几何或者代数结构。这样的推广引发抽象，导致思维的模式。理论则作为模式的模式，其重要性取决于一个领域的模式与其他领域模式的关联度。具有最大解释能力的精巧的模式成为最深刻的结果，构成全部子学科的基础。

---

① 参见：美国国家研究委员会．振兴美国数学：90年代的计划[M]．叶其孝，刘燕，章学诚，译．北京：世界图书出版公司，1993：1．近年来，伴随着大数据时代的到来，人们逐渐形成了下面的看法，数学的研究源于对现实世界的抽象，通过对抽象结构的符号运算、逻辑推理和一般结论，理解和表达现实世界事物的本质、关系和规律。参见将要颁布的《高中数学课程标准》前言。有关的论述还可以参见：美国科学院国家研究理事会．2025年的数学科学[M]．刘小平，李泽霞，译．北京：科学出版社，2014．

② 这段文字是由作者翻译的。英文原文见Science，New Series，1988，240：611-616．中文译文可以参考：Steen，L A. 模式的科学[J]．张晓东，译．世界科学．1989(10)：4-10．

在上面的论述中，有一个说法应当引起我们的重视，这就是：现代计算机所表现出来的越来越强大的功能，引发了数学发生了本质的变化，使得：**数学发现更加类似于科学发现**。事实上，近些年数学的发展已经使得这个变化越来越明显，越来越深刻。下面，简要讨论这个问题。

我们曾经反复说过：数学研究的对象是一些抽象了的、并非现实的东西，虽然其中有些东西具有明显的现实背景；数学研究的起始是一些假设，包括一些公理和公设；数学，特别是现代数学，研究的方法是构建公理体系，在公理体系的框架下进行数值计算和演绎推理。基于这样的流程，数学研究的结论只可能是在公理体系下的必然结果①，数学家的工作只是发现这些结果在公理体系框架下的存在性，验证这些结果在公理体系框架下的合理性。公理体系本身并不是现实的存在，因此，数学的结果只能称为发明而不能称为发现，或者说，数学的结果只能是一种发明框架下的发现②。

进入21世纪，随着科学技术以及网络技术的发展，几乎对任何事物和现象，人们都可以在较短的时间内获取大量的数据。比如生物学，世纪之交，人类第一次破译人体基因密码用了10年的时间，得到了30亿个碱基对的排列，而时隔十多年的今天，完成这个工作只需要几小时的时间；再比如天文学，2000年斯隆数字巡天(SDSS)项目启动，位于美国新墨西哥州阿帕奇山顶天文台的约2.5米口径的望远镜，在短短几周内收集到的数据竟然比天文学历史上收集到的数据的总和还要多。鉴于数据之庞大，人们称这样的数据为**海量数据**。进一步，网络数据的出现，包括手机、平板电脑、GPS定位系统以及监测系统与互联网的连接，使得各种各样的数据以爆炸的方式增长。与此同时，计算机技术以及与此配套的信息技术得到迅猛发展，使得人们有可能在较短的时间内处理大数据，通过这些数据提供的信息获取知识。于是，一个新的词汇“**大数据**”开始在全世界流行起来，逐渐被人们理解，这个词汇正在影响着人们传统的思维模式，改变着人们的处事原则和处事方法。

基于这样的变化，数学，至少是一部分数学，应当从根本上改变传统的研究流程：研究的对象不再是抽象的符号，而是现实世界中的数据；研究的目的不再是在公理体系中发现某些结论，而是通过数据发现现实世界中事物的性质与关联；研究的前提不再是想象出来的公理和假设，而是现实世界中数据产生的背景和规律；验证结论的方法也不再是单纯依赖于同一律、矛盾律和排中律的演绎推理，而是更加侧重于归

---

① 这个观点是德国数学家希尔伯特所提倡的，这个观点很大程度上引领了20世纪数学的发展。更详细的内容，参见：史宁中著《数学思想概论(第3辑)——数学中的演绎推理》第五讲以及《数学思想概论(第5辑)——自然界中的数学模型》绪论。

② 关于这个问题的提出，可以参见：史宁中. 关于数学的反思[J]. 东北师大学报(哲学社会科学版)，1997(2)：31-39.

纳推理以及与形式逻辑有关的联想和想象。为此，数学就要摆脱传统公理体系的束缚，甚至要摆脱人为所规定的限制条件的束缚，因为我们可以认为，大数据描述的东西就是客观事实本身①。因为科学的任务就是发现并描述事实的真相，这样，至少一部分数学就与科学一致了。

回到关于模式的讨论。模式类似于模型，但又不等同于模型。相同之处在于：二者都是已经程式化的东西，都是认识、表达、解决一类问题的方法。不同之处在于：模式是针对数学内部的；模型是针对数学外部的。据此定义：**模式是指认识、表达、解决一类数学问题的程式化了的方法。**

虽然模式不同于模型，但一个好的模式可以适用于一批模型，或者说，一个好的数学模式可以作为构建一批数学模型的数学语言。此外，如我们前面讨论过的那样，生活中的数学模型与自然界的数学模型有着本质的不同：自然界的数学模型的主旨是探究因果关系，表达的是规律性的东西，这些东西是可重复的；而生活中的数学模型远远没有这么幸运，这是因为②：

> 在哲学界，关于因果关系是否存在的争论已经持续几个世纪。毕竟，如果凡事皆有因果的话，那么我们就没有决定任何事情的自由了。如果说我们做的每一个决定或者每一个想法都是其他事情的结果，而这个结果又是由其他原因导致的，以此循环反复，那么就不存在人的自由意志这一说了：所有的生命轨迹都只是受因果关系的控制了。

如果自由意志是人性的体现，是人的本能，是创造的根基，那么，人的自由意志就决定了生活中数学模型的繁杂和不确定。特别是，正如绪言中所说的那样，生活中的数学模型与各个研究领域的联系是如此紧密，以至于这些数学模型的名称都冠以有关学科的用语，使得人们无法对这些数学模型进行跨学科的归类与总结。虽然可以用来构建数学模型的数学模式也是种类繁多，但大体上还是可以分类的：基于数学形式，可分为线性的数学模式与非线性的数学模式两种；基于变量的属性，可分为确定性变量与随机性变量两种；基于时间变化，可分为静态模型与动态模型两种。因此在

---

① 现在我们所说的“数据”一词译自英语 data，而英语 data 一词来源于拉丁语 datum 的复数形式，是动词 dare 的中性被动完成时的分词，拉丁语的意思为“被给予的”“被给定的”。因此，英语通过 dada 一词希望表达的意思是：认为或假定是事实并可作为推理或计算基础的事物(与东北师范大学历史文化学院张强教授讨论的结果)。英文中的这种用法始于 1646 年，参见 The Oxford English Dictionary，Vol. II[M]. Oxford：The Clarendon Press，1933：43。

② 参见：维克托·迈尔-舍恩伯格，肯尼斯·库克耶. 大数据时代：生活、工作与思维的大变革[M]. 盛杨燕，周涛，译. 杭州：浙江人民出版社，2013：84.

本质上，数学模式就是上述三类、六种情况的组合，这也是我们讨论数学模式的基础。

线性模式是应用最为广泛的一类数学表达：一方面，因为这样的数学表达，数学形式简洁、数学计算便捷、数学特性清晰、数学结论明了，使用起来非常方便；另一方面，通过下面的讨论可以看到，现实世界中许多事物的规律都可以近似认为是线性的。为了讨论问题的方便，我们把基于确定性变量的线性模式称为**线性函数模型**，把基于随机性变量的线性模式称为**线性统计模型**。因为这本书的目的是讨论数学思想，而不是讨论数学内容本身，因此，我们在这一讲只讨论线性函数模型和线性统计模型，包括静态的，也包括动态的。可以看到，这样的讨论足以囊括构建生活中数学模型的基本思想。

一、线性函数模型

数学模型是为了刻画若干变量之间的关系，为了把规律表达得更加清晰，数学模型主要关心的是一个变量与其他变量之间的关系。顾名思义，线性模型所表述的关系是线性的，可以一般地表示为

$$y=a_0+a_1x_1+\cdots+a_nx_n, \qquad (18.1)$$

其中 x_i 和 y 是变量，a_i 是系数。通过模型不仅可以知道变量 y 与 n 个变量 x_i 之间的关系，并且可以通过变量 x_i 的数值来预测变量 y 的取值，这就是一种变化规律。最简单的线性函数模型是加法模型和乘法模型，这也是我国义务教育阶段数学教育所涉及的两个模型。

加法模型。一般来说，加法模型中讲述的故事可以有两种形式：一种在形式上是静态的、变量与时间无关，称之为静态加法模型；一种在形式上是动态的、变量与时间有关，称之为动态加法模型。

静态加法模型刻画的是总体与部分的关系：总量等于部分和；动态加法模型刻画的是现在与过去的关系：现在等于过去加变化。

静态加法模型：总量模型。在小学数学教学中，这种类型的模型是构建应用题的基础，可以用来指导各种数学问题的设计。这类模型可以用语言表示为

$$总量=部分+部分。 \qquad (18.2)$$

比如，某小学图书室里的图书大体可以分为两类，一类是绘画的，一类是非绘画的。于是，图书总量＝绘画书的数量＋非绘画书的数量。这个模型的形式非常简单，但要注意的是，模型涉及的**所有数量的地位是等同的**：在形式上表现于量纲一致；在

内容上体现于事物同质。比如，图书一般是以册数为单位进行计算的，那么，在图书数量的计算中，就不能有的图书以册数计算，有的图书以套数计算。再比如，某同学在文具店买了一支5元钱的圆珠笔和一支5角钱的铅笔，这位同学的花费就必须用同样的量纲计算，或者用元，或者用角。在具体的数学教学活动中，可以对(18.2)式进行各种简单变形，比如，得到减法模型：部分＝总量－部分。

总量模型可以拓展到任意有限个分量。比如，令 y 表示总量，用 x_1，x_2，…，x_n 表示 n 个分量类，则总量模型可以一般地表示为

$$y=x_1+x_2+\cdots+x_n。\quad(18.3)$$

这是(18.1)式的特殊情况。下面，我们用一个经济学的例子说明构建总量模型的思维方法。

凯恩斯静态模型。英国经济学家凯恩斯是现代西方经济学最有影响的经济学家，许多学者认为，凯恩斯创立的宏观经济学与弗洛伊德创立的精神分析法、爱因斯坦发现的相对论，是20世纪人类知识界的三大革命。凯恩斯强调政府对于市场经济的干预，他倡议构建数学模型，研究国民收入(Y)、国民消费(C)和国民投资(I)之间的关系，设想这个关系可以表示为

$$\begin{aligned}&Y=C+I,\\&C=a_0+aY。\end{aligned}\quad(18.4)$$

上述第一个方程是典型的总量模型，表示国民收入＝国民消费＋国民投资。这个模型假定国民收入只有两种用途，不是用来消费，就是用来投资(包括银行储蓄、购买证券或股票)。

第二个方程是典型的**线性函数模型**，是(18.1)式 $n=1$ 的情况，其中 a_0 和 a 是模型的系数。对于现实生活的数学模型，为了表明系数在模型中的作用，往往都会给系数冠以对应的名称。在凯恩斯静态模型中，系数 a_0 表示国民的基本消费，系数 a 表示国民的“边际消费倾向”。顾名思义，系数 a 越大，则说明消费倾向越大。如果不存在透支消费，那么总会有①：$a\leqslant1$。

在较短的时间段内，可以假定 $a_0=0$，得到 $a=\Delta C/\Delta Y$(其中三角符号 Δ 通常表示一个时间间隔内数量的变化)。这样，系数 a 又表示了一个时间间隔内消费与收入的比，人们又称 a 为乘数，据此称第二个方程为“乘数效应”方程。通过上面两个方程容易得到

---

① 美国经济学家弗里德曼(Milton Friedman，1912—2007)研究持久收入消费理论，他认为，如果收入是持久的，相应的“边际消费倾向”为1，即 $a=1$。参见：Friedman M，Becker S. A Statistical Illusion in Judging Keynesian Models[J]. Journal of Political Economy，1957，65(1)：64-75. 弗里德曼获得1976年诺贝尔经济学奖。

$$Y=\frac{a_0+I}{1-a}。\tag{18.5}$$

可以看到，如果 a 是一个小于 1 的正数，通过上面的式子容易知道，乘数 a 越大，则国民收入 Y 也将越大，并且，这个增长关系不是线性的，而是倍数的。正因为如此，人们才把系数 a 称为乘数。我们举例说明倍数的问题，考虑下面两种情况。

固定乘数、变化投资。如果固定基本消费系数 $a_0=10$，乘数 $a=\frac{4}{5}$。当投资 $I=5$ 时，收入 $Y=75$；当投资 $I=10$ 时，收入 $Y=100$。这表明：投资增加 5，收入增加 $100-75=25$，即收入增长是投资增加量的 5 倍。

固定投资、变化乘数。如果固定基本消费系数 $a_0=10$，投资 $I=10$。当乘数 $a=\frac{3}{5}$时，收入 $Y=50$；当乘数 $a=\frac{4}{5}$时，收入 $Y=100$。这表明：乘数增加$\frac{1}{5}$，收入增加 $100-50=50$，是投资的 5 倍。

综合上述两种情况，简单的表达式(18.5)已经成为许多国家制定经济政策的基本依据，这就是经常所说的：扩大消费，拉动经济，增加收入。这个简单的表达式也构成了宏观经济学“乘法原理”的基本框架，其内容可以拓展到国民经济管理的诸多方面①。

实在是不可思议，如此简单的一个数学表达式，竟然可以清晰地说明如此复杂的经济学的道理。事实上，这就是现实生活中数学模型的魅力所在。因此，数学教育应当向学生展示这样的功效，一方面能够让学生感悟到数学的魅力所在，另一方面能激发学生的创新意识。上面两个方程都没有把现实数据与过去的或者未来的数量建立联系，与过去或者未来建立联系的是序列模型。

动态加法模型：序列模型。在许多情况下，加法模型可以用来刻画随着时间变化，数量也发生变化的规律。因为时间表述的是事物之间的前后关系，这类模型可以表述为

现在数量＝过去数量＋变化数量。

与总量模型一样，这类模型也要注意数量单位的一致性。在小学数学教学中，这类模型应当有着广泛的应用，但没有引起人们足够的注意，主要原因是，人们通常把这类模型混同于总量模型。下面，通过一个例子讨论序列模型与总量模型的差别。

仍然讨论某小学图书室的图书数量。如果我们知道去年的图书总量，并且知道一年来图书的采购数量，就可以通过序列模型来表示图书室中现在图书数量：

① 参见：高鸿业. 西方经济学：宏观部分[M]. 第 5 版. 北京：中国人民大学出版社，2011：第 13 章.

现在图书数量＝去年图书数量＋今年采购数量。

其中，“今年采购数量”就是去年到今年这个时间段图书的“变化数量”。虽然就计算形式而言，这个模型似乎也表述了总量等于部分量的和，但是，这类模型更重要的是述说了一种与时间有关的图书数量的变化。同样的道理，我们可以得到类似的关系：

去年图书数量＝前年图书数量＋去年采购数量。

综合上面的两个式子，就可能会得到更多的、与时间有关的规律性信息，这些信息对构建生活模型是至关重要的。比如，如果今年采购数量与去年采购数量相差不大，我们就可以想象明年采购数量与今年的相差不大，于是就可以用序列模型来预测这个学校图书室明年的图书数量：

明年图书数量＝今年图书数量＋明年采购数量

≈今年图书数量＋今年采购数量。

或者，如果知道图书采购量大约每年增加 5％，即今年采购数量≈去年采购数量×105％，那么，就可以通过序列模型进行预测：明年采购数量≈今年采购数量×105％。

下面，用数学符号一般性地表示这样的模型。假设时间的经过不是连续的而是离散的，称这样的模型为**序列模型**：假如有 n 个时间段，用 B_0 表示开始数量，B_t 表示第 t 个时间段末的数量，用 ξ_t 表示第 t 个时间段的数量变化，序列模型可以一般地表示为

$$B_t = B_{t-1} + \xi_t, \tag{18.6}$$

其中 $t=1, 2, \cdots, n$，表示从 1 到 n 中的任意一个时刻。

逐项递推，可以得到：$B_1 = B_0 + \xi_1$，$B_2 = B_1 + \xi_2 = B_0 + \xi_1 + \xi_2$，…，这就为“用历史数量表述现在数量”或者“用现在数量推断未来数量”建立了预测模型，因此，序列模型(18.6)与总量模型(18.3)在本质上是不同的。总量模型没有把现在与历史连接在一起，因此也就没有把现在与未来连接在一起。不能很好地总结历史，就不可能很好地推断未来。下面分析两个实际问题。

住房贷款。通常情况下，住房贷款是不计算复利的。比如，这样的贷款规则：贷款本金 80 万元人民币，年利息为本金的 4％；对应的还款规则：每年还年贷款利息和本金的 5％，20 年还清。

容易计算，每年要还利息 $80 \times 4\% = 3.2$(万元)，要还本金 $80 \times 5\% = 4$(万元)，因此每年要还款 $3.2 + 4 = 7.2$(万元)。如果用 B_t 表示 t 年后累积还款金额，序列模型可以写成：

$$B_t = B_{t-1} + 7.2,$$

其中 $k=1, 2, \cdots, 20$，$B_0 = 0$。这个序列模型中，变化数量(每年还款金额)是一个与

时间无关的常量：7.2(万元)。按照这个模型计算，20年后累计需要还款7.2×20=144(万元)，比贷款本金要多144−80=64(万元)。

在大多数序列模型中，变化数量是与时间有关的，是时间的函数。分析下面的例子。

银行储蓄。一般来说，银行储蓄要算复利。比如，考虑这样的储蓄规则：存款年利息4%。如果储蓄本金为2万元人民币，那么，

1年后连本带息存款：20 000+20 000×4%=20 000+800=20 800(元)，

2年后连本带息存款：20 800+20 800×4%=20 800+832=21 632(元)，

……

如果用B_t表示t年后的银行存款，把上面的结果一般化，可以得到序列模型为

$$B_t=B_{t-1}+B_{t-1}\times 4\%,$$

其中$B_0=20\ 000$。在这个例子中，变化数量仅与前一个时间段的数量有关，这就启发我们构建基于变化数量的序列模型，人们称这样的模型为差分方程。

差分方程。与总量模型可以派生出减法模型一样，序列模型也可以得到相应的减法形式。通过下面的讨论可以看到，序列模型的减法形式与减法模型也有本质的不同，因为在许多情况下，随着时间变化的数量之间的差都蕴含着规律性的信息。对(18.6)式进行简单的减法变形，可以得到：$\xi_t=B_t-B_{t-1}$。如果时间间隔相等，人们通常把这样的变化表示为

$$\Delta B_t=B_t-B_{t-1}, \tag{18.7}$$

其中$t=1, 2, \cdots, n$。同样，我们用三角符号Δ表示一个时间间隔数量的变化，称ΔB_t为差分，称上面的方程为差分方程。显然，可以把上面讨论过的两个例子变为差分方程的形式。

下面的例子表明，在传统的凯恩斯静态模型中考虑时间因素的重要性。

凯恩斯动态模型：萨谬尔森乘数—加速模型。1968年，瑞典银行为了庆祝成立300周年，捐出大额资金给诺贝尔基金会，决定从1969年开始参照诺贝尔物理、化学、生理或医学、文学、和平这五个奖项，设立诺贝尔经济学奖，这个奖项充分体现了数学模型在现代经济学中的作用。

1970年诺贝尔经济学奖授予美国经济学家萨缪尔森，以表彰他对数量经济学作出的贡献。萨缪尔森被誉为凯恩斯经济学理论的集大成者，萨缪尔森也强调政府引导市场经济的重要性。在凯恩斯静态模型的基础上，萨缪尔森在1939年的一篇文章中，

提出了著名的乘数—加速模型①：

$$Y_t=g_t+C_t+I_t,$$
$$C_t=a_0+aY_{t-1},\qquad(18.8)$$
$$I_t=b(C_t-C_{t-1})。$$

与凯恩斯静态模型中的系数对应，式中 Y_t，C_t 和 I_t 分别表示第 t 个时间段末的国民收入、国民消费和国民投资，新的符号 g_t 表示第 t 个时间段的政府支出。

通过这个模型，萨缪尔森就把凯恩斯模型与时间联系起来了。第二个方程仍然称为“乘数效应”方程，需要进一步假设：t 时间段末的消费只与 $t-1$ 时间段末的收入有关。生活的经验告诉我们，这个假设是相当苛刻的。这也表明，为了得到清晰的数学模型，就不能不做出一些非常苛刻的假设。第三个方程是萨缪尔森新建立的，被称为“加速效应”方程，表明时间间隔内投资与消费余额之间的关系，其中系数 b 被称为“加速系数”。当政府支出是一个常数 $g_t=I_0$ 时，可以得到：

$$Y_t-a(1+b)Y_{t-1}+abY_{t-2}=a_0+I_0。$$

这是一个非齐次二阶差分方程。对于时间连续的情况，这个模型也可以用二阶微分方程描述。这个方程的解取决于某特征方程：$\lambda^2-a(1+b)\lambda+ab=0$。在 1939 年那篇文章中，萨缪尔森给出了一些数值计算的结果，当方程没有实根时，方程有阻尼震荡解，说明经济增长的周期现象。可以看到，一旦把现实数据与历史数据结合起来，就可以描述更为深刻的关系，说明更为深刻的现象。

乘法模型。乘法模型讲述的故事也有两种形式：一种在形式上是静态的，变量与时间无关，称为静态乘法模型；一种在形式上是动态的，变量与时间有关，称为动态乘法模型。

静态乘法模型刻画变量之间的比例关系：随一个量增大，另一个量成比例增大或者减少。动态乘法模型刻画随着时间变化，变量自身的变化，人们通常称其为动力系统。

在《标准(2011 年版)》中，强调了两种用乘法算式表示的数量关系②：总价＝单价×数量，路程＝速度×时间。这两种模型的共同特点是：等号左边的变量与等号右边的变量成比例关系。这两种模型的其差异在于：第一个模型可以看作是一类特殊的加

---

① 为了便于进行序列模型与总量模型的比较，我们把萨谬尔森的乘数—加速模型称为凯恩斯动态模型。关于这个模型可以参见：Samuelson，PA. Interaction between the Multiplier Analysis and the Principle of Acceleration[J]. Review of Economics and Statistics，1939，21：75-78. 中译文可以参见：史树中. 诺贝尔经济学奖与数学[M]. 北京：清华大学出版社，2002：22.

② 参见：中华人民共和国教育部. 义务教育数学课程标准(2011 年版)[S]. 北京：北京师范大学出版社，2012：21.

法模型①，强调的是总价与单价之间的关系，其中的数量在本质上是一个系数，称这种形式的乘法模型为总价模型；第二个模型表述的是三个变量或者多个变量之间的比例关系，称这种形式的乘法模型为路程模型。

总价模型：两个变量成比例的乘法模型。用 x 和 y 表示两个变量，用 ρ 表示两个变量的正比例系数，$\rho>0$。两个变量之间的乘法模型就可以表示为

$$y=\rho x。\tag{18.9}$$

这个模型显示变量 x 与变量 y 之间存在正比例关系，比如，在凯恩斯静态模型和萨缪尔森的乘数—加速模型中，都有类似表达。适当变形以后，可以得到变量的反比例关系：$XY=\rho$ 或者 $Y=\rho/X$。下面，讨论几个具有正比例关系的物理模型和生活模型。

弹性力学中的胡克定律：$F=kx$**。**这个定律描述弹性体的受力状态，其中 F 为受力大小，k 为弹性系数，x 为弹性体的位移。一般来说，弹性系数 k 为正。这个定律述说的故事是：弹性体的变形大小与弹性体的弹性系数有关，与弹性体所受外力成正比。这个定律是英国物理学家胡克发现的。我们曾经说过②，因为一个与光学有关的研究成果，那个时候已经成名的胡克曾经深深地伤害过年轻的牛顿，甚至一直影响到了老年的牛顿。

爱因斯坦质能变换公式：$E=mc^2$**。**这是爱因斯坦在狭义相对论的基础上给出的著名公式，其中 E 表示物体的能量，m 表示物体的质量，c 表示光速，是一个常量。这个变换公式述说的故事是：任何物质中都蕴含着巨大的能量，因为光速非常大。比如，通过公式可以计算得到：1 克物质中蕴含着 9×10^{13} 焦耳的能量，这些能量足以把 21 万吨的水从 0℃加热到沸腾。这个公式也为制造原子弹奠定了理论基础，大概就是因为这个原因，老年的爱因斯坦竭力反对核战争③。

路程模型：多个变量成比例的乘法模型。在初中数学的教学中，借助路程模型可以构建许多非常有趣的方程的应用问题。方程必须讲述两个或者两个以上的故事，这些故事在某一个共同点数量相等。如果要借助路程模型列方程，就必须讲述两个运动体的故事。比如，讲述甲乙两个人的运动：如果甲的速度快，那么，要么甲出发晚一些，要么甲在途中做了其他的事情，才能使得甲和乙行走的路程相等或者行走的时间相等。这样，利用相等的点就可以列方程了。在上一讲，我们讨论过的牛顿第二定律就是利用这类模型的典范，下面再看几个物理学的例子。

理想气体状态方程。这个方程研究的是与气体状态有关的四个变量之间的关系，

---

① 参见：史宁中．基本概念与运算法则：小学数学教学中的核心问题[M]．北京：高等教育出版社，2013：25-27.

② 参见：史宁中著《数学思想概论(第 5 辑)——自然界的数学模型》第 4.3 节。

③ 1946 年 5 月，67 岁的爱因斯坦发起组织“原子科学家紧急委员会”，并担任主席。委员会的宗旨就是告诫人们原子弹的危害，希望和平利用原子能，终止使用核武器，最终实现世界和平。

四个变量是：气体的体积(V)、气体的压强(P)、气体微粒的数量(N_A)和气体的温度(T)，气体状态方程的研究经历了漫长的过程，了解这个发展过程，对于理解什么是乘法模型具有特殊的意义。

与牛顿同时代的英国化学家波义耳发现①，气体的体积与气体的压强存在反比例关系：体积越大，则压强越小。他用乘法模型表达了这个关系：

$$V=\frac{k}{P}, \tag{18.10}$$

其中 k 是一个正的系数。16 年后，法国物理学家马略特独立地得到了这个结果，并且发现，这个关系成立是需要条件：保持气体的温度不变。人们把(18.10)式称为波义耳一马略特定律。

法国物理学家查理进一步研究了气体的体积与气体的温度之间的关系，发现了一条重要定律：一定质量的气体，在压强不变的条件下，温度每升高 1℃，增加的体积是一个常数。法国化学家盖・吕萨克更深入地研究了这个问题，给出了后来被人们称作查理一盖・吕萨克定律的表达式：如果用 V_0 表示气体在 0℃时体积，用$\frac{1}{s}$表示常数，则表达式为

$$V=V_0\left(1+\frac{t}{s}\right)=V_0\ \frac{t+s}{s},$$

其中 V 表示的是 t℃时气体的体积。如果令 $t+s=T$，$0+s=T_0$，容易得到：$\frac{V_0}{T_0}=\frac{V}{T}$。因此，对于任意的温度 T_1 和 T_2，均有$\frac{V_1}{T_1}=\frac{V_2}{T_2}$。这样，可以得到图 18-1 表示的直线方程。

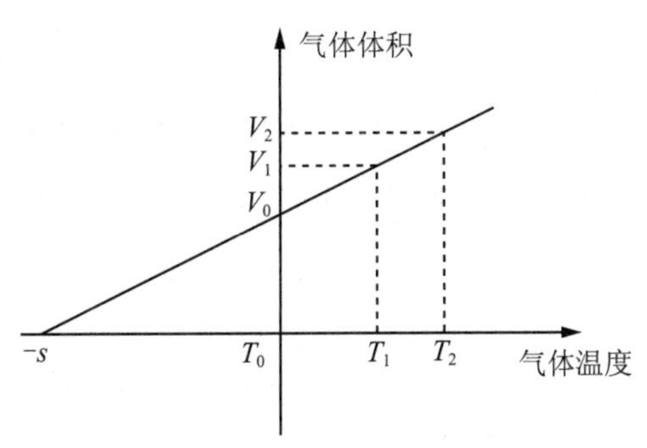

图 18-1　气体体积与气体温度的线性关系

① 波义耳比牛顿大 16 岁。波义耳于 1661 年出版了著作《怀疑派化学家》，对化学的发展产生了重大影响，因此许多化学史家都把 1661 年作为近代化学的开始年代。

通过线性关系可以看到，当摄氏温度 t 逐渐下降到 $-s$ 时，气体体积 V 逐渐下降到 0。因为气体的体积总是大于零，因此人们称常数 $-s$ 为绝对零度。以人们现在对世界的认识，绝对零度是一个可以无限接近但永远达不到极限。通过实验，盖·吕萨克得到 $s=266.66$，也就是说，绝对零度是 -266.66℃。后来，人们认定更精确的绝对零度的值是 -273.15℃①。

我们重新分析波义耳—马略特定律。由(18.10)式，这个定律也可以写成

$$PV=k。$$

因此，现在问题的关键是：如何确定常数 k。从查理—盖·吕萨克定律知道，这个常数中应当包含气体的温度 T，那么，这个常数还应当包含什么因子呢？

意大利化学家阿伏伽德罗认为，既然随着温度的变化，气体的体积具有简单的比例关系，这就说明了在这些体积中，作用的分子数是基本相同的。于是他做出了一个大胆的猜想：同温、同压、同体积的气体含有相同的分子数。实验证明猜想正确，为了纪念阿伏伽德罗，人们把一团微粒的单位称为阿伏伽德罗常数，取值为② 6.022×10^{23} 个/mol，表示为 N_A。法国物理学家克拉佩龙进一步给出方程：

$$PV=N_ART，$$

其中，P 表示气体压强，V 表示气体体积，N_A 表示物质的量，T 表示绝对温度，R 表示气体常数。气体常数对于所有气体都是相同的③：$R=8.31$ 帕·米^3/(摩尔·开)。通过这样一系列的工作，利用乘法模型就很好地刻画了理想气体的状态。人们称这个方程为克拉佩龙气体状态方程。

动态乘法模型：动力系统模型。与加法模型中的序列模型类似，乘法模型中也有序列模型，称之为动力系统。动力系统研究随着时间变化而变化的变量自身的变化规律，最简单形式为

$$a_n=\rho a_{n-1}+b。\qquad(18.11)$$

其中 a_n 表示时间 n 时的数量，b 表示常量。因为通过上面的方程，可以由过去推断现在，进而可以由现在推断将来，因此称这样的方程为动力系统。在现实生活的模型中，系数 ρ 非常重要，往往会赋予特殊的名称。比如，在萨缪尔森乘数—加速模型

---

① 现在这个值是通过量子力学的原理计算得到的。根据量子力学的理论，当粒子的动能达到量子力学的最低点时，所有粒子的运动停止，温度也就达到了绝对零度。

② 阿伏伽德罗常数是指 0.012 千克 C12(碳 12)所含原子数：6.0221367×10^{23}，量纲是摩尔(mol)。1971 年第十四届国际计量大会规定："摩尔是一系统的物质的量，该系统中所包含的基本单元数与 0.012 千克 C12 的原子数目相等。"因此，摩尔是指物体所含的微粒(分子、原子、离子、电子等)的数目。例如 1 mol 铁原子含 6.0221367×10^{23} 个铁原子，质量为 55.847g；1 mol 水分子含 6.0221367×10^{23} 个水分子，质量为 18.010g，其中度量单位就是阿伏伽德罗常数。

③ 表达式中的"帕"表示的是气压单位 Pa，"开"表示的是基于绝对零度的温度单位 K。

(18.8)式中，第二个方程中的系数被称为“乘数系数”；第三个方程的系数被称为“加速系数”。下面，我们分析系数 ρ 为什么重要。

为了化简问题，令(18.11)式中的常数项 $b=0$，并假定初始值为正，即 $a_0>0$。这样，当时间 n 变化可以得到 $a_1=\rho a_0$，$a_2=\rho a_1=\rho^2 a_0$，…，就得到了基于初始值 a_0 的一般表达式：

$$a_n=\rho^n a_0 \tag{18.12}$$

当上式中的系数 ρ 取不同的值时，可以得到完全不同的情况。

当 $\rho<0$ 时，动力系统会出现振荡。当 n 为奇数时，数值为负；当 n 为偶数时，数值为正。

当 $\rho=0$ 时，从 $n=1$ 开始，动力系统的值恒为 0。

当 $0<\rho<1$ 时，数列 $\{\rho^n\}$ 随着 n 增大单调下降趋于 0，动力系统单调衰减。

当 $\rho=1$ 时，动力系统始终停留在初始值上，不增不减保持平衡。

当 $\rho>1$ 时，数列 $\{\rho^n\}$ 随着 n 增大单调上升趋于无穷大，动力系统单调增长。

综上所述，系数 ρ 决定了动力系统的变化趋势。对于动力系统，寻求稳定状态是非常重要的。现在回到由(18.11)式所表述的动力系统。所谓动力系统的稳定状态是指，对所有的 n，方程的解是一个常值 $a_n=a$，即恒等式 $a=\rho a+b$ 成立。称常值 a 为动力系统的**平衡点**。容易得到(18.11)式的平衡点为

$$a=\frac{b}{1-\rho}。 \tag{18.13}$$

当 $\rho=1$ 且 $b\neq 0$ 时，平衡点不存在。通过下面的两个例子，我们分析如何计算平衡点。

投资额度的确定。假定经营某一个项目，每年需要花费(包含工资)100 万元，这个项目的年回报率是 120%。为了保证这个项目能够稳定经营，初始投资多少比较合适呢？由(18.11)式，可以把上述资金运转过程表示为

$$a_n=1.2a_{n-1}-100。$$

再由(18.13)式，可以得到这个动力系统的平衡点为

$$a=-\frac{100}{1-1.2}=\frac{100}{0.2}=500。$$

因此，初始投资 $a_0=500$(万元)比较合适。容易验证，对于每个年份 n，上述资金运转过程的解都为 500 万元。

养老金的缴纳与享用。养老金是社保基金的重要内容，是一个全社会都关注的事情。养老金的缴纳与享用是一个比较复杂的问题，我们只考虑最简单的情况：社保金的缴纳和享用都是按年计算，缴纳的社保基金存放在银行。

继续上一个话题中关于银行储蓄的讨论，假定年利息为 4%。分两种情况研究这

个问题：第一种情况，考虑养老基金是无限稳定的，即方程的稳定性与享用养老金的年限无关；第二种情况，考虑养老基金是有限稳定的，即方程的稳定性与享用养老金的年限有关。

对于上述两种情况均假定：一个人退休之后每年得到养老金 5 万元。现在的问题是，如果假设缴纳养老金基金(包括工作单位缴纳)的时间是 30 年，那么，这个人(包括工作单位)每年应当缴纳多少呢？分别讨论上述两种情况。

养老金基金无限稳定情况。假设一个人开始享用养老金时，已经缴纳金额为 a_0，现在需要根据上述养老金使用规则，计算 a_0 这个数值应当是多少。用(18.11)式所示动力系统，可以得到养老金无限稳定获取模型

$$a_n=1.04a_{n-1}-5, \tag{18.14}$$

其中 $n=1, 2, \cdots$。由(18.13)式容易得到这个模型的稳定点为

$$a=-\frac{5}{1-1.04}=\frac{5}{0.04}=125。$$

这就是说，按照上述模型，为了得到每年 5 万元的养老金，在享受养老金时，养老基金应当缴纳的金额为 $a_0=125$(万元)。那么，为了达到这个缴纳金额，这个人在工作时，每年应当缴纳(包括工作单位缴纳)多少呢？借助(18.12)式，可以得到

$$125=\rho^{29}b_1+\rho^{28}b_2+\cdots+\rho b_{29}+b_{30},$$

其中 $\rho=1.04$，b_n 表示第 n 年缴纳金额。如果每年缴纳金额相同均为 b_1，通过计算可以得到：$125=(1+\rho+\cdots+\rho^{29})b_1=\dfrac{1-\rho^{30}}{1-\rho}b_1=56b_1$，$b_1=2.23$(万元)，即每年缴纳金额为 2.23 万元。

养老金基金有限稳定的情况。上面的模型虽然简单明了，但不尽合理，因为任何一个人的寿命都是有限的，不可能永远享用养老金。下面讨论，如何构建一个有限稳定的养老金获取模型。

逐步计算。所谓有限稳定，就是说稳定是有时限的。比如，假定一个人享用养老金的年限为 20 年。这样，在(18.14)式的稳定延续到 $n=20$，因此有 $a_{21}=0$。如果令 $r=\dfrac{1}{\rho}=\dfrac{1}{1.04}\approx 0.96$，利用(18.14)式从后向前反推，可以得到

$$\begin{aligned}
&a_{20}=5r,\\
&a_{19}=5r+5r^2,\\
&\cdots\cdots\\
&a_0=5(r+r^2+\cdots+r^{21})\\
&\quad=5r\cdot\frac{1-r^{21}}{1-r}。
\end{aligned}$$

通过计算得到：$a_0 \approx 5 \times 14.25 = 71.25$。这就是说，如果考虑有限稳定情况，在享受养老金时，养老基金应当缴纳的金额为 71.25 万元，比无限稳定的情况减少：$125 - 71.25 = 53.75$（万元）。这样每年缴纳金额（包括工作单位缴纳）大约为 $b_1 = \frac{71.25}{56} \approx 1.27$（万元），每年大约要少缴纳金额为 $2.23 - 1.27 = 0.96$（万元）。

一般模型。现在讨论更为一般的有限稳定动力系统模型，讨论当常数项 $b \neq 0$ 时，一般项的数学表达式。因为当系数 $\rho = 1$ 时，$a_n = a_0 + nb$，结果一目了然。假定 $\rho \neq 1$，受(18.12)式的启发，可以设想一般项的表达式具有

$$a_n = \rho^n \alpha + \beta b$$

的形式，称其中的 α 为初值，β 为待定系数。为计算 β，把上式代入(18.11)式，可以得到

$$\begin{aligned}\rho^n \alpha + \beta b &= \rho(\rho^{n-1}\alpha + \beta b) + b \\ &= \rho^n \alpha + (\rho\beta + 1)b,\end{aligned}$$

因此 $\beta = \frac{1}{1-\rho}$。这样，一般项的表达式就可以写成

$$a_n = \rho^n \alpha + \frac{b}{1-\rho}。 \tag{18.15}$$

现在，我们通过上述养老金逐步计算的结果，验证一般表达式(18.15)是否正确。因为我们假定享用养老金的年限为 20 年，因此 $a_{21} = 0$，代入上式得到

$$0 = 1.04^{21}\alpha - \frac{5}{1-1.04},$$

即 $\alpha \approx -125 \times 0.43 = -53.75$。因为 $a_0 = \rho^0 \alpha + \frac{b}{1-\rho} = -53.75 + 125 = 71.25$，所以，用一般表达式计算的结果与上面逐步计算的结果是一致的。

上面的例子告诉我们，日常生活中的许多事物都难两全：虽然通过一般表达式进行计算可以把问题程式化，使得计算简单，但这样的计算方法却丧失了对问题的直观理解。因此在数学教学的过程中，单纯套用公式是不好的，不利于帮助学生积累建立构建数学模型的思维经验。

通过上面的讨论还可以看到，无论是加法模型，还是乘法模型，其中的系数是非常重要的，这些系数的具体数值，或者是通过实验得到的，或者是人为给定的，因此，对于一般的线性函数模型，确定模型中的系数是非常困难的。下面，我们讨论如何借助统计学的方法确定模型中的系数。

二、线性统计模型

线性统计模型与线性函数模型的相同之处在于，也是认为一个变量与其他变量具有线性关系；不同之处在于，只是认为这个线性关系是一种平均状态的表现，或者说是一种期望。基于这样的想法，线性统计模型允许每一次的现实表现出现随机误差，这种思想的数学表达为

$$\begin{aligned} y &= a_0 + a_1 x_1 + \cdots + a_n x_n + \varepsilon, \\ Ey &= a_0 + a_1 x_1 + \cdots + a_n x_n, \end{aligned} \tag{18.16}$$

其中 ε 表示随机误差，Ey 表示随机变量 y 的均值，称这时的均值为数学期望。

在第一个方程中，变量 x_i 和系数 a_i 与线性函数模型(18.1)式是一致的，重大变化在于：在线性函数的末尾添加了随机误差 ε。因为随机误差 ε 是一个随机变量，进而导致 y 也是一个随机变量。这种变化蕴含的统计思想是这样的：虽然变量 y 与 n 个变量 x_i 之间存在线性关系，但因为一些随机因素的影响，每次观察到的结果并不能精确显示这种线性关系，因此用 ε 表示这样的随机误差，这就是第一个方程；正因为 ε 是随机误差，可能为正，也可能为负，并且可以一般性地假设均值为 0，这个特征最终导致**随机变量 y 的数学期望与 n 个变量 x_i 之间具有线性关系**，这就是第二个方程。

虽然从形式上看，(18.16)式与(18.1)式的变化是微小的，但这个变化却是本质的，这个变化导致了现代统计学的诞生。我们称(18.16)式为**线性统计模型**。下面，我们讨论如何通过实验数据估计模型中的系数。

模型系数的估计。为了得到模型(18.16)式的系数估计，必须对变量 y 和 x 抽取样本。显然，每抽取一次样本，就可以得到一个含有系数和随机误差的线性方程。先考虑 $n=1$ 的情况，然后再推广到一般的情况。这时模型(18.16)式可以写成

$$y = a + bx + \varepsilon \tag{18.17}$$

的形式。假设得到了 m 个样品，可以建立下面的等式：

$$\begin{aligned} y_1 &= a + bx_1 + \varepsilon_1, \\ y_2 &= a + bx_2 + \varepsilon_2, \\ &\cdots\cdots \\ y_m &= a + bx_m + \varepsilon_m. \end{aligned} \tag{18.18}$$

因为上述的 y 和 x 都是抽样后得到的具体数值，因此(18.18)式与模型(18.17)不同。在方程组(18.18)中，只有系数 a 和 b 以及随机误差 ε_i 是未知的，因此只要样本

量$m\geqslant 2$，就可以对系数进行估计。估计系数的基本思想方法是：选取使得随机误差达到最小的系数 a 和 b。因为误差可能为正，也可能为负，通常的方法是使误差平方和达到最小，并称误差平方和为**均方误差**。容易计算，使均方误差达到最小等价于求

$$\min_{a,b}\sum_{i=1}^{m}(y_i-a-bx_i)^2$$

的解，其中 min 意味求使均方误差达到最小，称这样的值为解。如果用 $\hat{a}$ 和 $\hat{b}$ 表示上式的解，通过导数的方法可以得到

$$\hat{a}=\bar{y}-\hat{b}\bar{x},$$
$$\hat{b}=\frac{\sum_{i=1}^{m}(x_i-\bar{x})(y_i-\bar{y})}{\sum_{i=1}^{m}(x_i-\bar{x})^2}。\tag{18.19}$$

通常称这样求得的 $\hat{a}$ 和 $\hat{b}$ 为模型系数 a 和 b 的最小二乘估计，其中 $\bar{x}$ 和 $\bar{y}$ 表示样本均值。通过上式可以看到，系数 a 的估计是由样本均值和系数 b 的估计所决定的，因此，在求线性统计模型系数的最小二乘估计时，可以在(18.17)式中省略系数 a，把模型写成

$$y-\bar{y}=b(x-\bar{x})+\varepsilon$$

的形式，称减去了样本均值的数据为中心化数据。中心化数据对于数据的向量表达是重要的，因为在数学的关于向量的研究中，需要假设所有向量的起点都是坐标原点，中心化数据恰好满足这个要求。

现在，我们考虑变量个数为一般的 n，并且直接使用中心化数据。类似(18.18)式，用样本数值构成线性方程组，这个线性方程组可以用矩阵表示为

$$\boldsymbol{Y}=\boldsymbol{X\beta}+\boldsymbol{\varepsilon}。\tag{18.20}$$

其中，$\boldsymbol{Y}$ 表示由样本数值构成的 m 维向量，$\boldsymbol{X}$ 表示由样本数值组成的 $n\times m$ 矩阵，$\boldsymbol{\beta}$ 表示未知系数构成的 m 维向量，$\boldsymbol{\varepsilon}$ 表示随机误差构成的 m 维向量。基于 $n=1$ 时的基本想法和操作方法，可以求得类似(18.19)式的参数向量 $\boldsymbol{\beta}$ 的最小二乘估计为

$$\hat{\boldsymbol{\beta}}=(\boldsymbol{X}^{\mathrm{T}}\boldsymbol{X})^{-1}\boldsymbol{X}^{\mathrm{T}}\boldsymbol{Y}。\tag{18.21}$$

可以看到，虽然矩阵只是一种数学表达，但有了这个表达，不仅使得数学的结论清晰，也使得人们能够更好地把握数学的实质，建立起数学的直观。通过最小二乘的方法，人们可以通过样本数据估计模型中的系数，使得线性模型得以建立，不仅刻画了变量 y 与 n 个变量 x_i 之间确切的线性关系，并且构建了一个预测模型：知道 n 个 x_i 的数值，就可以预测 y 的数值。

与我们在前面讨论过的一样，对于统计学还需要从理论上判断这样估计出来的系数是否合理，比如我们在第十四讲设定的标准：估计量的均值是否是无偏的；当样本量趋于无穷时，估计量是否可以无限接近模型系数的真值。

与线性函数模型一样，线性统计模型也可以分为两种情况：一种情况，变量与时间变化无关，变量 y 与变量 x 可以不是同质的；另一种情况，变量与时间变化有关，变量 y 与变量 x 是同质的。两种情况的差异只在于时间，通常称后者为**时间序列**。无论哪种情况，上面所说的求模型系数的最小二乘方法都是适用的。下面，我们分别举例加以说明。

收入与消费。在经济学的研究中，关于收入与消费之间的关系，凯恩斯提出了一个著名的心理学定律①："就平均而言，人们倾向于随着收入的增加而增加消费，但不会高于收入的增加。"这也是(18.4)式所示凯恩斯静态模型中假设"边际消费倾向 $a\leqslant 1$"的理由。

下面，我们通过具体数据讨论收入与消费的关系，借此验证凯恩斯的假设是否正确。表18-1中的数据来源于《中国统计年鉴》，分别记录了1978～2002年，中国农村居民家庭和城镇居民家庭人均的收入与消费。数据显示：在这25年间，无论是城镇居民，还是农村居民，人均收入逐年增长；自从1990年左右开始，城镇居民的人均收入增长幅度明显大于农村居民的人均收入增长幅度，但二者都小于人均GDP的增长幅度；在大多数情况下，居民的消费水平随着收入的增加而增加，这一点与凯恩斯的预测是一致的。为了更好地研究居民消费与收入之间的关系，我们构建线性统计模型。

分别给出下面的符号表达：y^N 表示农村居民家庭人均消费，x^N 表示农村居民家庭人均收入；y^C 表示城镇居民家庭人均消费，x^C 表示城镇居民家庭人均收入。基于表18-1中的数据，对于农村和城镇的情况，分别建立类似(18.18)式的线性统计模型的数据模型：

$$y_j{}^N=a_0+a_1x_j{}^N+\varepsilon_j{}^N,$$
$$y_j{}^C=b_0+b_1x_j{}^C+\varepsilon_j{}^C,$$

其中 $j=1, 2, \cdots, 25$；a_0，b_0，a_1 和 b_1 为模型中的未知系数。利用表18-1中的数据，由(18.19)式可以分别得到求知系数的最小二乘估计，进而得到线性模型如下②：

$$y^N=52.53+0.73x^N,$$
$$y^C=95.12+0.78x^C。\tag{18.22}$$

① 参见：Keynes，J M. The General Theory of Employment，Interest and Money[M]. London：Cambridge University Press，1936.

② 参见：史宁中. 统计检验的理论与方法[M]. 北京：科学出版社，2008：第5章.

表 18-1　1978～2002 年中国人均收入与消费

元

编号	年份	农村居民家庭人均		城市居民家庭人均		人均 GDP
		收入	消费	收入	消费	
1	1978	134	116	343	311	263
2	1979	160	135	387	350	300
3	1980	191	162	478	412	348
4	1981	223	191	492	457	416
5	1982	270	220	527	471	457
6	1983	310	248	564	506	487
7	1984	355	274	651	559	591
8	1985	398	317	739	673	737
9	1986	424	357	900	799	809
10	1987	463	398	1 002	884	999
11	1988	545	477	1 181	1 104	1 349
12	1989	602	535	1 376	1 211	1 589
13	1990	686	585	1 510	1 279	1 763
14	1991	709	620	1 701	1 454	2 041
15	1992	784	659	2 027	1 672	2 557
16	1993	922	770	2 577	2 111	3 633
17	1994	1 221	1 017	3 496	2 851	5 355
18	1995	1 578	1 310	4 283	3 538	6 787
19	1996	1 926	1 572	4 839	3 919	7 990
20	1997	2 090	1 617	5 160	4 186	9 179
21	1998	2 162	1 590	5 425	4 332	10 066
22	1999	2 210	1 577	5 852	4 616	10 797
23	2000	2 253	1 670	6 280	4 998	11 601
24	2001	2 366	1 741	6 860	5 309	12 362
25	2002	2 476	1 834	7 703	6 030	13 497

农村和城镇的边际消费分别为 0.73 和 0.78，说明凯恩斯关于收入与消费的假设是正确的[①]。图 18-2 给出两个模型的图形，充分显示了统计模型的特征：数据的随机性和趋势的规律性。

---

① 在美国，居民收入与消费的边际比值为 0.72，参见：Gujarati，D N. Basic Econometrics[M]. 4th ed. New York：McGraw-Hill，1995：9.

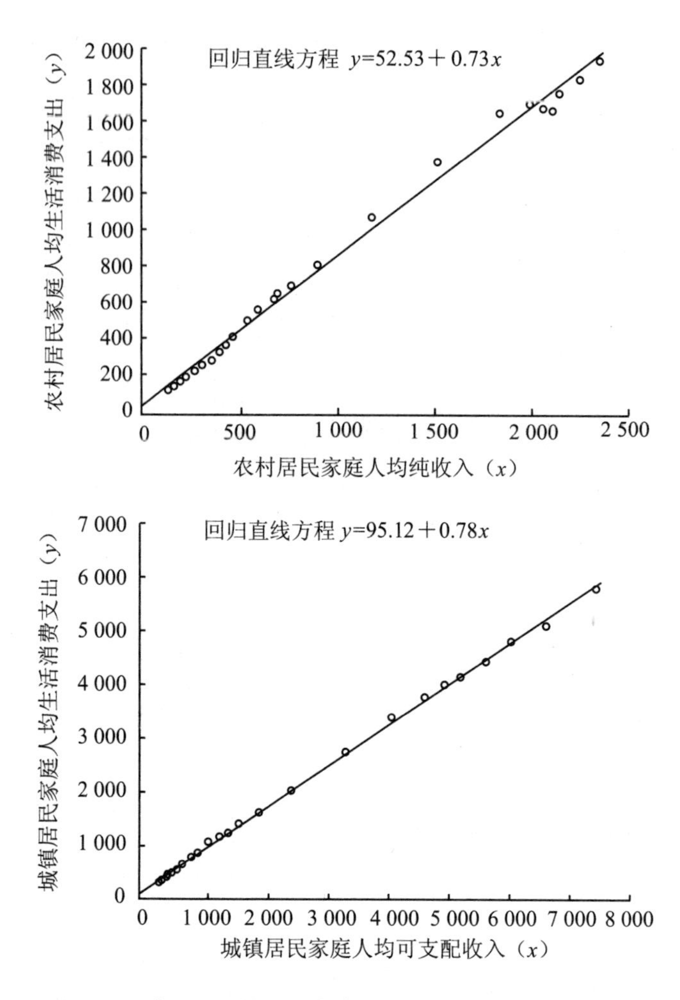

图 18-2　农村和城镇居民家庭人均收入和消费之间的关系

由图 18-2 可以看到，无论是农村居民家庭还是城镇居民家庭，收入与消费之间的关系都呈现线性关系，这个关系由(18. 22)式给出。虽然给出的关系式是线性函数模型，但其中的系数是通过历史数据估计出来的，而估计的方法又必须借助线性统计模型。因此，在构建数学模型的过程中，根据实际问题的背景，把几种数学方法融会贯通是非常必要的。

下面，讨论一个与时间有关的线性统计模型，人们通常称这样的模型为时间序列。

时间序列。在市场经济下，经济学和金融学都研究价格变化规律。在研究的过程中，人们发现一个有趣的现象：如果假设价格变化是独立的，那么价格序列的变化与醉汉的随机游走十分相似①。令$\{x_t\}$表示一个时间序列，其中 x_t表示 t 时的价格。如

① 参见：Pearson，K. The Problem of the Random Walk[J]. Nature，72：294-342.

果这个时间序列满足

$$x_t = x_{t-1} + \varepsilon_t, \tag{18.23}$$

其中序列 $t=1, 2, \cdots, T$，ε_t表示均值为 0 的随机误差，并且假设这些随机误差之间是独立的，服从相同的概率分布。人们称这时的时间序列$\{x_t\}$为随机游走序列，称(18.23)式为随机游走模型。顾名思义，随机游走意味序列是完全无规律的，我们分析这种无规律性的数学表现。

把(18.23)式一般化，可以得到

$$x_t = \alpha + \beta x_{t-1} + \varepsilon_t。\tag{18.24}$$

如果 $\alpha=0$ 和 $\beta=1$，这个时间序列就是随机游走，我们说明：系数 β 不能取 1。令随机变量 x_t的均值为 μ，因为随机误差的均值为 0，由上式可以得到

$$\mu = \frac{\alpha}{1-\beta}。$$

这就意味着，模型(18.24)中的系数 β 不能为 1，进而，随机游走序列是很难进行统计分析的。正因为如此，在模型(18.24)所示时间序列的统计学研究中，模型系数是否为 1 的判断非常重要，或者更为一般地，时间序列是否平稳的判断非常重要[①]。

事实上，对于许多实际问题，时间序列中的随机误差项之间是不独立的，进而时间序列不是随机游走。比如，美国经济学家恩格尔提出的 ARCH 模型，假定在一定的时间内，各个随机误差项的方差之间存在一种线性关系。这个模型很好地刻画了股票变化的规律，恩格尔与美国经济学家格兰杰一起被授予 2003 年诺贝尔经济学奖，格兰杰研究了基于时间序列的变量之间的因果关系。

无论是对于自然界的问题，还是对于生活中的问题，提出数学模型都是非常重要的，因为只有通过数学模型，人们才可能清晰地刻画那些规律性的东西，才能认识清楚事物的本质。因此，对于这样的数学模型价值的判断，并不在于数学内容本身的复杂程度，而在于对现实问题的刻画是否清晰，对于事物本质的探究是否深刻。正因为如此，提出那些数学模型的科学家，获取诺贝尔物理学奖、化学奖以及经济学奖都是受之无愧的。

通过对于抽象、推理和模型这些数学基本思想的讨论，我们已经清晰地看到，来源于现实、回归于现实，这就是数学这个学科充满生机的良性循环。

---

① 一个重要的例子，可以参见：史宁中著《统计检验的理论与方法》的例 5.5.1。

附录 1

算术公理体系

皮亚诺发展了戴德金“后继数”的思想，在 1889 年出版的《用一种新方法陈述的算术原理》这本著作中提出了算术公理体系[①]，定义了自然数和加法。为了明晰下面将要阐述的公理体系，我们需要做四点说明。第一，皮亚诺给出了 5 个公理，但在定义自然数的加法时，又使用了关于“相等”的自反、对称和传递这三个公理。在下面的描述中，我们把这 3 个公理一并加入，分别对应下面的公理 2、公理 3 和公理 4。第二，下面的公理 5 是为了保证公理体系的完备性，也就是说明，与自然数等价东西的都是自然数，这也适应了现代科学数字化的要求。第三，公理体系的自然数原本是从 1 开始，后来皮亚诺又改为从 0 开始，否则公理体系将产生不了 0 和相反数，进而也产生不了减法。第四，对于给定的自然数 a，皮亚诺用 $a+$ 表示 a 的后继，然后定义加法为 $a+1=a+$。在下面公理体系的阐述中，我们将直接定义 $a+1$。这样，算术公理体系包括下面 9 条公理。

1. $0\in\mathbf{N}$。

2. $a\in\mathbf{N}$，则 $a=a$。

3. a，$b\in\mathbf{N}$，$a=b$ 等价于 $b=a$。

4. a，b，$c\in\mathbf{N}$，如果 $a=b$，$b=c$，则 $a=c$。

5. $a=b$，如果 $b\in\mathbf{N}$，则 $a\in\mathbf{N}$。

---

① 原书名为：Arithmetices principia，nova methodo exposita。

6. 如果 $a\in\mathbf{N}$，则 $a+1\in\mathbf{N}$。

7. a，$b\in\mathbf{N}$，$a+1=b+1$ 当且仅当 $a=b$。

8. $a\in\mathbf{N}$，则 $a+1\neq 0$。

9. 令 A 是一个类，$0\in A$。如果 $a\in\mathbf{N}\cap A$，必有 $a+1\in A$，那么，$N\subseteq A$。

上述第 9 条似乎令人费解，事实上，第 9 条述说了数学归纳法的公理框架①，这是一个由有限多个产生无限多个的公理模板。比如，令 $P(a)$是与元素 a 有关的命题，A 是关于命题P 成立的元素a 所构成的集合，这个集合包含 0 元素。公理的条件是：如果 $P(a)$成立则 $P(a+1)$成立。公理的结论是：这个命题对自然数 N 集合成立。这恰恰是我们在第二部分详细讨论过的数学归纳法。

第 1 条说：自然数从 0 开始，第 6 条说：自然数的后继是自然数，这样，通过后继就可以得到所有的自然数。我们在第一部分讨论过，用十进位制表示自然数是一个伟大的发明，但对于抽象的自然数公理体系，如何表达自然数反而是不重要的，即便是不同进制的表达，只要满足上述 9 条公理，那么这些表达都是等价的，得到的结论也是等价的。

我们尝试用公理证明 $3\neq 2$。利用反证法，如果 $3=2$，根据第 7 条有 $2=1$，进而有$1=0$，与第 8 条矛盾，这就完成了证明。下面，我们尝试通过上述公理得到自然数的加法。

从 0 开始。

对于任意自然数 $a\in\mathbf{N}$，由第 6 条可以得到 $a+1$。

如果对于自然数 $b\in\mathbf{N}$，得到了 $a+b$。

那么，可以进一步得到

$a+(b+1)=a+b+1=(a+b)+1$。

根据第 9 条，加法对 a 加以所有的自然数成立。

因为 a 是任意自然数，所以加法对所有自然数成立。

上面的论述过于抽象，为了便于理解，我们举一个具体的例子进行说明。比如，首先定义基于自然数 5 的加法，通过第 6 条可以得到 $5+1$。又因为 2 是 1 的后继，根据第 2 条和第 3 条有

$$5+2=5+(1+1)=5+1+1=(5+1)+1,$$

---

① 参见：陶哲轩. 陶哲轩实分析[M]. 王昆扬，译. 北京：人民邮电出版社，2008：16.

这样就得到 5+2。进一步，因为

$$5+3=5+(2+1)=(5+2)+1,$$

这样就得到 5+3。之所以都要划归为+1 的形式，因为这是自然数后继的表示方法，也就是自然数是一个一个大起来的表示方法。如此类推，可以得到 5 加所有自然数的加法。而“如此类推”的合理性是第 9 条保证的。因为论证的出发点自然数 5 是任意的，因此加法运算对所有自然数成立。

虽然自然数的产生是基于大小关系，但定义了自然数的加法以后，又可以反过来形式化地定义自然数的大小关系：对于 a，$b\in\mathbf{N}$，称 a 大于 b，如果存在不为 0 的自然数 $c\in\mathbf{N}$，使得 $a=b+c$，记这个关系为 $a>b$。类似定义小于关系：用 $a<b$ 表示 a 小于 b。进一步，可以用第 9 条证明著名的“三歧性”定理：对于 a，$b\in\mathbf{N}$，下面三种情况有且仅有一种成立：

$$a<b,\ a=b,\ a>b。$$

附录 2

集合论公理体系

借鉴希尔伯特关于点线面的表达方式，可以把集合表述为：用大写字母 A，B，C 表示集合，用小写字母 a，b，c 表示元素，用 $\in$ 表示属于关系。如果元素 a 属于集合 A，则表示为 $a \in A$。

集合论公理系统的基础是策梅罗 1908 年的论文《关于集合论基础的研究》，后来又经数学家弗兰克尔进行少量修改，人们称这个集合论公理体系为 ZF 系统。现在，集合论公理体系已经成为现代数学的基础，系统通常采用下面九条公理①：

1. **外延公理。**对于两个集合 A 和 B，如果 A 中任意元素都是 B 的元素，B 中任意元素都是 A 的元素，那么这两个集合是同一集合，记为 $A \equiv B$。

2. **空集公理。**存在没有任何元素的集合。

3. **无序对公理。**对于任意两个集合 A 和 B，无序对 $\{A, B\}$ 或者 $\{B, A\}$ 构成一个新的集合。

4. **并集公理。**对于任意两个集合 A 和 B，都存在一个集合 C，使得 C 中的元素恰为 A 中的或 B 中的元素，记为 $C = A \cup B$。

5. **无穷公理。**存在这样的集合，其元素恰好是所有的自然数。

6. **替换公理。**令命题形式 $f(a, b)$ 表示：对于每一个元素 a，都有唯一的元素 b 使得命题成立。那么对任意集合 A，存在一个集合 B，使得 B 中元素 b 由 $f(a, b)$ 确

---

① 参见：Cohen，P J and Reuben，H. Non-Cantorian Set Theory[J]. Scientific American，1967：104-116. 也可以参见：克莱因. 数学：确定性的丧失[M]. 李宏魁，译. 长沙：湖南科学技术出版社，1997：259.

定，其中a为A中元素，记集合$B=\{b; b\to f(a, b), a\in A\}$。

7. **幂集公理。**对于任意集合A，都存在集合B，使得B中元素是由A的所有子集构成的。

8. **选择公理。**令$\Omega=\{A_\delta; \delta\in\Delta\}$是由集合组成的类，则存在一个集合，这个集合恰好是由这个类中的每一个集合中抽取一个元素所组成的。

9. **正则公理。**对于任意集合A，A不属于A。

上述第1条和第9条是重要的，第1条是说：集合是由元素唯一确定的，因为只要元素一致了集合就是等价的；第9条限制了罗素悖论的可能性。

第2条在本质上是一种定义，确定了空集的存在。这是为了定义集合运算的需要，就像为了数的加减运算必须定义0，为了数的乘除运算必须定义1。通常用$\varnothing$表示空集。

第3条又被称为无序对集合存在公理，这条公理述说了集合本身也可以作为元素构成新的集合，如果用A表示一个集合，则用$\Omega=\{A\}$表示以A为元素的集合，也称Ω为类。

第4条定义了集合的加法运算，定义可以推广到任意多个集合的并。有了并的运算，可以得到集合的包含关系，因为$C=A\cup B$意味着$a\in C$必有$a\in A$或者$a\in B$；反之，$a\in A$或者$a\in B$必有$a\in C$。这就说明集合A(或者集合B)被集合C包含。包含关系被表示为$A\subseteq C$：任意$a\in A$必有$a\in C$。进一步，如果加法运算$C=A\cup B$中的集合B不是空集，则存在元素$c\in C$但c不属于A，称这样的包含为真包含，表示为$A\subsetneqq C$。任何集合都包含空集，因为$A=A\cup\varnothing$。

正如第二部分讨论过的，包含关系具有传递性，而基于传递性的推理是有逻辑的。包含关系还可以构成有序对集合：如果$A\subset B$，则$\{A, B\}$构成有序对集合。同时，这条公理与第三条无序对公理一起定义后继集合：可以得到形如$\{A, \{A\}, \{A, \{A\}\}\}$的集合。这为下一个公理奠定了基础。

第5条允许无穷集合的存在，再根据第3条公理，就允许“无穷”作为一个元素存在，这也就间接地承认了“实无穷”的存在。虽然在这里只是假定了“可数多个”无穷，但因为第7条规定了集合的幂集运算，就可以得到任意无穷①。

第6条是重要的。首先，根据替换公理可以得到子集合的存在，因为可以给出命题形式$f(a, b)$使得其中的b恰好对应子集的元素。与第4条导出的包含关系对应，如果$A\subseteq C$，称A是C的子集；同样，如果是真包含关系，那么称A是C的真子集。

① 详细讨论参见：史宁中著《数学思想概论(第3辑)——数学中的演绎推理》。

其次，这个公理间接地给出了集合之间映射的存在性：如果对于集合 A 中任意一个元素 a，都有 B 中唯一元素 b 与之对应，则称这个对应为映射。如果用 g 表示这个映射，对应可以表示为 $b=g(a)$，这等价于命题形式 $f(a, g(a))$。

通过替换公理还可以得到集合交的运算。令 A 和 B 是两个集合，对于元素 $a\in A$，命题形式为这个元素同时满足 $a\in B$，于是得到一个由两个集合中共有的元素所组成的新集合，表示为 $C=A\cap B$。容易验证，如果两个集合没有共同的元素的充分必要条件是 $A\cap B=\varnothing$。

通过替换公理还可以得到集合补的运算。令 A 和 B 是两个集合，对于元素 $a\in A$，命题形式为 a 不属于 B，于是得到一个元素属于 A 但不属于 B 的新集合，表示为 $C=A-B$。容易验证

$$A-B=A-\{A\cap B\},$$

以及两个特殊情况：如果 $A\cap B=\varnothing$，则 $A-B=A$；如果 $A\equiv B$，则 $A-B=\varnothing$。

如果通过替换公理可以构建集合交和补的运算，那么，通过替换公理能构建集合并的运算吗？如果这是可能的，第 4 条公理不就是不必要了吗？事实上，这是不可以的。因为替换公理是从集合 A 出发的，因此得到的结论必须与集合 A 中的元素有关。比如，集合交和补的运算结果都与集合 A 中的元素有关，而集合并的运算结果并不一定都是与集合 A 中的元素有关。

第 7 条确定了“类”或者“域”的存在性：对于集合 A，称由集合 A 的所有子集(包括集合 A 本身)所形成的新的集合为集合 A 生成的域，表示为 $F(A)$。康托证明了，$F(A)$ 中元素的个数要比 A 中元素的个数多一个数量级，进而引发了著名的“连续统假设”。第 8 条也是重要的，直到今日，数学家们依然对选择性公理的合理性争论不休。关于第 7 条和第 8 条的详细讨论，可以参见《数学思想概论(第 3 辑)——数学中的演绎推理》。

附录 3

人名索引

A

Abel，N. H.，阿贝尔，1802～1829，挪威数学家 …… 31

Apollonius，阿波罗尼奥斯，约公元前 262～前 190，古希腊数学家 …… 23

Archimedes，阿基米德，约公元前 287～前 212，古希腊数学家、物理学家、发明家 …… 23

Aristotle，亚里士多德，公元前 384～前 322，古希腊哲学家、科学家，形式逻辑的奠基人 …… 3

Atiyah，阿蒂亚，1929～2008，英国数学家 …… 8

Augustine，St.，圣奥古斯丁，345～430，罗马帝国非洲领地希波主教 …… 44

Avogadro，A.，阿伏伽德罗，1776～1856，意大利化学家 …… 283

B

Bacon，Francis，培根，1561～1626，英国哲学家、科学家 …… 32

Barrow，Isaac，巴罗，1630～1677，英国数学家、物理学家 …… 33

Bayes，Thomas，贝叶斯，1702～1763，英国数学家 …… 59

Berkelay，Bishop，贝克莱，1685～1753，英国近代经验主义哲学家 …… 294

Boltzman，Ludwig，玻尔兹曼，1844～1906，热力学的奠基人，奥地利物理学家 ……………………………………………………………………………………… 220
Bolyai，J.，鲍耶，1802～1860，匈牙利数学家 …………………………………… 111
Bonnet，博内，1819～1892，法国数学家 …………………………………………… 96
Boole，G.，布尔，1815～1864，英国数学家、数理逻辑学家 ……………………… 165
Bounoulli，Jacob，雅各布·伯努利，1654～1705，瑞士数学家 ………………… 58
Boyle，Robert，波义耳，1627～1691，英国化学家、物理学家……………………… 282
Brahe，Tycho，第谷·布拉赫，1546～1601，丹麦天文学家……………………… 202
Bravais，Auguste，布拉维，1811～1863，法国物理学家 ………………………… 179
Bronowski，Jacob，布罗诺夫斯基，1908～1974，英国科学家 …………………… 270

C

Caesar，Julius，儒略·凯撒，公元前102～前44，罗马共和国末期接触的军事统帅、政治家 ……………………………………………………………………………… 225
Cantor，Georg，康托，1845～1918，德国数学家 …………………………………… 4
Cardano，Gerolamo，卡尔丹，又译卡当，或卡尔达诺，1501～1576，意大利数学家 ……………………………………………………………………………………… 58
Carnap，R.，卡尔纳普，1891～1970，德国逻辑学家…………………………… 194
Cassirer，E.，卡西尔，1874～1945，德国哲学家、哲学史家……………………… 13
Cauchy，Augustin-Louis，柯西，1789～1857，法国数学家、力学家 …………… 3
Cavendish，Henry，卡文迪什，1731～1810，英国物理学家、化学家 …………… 253
Cayley，A.，凯莱，1821～1895，英国数学家……………………………………… 179
Charles，Jacques Alexandre Cesar，查理，1746～1823，法国物理学家 ………… 282
陈景润，1933～1996，中国科学院院士，中国现代数学家，世界著名解析数论专家 ……………………………………………………………………………………… 186
Shiing-shen，Chen，陈省身，1911～2004，美籍华人，著名数学家 …………… 96
Clapeyron，克拉佩龙，1799～1864，法国物理学家、工程师……………………… 283
Cohen，Paul Joseph，柯恩，1934～，美国现代数学家…………………………… 86
Copernicus，Nicolaus，哥白尼，1473～1543，波兰天文学家 …………………… 33
Courant，Richard，柯朗，1888～1972，德国数学家……………………………… 10

D

D'Alembert，Jeanle Rond，达朗贝尔，1717～1783，法国数学家 …………………… 39
Da Vinci，Leonardo，达·芬奇，1452～1519，意大利画家、科学家 ……………… 98
Dedekind，Julius Wilhelm Richard，戴德金，1831～1916，德国数学家 …………… 4
DeMorgan，A.，德摩根，1806～1871，英国数学家 ……………………………… 170
Demokritos，德谟克里特，约公元前460～前370，古希腊伟大的唯物主义哲学家、教育家 …………………………………………………………………………… 54
Descartes，Rene，笛卡儿，1596～1650，法国哲学家、物理学家、数学家、生理学家 ………………………………………………………………………………… 32
Diophantus of Alexandria，丢番图，约公元前250年前后，古希腊数学家 ……… 48
Dirichlet，狄利克雷，1805～1859，法国数学家 ………………………………… 188

E

Eddington，爱丁顿，1882～1944，英国天文学家 ………………………………… 268
Einstein，Albert，爱因斯坦，1879～1955，德裔美国科学家 ……………………… 10
Engel，Robert，恩格尔，1942～ ，美国经济学家，荣获2003年诺贝尔经济学奖 …………………………………………………………………………… 292
Engels，Friedrich，恩格斯，1820～1895，德国社会主义理论家及作家，马克思主义的创始人之一 ………………………………………………………………… 32
Eotvos，Baron，厄缶，1848～1919，匈牙利物理学家 …………………………… 260
Eratosthenes，埃拉托色尼，约公元前276～前194，古希腊学者 ………………… 97
Euclid of Alexandria，欧几里得，约公元前325～前265，古希腊数学家 ………… 4
Eudoxus，欧多克斯，约公元前408～前347，柏拉图的学生，古希腊著名数学家 ………………………………………………………………………………… 36
Euler，Leonhard，欧拉，1707～1783，瑞士数学家、天文学家、物理学家 ……… 41

F

Feraday，Michael，法拉第，1791～1867，英国物理学家、化学家 ……………… 257
Fermat，Pierre Simon de，费马，1601～1665，法国数学家 ……………………… 33

Fibonacci，又叫 Leonardo of Pisa，斐波那契，约 1170～1250，意大利数学家 … 162
Fisher，Ronald A，费歇，1890～1962，英国统计学家、遗传学家………………… 59
Frankel，Adolf Abraham Halevi，弗兰克尔，1891～1965，德国数学家 ………… 85
Freedman，M.，弗里德曼，1951～，美国数学家 ……………………………………… 205
Frege，Friedrich Ludwig Gottlob，弗雷格，1848～1925，德国数学家、逻辑学家、哲学家，数理逻辑和分析哲学的奠基人 ……………………………………………………… 170
Frey，弗赖，1944～，德国数学家 …………………………………………………… 189
Freud，Sigmund，弗洛伊德，1856～1939，奥地利精神病学家、心理学家……… 276

G

Galois，伽罗华，1811～1832，法国天才数学家…………………………………… 31
Galileo，Galilei，伽利略，1564～1642，意大利物理学家、天文学家和哲学家 …… 5
Gallup，George Horace，盖洛普，1901～1984，美国数学家、社会学家………… 192
Gauss，Johann Carl Friedrich，高斯，1777～1855，德国数学家 ……………………… 2
Gay-Lussac，Joseph，Louis，盖·吕萨克，1778～1850，法国化学家、物理学家 …………………………………………………………………………………… 282
Godel，Kurt，哥德尔，1906～1978，美籍奥地利数学家、逻辑学家 …………… 85
Goldbach，Christian，哥德巴赫，1690～1764，德国数学家 …………………… 132
公孙龙，相传字子秉，约公元前 320～前 250，战国时期魏国人，哲学家 ……… 169
Gorenstein，D.，高林斯坦，1923～1992，美国数学家 ………………………… 180
Granger，Clive，格兰杰，1935～2009，英国经济学家，荣获 2003 年诺贝尔经济学奖 …………………………………………………………………………………… 292
Grossman，Marcel，格罗斯曼，1878～1936，瑞士数学家……………………… 263

H

Hamilton，R. S.，汉密尔顿，1943～，美国数学家，美国科学院院士……………… 237
Hawking，Stephen，霍金，1942～，英国传奇理论物理学家…………………… 269
Helmholtz，Hermannvon，亥姆霍兹，1821～1894，德国物理学家、生理学家 … 26
Hermite，Charles，埃尔米特，1822～1901，法国数学家……………………… 49
Herodotus of Halicarnassus，希罗多德，约公元前 484～前 425，古希腊历史学家 …………………………………………………………………………………… 63

Heron of Alexandria，海伦，公元62年左右，希腊数学家、力学家、机械学家 …… …… 47
Hertz，Heinrich，赫兹，1857～1894，德国物理学家 …… 258
Hilbert，David，希尔伯特，1862～1943，德国数学家 …… 2
Hipparchus，希帕恰斯，约公元前180～前125，古希腊学者 …… 98
Hooke，Robert，胡克，1635～1703，英国物理学家、天文学家 …… 281
华罗庚，1910～1985，江苏金坛人，中国科学院院士，中国解析数论、矩阵几何学、典型群、自安函数等多方面研究的创始人和开拓者 …… 161
Huillier，Simon L'，惠利尔，活动在1786年左右，瑞士数学家 …… 39
Hume，David，休谟，1711～1776，英国哲学家、历史学家、经济学家、近代不可知论的著名代表 …… 209
Husserl，Edmund，胡塞尔，1859～1938，德国哲学家，20世纪现象学学派创始人 …… 118
Huygens，Christiaan，惠更斯，1629～1695，荷兰数学家 …… 242
金岳霖，1895～1984，中国哲学家、逻辑学家 …… 175

K

Kant，Immanuel，康德，1724～1804，德国哲学家 …… 2
Kepler，Johannes，开普勒，1571～1630，德国天文学家 …… 33
Keynes，John Maynard，凯恩斯，1883～1946，英国经济学家，20世纪最有影响力的经济学家 …… 193
Kleine，M.，克莱因，1908～1992，美国数学史家、数学教育家与应用数学家 …… 49
Kolmogorov，A. N.，柯尔莫哥洛夫，1903～1987，苏联数学家 …… 57
孔子，公元前551～前479，名丘，字仲尼，中国春秋时期鲁国人，大思想家、教育家 …… 9
Kronecker，Leopold，克罗内克，1823～1891，德国数学家 …… 23
Kummer，库默尔，1810～1893，德国数学家 …… 188

L

Lagrange，Joseph-Louis，拉格朗日，1736～1813，法国力学家、数学家 …… 38

Lame，拉梅，1795～1870，法国数学家、工程师 ……………………………… 188
Laplace，Pierre-Simon，marquisde，拉普拉斯，1749～1827，法国数学家和天文学家
…………………………………………………………………………………… 22
Lebesgue，Henri，勒贝格，1875～1941，法国数学家 ……………………………… 26
Legendre，Adrien-Marie，勒让德，1752～1833，法国数学家 …………………… 112
Leibnize，Gottfried Wilhelm，莱布尼茨，1646～1716，德国近代哲学的始祖，数学家
和自然科学家 ……………………………………………………………………… 3
Leucippus 或 Leukippos，留基伯，约公元前 500～前 440，古希腊唯物主义哲学家…
…………………………………………………………………………………… 54
Levi-Civita，列维·奇维塔，1873～1941，意大利数学家 ………………………… 304
Lie，Marius Sophus，索菲斯·李，1842～1899，挪威数学家，李群和李代数的创始
人 …………………………………………………………………………………… 179
Lindemann，CarlLouis Ferdinand von，林德曼，1852～1939，德国数学家 ……… 49
Liouvill，J.，柳维尔，1809～1882，法国数学家 ………………………………… 49
Listing，J. B.，李斯廷，1806～1882，德国物理学家 ……………………………… 107
刘焯，544～610，隋代天文学家 ……………………………………………………… 70
Lobatchevsky，罗巴切夫斯基，1973～1856，俄国数学家，罗拔切夫斯基几何学创始
人 …………………………………………………………………………………… 111
Locke，J. 洛克，1632～1704，英国哲学家 ………………………………………… 164
Lorentz，Hendrik，洛伦兹，1853～1928，荷兰数学家 …………………………… 231
鲁迅，1881～1936，原名周树人，字豫才，浙江绍兴人，中国现代伟大的文学家、思
想家、革命家 ……………………………………………………………………… 143

M

Mariotte，Edme，马略特，1602～1684，法国物理学家和植物生理学家 ………… 282
Matteo，Ricci，利玛窦，1552～1610，意大利耶稣会传教士、学者 ……………… 72
Maxwell，James，麦克斯韦，1831～1879，英国物理学家、数学家 ……………… 231
Mendel，Gregor，孟德尔，1822～1884，英国遗传学家、遗传学奠基人 ………… 211
Menelaus，梅内劳斯，约公元前 1 世纪的古希腊数学家 ………………………… 98
Michelson，Albert，迈克尔逊，1852～1931，美国实验物理学家 ………………… 228
Miller，John Stuart，穆勒，1806～1873，英国著名哲学家和经济学家，19 世纪影响

力很大的古典自由主义思想家 …… 180
Minkowski，H.，闵科夫斯基，1864～1909，德国数学家 …… 238
Morley，Edward，莫雷，1838～1923，美国化学家 …… 228

N

Needham，Joseph，李约瑟，1900～1995，著名生物化学专家、汉学家 …… 236
Neumann，johnVon，冯·诺依曼，1903～1957，美籍匈牙利数学家 …… 158
Newcomb，Simon，纽克姆，又译为纽康，1835～1909，美国天文学家 …… 51
Newton，Isaac，牛顿，1642～1727，英国科学家 …… 3

P

Pascal，Blaise，帕斯卡，1623～1662，法国数学家、物理学家和思想家 …… 33
Pasch，Moritz，帕斯，1843～1930，德国数学家 …… 78
Peano，Giuseppe，皮亚诺，1858～1932，意大利数学家、逻辑学家 …… 4
Pearson，K.，皮尔逊，1857～1936，英国统计学家，现代统计学的奠基人 …… 215
裴秀，224～271，西晋大臣、学者 …… 236
Peirce，Charles Sanders，皮尔斯，1839～1914，美国唯心主义哲学家，实用主义的创始人 …… 170
Perelman，G.，佩雷尔曼，1966～，俄罗斯数学家 …… 107
Plato，柏拉图，公元前427～前347，古希腊哲学家 …… 6
Plavfair，John，普莱费尔，1748～1819，英国地质学家、数学家 …… 109
Poincare，Jules Henri，彭加勒，1854～1912，法国数学家、物理学家 …… 25
Polignac，Alphonsede，波利尼亚克，1826～1863，法国数学家 …… 182
Polya，George，波利亚，1887～1985，当代匈牙利籍美国数学教育家 …… 183
Proclus，普罗克洛斯，约410～485，希腊数学家、哲学家 …… 71
Ptolemy，Claudius，托勒密，约90～168，古希腊天文学家、地理学家 …… 98
Pythagoras，毕达哥拉斯，公元前580～约前550，古希腊哲学家、数学家、天文学家 …… 44

Q

钱学森，1911～2009，浙江杭州人，杰出的科学家，中国航天事业的奠基人 …… 200
秦九韶，1202～1261，字道古，中国南宋数学家 …… 47
丘成桐，1949～，美籍华人，数学家，菲尔兹奖、沃尔夫奖获得者 …… 237

R

Rabi，Isidor，拉比，1898～1988，美籍奥地利物理学家 …… 227
Reichenbach，Hans，莱欣巴赫，1891～1953，德籍美国哲学家 …… 198
Ribet，里贝特，1947～，美国数学家 …… 189
Ricci，G.，里奇，1853～1925，意大利数学家、理论物理学家…… 264
Riemann，Georg Friedrich Bernhard，黎曼，1826～1866，德国数学家 …… 9
Roemer，Ole，勒默尔，1644～1710，丹麦天文学家 …… 228
Roger Cotes，罗杰·科茨，1682～1716，英国数学家…… 255
Russell，Bertrand，罗素，1872～1970，英国著名哲学家、数学家、逻辑学家 …… 9

S

Saccheri，Girolamo，萨谢利，1667～1733，意大利数学家，1733年著书《欧几里得无懈可击》 …… 110
Samuelson，Paul. A，萨缪尔森，1915～2009，美国经济学家，荣获1970年诺贝尔经济学奖 …… 279
Schwarzschild，Karl，施瓦兹席尔德，又译作史瓦西，1873～1936，德国天文学家 …… 266
Shakespeare，Wiliam，威廉·莎士比亚，1564～1616，英国诗剧家，诗人 …… 59
Shimura，志村，1930～，日本数学家 …… 189
Simpson，T.，辛普森，1710～1761，英国著名数学家…… 65
Smale，S.，斯梅尔，1930～，美国数学家，1966年菲尔兹奖获得者 …… 205
Staudt，Von，施陶特，1798～1867，德国数学家 …… 107
Steen，L. A.，斯蒂恩，美国数学家 …… 272
Stevin，Simon，斯蒂芬，1548～1620，荷兰数学家、工程师、物理学家 …… 50

Socrates，苏格拉底，公元前469～前399，古希腊哲学家 …………………………… 6
Soldner，Johann Von，索德纳，1766～1833，德国天文学家……………………… 268
Sosigenes，索西琴尼，古希腊数学家、天文学家 ………………………………… 225

T

谭其骧，1911～1992，浙江嘉兴人，中国历史地理学家，中国历史地理学科的主要奠基主人和开拓者之一 ………………………………………………………………… 68
Taniyama，谷山，1927～1958，日本数学家……………………………………… 189
Taurinus，托里努斯，1794～1874，德国数学家 ………………………………… 110
Thales，泰勒斯，约公元前624～前547或前546，古希腊哲学家 ………………… 70
Thompson，J.，汤普森，1932～，美国数学家，获1970年菲尔兹奖 …………… 180
Thurston，W.P.，瑟斯顿，1946～，美国数学家，1983年菲尔兹奖获得者 …… 206
Tits，J.，梯茨，1930～，法籍比利时数学家 …………………………………… 180

V

Viete，Francois，seigneurdeLa Bigotiere，韦达，1540～1603，法国数学家……… 31
Voltaire，伏尔泰，原名弗朗索瓦-马利·阿鲁埃，1694～1778，法国启蒙思想家、文学家、哲学家、史学家 ……………………………………………………………… 255
Veronese，G.，韦罗尼斯，1854～1917，意大利数学家 ………………………… 84

W

Wagstaff，Samuel Standfield，Jr，瓦格斯塔夫，1944～，美国数学家和计算机学家 ……………………………………………………………………………… 188
王力，1900～1986，字了一，中国语言学家、教育家、翻译家、中国现代语言学奠基人之一，散文家，诗人 ………………………………………………………… 117
Weierstrass，Karl Wilhelm Thoedor，魏尔斯特拉斯，1815～1897，德国数学家 … 3
Weil，Andfew，韦依，1906～，法国数学家 ……………………………………… 96
Weyl，Hermann，外尔，1885～1955，德国近代数学家 ………………………… 83
Whitehead，Alfred North，阿弗烈·诺夫·怀海德，1861～1947，英国数学家、哲学

家 …… 85
Wiles，Sir Andrew John，怀尔斯，1953～，英国当代数学家 …… 231
Wolfskehl，沃尔夫凯尔，1856～1908，德国药剂师 …… 188
Wu，Wenstsun，吴文俊(1919～)，数学家，中国科学院院士 …… 23

X

徐光启，1562～1633，字子先，明朝松江人 …… 72

Y

杨辉，字谦光，钱塘(今杭州)人，生卒年不详，中国南宋时期的数学家和数学教育家 …… 58
杨振宁，1922～，美籍华裔物理学家，诺贝尔奖获得者 …… 233

Z

Zeeman，Pieter，塞曼，1865～1943，荷兰物理学家，荣获1902年诺贝尔物理学奖 …… 231
Zemelo，Emst Friedrich Fer-dinand，策梅罗，1871～1953，德国数学家 …… 4
张益唐，1955～，华人数学家，在孪生素数研究方面取得突破性进展 …… 182
朱世杰，1249～1314，元代数学家 …… 48
祖冲之，429～500，中国南北朝时期的历法学家、数学家 …… 46